普通高等教育"十二五"规划教材

MATLAB 教程及实训

第 2 版

主　编　曹　弋
参　编　刘　怀
主　审　王恩荣

机 械 工 业 出 版 社

本书是在2008年第1版的基础上修订而成的。其内容是基于MATLAB R2010a产品族，以教程和实训紧密结合的形式，深入浅出地介绍了MATLAB的应用。教程部分比较系统地介绍了MATLAB 7.10的运行环境、MATLAB的基本运算、数据的可视化、MATLAB符号运算、MATLAB程序设计、MATLAB高级图形设计、Simulink仿真环境、线性控制系统的分析等内容，以先讲解后实例的方式，图文并茂，突出应用。实训部分与教程内容相互配合，先提出知识要点，然后按部就班地指导操作，在操作中提出修改，最后给出自我练习，方便学生循序渐进地上机操作，并对学生的掌握程度进行检验。

本书可作为大学本科和专科有关课程的教材或教学参考书，也可作为MATLAB用户自学的参考书，在目前的MATLAB教材市场上明显具有特色。

本书配有电子课件，欢迎选用本书作教材的老师登录www.cmpedu.com注册下载。

图书在版编目（CIP）数据

MATLAB教程及实训/曹弋主编. —2版. —北京：机械工业出版社，2013.8（2019.6重印）
普通高等教育“十二五”规划教材
ISBN 978-7-111-41866-5

Ⅰ.①M… Ⅱ.①曹… Ⅲ.①Matlab软件—高等学校—教材 Ⅳ.①TP317

中国版本图书馆CIP数据核字（2013）第053735号

机械工业出版社（北京市百万庄大街22号 邮政编码100037）
策划编辑：贡克勤 责任编辑：贡克勤 卢若薇 王 康
版式设计：潘 蕊 责任校对：刘怡丹
封面设计：赵颖喆 责任印制：李 昂
三河市宏达印刷有限公司印刷
2019年6月第2版·第9次印刷
184mm×260mm·25印张·616千字
标准书号：ISBN 978-7-111-41866-5
定价:53.80元

凡购本书，如有缺页、倒页、脱页，由本社发行部调换

电话服务 网络服务
服务咨询热线：010-88379833 机工官网：www.cmpbook.com
读者购书热线：010-88379649 机工官博：weibo.com/cmp1952
教育服务网：www.cmpedu.com
封面无防伪标均为盗版 金书网：www.golden-book.com

前　言

MATLAB 是 MathWorks 公司于 1984 年开发的，目前已经发展成国际上最流行、应用最广泛的科学与工程计算软件之一。MATLAB 集矩阵运算、数值分析、图形显示和仿真等于一体，被广泛应用于自动控制、数学运算、计算机技术、图像信号处理、汽车工业和语音处理等行业，也是国内外高校和研究部门进行科学研究的重要工具。近年来，随着用户量的扩大，MathWorks 公司迅速地以每年两个新版本的速度进行升级。本书介绍的 MATLAB R2010a 产品族面向对象的特点更加突出，数据类型更加丰富，使 MATLAB 人机交互更加方便。

本书于 2008 年推出第 1 版，是以当时流行的 MATLAB 7.3 和 Simulink 6.5 为平台编写的。本书推出后受到了很多高校老师和学生的欢迎，重印多次且都很热销。因此我们在第 1 版的基础上进行了修订，介绍的内容以 MATLAB R2010a 产品族为平台，MATLAB R2010a 产品族由多个模块组成，其中 MATLAB 为 7.10 版，Simulink 为 7.5 版，适应了 MATLAB 的版本升级，并对内容进行了部分调整和增删，增加了一些综合性的例题，使例题更具有典型性；在第 8 章中增加了状态分析的内容。

本书分教程和实训两部分。教程部分采用先讲解后实例的方式，前 6 章较系统地介绍了 MATLAB R2010a 的基本功能和应用，在第 6 章的图形用户界面中详细地介绍了 MATLAB R2010a 各控件的使用方法，第 7 章介绍的是 Simulink 的应用，第 8 章全面介绍了运用 MATLAB 对线性控制系统的分析，从实用的角度出发，图文并茂。实训部分与教程内容相互配合，先提出知识要点，然后按部就班地指导操作，并在操作中提出修改练习，最后以自我练习题引导学生思考和检验，循序渐进地引导学生逐步掌握各章的知识。为方便用户，本书末配有例题索引，所有的例题和教学课件都可以在网上下载，在目前的 MATLAB 教材市场中具有鲜明的特色。

本书内容介绍深入浅出，有丰富的例题和详尽的操作指导，不仅适合于本科、专科的教学，也适合于广大科研工作人员的各类培训和参考，在毕业设计和研究生课程中都可以作为参考书。通过阅读本书的教程，结合实训指导进行练习，就能在较短的时间内基本掌握 MATLAB 的应用技术。对于短课时课程（35 ~ 50 学时）可以选择本书的第 1、2、3、4、5、7 章的内容授课；对于长课时课程（50 ~ 70 学时）可以讲授所有章节内容；非控制专业可以使用前 7 章的内容学习。

本书由南京师范大学曹弋主编，南京师范大学刘怀参编，并由南京师范大学王恩荣教授主审。

由于作者水平有限，不当之处在所难免，恳请读者批评指正。

主编 E-mail：caoyi@njnu.edu.cn

编　者

目　　录

第1篇

MATLAB教程

第1章

MATLAB R2010a 概述

MATLAB 是目前世界上最流行的、应用最广泛的工程计算和仿真软件，它将计算、可视化和编程等功能同时集于一个易于开发的环境。MATLAB 主要应用于数学计算、系统建模与仿真、数学分析与可视化、科学与工程绘图和用户界面设计等。

MATLAB 是 Matrix Laboratory 的缩写，它的产生是与数学计算紧密联系在一起的。1980 年，美国新墨西哥州大学数学与计算机科学教授 Cleve Moler 为了解决线性方程和特征值问题，和他的同事开发了 LINPACK 和 EISPACK 的 Fortran 子程序库，后来又编写了接口程序取名为 MATLAB，MATLAB 开始应用于数学界。经过三十余年的补充和完善，版本不断更新，现在几乎每年要更新两次，上半年推出 a 版，下半年推出 b 版，2010 年 2 月正式推出 MATLAB R2010a 产品族，成为一个包含众多工程计算与仿真功能的庞大系统，其功能在原有的基础上又有了进一步的改进，MATLAB 的数据类型更丰富，面向对象的功能更加突出。

MATLAB 是一个交互式开发系统，其基本数据要素是矩阵。MATLAB 的语法规则简单，适合于专业科技人员的思维方式和书写习惯；它用解释方式工作，编写程序和运行同步，键入程序立即得出结果，因此人机交互更加简洁和智能化；而且 MATLAB 可适用于多种平台，随着计算机软、硬件的更新而及时升级，使得编程和调试效率大大提高。

目前，MATLAB 已经成为应用代数、自动控制理论、数理统计、数字信号处理、动态系统仿真和金融等专业的基本数学工具，各国的高校纷纷将 MATLAB 正式列入本科生和研究生课程的教学计划中，成为学生必须掌握的基本软件之一；在研究设计单位和工厂企业中，MATLAB 也成为工程师们必须掌握的一种工具。本书以 MATLAB 7.10 和 Simulink 7.5 为平台进行全面地介绍。

1.1 MATLAB R2010a 简介

1.1.1 MATLAB 的系统结构

MATLAB 系统由 MATLAB 开发环境、MATLAB 语言、MATLAB 数学函数库、MATLAB 图形处理系统和 MATLAB 应用程序接口（API）5 部分组成。

1）MATLAB 开发环境是一个集成的工作环境，包括 MATLAB 命令窗口、文件编辑调试器、工作空间、数组编辑器和在线帮助文档等。

2）MATLAB 语言具有程序流程控制、函数、数据结构、输入/输出和面向对象的编程特点，是基于矩阵/数组的语言。

3）MATLAB 的数学函数库包含了大量的计算算法，包括基本函数、矩阵运算和复杂算法等。

4）MATLAB 的图形处理系统能够将二维和三维数组的数据用图形表示出来，并可以实现图像处理、动画显示和表达式作图等功能。

5）MATLAB 应用程序接口使 MATLAB 语言能与 C 或 FORTRAN 等其他编程语言进行交互。

1.1.2 MATLAB 的特点

MATLAB 现在不再仅仅是“矩阵实验室”，它已经发展成为具有广泛应用前景的计算机高级编程语言。MATLAB 具有以下特点：

1. 运算功能强大

MATLAB 是以矩阵为基本编程元素的程序设计语言，它的数值运算要素不是单个数据，而是矩阵，每个变量代表一个矩阵，矩阵有 $m\times n$ 个元素，每个元素都可看做复数，所有的运算包括加、减、乘、除、函数运算等都对矩阵和复数有效；另外，通过 MATLAB 的符号工具箱，可以解决在数学、应用科学和工程计算领域中常常遇到的符号计算问题。强大的运算功能使其成为世界顶尖的数学应用软件之一。

2. 编程效率高

MATLAB 的语言规则与笔算式相似，矩阵的行列数无需定义，MATLAB 的命令表达方式与标准的数学表达式非常相近，因此，易写易读并易于在科技人员之间交流。

MATLAB 是以解释方式工作的，即它对每条语句解释后立即执行，键入算式无需编译立即得出结果，若有错误也立即做出反应，便于编程者立即改正。这些都大大减轻了编程和调试的工作量，提高了编程效率。

3. 强大而智能化的作图功能

MATLAB 可以方便地用图形显示二维或三维数组，将工程计算的结果可视化，使数据间的内在联系清晰明了。MATLAB 能智能化地根据输入的数据自动确定最佳坐标，可规定多种坐标系（如极坐标系、对数坐标系等），可设置不同颜色、线型、视角等。

4. 可扩展性强

MATLAB 有一套程序扩展系统和工具箱，具有良好的可扩展性。工具箱是 MATLAB 函数的子程序库，每个工具箱都是为某个学科领域的应用而定制的，MATLAB 每年都会增加一些新的工具箱。

5. Simulink 动态仿真功能

Simulink 是一个交互式动态系统建模、仿真和分析图形环境，用户通过框图的绘制来模拟一个系统，Simulink 能够针对控制系统、信号处理和通信系统等进行系统建模、仿真和分析。

1.1.3 MATLAB 的工具箱

MATLAB 的工具箱（Toolbox）是一个专业家族产品，工具箱实际上是 MATLAB 的 M 文件和高级 MATLAB 语言的集合，用于解决某一方面的专门问题或实现某一类的新算法。MATLAB 的工具箱可以任意增减，不同的工具箱给不同领域的用户提供了丰富强大的功能。任何人可以自己生成 MATLAB 工具箱，因此很多研究成果被直接做成 MATLAB 工具箱发布，成百上千个大多是免费的 MATLAB 工具箱可以从 Internet 网上获得。

MATLAB 常用工具箱表如表 1-1 所示。

表 1-1 MATLAB 常用工具箱表

分类	工具箱
控制类	控制系统工具箱（Control System Toolbox）
	系统辨识工具箱（System Identification Toolbox）
	神经网络工具箱（Neural Network Toolbox）
	模糊逻辑控制工具箱（Fuzzy Logic Toolbox）
	模型预测控制工具箱（Model Predictive Control Toolbox）
	机器人控制工具箱（Robust Control Toolbox）
	鲁棒控制工具箱（Robust Control Toolbox）
信号处理类	信号处理工具箱（Signal Processing Toolbox）
	小波分析工具箱（Wavelet Toolbox）
	通信工具箱（Communication Toolbox）
	滤波器设计工具箱（Filter Design Toolbox）
	并行计算工具箱（Parallel Computing Toolbox）
应用数学类	优化工具箱（Optimization Toolbox）
	偏微分方程工具箱（Partial Differential Equation Toolbox）
	统计工具箱（Statistics Toolbox）
其他	符号数学工具箱（Symbolic Math Toolbox）
	图像处理工具箱（Image Processing Toolbox）
	数据库工具箱（Database Toolbox）
	财政金融工具箱（Financial Toolbox）

1.2　MATLAB R2010a 的开发环境

MATLAB R2010a 的用户界面集成了一系列方便用户的开发工具，大多是采用图形用户界面，操作更加方便。

1.2.1　MATLAB R2010a 的环境设置

MATLAB R2010a 启动后的运行界面称为 MATLAB 的工作界面（MATLAB Desktop），是一个高度集成的工作界面，主要由菜单、工具栏、当前工作目录窗口、工作空间管理窗口、历史命令窗口和命令窗口等组成，MATLAB R2010a 版默认的工作界面如图 1-1 所示。

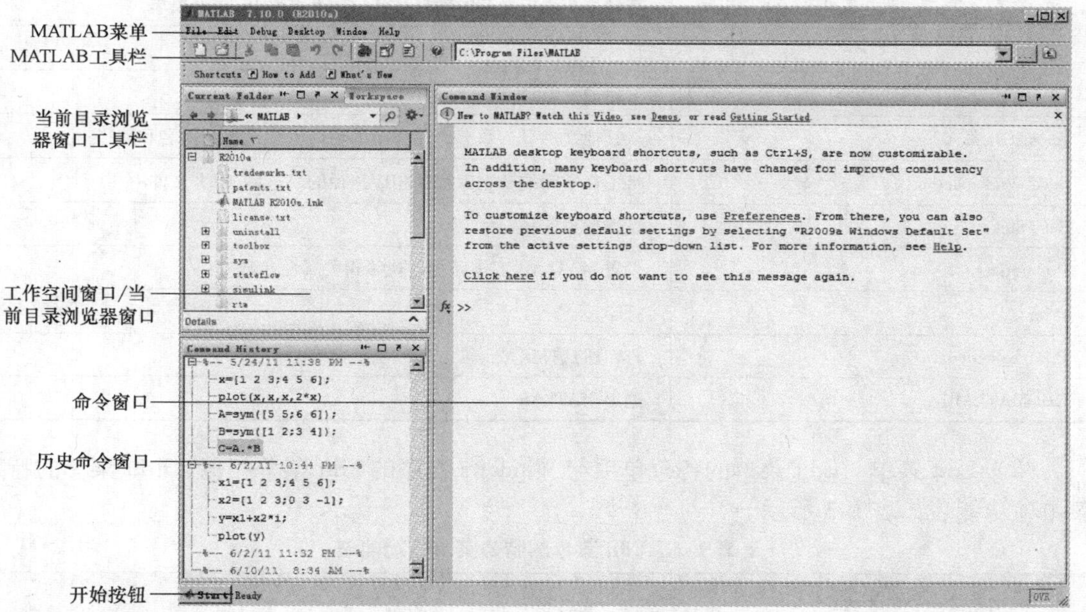

图 1-1　MATLAB R2010a 版默认的工作界面

MATLAB R2010a 使用新的工作界面，使用户可以更加方便地控制多文档界面，并可定制自己的界面。

1.2.2　菜单和工具栏

MATLAB R2010a 的工作界面与 Windows 程序的环境很相似，用户应该不陌生。

1. 菜单

MATLAB R2010a 的菜单根据选择的窗口不同菜单显示也相应地变化，例如，选择“Command Window”窗口和选择“Workspace”窗口显示的菜单是不同的，当选择工作空间浏览器窗口（Workspace）时会增加“View”和“Graphics”菜单，用来设置工作空间浏览器窗口的显示。共同的菜单包括“File”、“Edit”、“Debug”、“Desktop”、“Window”和“Help”。

（1）File 菜单　File 菜单用于对文件进行操作，File 菜单的菜单项功能表如表 1-2 所示。

表 1-2 File 菜单的菜单项功能表

下拉菜单		功　能
New	Script	新建一个 M 脚本文件，打开 M 文件编辑/调试器
	Function	新建一个 M 函数文件，打开 M 文件编辑/调试器
	Class	新建一个类，打开 M 文件编辑/调试器
	Figure	新建一个图形文件，打开图形窗口
	Variable	新建一个变量，默认变量名为 unnamed
	Model	新建一个仿真模型，打开 Simulink 窗口
	GUI	新建一个图形用户设计界面（GUI），打开 GUI 窗口
	deployment project	新建一个用于发布的项目（MATLAB R2010a 新增菜单）
Open...		打开已有文件
Close Command Window		关闭命令窗口
Import Data...		从其他文件导入数据，在弹出的对话框中选择文件名和路径
Save Workspace as...		将工作空间的数据保存到相应路径的二进制 MAT 文件中
Set Path...		设置搜索路径
Preferences...		设置 MATLAB 工作环境外观等相关属性参数
Print...		打印
Print Selection...		打印所选择区域
Exit MATLAB		退出 MATLAB

（2）Edit 菜单　Edit 菜单的各菜单项与 Windows 程序的 Edit 菜单相似，Edit 菜单的特殊菜单项功能表如表 1-3 所示。

表 1-3 Edit 菜单的特殊菜单项功能表

下拉菜单	功　能
Paste to Workspace	打开数据输入向导对话框“Import Wizard”，将剪贴板的数据输入到 MATLAB 工作空间中
Find	在命令窗口和历史窗口中查找
Find Files	设置查找条件查找文件
Clear Command Window	清除命令窗口中的所有命令
Clear Command History	清除历史命令窗口中的所有命令
Clear Workspace	清除工作空间窗口中的所有对象

（3）Debug 菜单　Debug 菜单的各菜单项用于调试程序，Debug 菜单的菜单项功能在附录 A 中介绍。

（4）Desktop 菜单　Desktop 菜单的各菜单项用于 MATLAB R2010a 工作界面中窗口的显示，Desktop 菜单的常用菜单项功能表如表 1-4 所示。

表 1-4 Desktop 菜单的常用菜单项功能表

下拉菜单	功 能
Undock Command Window	命令窗口与工作界面分离
Minimize Command Window	最小化命令窗口
Maximize Command Window	最大化命令窗口
Move Command Window	移动命令窗口
Resize Command Window	改变命令窗口尺寸
Desktop Layout	工作界面的布局设置，Default（默认），Command Window only（只有命令窗口），History and Command Window（历史命令窗口和命令窗口），All Tabbed（全部标签项显示）
Save Layout	保存选定的工作区设置
Organize Layouts	管理保存的工作区设置
Profiler	打开程序性能剖析窗口
File Exchange	用户可以通过登录文件交换，下载或上传文件
Editor	打开 M 文件编辑器窗口
Figures	打开图形窗口
Web Browser	打开 Web 浏览器窗口
Variable Editor	打开变量编辑器窗口
File and Folder Comparisons	打开文件和文件夹比较窗口

（5）Help 菜单　Help 菜单用于进入不同的帮助系统，Help 菜单的常用菜单项功能表如表 1-5 所示。

表 1-5 Help 菜单的常用菜单项功能表

下拉菜单	功 能
Product Help	产品帮助
Function Brower	函数浏览器
Using the Desktop	启动 Desktop 帮助
Using the Command Window	启动命令窗口帮助
Web Resources	显示因特网上的相关网址
Get Product Trials	获得产品试用
Check for Updates	检查软件是否更新
Demos	显示 MATLAB 的演示程序
Terms of use	显示常用术语解释
Patents	显示 MATLAB 产品的专利

（6）开始菜单　在 MATLAB 操作界面的左下角有一个 Start 按钮，是 MATLAB 的快捷

菜单，单击该按钮就会出现如图 1-2 所示的开始菜单。

开始菜单中显示的为现场菜单，包括交互界面窗口的列表，快捷方式和常用的子菜单项。

2. 工具栏

工具栏是在编程环境下提供的对常用命令的快速访问，MATLAB R2010a 的默认工具栏如图 1-3 所示，当鼠标停留在工具栏的按钮上时，就会显示出该按钮的功能。

图 1-2 开始菜单

1.2.3 通用窗口

MATLAB R2010a 工作界面中的常用窗口包括命令窗口、历史命令窗口、当前工作目录窗口、工作空间浏览器窗口、变量编辑窗口、M 文件编辑/调试窗口、帮助窗口和程序性能剖析窗口等。

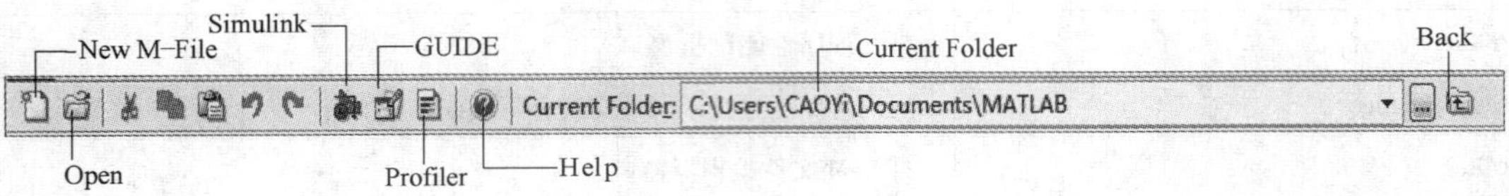

图 1-3 MATLAB R2010a 的默认工具栏

窗口的打开方法：每个窗口的打开都可以选择菜单 “Desktop”，在需要打开的窗口前面打勾，就可以打开该窗口。

每个窗口都可以单独显示，以命令窗口为例，窗口单独显示的方法：

■ 选择菜单 “Desktop” → “Undock Command Window ”；

■ 单击命令窗口右上角的 ↗ 按钮；

■ 直接拖动命令窗口离开工作界面都会将窗口单独显示。

如果在单独显示窗口中选择菜单 “Desktop” → “Dock Command Window”，或者单击窗口右上角的 ↘ 图标都可使单独的窗口返回到 MATLAB 工作界面中。

1. 命令窗口

命令窗口（Command Window）是进行 MATLAB 操作最主要的窗口，可以把命令窗口看成 “草稿本”，在命令窗口中输入 MATLAB 的命令和数据后按回车键，立即执行运算并显示结果，单独显示的命令窗口如图 1-4a 所示。

（1）命令行的语句格式　MATLAB 在命令窗口中的语句形式为

>> 变量 = 表达式；

说明：命令窗口中的每个命令行前会出现提示符 “ >> ”，没有 “ >> ” 符号的行则是显示的结果。

【例 1-1】 在命令窗口中输入不同的命令和数值，并查看其显示方式。

```
>> a =0.5
a  =
     0.5000
>> b ='sin'
```

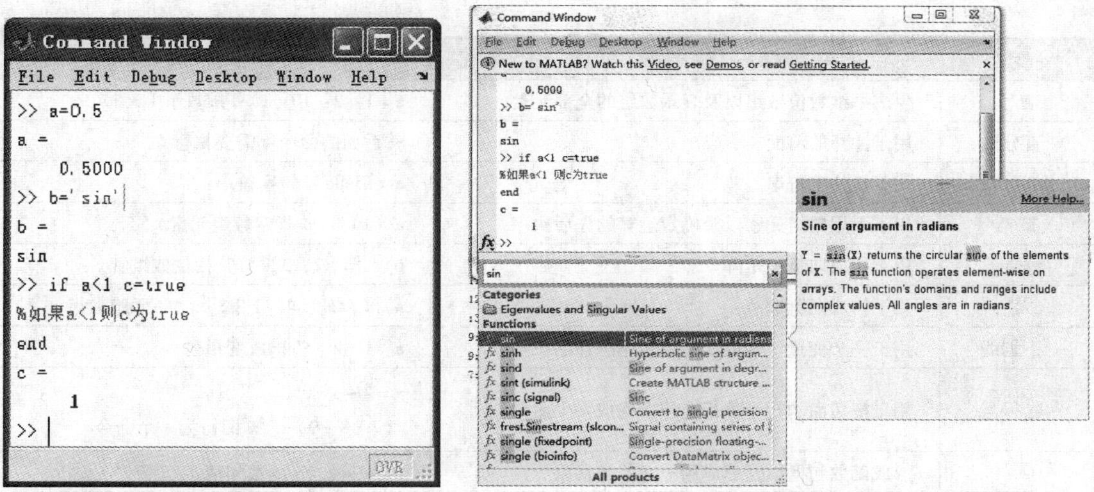

a) 命令窗口　　　　b) 在命令窗口中显示的函数提示

图 1-4　单独显示的命令窗口

```
b =
sin
>> if a<1 c=true
% 如果 a<1 则 c 为 true
end
c =
    1
```

程序分析：

■命令窗口内不同命令采用不同的颜色，默认输入的命令、表达式以及计算结果等采用黑色字体，字符串采用赭红色，关键字采用蓝色，注释用绿色；如图 1-4a 所示变量 a 为数值，变量 b 为字符串，变量 c 为逻辑 True，命令行中的“if”、“end” 为关键字，“%” 后面的是注释。

■在命令窗口中的提示符“ < <” 前的 *fx* 可以用来查找函数，例如，单击 *fx* 出现如图 1-4b 所示的函数查找窗口，输入“sin” 则出现所有“sin” 开头的函数，用鼠标单击“sin” 则会出现帮助提示。

■命令行后面的分号（;）省略时显示运行结果，否则不显示运行结果。

（2）命令窗口中的标点符号　MATLAB 中常用标点符号的功能表如表 1-6 所示。

表 1-6　常用标点符号的功能

符号	功　能	举　例
空格	数组行元素的分隔符	a =［1 2 3］　%分隔数组元素
，逗号	数组各行中列的分隔符和函数参数的分隔符	a =［1, 2, 3］　%分隔数组元素
. 点号	用于数值中的小数点	a = 1.2　%小数点
；分号	不显示计算结果命令行的结尾以及数组元素行的分隔符	a =［1 2 3; 4 5 6］ %分隔二维数组的两行

（续）

符号	功 能	举 例
：冒号	生成一维数值数组以及表示数组的全部元素	a = 1：2：10 %一维数组 1 3 5 7 9
% 百分号	用于注释的前面	%后面的命令不需要执行
' ' 单引号	用于括住字符串	a = 'Hello' %字符串
( ) 圆括号	用于引用数组元素以及确定运算的先后次序	a（1） %指定数组元素
[ ] 方括号	用于构成向量和矩阵	a = ［1，2，3］ %括住数组
{ } 大括号	用于构成元胞数组	a｛1，2｝ = ［1 2 3］ %元胞数组
_ 下划线	用于一个变量、函数或文件名中的连字符	a_ 1 = 2 %构成变量名
… 续行号	用于把后面的行与该行连接以构成一个命令	x = 2 + 3 *... （7. 8 + 9） %两行为一个命令
@	形成函数句柄以及形成用户对象类目录	f = @ sin %函数句柄
！惊叹号	调用操作系统运算	！dir %运行 dir 命令

（3）命令窗口中命令行的编辑　在 MATLAB 命令窗口不仅可以对输入的命令进行编辑和运行，而且使用编辑键和组合键可以对已输入的命令进行回调、编辑和重运行，命令窗口中行编辑的常用操作键如表 1-7 所示。

表 1-7　命令窗口中行编辑的常用操作键

键名	功能	键名	功能
↑	向前调回上一行命令	Home	光标移到当前行的开头
↓	向后调回下一行命令	End	光标移到当前行的末尾
←	光标在当前行中左移一个字符	Delete	删除光标右边的字符
→	光标在当前行中右移一个字符	Backspace	删除光标左边的字符
Page Up	向前翻阅当前窗口中的内容	Esc	清除当前行的全部内容
Page Down	向后翻阅当前窗口中的内容	Ctrl + c	中断 MATLAB 命令的运行
Ctrl + ←	光标在当前行中左移一个单词	Ctrl + →	光标在当前行中右移一个单词

（4）数值计算结果的显示格式　在命令窗口中，默认情况下当数值为整数，数值计算的结果以整数显示；当数值为实数时，以小数后 4 位的精度近似显示，即以“短（Short）”格式显示；如果数值的有效数字超出了这一范围，则以科学计数法显示结果。需要注意的是，数值的显示精度并不代表数值的存储精度。

【例 1-2】 在命令窗口中输入数值并查看显示格式。

```
>> x = pi
x =
    3.1416
>> y = 0.00005
y =
    5.0000e - 005
```

用户可以根据需要，对数值计算结果的显示格式和字体风格、大小、颜色等进行设置。设置的方法有两种：

■ 一种方法是在 MATLAB 的界面选择菜单“File”→“Preferences”，则会出现参数设置对话框，如图 1-5 所示；在对话框的左栏选中“Command Window”项，在右边的“Numeric Format”栏设置数据的显示格式，在“Numeric display”中设置数值排列的格式是紧凑型还是松散型。

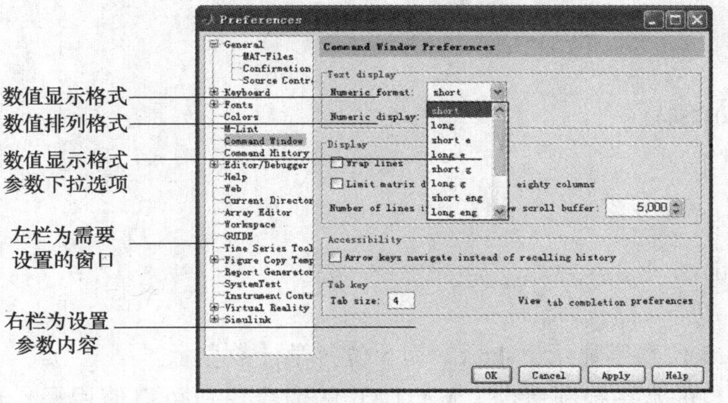

图 1-5　参数设置对话框

■ 另一种方法是直接在命令窗口中使用“format”命令来进行数值显示格式的设置。format 的语法格式如下：

format 格式描述

format 的数据显示格式如表 1-8 所示。

表 1-8　format 的数据显示格式

命令格式	含　义	举　例
format short（默认）	通常保证小数点后 4 位有效；大于 1000 的实数，用 5 位有效数字的科学计数法显示	3141.59 显示为 3.1416e+003
format short e	5 位有效数字的科学计数法表示	π 显示为 3.1416e+000
format short g	从 format short 和 format short e 中自动选择一种最佳计数方式	π 显示为 3.1416
format long	15 位数字显示	π 显示为 3.14159265358979
format long e	15 位科学计数法显示	π 显示为 3.141592653589793e+000
format long g	从 format long 和 format long e 中自动选择一种最佳计数方式	π 显示为 3.1415926358979
format rat(rational)	近似有理数的比例形式表示	π 显示为 355/113
format hex	十六进制表示	π 显示为 400921fb54442dl8
format +	正数、负数、零分别用 +、-、空格	π 显示为 +
format bank	（金融）元、角、分	π 显示为 3.14
format compact	在显示结果之间没有空行的紧凑格式	
format loose	在显示结果之间有空行的稀疏格式	

【例 1-3】 使用 format 函数在命令窗口中显示运算结果。

```
>> a = sin(60 * pi/180)
a =
    0.8660
>> format long
>> a
a =
    0.86602540378444
>> format short e
>> a
a =
    8.6603e - 001
```

程序分析：

long 格式为 15 位数字显示，short e 为 5 位科学计数显示。

（5）命令窗口的常用控制命令 MATLAB 的命令窗口可以使用操作命令进行控制，常用命令如下：

■ clc：用于清空命令窗口中所有的显示内容。

■ beep：由 on 或 off 控制发出 beep 的声音。

2. 历史命令窗口

历史命令窗口（Command History）用来记录并显示已经运行过的命令、函数和表达式。在默认设置下，该窗口会显示自安装以来所有使用过的命令历史记录，并标明每次开启 MATLAB 的时间，历史命令窗口如图 1-6 所示。

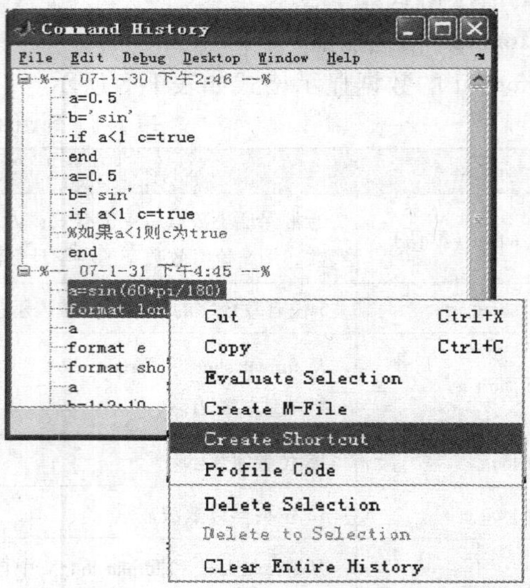

图 1-6 历史命令窗口

在历史命令窗口中可以选择一行或多行命令进行以下操作：

■ Copy：复制。

■ Cut：剪切。

■ Evaluate Selection：执行所选择的命令行并将结果显示在命令窗口中。

■ Create M - File：创建并生成 M 文件。

■ Create Shortcut：创建快捷方式。

■ Profile Code：分析代码。

■ Delete Selection：删除所选择的命令行。

■ Delete to Selection：从当前行删除到所选择命令行。

■ Clear Entire History：清除全部历史命令。

【例 1-4】 选择历史命令窗口的命令行执行并创建快捷方式。

在图 1-6 中如果选择三行命令行“a = sin（60 * pi/180）”，“format long” 和 “a”，单击鼠标右键在快捷菜单中选择“Create Shortcut”，则会出现“Shortcut Editor”对话框，如图 1-

7a 所示，在“Label”框中输入快捷方式的名称为“sin60”，单击“Save”按钮则会在 MATLAB R2010a 工作界面的“Shortcuts”栏出现新创建的“sin60”按钮，如图 1-7b 所示。单击“Shortcuts”栏会在命令窗口中运行“sin60”命令并将结果显示出来。

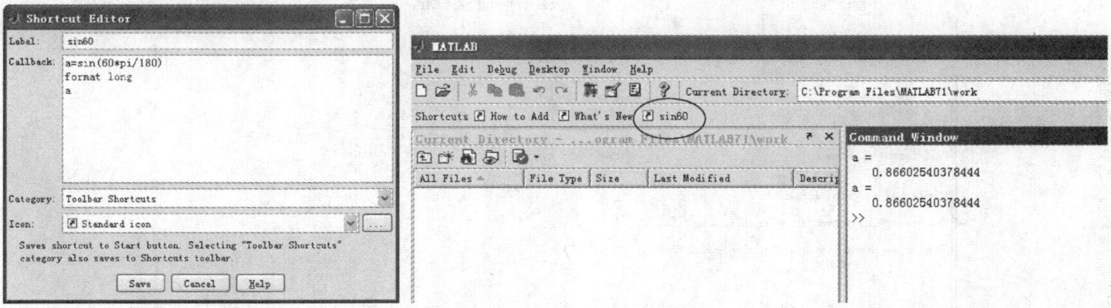

a) “Shortcut Editor”对话框　　b) 新增快捷方式“sin60”按钮

图 1-7　快捷方式

3. 当前目录浏览器窗口

当前目录浏览器窗口（Current Directory Browser）用来设置当前目录，并显示当前目录下的 M 文件、MAT 文件、MDL 文件等文件信息，窗口中包括文件类型（File Type）、文件大小（Size）、最后修改（Last Modified）时间和文件的说明信息（Description）等，如图 1-8 所示。在图中可以看到 MATLAB R2010a 工作环境的菜单条有“View”菜单。

常用操作　在图 1-8 中选择文件并单击鼠标右键可以实现以下操作：

■ Open：打开文件。

■ Run：运行文件。

■ Run configuration：运行设置。

■ Create Zip File：生成 zip 文件和将 zip 文件解压。

■ Compare against…：将本文件与选择的文件进行比较。

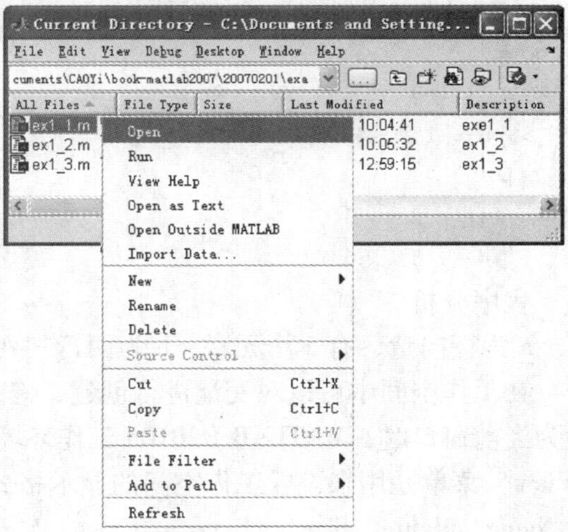

图 1-8　当前目录浏览器窗口

【例 1-5】　比较两个文件内容的不同。

将例 1-3 的内容修改并保存为 ex1_5：

```
a = cos(60 * pi/180)
format long
a
format short e
a
```

在当前目录浏览器窗口中选择文件“ex1_3. m”，单击鼠标右键，在弹出的菜单中选择“Compare against…”，并在文件夹中选择比较的文件“ex1_5. m”，则出现如图 1-9 所示的比较文件窗口。

可以看到图中的比较结果，两个文件有 4 行一致，两行不匹配。比较文件工具可以对较长的程序文件进行对比。

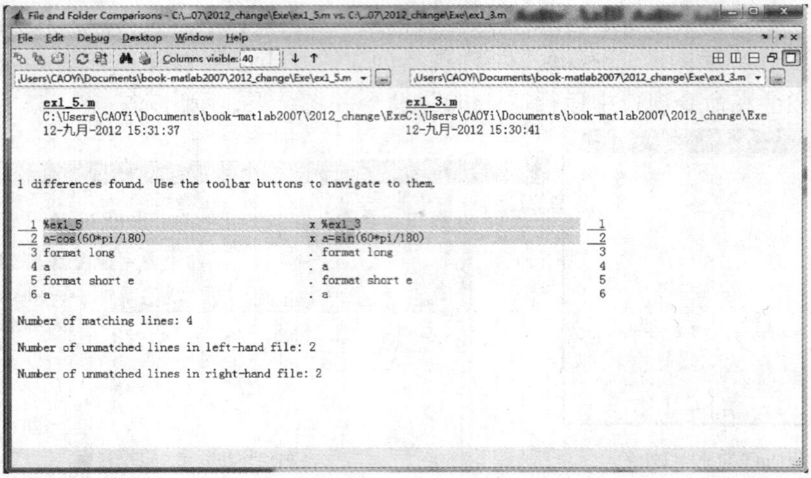

图 1-9 比较文件窗口

4. 工作空间浏览器窗口

工作空间浏览器窗口（Workspace）用于显示内存中所有的变量名、数据结构、类型、大小和字节数，不同的变量类型使用不同的图标。

（1）编辑变量

【例 1-6】 在命令窗口中输入变量，在工作空间中查看变量。

```
>> a = 1:2:10
a =
    1    3    5    7    9
>> b = [1 2 3;4 5 6]
b =
    1    2    3
    4    5    6
```

程序分析：

a 为行向量，有 5 个元素；b 为两行三列的矩阵。

在工作空间中可以对变量进行创建、修改、保存并可以绘制列数据曲线，当工作空间窗口为当前窗口时，MATLAB R2010a 工作环境的菜单条增加了"View"和"Graphics"菜单，"View"菜单是用来设置工作空间的显示格式，选择"View"→"Choose Columns"可以显示 Name、Value、Size 、Bytes 、Class、Min、Max、Range、Mean、Median、Mode、Var 和 Std；选择"View"→"Sort by"可以根据不同列进行排序。当将所有的"View"菜单的"Choose Column"全选择时，工作空间窗口如图 1-10 所示，"Graphics"菜单是用来选择变量的图形显示。

当选择了图 1-10 中工具栏中的绘制列数据曲线按钮（Plot）时，出现如图 1-11 所示的 Plot 下拉菜单，可以选择绘制的曲线类型。

（2）新建变量 在 Workspace 窗口工具栏中单击（New Variable）按钮，则在工作空间中创建了新变量名为 unnamed，值为 0。

（3）将变量保存为 MAT 文件 在 Workspace 窗口可以将变量保存到 MAT 文件中，通过

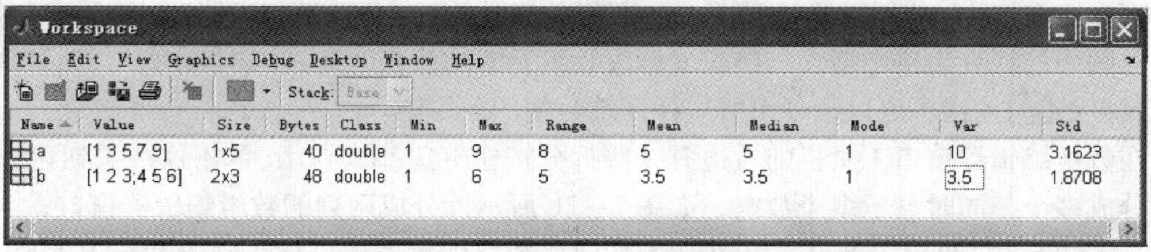

图 1-10 工作空间窗口

选择该变量，在快捷菜单中选择“Save as…”或单击工具栏中的 （Save）按钮，都会出现保存对话框，可以将所选择的变量保存到 MAT 文件中。

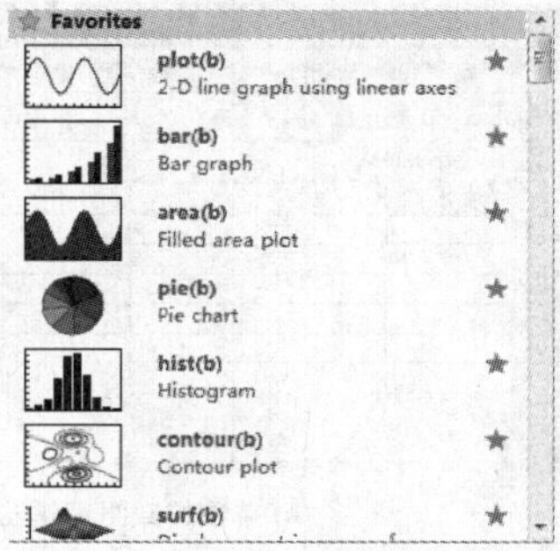

图 1-11 Plot 下拉菜单

（4）常用命令

在 MATLAB R2010a 的命令窗口中也可以通过命令来查看工作空间的变量，以下是常用的命令：

■ Who：查阅 MATLAB 内存变量名。

■ Whos：查阅 MATLAB 内存变量名、大小、类型和字节数。

■ clear 变量名 1 变量名 2 …：删除内存中的变量，变量名 1 变量名 2 可省略，省略时表示删除所有变量。

【例 1-7】 使用命令查看工作空间中变量的信息。

```
>> a = 1:2:10;
>> b = [1 2 3;4 5 6];
>> who
Your variables are:
a   ans   b
>> whos
  Name      Size        Bytes  Class
  a         1x5         40     double array
  ans       1x1         8      double array
  b         2x3         48     double array
Grand total is 12 elements using 96 bytes
```

程序分析：

Size 为元素个数，Bytes 为字节数。

5. 数组编辑器窗口

在默认情况下，数组编辑器窗口（Array Editor）不随 MATLAB 操作界面的出现而启动。启动数组编辑器窗口的方法有：

■ 在工作空间窗口中双击该变量。

■ 在工作空间窗口中选择变量，按鼠标右键在快捷菜单中选择“Open…”菜单。

■ 单击工作空间窗口工具栏中的打开变量（Open Selection）按钮 。

例如在图 1-10 中，双击变量，就会打开单独的数组编辑器窗口（Array Editor），变量 b

会出现在该窗口中，如图 1-12a 所示。在数组编辑器窗口中可以看到数组 b 的元素和排列，可以在图中的行列表格中增加、删除或修改数组元素的值来改变其结构和内容，如果单击图中工具栏的按钮也可以绘制出所选择区域数据的曲线图。

在数组编辑器窗口工具栏的右边有一些拆分按钮，单击这些按钮可以把窗口划分成多个，同时显示多个数组，如图 1-12b 所示拆分成两列的数组编辑器窗口，分别显示变量 a 和 b；可以单击窗口右上角的按钮将数组编辑器窗口加入到 MATLAB R2010a 的工作界面中，也可以在子窗口上单击按钮使当前变量窗口独立于数组编辑器窗口。

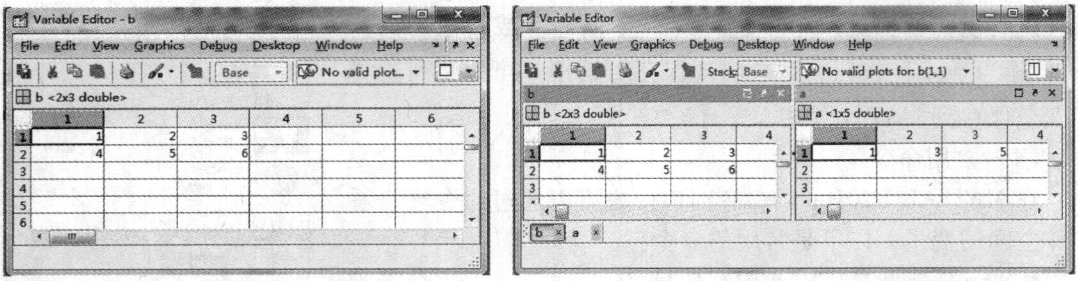

a) 单独的数组编辑器窗口　　b) 拆分成两列的数组编辑器窗口

图 1-12　数组编辑器窗口

6. M 文件编辑/调试器窗口

M 文件编辑/调试器窗口（Editor/Debugger）不显示在 MATLAB 默认工作界面中，只有需要创建或打开 M 文件（扩展名为 .m）时，才打开该窗口。图 1-13 为 M 文件编辑/调试器窗口，显示的是打开的“ex1_ 7. m”文件。

在 M 文件编辑/调试器窗口中，不仅可以编辑 M 文件，而且可以对 M 文件进行交互式调试；不仅可处理带 .m 扩展名的文件，而且可以阅读和编辑其他 ASCII 码文件，并可进行单元（Cell）的测试，该窗口也和数组编辑器窗口一样可以同时查看多个文件。

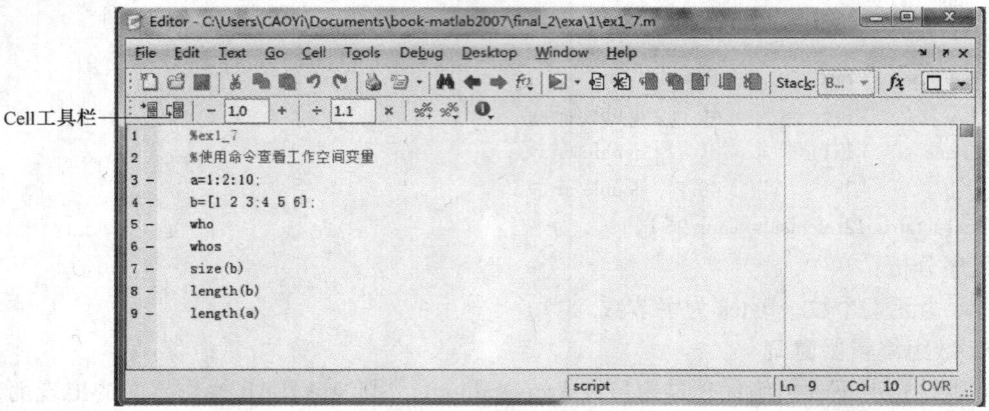

图 1-13　M 文件编辑/调试器窗口

打开 M 文件编辑/调试器窗口的方法有以下几种：

■ 单击 MATLAB 工作界面工具栏上的图标。

■ 单击菜单“File”→“New”→“M - file”创建新 M 文件。

■ 单击 MATLAB 工作界面上的图标，打开相应文件。

■ 单击菜单“File”→“Open…”，在出现的“Open”对话框中选择文件名后单击“打开”按钮，打开相应文件。

■ 用鼠标双击当前目录窗口中的 M 文件，可直接打开相应的文件。

在图 1-13 中的“Cell”菜单和工具栏，可以用来对 M 文件中的单元（Cell）进行测试运算，Cell 的调试将在附录 A 中详细介绍。

7. 程序性能剖析窗口

程序性能剖析窗口（Profiler）用来对 MATLAB 的 M 文件中各命令的耗时进行分析，通过程序性能剖析可以发现程序的耗时所在，从而改进算法，避免不必要的重复运算，程序性能剖析窗口如图 1-14 所示，将在附录 B 中详细介绍。

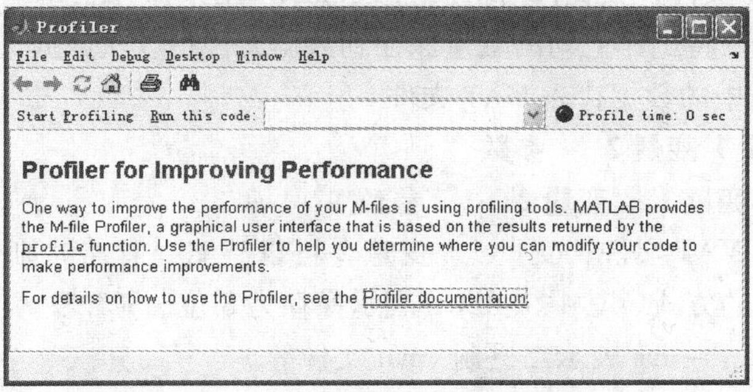

图 1-14　程序性能剖析窗口

1.3 MATLAB R2010a 的其他管理

1.3.1 MATLAB 的文件格式

MATLAB R2010a 的常用文件有 .m、.mat、.fig、.mdl、.mex、.p 等类型，如图 1-15 显示的“New”菜单文件类型。在 MATLAB R2010a 工作界面中的“New”菜单中可以创建 M－File、Figure 和 Model 等文件类型。

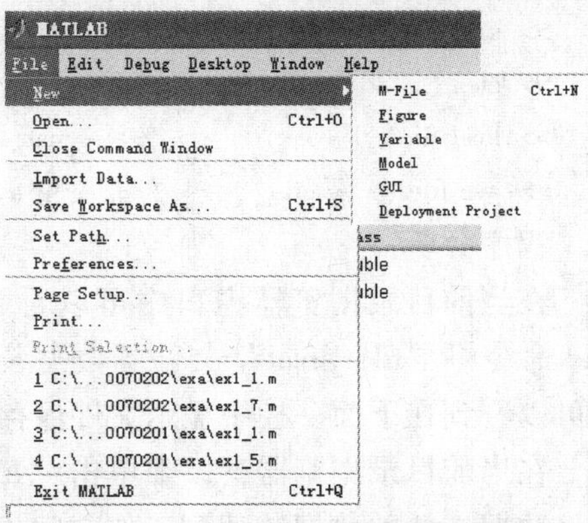

图 1-15　“New”菜单文件类型

1. 程序文件

程序文件即 M 文件（M－File），其文件的扩展名为 .m，M 文件通过 M 文件编辑/调试器生成，包括脚本（Script）文件和函数（Function）文件，MATLAB 的各工具箱中的大部分函数都是 M 文件。

M 文件是 ASCII 文件，因此也可以在其他的文本编辑器（如写字板）中显示和输入，它将在第 5 章中详细介绍。

2. 图形文件

图形文件（Figure）的扩展名为 . fig，. fig 文件的创建有几种方法：

■ 在“File”菜单中创建 Figure 文件。

■ 在“File”菜单中创建 GUI 时生成 . fig 文件。

■ 由 MATLAB 的绘图命令生成 . fig 文件。

3. 模型文件

模型文件（Model）扩展名为 . mdl，可以在“File”菜单中创建 Model 时生成 . mdl 文件，也可以在 Simulink 环境中建模时生成，在第 7 章中将详细介绍。

4. 数据文件

数据文件即 MAT 文件，其文件的扩展名为 . mat，用来保存工作空间的数据变量。在命令窗口中可以通过命令将工作空间的变量保存到数据文件中或从数据文件装载到工作空间。

（1）把工作空间中的数据存入 MAT 文件

save 文件名 变量 1 变量 2 … 参数

save（'文件名'，'变量 1'，'变量 2' …，'参数'）

说明：文件名为 MAT 文件；变量 1、变量 2 可以省略，省略时则保存工作空间中的所有变量；参数为保存的方式，其中' – ASCII'表示保存为 8 位 ASCII 文本文件、' – append'表示在文件末尾添加变量，' – mat'表示二进制 . mat 文件等。

（2）从数据文件中装载变量到工作空间

load 文件名 变量 1 变量 2 …

说明：变量 1、变量 2 可以省略，省略时则装载所有变量；如果文件名不存在则出错。

【例 1-8】 使用 save 和 load 命令保存和装载变量。

```
>> a = 1:2:10;
>> b = [1 2 3;4 5 6];
>> c = 'hello';
>> save file1 a b              % 把变量 a,b 保存到 File1. mat 文件
>> save file1 c  – append      % 把变量 c 添加到 File1. mat 文件中
>> clear                       % 将工作空间变量清空
>> load file1                  % 将 . mat 文件装载到工作空间
>> save file1  –  ascii        % 把变量 a,b,c 保存到 File1 文本文件
```

程序分析：

在当前目录浏览器窗口中可以看到新增加了一个“file1. mat”文件，如图 1-16 所示；load 命令将“file1. mat”文件的数据装载到工作空间中；在图 1-16 中选择“file1. mat”文件可以看到在下面一栏中显示文件保存的变量内容。

在当前目录浏览器窗口中单击“file1. mat”，在快捷菜单中选择“load”菜单项，也可以将数据文件的数据装载到工作空间中；还可以通过打开 Import Data 窗口来从 MAT 文件中将变量装载到 Workspace，则会出现如图 1-17 所示的 Import Data 窗口。打开 Import Data 窗口的方法：

■ 在图 1-16 中选择“file1. mat”文件，单击鼠标右键，在快捷菜单中选择“Import Data…”。

选择 MATLAB 工作界面的菜单“File”→“Import Data…”。

图 1-17“file1. mat”文件中保存的变量，选择某个变量就可以在右侧看到该变量的内容，在“Import”栏中在要装载的变量前打勾，然后单击“Finish”按钮就可将该变量装载到 Workspace 中。

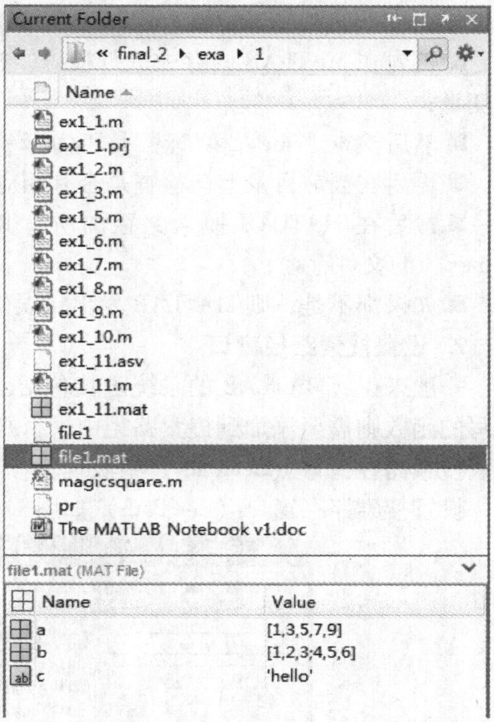

图 1-16　当前目录浏览器窗口

5. 可执行文件

可执行文件即 MEX 文件，其文件的扩展名为 . mex，由 MATLAB 的编译器对 M 文件进行编译后产生，其运行速度比直接执行 M 文件快得多。

6. P 码文件

P 码文件即伪代码文件，是 M 文件被调用后在内存中生成的内部伪代码，下次运行时就可以不需要进行语法分析，文件名与 M 文件名相同，运行速度比 M 文件快。它将在第 5 章中详细介绍。

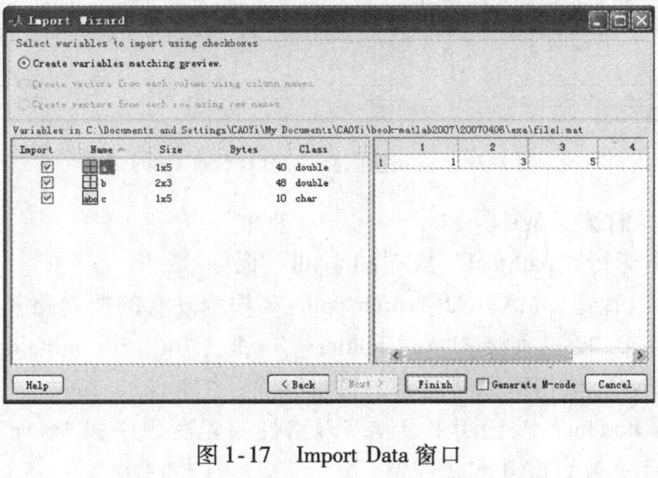

图 1-17　Import Data 窗口

1. 3. 2　设置搜索路径

MATLAB 中文件、函数和数据运行时，都是按照一定的顺序在搜索路径中搜索并执行的。

1. MATLAB 的基本搜索过程

当用户在命令窗口的提示符“>>”后输入一个命令行如“sin(x)”时，则 MATLAB 一般是按照以下的顺序进行搜索的：

■ 首先在 MATLAB 内存中进行检查，检查“sin”和“x”是否为工作空间的变量或特殊变量；

■ 然后检查“sin”和“x”是否为 MATLAB 的内部函数（Built - in Function）；

■ 再后在当前目录上，检查是否有相应的“. m”或“. mex”文件存在；

■ 最后在 MATLAB 搜索路径的所有其他目录中，依次检查是否有相应的“. m”或“. mex”的文件存在；

■ 如果都不是，则 MATLAB 发出错误信息。

2. 设置搜索路径窗口

一般来说，MATLAB 的系统函数包括工具箱函数都在默认的搜索路径中，而用户自己编写的函数则需要添加到搜索路径中，否则运行时会提示找不到文件。修改搜索路径通常在设置搜索路径窗口（Set Path）中实现。

设置搜索路径窗口（Set Path）如图 1-18 所示，打开设置搜索路径窗口的方法有两种：

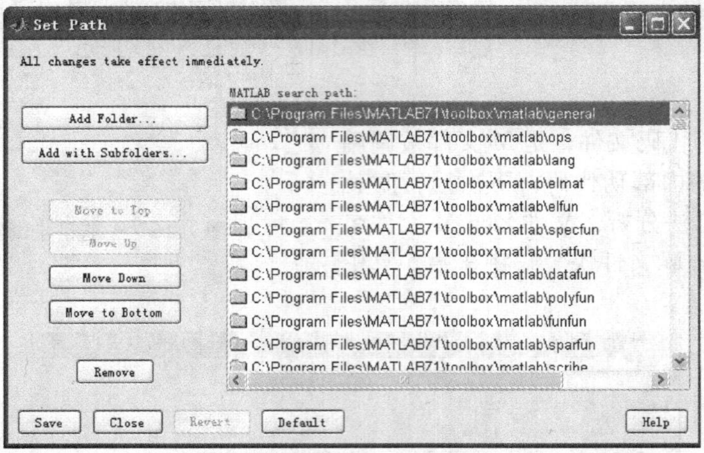

图 1-18　设置搜索路径窗口（Set Path）

■ 在 MATLAB 界面选择菜单“File”→“Set Path”。

■ 在命令窗口中运行“pathtool”或“editpath”命令。

在图 1-18 中可以看到“MATLAB search path：”框为现有的搜索路径，运行时按照从上到下的顺序搜索；在窗口的左侧有“Add Folder…”和“Add with Subfolders…”按钮可以添加搜索路径；“Remove”按钮可以将已有的目录移除；“Move to Top”、“Move Up”、“Move Down”和“Move to Bottom”按钮用来设置搜索路径的先后顺序；“Save”按钮将修改的搜索路径保存，下次启动 MATLAB 时仍保留。

1.4　一个简单的实例

为了能熟悉 MATLAB R2010a 的工作界面环境，下面通过一个简单的实例来综合了解 MATLAB R2010a 各窗口的功能和命令的使用。

【例 1-9】 在 MATLAB R2010a 的工作界面中做一个练习。

（1）命令窗口　在命令窗口（Command Window）中输入：

```
>> t=0:1:10
t =
     0    1    2    3    4    5    6    7    8    9    10
>> y=sin(0.5*t)
y =
  Columns 1 through 8
          0    0.4794    0.8415    0.9975    0.9093    0.5985    0.1411    -0.3508
  Columns 9 through 11
   -0.7568    -0.9775    -0.9589
```

程序分析：

t 为 0～10 的一维数组，每个元素间隔为 1；y 也是一维数组。

在命令窗口中输入：

```
>> format long
>> y
y =
  Columns 1 through 4
                          0    0.47942553860420    0.84147098480790    0.99749498660405
  Columns 5 through 8
   0.90929742682568    0.59847214410396    0.14112000805987    -0.35078322768962
  Columns 9 through 11
   -0.75680249530793    -0.97753011766510    -0.95892427466314
```

程序分析：

y 以 15 位的长格式显示，在内存中 y 的值不变，只是显示的格式不同。

（2）工作空间　在工作空间（Workspace）中可以看到两个变量 t 和 y，如图 1-19a 所示。选择变量“y”，单击工具栏的按钮，绘制变量“y”的曲线，如图 1-19b 所示的正弦曲线。

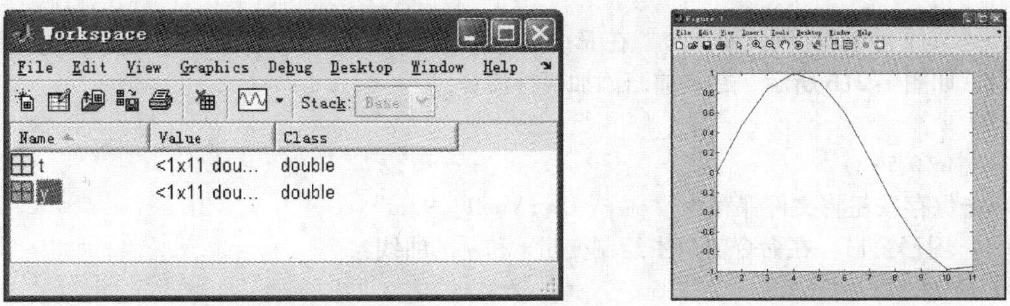

a) 工作空间窗口　　b) 正弦曲线

图 1-19　工作空间和图形窗口

（3）数组编辑器窗口　在工作空间中双击变量“y”就打开了数组编辑器窗口（Array Editor），显示变量“y”的内容，如图 1-20 所示。可以看到“y”元素共 11 列，如果在第 12 列添加 1，则“y”就修改为 12 个元素的数组。

如果单击工具栏的按钮，则会出现保存对话框，将变量 t 和 y 保存到 MAT 文件中。

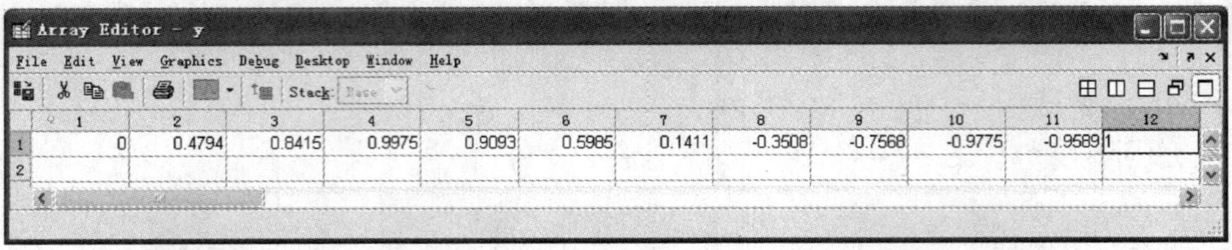

图 1-20 数组编辑器窗口

(4) 历史命令窗口 在历史命令窗口（Command History）中选择刚才输入的 4 行命令，如图 1-21a 所示，单击鼠标右键在快捷菜单中选择 “Create M－File” 命令生成 M 文件，出现 M 文件编辑/调试器窗口。

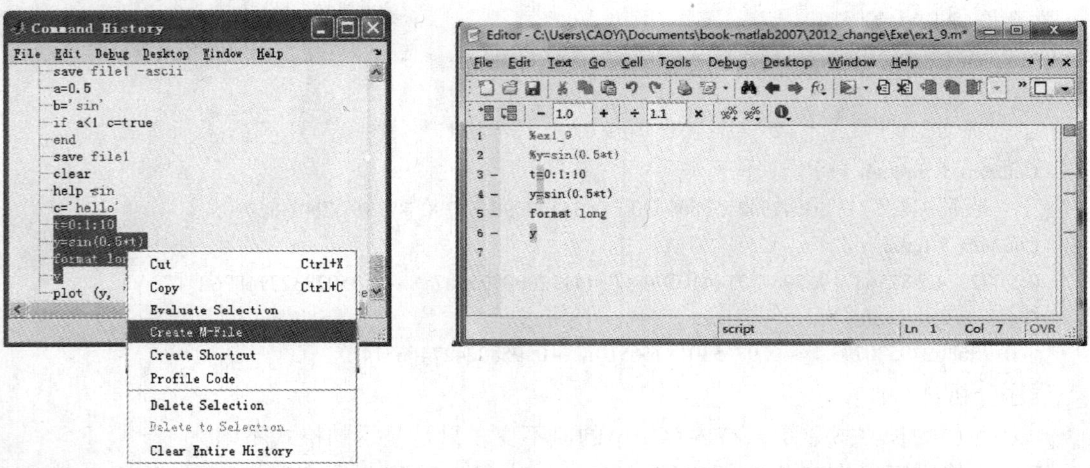

a) 历史命令窗口　　　　b) M文件编辑/调试器窗口

图 1-21 历史命令和 M 文件编辑/调试器窗口

(5) M 文件编辑/调试器窗口 在 M 文件编辑/调试器窗口（Editor/Debugger）中出现 4 行命令，如图 1-21b 所示，在最前面添加两行注释：

```
% ex1_9
% y = sin(0.5 * t)
```

单击保存按钮将文件保存为 “c：\ User \ ex1_ 9. m”。

(6) 图形窗口 在命令窗口中绘制变量 t 和 y 的曲线：

```
>> plot(t,y)
```

则出现如图 1-22 所示的图形窗口 “Figure 1”，显示横坐标是变量 t 纵坐标是变量 y 的曲线。

(7) 设置搜索路径窗口 在命令窗口中输入以下命令：

```
>> ex1_9
??? Undefined function or variable 'ex1_9'.
```

单击 MATLAB 界面的菜单 “File” → “Set Path”，打开设置搜索路径窗口（Set Path），

单击“Add Folder…”按钮，将“c:\User”添加到搜索路径中，单击“Save”按钮保存设置。则关闭 MATLAB 再启动，在出现的命令窗口中输入：

```
>> ex1_9
```

在命令窗口中就可以看到运行的结果。

（8）当前目录浏览器窗口　在 MATLAB R2010a 工作界面窗口中，单击工具栏的“Current Directory:”右边的[...]按钮，修改当前目录为“c:\User”，在命令窗口中输入：

```
>> save ex0109 y
```

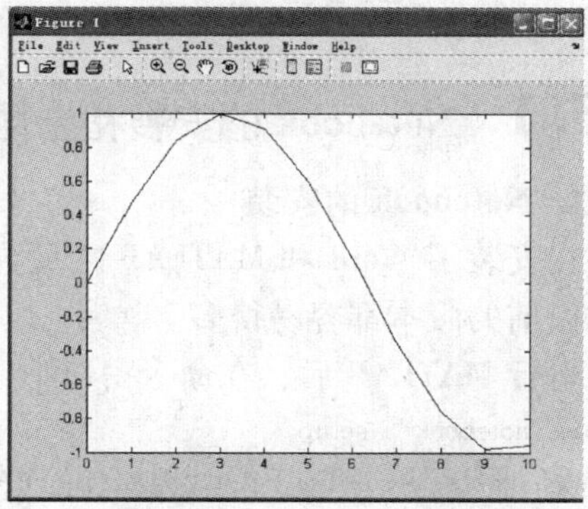

图 1-22　图形窗口“Figure 1”

则将变量 y 保存到文件“ex0109. mat”中，在当前目录浏览器窗口（Current Directory Browser）中可以看到两个文件：“ex1_ 9. m”和“ex0109. mat”。“ex0109”是 MAT 文件，单击该文件可以看到下栏中显示数据编辑器窗口所保存的变量“y”，单击“y”可以看到 y 的数据内容。

（9）运行 M 文件　在 M 文件编辑/调试器窗口图 1-21b 中单击工具栏的▶按钮，可以运行该 M 文件，如果运行的文件不是当前路径，则会出现提示对话框如图 1-23a 所示，询问是否将运行的文件所在目录设置为当前路径，如果单击“Change Folder”按钮则修改当前路径，单击“Add to Path”按钮则将该路径添加到搜索路径。

在图 1-21b 中增加单元，在第一行和第二行命令前面分别加两个“%”，则出现两个单元，可以分别进行单独调试运行。若用鼠标单击前一个单元，则如图 1-23b 所示。

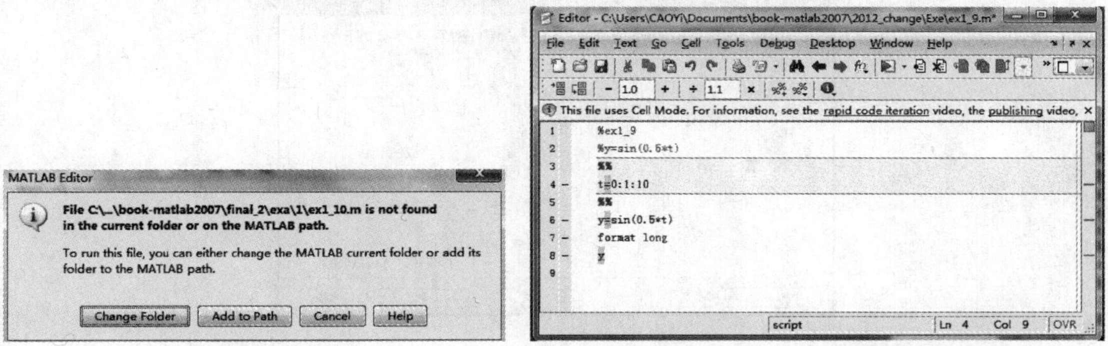

a) 修改路径对话框　　　b) 单元调试

图 1-23　M 文件编辑/调试器窗口

在单元中单击鼠标右键，在下拉菜单中选择“Evaluate Current Cell”，就可以运行该单元了，在命令窗口可以看到运行的结果。

1.5　MATLAB 的文字处理工具 Notebook

Notebook 是 MATLAB 的文字处理工具，是 MATLAB 与 Microsoft Word 的完美结合，使 MATLAB 在原来运算功能的基础上增加了文档功能，可以用于科技报告、论文、著作和讲义、教材等。

1.5.1 Notebook 的安装和启动

1. Notebook 的安装

在安装了 Word 和 MATLAB 之后再安装 Notebook，MATLAB R2010a 的 Notebook 安装步骤比以前的版本都容易得多。

运行 MATLAB 后，在命令窗口中输入安装命令：

```
>> notebook  - setup
Welcome to the utility for setting up the MATLAB Notebook
for interfacing MATLAB to Microsoft Word
Setup complete
```

则安装完毕，如果安装程序不能找到所需的文件，则也会提示用户指定“winword. exe”和“normal. exe”文件的路径。

2. Notebook 的启动

启动 Notebook 有两种方法：一种是在 Word 中启动，另一种是在 MATLAB 中启动。

（1）从 Word 中启动 Notebook 打开 Word 时所得到的 Word 窗口是按默认模板 Normal. dot 形式创建的，选择 Word 窗口的菜单“文件”→“新建”后，在“新建文档”栏选择“本机上的模板…”则出现如图 1-24 所示的模板对话框，选择“m - book. dot”图标后按“确定”按钮。如果此时 MATLAB 还未启动，则 MATLAB 自动被启动，然后就出现新的“M - book”文档式样的 Word 窗口。

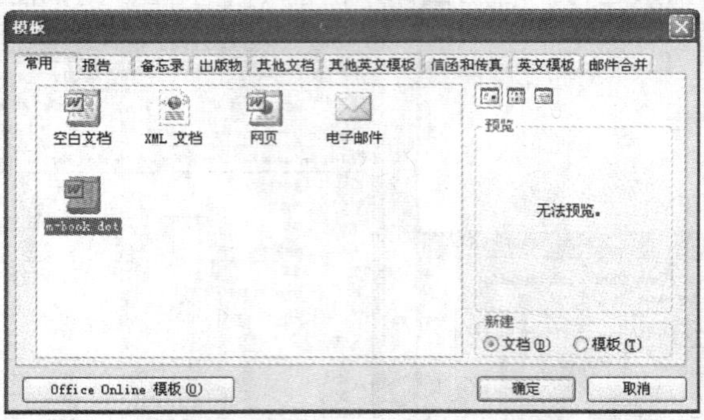

图 1-24 模板对话框

当保存文件时，默认的文件名为“The MATLAB Notebook v1. doc”。

（2）从 MATLAB 中启动 Notebook 从 MATLAB 中启动 Notebook 是直接在命令窗口中输入：

```
>> notebook                          %创建新的 word 文件
>> notebook '完整路径和文件名'        %打开已有的 word 文件
```

则会自动启动 Word，新建或打开 Word 文件。

3. Notebook 的界面

创建的 M - book 文件界面比普通的 Word 多一个“Notebook”菜单，Notebook 菜单项如

图 1-25 所示；另外，在“文件”菜单中还添加了“New M－book”菜单项。

1.5.2　Notebook 的使用

M－book 文件对文字的编辑具有 Word 的全部功能，还可以对 MATLAB 命令进行运行和显示结果和图形，因此可以在 Word 环境中方便地使用 MATLAB 资源。

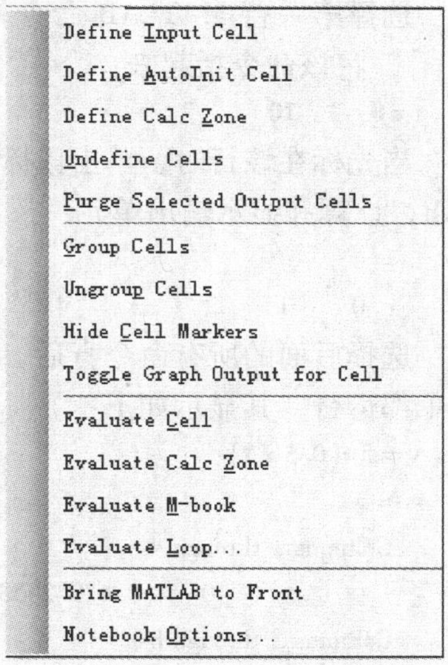

图 1-25　Notebook 菜单项

1. 定义单元

在 Notebook 中，参与 Word 和 MATLAB 之间信息交换的部分称为单元或单元组（Cells or Cell group）。定义后的单元或单元组都会显示为用灰色的“[ ]”括起来。

（1）输入单元　输入单元（Input cells）是由 M－book 送给 MATLAB 的命令，在 MATLAB 中合法的命令、注释都可以定义为输入单元。

（2）单元组　单元组（Cell group）是多行输入单元或自动初始化单元组成的一个整体。使用单元组可以保证 MATLAB 命令结构（如循环、条件等结构）的完整性，以及输出结果和图形的完整性。

（3）输出单元　由 MATLAB 返回给 M－book 的计算结果称为输出单元（Output cells），输出单元包括数据、图形和出错信息。

输出单元是输入单元或单元组运算后产生的，总是紧跟在输入单元或单元组后。如果输入单元修改后再重新运行，则用新的输出单元替换原有的输出单元。

（4）计算区　计算区（Calc Zone）是由文本、输入单元和输出单元组成的连续区，用于实现某个具体的问题。

2. 运行

在菜单“Notebook”中，可以分别选择“Evaluate Cells”运行输入单元，或选择“Evaluate M－book Calc Zone”运行计算区，也可以选择“Evaluate M－book”运行整个 M－book 文件，运行后显示输出单元。

3. 删除输出单元

有时在撰写报告或布置作业时，不需要显示输出单元，可以选择菜单“Notebook”→“Purge Selected output Cells”，删除选中的所有输出单元。

【例 1-10】　创建一个 M－book 文件，显示并运行例 1-9 中的命令，如图 1-26 中显示在 Word 中使用 MATLAB 命令绘制的波形。

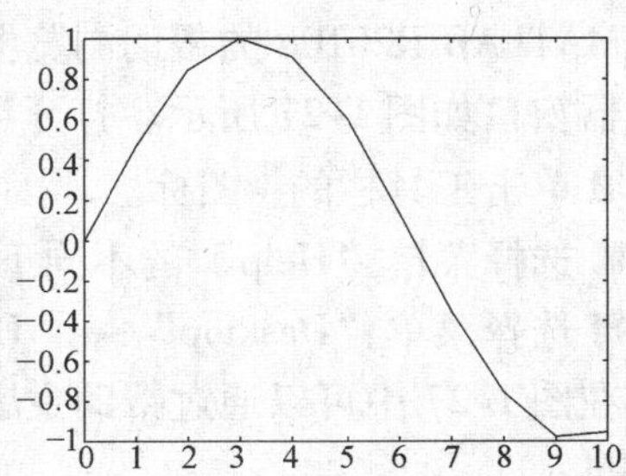

图 1-26　在 Word 中使用 MATLAB 命令绘制的波形

创建 M－book 文件“The MATLAB Notebook v1. doc”如下：

```
t=0:1:10
y=sin(0.5*t)
format long
y
```

plot(t,y)

选择第一行 MATLAB 命令，按组合键“Alt - D”定义为输入单元，则会出现灰色的“[]”将该命令括起来：

t=0：1：10

当光标在该行时，单击鼠标右键选择快捷菜单“Evaluate Cells”，则将命令传送到 MATLAB，计算并显示输出单元：

```
t =
    0    1    2    3    4    5    6    7    8    9    10
```

选择后面的所有命令行后，单击鼠标右键选择快捷菜单“Evaluate Cells”，则将所有的命令都运行，其显示如下：

y=sin(0.5*t)

```
y =
  Columns 1 through 4
                 0   0.479425538604203   0.841470984807897   0.997494986604054
  Columns 5 through 8
  0.909297426825682   0.598472144103956   0.141120008059867   -0.350783227689620
  Columns 9 through 11
  -0.756802495307928   -0.977530117665097   -0.958924274663138
```

format long

y

plot(t,y)

程序分析：

显示的输入单元为绿色文字，输出单元为蓝色文字，都有灰色的“[]”括起来，plot(t，y)命令的输出单元是图形。

1.6 MATLAB R2010a 的帮助系统

MATLAB R2010a 提供了非常强大的帮助系统，包括帮助命令、帮助窗口、HTML 格式帮助、pdf 格式帮助以及帮助演示等。

1.6.1 使用帮助浏览器

MATLAB R2010a 的帮助浏览器窗口（Help）提供给用户方便、全面的帮助信息。帮助浏览器窗口如图 1-27 所示。打开帮助浏览器窗口的方法有以下几种：

- 单击工具栏的 ? 图标。
- 选择菜单“Help”的不同下拉帮助菜单项。
- 选择菜单“Desktop”→“Help”。

在图 1-27 中可以通过帮助主题（Contents）和搜索（Search Results）两个面板来查找帮助信息：

- Contents 面板为可展开的树形结构，向用户提供全方位系统帮助的向导图，当用鼠标单击目录条，则在左边的帮助浏览器中就会显示出相应的 HTML 帮助文件。

■ Search Results 面板通过关键词来查找全文中与之匹配的章节条目。

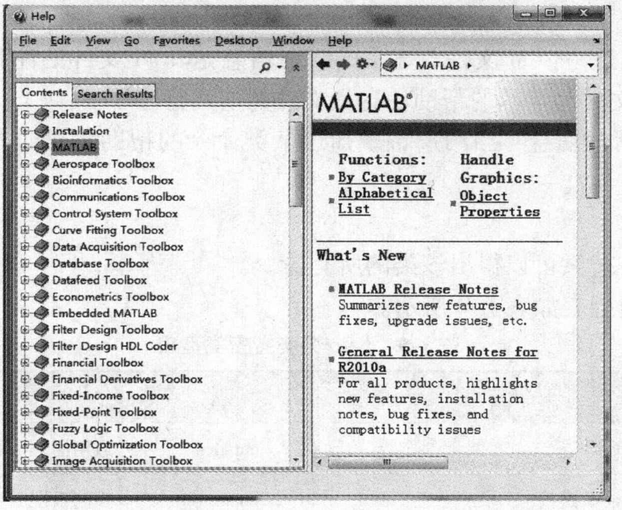

图 1-27　Help 窗口

例如，在空白的搜索文本框中输入“plot”，并按回车键搜索帮助信息。

1.6.2 使用帮助命令

MATLAB R2010a 还提供了丰富的帮助命令，在命令窗口中输入相关命令来得到帮助信息。

1. help 命令

help 命令可以获得 MATLAB 命令和 M 文件的帮助信息，如果知道准确的命令名称或主题词，使用 help 命令来查找最快捷。

（1）获得具体命令的帮助信息

help 命令名称

说明：根据命令名称显示具体命令的用法说明；如果命令名称省略，则列出所有主要的帮助主题，每个帮助主题与 MATLAB 搜索路径的一个目录名相对应。

【例 1-11】　在命令窗口使用 help 查找命令的信息。

```
>> help log10                    %查找系统函数 log10 的帮助信息
 LOG10 Common (base 10) logarithm.
   LOG10(X) is the base 10 logarithm of the elements of X.
   Complex results are produced if X is not positive.
     Class support for input X:
       float: double, single
     See also log, log2, exp, logm.
     Overloaded functions or methods (ones with the same name in other directories)
         help fints/log10.m
         help sym/log10.m
>> help ex1_9
 ex1_9
```

```
y = sin(0.5 * t)
```

程序分析：

“log10” 函数也是一个 M 文件，显示的帮助信息是其 M 文件的注释行；ex1_ 9 为前面的例 1-9 保存的 M 文件，显示的帮助信息是文件的前两行注释。

（2）分类搜索帮助信息　当用户希望知道某类命令的帮助信息时，使用 help 进行分类搜索帮助信息。

help 类型名

说明：通过分类搜索可以得出该类的所有命令。

help 分类搜索类型表如表 1-9 所示。

表 1-9　help 分类搜索类型表

类型名	内容	类型名	内容
general	通用命令	graphics	通用图形函数
elfun	基本数学函数	control	控制系统工具箱函数
elmat	基本矩阵和矩阵操作	ops	操作符和特殊字符
matfun	矩阵函数，数值线性代数	polyfun	多项式和内插函数
datafun	数据分析和傅立叶变换函数	lang	语言结构和调试
strfun	字符串函数	demos	演示命令
iofun	低级文件输入/输出函数	funfun	非线性数值功能函数

2. lookfor 命令

lookfor 命令是在所有的帮助条目中搜索关键字，常用来查找具有某种功能而不知道准确名字的命令。

lookfor topic －all

说明：lookfor 命令是把在搜索中发现的与关键字相匹配的所有 M 文件的 H1 行（第一行注释）都显示出来；－all 表示在所有 M 文件中搜索关键字。

【例 1-12】　在命令窗口使用 lookfor 查找命令的信息。

```
>> lookfor sin(0.5 * t)
ex1_9. m: %计算 sin(0.5 * t)
……
```

程序分析：

lookfor 命令是对知道关键字的文件进行查找，由于要查找的文件很多需要较长时间，可能会出现很多查找的结果。

3. 打开帮助窗口命令

打开帮助浏览器窗口的常用命令有：

■ helpwin：打开帮助窗口。

■ helpdesk：打开帮助桌面。

■ demo：打开演示窗口。

1.6.3 其他帮助

1. Demos 演示

Demos 演示界面操作非常方便，为用户提供了图文并茂的演示实例。通过演示程序学习是一个很好的学习方法。打开“MATLAB Demo Window”有几种方法：

■ 在 MATLAB 界面单击菜单“Help”→“Demos”。

■ 在 MATLAB 命令窗口中，运行“demo”命令，例如，运行“demo matlab graphics”。

■ 在帮助导航/浏览器窗口中，选择“MATLAB”→“Demos”面板。

2. PDF 帮助

MATLAB R2010a 把帮助导航/浏览器中的部分内容制作成了 PDF 文件，PDF 文件被分类存放在“..\help\pdf_doc”文件夹中。打开这种 PDF 文件的方法：

在资源管理器中打开在“..\help\pdf_doc”文件夹下的相应 PDF 文件，用鼠标双击文件即可用 Acrobat Reader 打开。

3. 通过 Web 查找帮助信息

MathWorks 公司提供了技术支持网站，通过该网站用户可以找到相关的 MATLAB 书籍介绍、MATLAB 使用建议、常见问题解答和其他 MATLAB 用户提供的应用程序等。

在 MATLAB 工作界面或各独立出现的窗口中选择菜单“Help”→“Web Sources”→“The Mathworks web site”进入 Mathworks 的网页查看 MATLAB 最新的动态和应用。

习 题

1. 选择题

(1) 在 MATLAB 中________用于括住字符串。

A. ,　　B. ;　　C. ''　　D. ""

(2) 在 MATLAB 的命令窗口中________可以中断 MATLAB 命令的运行。

A. End　　B. Esc　　C. Backspace　　D. CTRL + C

(3) 在 MATLAB 的命令窗口中执行________命令，使数值 5.3 显示为 5.30000000000000e+000。

A. format long　　B. format long e　　C. format short　　D. format short e

(4) 在 MATLAB 的命令窗口中执行________命令，将命令窗口的显示内容清空。

A. clear　　B. clc　　C. echo off　　D. cd

(5) 在 MATLAB 的命令窗口中执行“x”，关于 MATLAB 的搜索顺序，下面说法正确的是________。

A. 搜索路径窗口中所有路径的先后顺序是随意的

B. 首先到搜索路径窗口中的路径中去搜索“x”

C. 首先在工作空间搜索“x”

D. 首先在工作空间搜索“x.m”文件

2. 在命令窗口中输入以下命令，写出在命令窗口中的运行结果。

```
>> a = [2+5i 5 0.2 2*3]
```

3. 使用 MATLAB R2010a 的“Preferences”窗口设置数据输出格式为有理数表示。

4. 在命令窗口中使用标点符号“%”和“;”。

5. 用“format”命令设置数据输出格式为有理数表示、15 位长格式和 5 位科学计数法。

6. 历史命令窗口有哪些功能？

7. 在命令窗口中使用 what、dir、which、cd、dir 来查看“..\matlab\R2006b”目录下的文件，并用

type 命令查看文件内容。

8. 在命令窗口中输入以下变量，在工作空间窗口查看并修改各变量。

```
>> a = 'welcome'
>> b = a + 1
```

9. 输入变量，在工作空间中使用 who、whos 和 clear 命令查看变量，并用 save 命令将变量存入“C:\exe0101. mat”文件。

10. 在命令窗口中输入以下变量：

```
>> a = [1 2;3 4]
>> b = [4 5;6 7]
>> c = a + b
```

将变量存放在“exe1. mat”文件中和“exe1. txt”文本文件中，在命令窗口中输入以下命令后，将 exe1. mat 文件装载到工作空间中，并输入以下命令查看结果：

```
>> c = 5
```

11. 在命令窗口中输入以下命令，并查看显示的图形。

```
>> a = [1 2 3 4]
>> b = [5 6 7 8]
>> c = a + b * i
>> plot(c)
```

12. 创建一个 M - book 文件，显示第 8 题的 MATLAB 命令并运行。

13. 学习设置 MATLAB 搜索路径的方法，使用“path”和“addpath”命令来设置搜索路径，在搜索路径窗口中移除该目录。

14. 使用 help 和 lookfor 命令查看“demo”的帮助信息，然后在命令窗口中执行“demo”命令查看。

第2章

MATLAB 的基本运算

MATLAB 的产生是由矩阵运算推出的，因此矩阵和数组运算是 MATLAB 最基本最重要的功能。本章主要介绍 MATLAB 的数据类型、矩阵和数组基本运算以及多项式的运算。

2.1 数据类型

MATLAB R2010a 定义了 15 种基本的数据类型，包括整型、浮点型、字符型和逻辑型等，用户甚至可以定义自己的数据类型。MATLAB 内部的任何数据类型，都是按照数组的形式进行存储和运算的。数据类型的分类如图 2-1 所示。

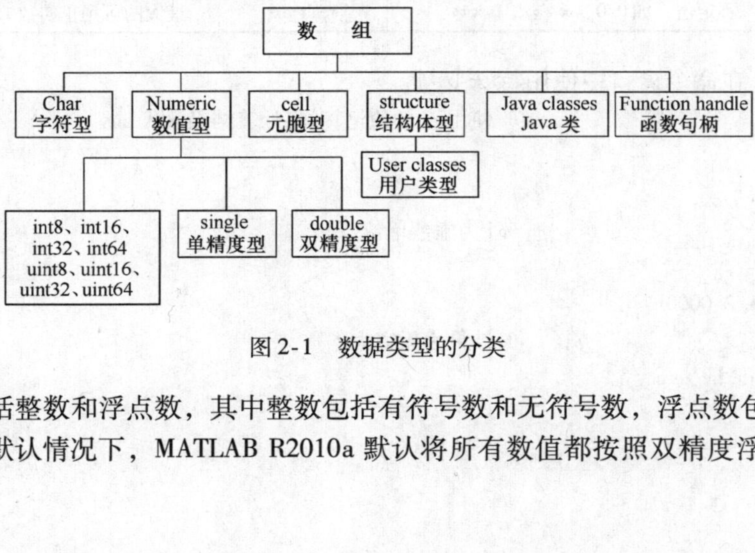

图 2-1 数据类型的分类

数值型包括整数和浮点数，其中整数包括有符号数和无符号数，浮点数包括单精度型和双精度型。在默认情况下，MATLAB R2010a 默认将所有数值都按照双精度浮点数类型来存储和操作，用户如果要节省存储空间可以使用不同的数据类型。

2.1.1 常数和变量

1. 常数

MATLAB 的常数采用十进制表示，可以用带小数点的形式直接表示，也可以用科学计数法，数值的表示范围是 $10^{-309} \sim 10^{309}$。以下都是合法的常数表示：

-10.599、2500、3.1e-56（表示 3.1×10^{-56}）、1e308（表示 1×10^{308}）

2. 变量

变量是数值计算的基本单元，MATLAB 与其他高级语言不同，变量使用时无需事先定义，其名称就是第一次合法出现时的名称，因此使用起来很便捷。

（1）变量的命名规则 MATLAB 的变量有一定的命名规则，变量的命名规则如下：

■ 变量名区分字母的大小写。例如，“a”和“A”是不同的变量。

■ 变量名不能超过 63 个字符，第 63 个字符后的字符被忽略。

■ 变量名必须以字母开头，变量名的组成可以是任意字母、数字或者下划线，但不能含有空格和标点符号（如，。% 等）。例如，“1_ 1”、“a/b”、“a-1”和“变量 1”都是不合法的变量名。

■ 关键字（如 if、while 等）不能作为变量名。

在 MATLAB R2010a 中的所有标识符包括函数名、文件名都是遵循变量名的命名规则的。

（2）特殊变量 MATLAB 有一些自己的特殊变量，是由系统预先自动定义的，当 MATLAB 启动时驻留在内存中，特殊变量表如表 2-1 所示。

表 2-1 特殊变量表

特殊变量名	取　值	特殊变量名	取　值
ans	运算结果的默认变量名	i 或 j	$i=j=\sqrt{-1}$，虚数单位
pi	圆周率 π	nargin	函数的输入变量数目
eps	浮点数的相对误差	nargout	函数的输出变量数目
inf 或 INF	无穷大，如 1/0	realmin	最小的可用正实数 2.2251×10^{-308}
NaN 或 nan	不定值，如 0/0、∞/∞、0×∞	realmax	最大的可用正实数 1.7977×10^{308}

【例 2-1】 在命令窗口中使用特殊变量。

```
>> 2*pi*5                    %使用 pi 的值运算,将计算结果放入 ans
ans =
    31.4159
>> 1+2i                      %i 为虚数单位
ans =
    1.0000 + 2.0000i
>> 1/0                       %结果为无穷大
Warning: Divide by zero.
ans =
    Inf
```

```
>> 0/0                          %结果表示不定值
Warning: Divide by zero.
ans =
     NaN
```

程序分析：

在 MATLAB 中分母为 0 并不出错，只是出现 Warning 提示。

2.1.2 整数和浮点数

1. 整数

MATLAB R2010a 提供了 8 种内置的整数类型，为了在使用时提高运行速度和存储空间，应该尽量使用字节少的数据类型，可以使用类型转换函数将各种整数类型强制相互转换。表 2-2 中列出了各种整数类型的数值范围和类型转换函数。

表 2-2　各种整数类型的数值范围和类型转换表

数据类型	表示范围	字节数	类型转换函数
无符号 8 位整数 uint8	$0 \sim 2^8 - 1$	1	uint8 ( )
无符号 16 位整数 uint16	$0 \sim 2^{16} - 1$	2	uint16 ( )
无符号 32 位整数 uint32	$0 \sim 2^{32} - 1$	4	uint32 ( )
无符号 64 位整数 uint64	$0 \sim 2^{64} - 1$	8	uint64 ( )
有符号 8 位整数 int8	$2^{-7} \sim 2^7 - 1$	1	int8 ( )
有符号 16 位整数 int16	$2^{-15} \sim 2^{15} - 1$	2	int16 ( )
有符号 32 位整数 int32	$2^{-31} \sim 2^{31} - 1$	4	int32 ( )
有符号 64 位整数 int64	$2^{-63} \sim 2^{63} - 1$	8	int64 ( )

2. 浮点数

浮点数包括了单精度型（single）和双精度型（double），双精度型为 MATLAB 默认的数据类型。表 2-3 中列出了各种浮点数的数值范围和类型转换函数。

表 2-3　浮点数的数值范围和类型转换表

数据类型	存储空间	表示范围	类型转换函数
单精度型 single	4B	$-3.40282 \times 10^{38} \sim +3.40282 \times 10^{38}$	single ( )
双精度型 double	8B	$-1.79769 \times 10^{308} \sim +1.79769 \times 10^{308}$	double ( )

【例 2-2】　使用类型转换函数转换不同的数据类型，工作空间窗口如图 2-2 所示。

```
>> x = int8(2.3)                %将浮点数转换为 8 位整数最大为 127
x =
     2
>> y = int8(2.3e16)             %将浮点数转换为 8 位整数
y =
   127
>> z = int16(2.3) %将浮点数转换为 16 位整数
z =
```

```
    2
>> x1 =1/3
x1  =
    0.3333
>> xx =x * x1    %整数与浮点数运算结果是整数
xx  =
    1
>> y1 =single(y) %将整数转换为浮点数
y1  =
    127
```

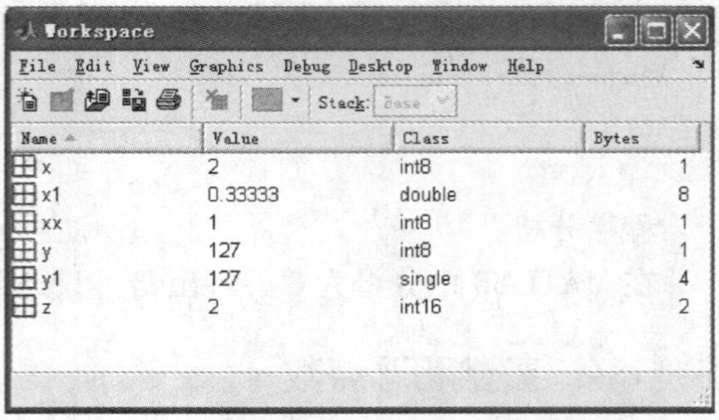

图 2-2 工作空间窗口

程序分析：

■ 在工作空间窗口中可以看到各变量在存储空间中占用的字节数。

■ 整数与浮点数相乘运算后的结果 xx 仍然是整数。

2.1.3 复数

复数包括实部和虚部，MATLAB 用特殊变量“i”或“j”表示虚数的单位，因此注意在编程时不要将 i 和 j 变量另外赋值。

复数运算不需要特殊处理，可以直接进行。复数的产生可以有几种方式：

z = a + b * i 或 z = a + b * j

z = a + bi 或 z = a + bj(当 b 为常数时)

z = r * exp(i * theta)

z = complex(a,b)

说明：相角 theta 以弧度为单位，复数 z 的实部 a = r * cos(theta)；复数 z 的虚部 b = r * sin(theta)。

MATLAB 中关于复数的运算函数表如表 2-4 所示。

表 2-4 复数的运算函数表

函数名	说明	函数名	说明
real(z)	返回复数 z 的实部	angle(z)	返回复数 z 的幅角
imag(z)	返回复数 z 的虚部	abs(z)	返回复数 z 的模
conj(z)	返回 z 的共轭复数	complex(a,b)	以 a 和 b 分别作为实部和虚部,创建复数

【例 2-3】 使用复数函数实现复数的创建和运算。

```
>> a =3;
>> b =4;
>> c =complex(a,b)              %创建复数
c  =
    3.0000 + 4.0000i
>> r =real(c)                   %复数的实部
r  =
    3
>> t =angle(c) * 180/pi         %复数的相角用角度表示
```

```
t =
     53.1301
>> cc = conj(c)                         %共轭复数
cc =
     3.0000 - 4.0000i
```

2.2 矩阵和数组的算术运算

MATLAB 中的数组可以说是无处不在的，任何变量都是以数组形式存储和运算的。在 MATLAB 的运算中，经常要使用到标量、向量、矩阵和数组。关于名称的定义如下：

■ 空数组（empty array）：没有元素的数组。

■ 标量（scalar）：是指 1×1 的矩阵，即为只含一个数的矩阵。

■ 向量（vector）：是指 1×n 或 n×1 的矩阵，即只有一行或者一列的矩阵。

■ 矩阵（matrix）：是一个矩形的 m×n 数组，即二维数组。

■ 数组（array）：是指多维数组 m×n×k×…，其中矩阵和向量都是数组的特例。

2.2.1 数组的创建

在 MATLAB 中矩阵的创建应遵循以下基本常规：

■ 矩阵元素应用方括号（[ ]）括住。

■ 每行内的元素间用逗号（,）或空格隔开。

■ 行与行之间用分号（;）或回车键隔开。

■ 元素可以是数值或表达式。

1. 空数组

空数组是不包含任何元素的数组，可以用于数组声明、清空数组以及逻辑运算。

【例 2-4】 创建空数组。

```
>> a = [ ]
a =
      [ ]
>> whos a
  Name      Size          Bytes  Class
  a         0x0           0      double array
Grand total is 0 elements using 0 bytes
```

程序分析：

空数组 a 是占 0 字节的双精度数组。

2. 向量

向量包括行向量（row vector）和列向量（column vector），即 1×n 或 n×1 的矩阵，也可以看作在某个方向（行或列）为 1 的特殊矩阵。

（1）使用 from：step：to 方式生成向量 如果是等差的行向量，可以使用“from：step：to”方式生成。命令格式如下：

from：step：to

说明：from、step 和 to 分别表示开始值、步长和结束值；当 step 省略时则默认为 step = 1；当 step 省略或 step > 0 而 from > to 时为空矩阵，当 step < 0 而 from < to 时也为空矩阵。

【例 2-5】 使用 from：step：to 创建向量。

```
>> a = -2.5:0.5:2.5
a =
  Columns 1 through 10
   -2.5000   -2.0000   -1.5000   -1.0000   -0.5000  0  0.5000  1.0000  1.5000  2.0000
  Column 11
    2.5000
>> b =5: -1:1
b =
    5    4    3    2    1
```

程序分析：

step 为负数时可以创建降序的数组。

（2）使用 linspace 和 logspace 函数生成向量 与"from：step：to"方式不同，linspace 和 logspace 函数直接给出元素的个数，linspace 用来生成线性等分向量，logspace 用来生成对数等分向量，logspace 函数可以用于对数坐标的绘制。命令格式如下：

linspace(a,b,n)　　　　　%生成线性等分向量

logspace(a,b,n)　　　　　%生成对数等分向量

说明：

■ a、b、n 这 3 个参数分别表示开始值、结束值和元素个数。

■ linspace 函数生成从 a 到 b 之间线性分布的 n 个元素的行向量，n 如果省略则默认值为 100。

■ logspace 函数生成从 10^a 到 10^b 之间按对数等分的 n 个元素的行向量，n 如果省略则默认值为 50。

【例 2-6】 使用 linspace 和 logspace 函数生成行向量。

```
>> x = linspace(0, 3, 10)          %将0~3分成10份
x =
         0   0.3333   0.6667   1.0000   1.3333   1.6667   2.0000   2.3333   2.6667
3.0000
>> y = logspace( -2, 2, 5)          %从0.01~100分成5份
y =
    0.0100   0.1000   1.0000   10.0000   100.0000
```

程序分析：

y 是等比数列，每份的间隔为 10 即 lg（10）为 1。

3. 矩阵

矩阵是 m 行 n 列（m×n）的二维数组，需要使用"［ ］"、","、";"、空格等符号创建。

【例 2-7】 创建矩阵。

```
>> a = [1: 4; linspace (2, 5, 4); 9: -1: 6]
```

```
a =
     1     2     3     4
     2     3     4     5
     9     8     7     6
>> b = [1 2 3
4 5 6]                          %使用回车分隔行
b =
     1     2     3
     4     5     6
```

程序分析：

矩阵中的行向量可以使用 from：step：to 命令创建，也可以使用 linspace 和 logspace 函数创建。

4. 特殊矩阵和数组

MATLAB 中有很多特殊数组，可以使用特殊数组函数产生，如表 2-5 所示。

表 2-5 特殊数组函数表

分类	函数名	功　能	例子	
			输入	结果
特殊矩阵	magic(N)	产生N阶魔方矩阵(矩阵的行、列和对角线上元素的和相等)	magic(3)	8 1 6 3 5 7 4 9 2
	eye(m,n)	产生 m×n 的单位矩阵，对角线全为1	eye(2,3)	1 0 0 0 1 0
特殊数组	zeros(d1,d2,d3,…)	产生 d1×d2×d3…的全0数组	zeros(2,3)	0 0 0 0 0 0
	ones(d1,d2,d3,…)	产生 d1×d2×d3…的全1数组	ones(2,3)	1 1 1 1 1 1
	rand(d1,d2,d3,…)	产生均匀分布的随机数组，元素取值范围0.0~1.0	rand(3,2)	0.9501 0.4860 0.2311 0.8913 0.6068 0.7621
	randn(d1,d2,d3,…)	产生正态分布的随机数组	randn(2,3)	-0.4326 0.1253 -1.1465 -1.6656 0.2877 1.1909

2.2.2 数组的操作

MATLAB R2010a 中的数组可以在数组编辑器（Array Editor）窗口中修改，如图 2-3 所示。还可以使用命令来对数组的元素进行修改。

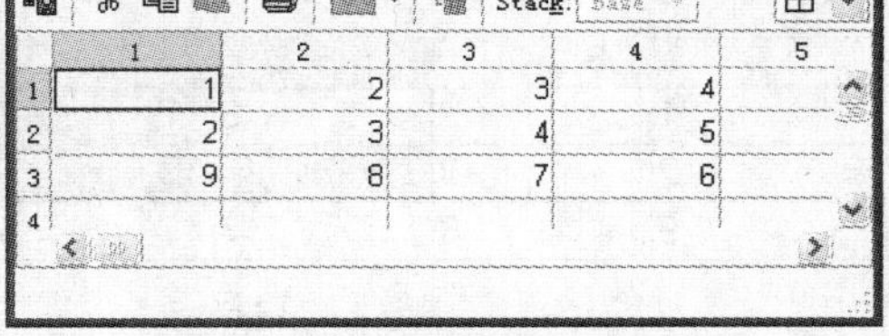

图2-3 数组编辑器窗口

1. 数组的元素

对数组中元素的引用可以使用全下标方式

和单下标方式。

(1) 全下标方式　全下标方式是指 n 维数组中元素通过 n 个下标来引用，元素表示为 **a(d1,d2,d3⋯)**

例如，矩阵的元素通过行下标和列下标表示，一个 m×n 的 a 矩阵的第 i 行第 j 列的元素表示为 a(i, j)。如果在引用矩阵元素值时，矩阵元素的下标（i, j）大于矩阵的大小（m, n），则 MATLAB 会提示出错。

(2) 单下标方式　数组元素用单下标引用，就是先把数组的所有列按先左后右的次序连接成“一维长列”，然后对元素位置进行编号。

以 m×n 的矩阵 a 为例，元素 a（i, j）对应的单下标 =（j − 1）×n + i。矩阵的元素如图 2-4 所示。

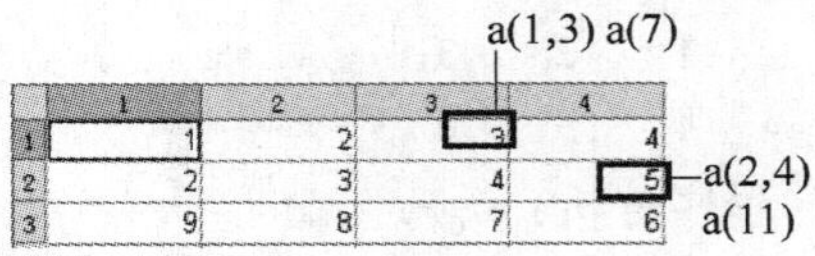

图 2-4　矩阵的元素

2. 子矩阵的产生

子矩阵是由矩阵中取出其中一部分元素构成的。

(1) 用全下标方式　用全下标方式表示数组元素 a(i, j, ⋯)，其中 i 和 j 是向量时就获得 a 矩阵的子矩阵块，a(i, j, ⋯) 的下标向量可以使用 from：step：to 和 linspace 等方法表示。

注意下标为“:”表示向量的所有元素，下标为“end”表示某一维中的最后一个元素。

以下命令都是取图 2-5 中数组 a 的第一行 3 和 4 元素，以及第二行 4 和 5 元素的子矩阵块：

```
>> a([1 2],[3 4])
>> a(1:2,3:4)
>> a(1:2,3:end)
>> a(linspace(1,2,2),3:4)
```

(2) 用单下标方式 用单下标方式表示数组元素 a(n)，其中 n 为向量。以下命令都是取图 2-6 中数组 a 的第四列元素 4、5 和 6：

```
>> a([10;11;12])
>> a(10:12)'
>> a(10:end)'
>> a([10;11;end])
```

(3) 逻辑索引方式　逻辑索引方式是通过一个元素值为 0 或 1 的逻辑数组为下标，其大小和对应数组相同。利用逻辑数组 a(L1, L2) 来表示子矩阵，其中 L1、L2 为逻辑向量，当 L1、L2 的元素为 0 则表示不取该位置元素，反之则取该位置的元素。

【例 2-8】　使用逻辑索引方式产生图 2-6 中的第 4 列子矩阵。

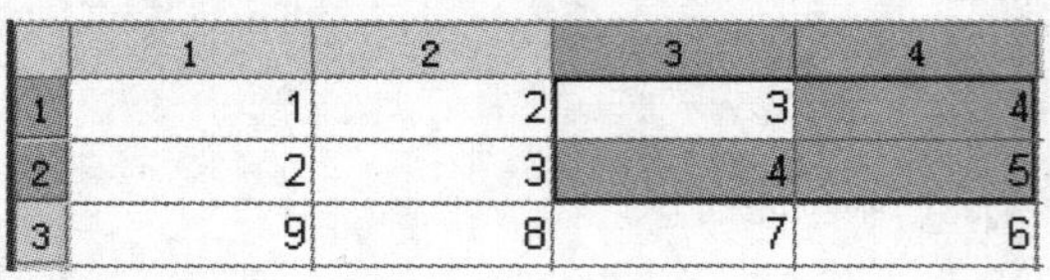

图 2-5　数组 a 的子矩阵块

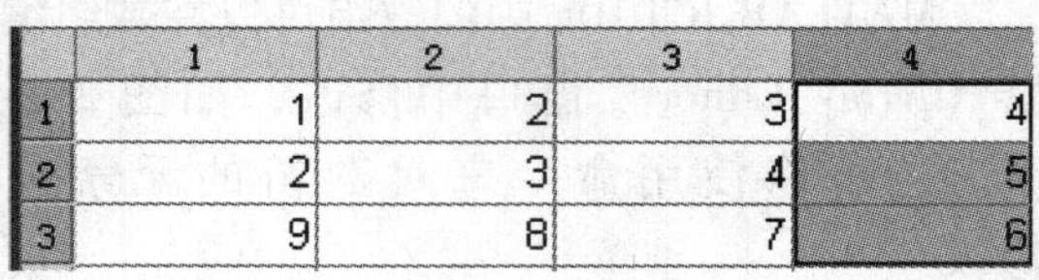

图 2-6　数组 a 的列子矩阵块

```
>> a=[1 2 3 4;2 3 4 5;9 8 7 6];
>> la1 = logical([1   1   1])          %将数值型变量转换为逻辑型
la1 =
     1     1     1
>> la2 = logical([0   0   0   1])
la2 =
     0     0     0     1
>> a(la1,la2)
ans =
     4
     5
     6
```

程序分析：

logical 函数用来产生逻辑型数据；la1 和 la2 是逻辑类型。

3. 数组的赋值

数组的赋值包括全下标方式、单下标方式和全元素方式。

■ 全下标方式：a（i，j，k，…）=b，给 a 数组的部分元素赋值，则 b 数组的行列数必须等于 a 数组的行列数。

■ 单下标方式：a（n）=b，b 为向量，元素个数必须等于 a 矩阵的元素个数。

■ 全元素方式：a=b，给 a 数组的所有元素赋值，则 b 数组的元素总数必须等于 a 矩阵的元素总数，但行列数不一定相等。

【例 2-9】　给数组赋值。

```
>> x=[1 2 3;4 5 6;7 8 9]
x =
     1     2     3
     4     5     6
     7     8     9
>> x([1,2],3)=[30;60]                    %全下标方式赋值数组元素
x =
     1     2    30
     4     5    60
     7     8     9
>> x(4:6)=[20;50;80]                     %单下标方式赋值数组元素
x =
     1    20    30
     4    50    60
     7    80     9
>> y=[1 1 1;2 2 2;3 3 3];
>> x=y                                   %全元素方式赋值数组元素
x =
     1     1     1
     2     2     2
```

```
    3    3    3
>> x(1,4) = 100
x =
    1    1    1    100
    2    2    2    0
    3    3    3    0
```

程序分析：

元素赋值时，如果行或列（i，j）超出矩阵的大小（m，n），则 MATLAB 自动扩充矩阵，扩充部分以 0 填充。

4. 矩阵的合并

矩阵的合并就是把两个以上的矩阵连接起来得到一个新矩阵，“[ ]”符号可以作为矩阵合并操作符，命令格式如下：

c = [a b]　　　　%将矩阵 a 和 b 水平方向合并为 c

c = [a; b]　　　　%将矩阵 a 和 b 垂直方向合并为 c

【例 2-10】 将矩阵进行合并。

```
>> a = ones(2,3)                %全 1 矩阵
a =
    1    1    1
    1    1    1
>> b = eye(2,3)                 %对角为 1 矩阵
b =
    1    0    0
    0    1    0
>> c = [a,b]                    %水平合并
c =
    1    1    1    1    0    0
    1    1    1    0    1    0
>> d = [a;b]                    %垂直合并
d =
    1    1    1
    1    1    1
    1    0    0
    0    1    0
```

5. 数组元素的删除

在 MATLAB 中可以对数组中的单个元素、子矩阵和所有元素进行删除操作，删除就是将其赋值为空矩阵（用 [ ] 表示）。

以下都是对数组元素进行删除：

```
>> x = [1 2 3;4 5 6;7 8 9]
>> x(:,3) = []                 %删除一列元素
>> x(1) = []                   %删除一个元素,则矩阵变为行向量
>> x = []                      %删除所有元素为空矩阵
```

注意子矩阵块不能删除：

```
>> x=[1 2 3;4 5 6;7 8 9];
>> x(1:2,3)=[]
??? Indexed empty matrix assignment is not allowed.
```

2.2.3 矩阵和数组函数

MATLAB R2010a 还提供了大量内部函数对数组进行操作，包括矩阵的行列式等运算、数组的翻转和查找、统计等。

例如，在命令窗口中输入矩阵：

```
>> a=[1 2 3;4 5 6;7 8 9]
a =
     1     2     3
     4     5     6
     7     8     9
```

1. 矩阵的常用函数

矩阵就是二维数组，矩阵的运算有一定的特殊性，MATLAB 中矩阵的常用函数如表 2-6 所示。

表 2-6　矩阵的常用函数

函数名	功　能	例　子	
		输　入	结　果
det(x)	计算方阵行列式	det(a)	0
rank(x)	求矩阵的秩，得出行列式不为零的最大方阵边长	rank(a)	2
inv(x)	求矩阵的逆阵 x^{-1}，当方阵 x 的 det (x) 不等于零，逆阵 x^{-1} 才存在。x 与 x^{-1} 相乘为单位矩阵	inv(a)	1.0e+016 * -0.4504　0.9007　-0.4504 0.9007　-1.8014　0.9007 -0.4504　0.9007　-0.4504
[v,d]=eig(x)	计算矩阵特征值和特征向量。如果方程 xv=vd 存在非零解，则 v 为特征向量，d 为特征值	[v,d]=eig(a)	v = -0.2320　-0.7858　0.4082 -0.5253　-0.0868　-0.8165 -0.8187　0.6123　0.4082 d = 16.1168　0　0 0　-1.1168　0 0　0　-0.0000
diag(x)	产生 x 矩阵的对角阵	diag(a)	1 5 9

（续）

函数名	功　能	例　子	
		输　入	结　果
[q,r]=qr(x)	m×n矩阵x分解为一个正交方阵q和一个与x同阶的上三角矩阵r的乘积。方阵q的边长为矩阵x的n和m中较小者，且其行列式的值为1	[q,r]=qr(a)	q = -0.1231 0.9045 0.4082 -0.4924 0.3015 -0.8165 -0.8616 -0.3015 0.4082 r = -8.1240 -9.6011 -11.0782 0 0.9045 1.8091 0 0 -0.0000
triu(x)	产生x的上三角矩阵，其余元素补0	triu(a)	1 2 3 0 5 6 0 0 9
tril(x)	产生x的下三角矩阵，其余元素补0	tril(a)	1 0 0 4 5 0 7 8 9

说明：在表2-6中，det (a) =0或det (a)虽不等于零但数值很小接近于零，则计算inv (a)时，其解的精度比较低。

2. 数组翻转

例如，在命令窗口中输入：

```
>> a=[1 2 3;4 5 6]
a =
     1     2     3
     4     5     6
```

MATLAB中常用数组翻转函数如表2-7所示。

表2-7 常用数组翻转函数

函 数 名	功　能	例 子	
		输入	结果
flipud(x)	使x沿水平轴上下翻转	flipud(a)	4 5 6 1 2 3
fliplr(x)	使x沿垂直轴左右翻转	fliplr(a)	3 2 1 6 5 4
flipdim(x,dim)	使x沿特定轴翻转 dim=1，按行维翻转 dim=2，按列维翻转	flipdim(a,1)	4 5 6 1 2 3
rot90(x,k)	使x逆时针旋转k*90° 默认k取1	rot90(a)	3 6 2 5 1 4

3. 数组查找

MATLAB R2010a 中数组查找函数是 find，用来查找数组中的非零元素并返回其下标。一般用于在比较命令后面查找非零元素。其命令格式如下：

[a,b,…] = find(x)

n = find(x)

说明：查找数组 x 中的非零元素，[a，b，…] 指非零元素的全下标；如果返回一个参数 n，则查找非零元素的单下标。

例如，查找数组 a 中的“3”的下标：

```
>> a = [1 2 3;4 5 6];
>> [n,m] = find(a = =3)                    %查找3的全下标
n =
    1
m =
    3
>> n1 = find(a = =3)                       %查找3的单下标
n1 =
    5
>> t = 0:2:100;
>> n = find(t = =80)                       %查找80的位置
n =
    41
```

4. 数据统计

MATLAB 的数据统计分析是按列进行的，包括得出各列的最大值、最小值等。

例如，在命令窗口中输入：

```
>> a = [1 2 3;4 5 6]
a =
    1    2    3
    4    5    6
```

常用的数据统计函数如表 2-8 所示。

表 2-8 常用的数据统计函数

函数名	功 能	例 子	
		输入	结果
max(x)	数组中各列的最大值	max(a)	4 5 6
min(x)	数组中各列的最小值	min(a)	1 2 3
mean(x)	数组中各列的平均值	mean(a)	2.5000 3.5000 4.5000
std(x)	数组中各列标准差，指各元素与该列平均值差的平方和开方	std(a)	2.1213 2.1213 2.1213
median(x)	数组中各列的中间元素	median(a)	2.5000 3.5000 4.5000
var(x)	数组中各列的方差	var(a)	4.5000 4.5000 4.5000

（续）

函数名	功　能	例　子	
		输入	结果
[s,k] = sort(x,n,mode)	沿第n维按模增大重新排序，k为s元素的原位置，mode是排序方式：'ascend'为升序，'descend'为降序	[s,k] = sort(a,1,'descend')	s = 4 5 6 1 2 3 k = 2 2 2 1 1 1
sum(x,dim)	计算向量元素的和，dim指对应的维，dim省略则指所有元素	sum(a)	5 7 9

在 MATLAB R2010a 的 workspace 窗口中，可以使用菜单“View”→“Choose columns”中的 max、min、mean、std、median、range、var 菜单项直接在 workspace 窗口显示数据统计的结果。

2.2.4 矩阵和数组的算术运算

MATLAB 的二维数组和矩阵从外观和数据结构上看没有区别，矩阵的运算规则是按照线性代数运算法则定义的，但是有着明确而严格的数学规则；而数组运算是按数组的元素逐个进行的。

1. 矩阵运算

矩阵的基本运算是 +、 -、 ×、 ÷和乘方（^）等。

（1）矩阵的加、减运算

A + B 和 **A - B**

说明：**A** 和 **B** 矩阵必须大小相同才可以进行加减运算。如果 **A**、**B** 中有一个是标量，则该标量与矩阵的每个元素进行运算。

（2）矩阵的乘法运算

A * B

说明：矩阵 **A** 的列数必须等于矩阵 **B** 的行数，除非其中有一个是标量。

【例 2-11】 矩阵的加、减和乘法运算。

```
>> a = [1 2 3;4 5 6]
a =
     1     2     3
     4     5     6
>> b = eye(2,3)
b =
     1     0     0
     0     1     0
>> c = a + b                    %矩阵加
c =
     2     2     3
```

```
    4     6     6
>> d = a * b                      % 矩阵乘必须 a 行数等于 b 列数
??? Error using ==> mtimes
Inner matrix dimensions must agree.
>> b = eye(3,2);
>> d = a * b
d =
    1     2
    4     5
```

（3）矩阵的除法运算　矩阵的除法运算表达式有两种：

A \ B　　**%左除**

A/B　　**%右除**

说明：

■ **X = A \ B** 是方程 **A * X = B** 的解，**A \ B = A^{-1} * B**。当 **A** 是非奇异的 n×n 的方阵，**B** 是 n 维列向量，则采用高斯消去法得出；当 **A** 是 m×n 的矩阵，**B** 是 m 维列向量，则 **X = A \ B** 得出最小二乘解。

■ **X = A/B** 是 **X * B = A** 的解，**A/B = A * B^{-1}**，**B^{-1}** 是矩阵的逆，也可用 inv（**B**）求逆矩阵。

【例 2-12】　用矩阵除法求方程组的解，已知方程组：

$$\begin{cases}2x_1-3x_2+x_3=8\\x_1-x_2+x_3=7\\x_1+3x_2+x_3=6\end{cases}$$

解：X = A \ B 是方程 A * X = B 的解，将该方程变换成 A * X = B 的形式。其中：

$$A=\begin{bmatrix}2&-3&1\\1&-1&1\\1&3&1\end{bmatrix},\ B=\begin{bmatrix}8\\7\\6\end{bmatrix}$$

```
>> A = [2 -3 1;1 -1 1;1 3 1];
>> B = [8;7;6];
>> X = A\B
X =
    0.5000
   -0.2500
    6.2500
```

程序分析：

■ 方程解为 $x_1=0.5$，$x_2=-0.25$，$x_3=6.25$。

■ 对于方程个数大于未知数个数的超定方程组，以及方程个数小于未知数个数的不定方程组，MATLAB 中 **A \ B** 的算式都仍然合法。前者是最小二乘解，而后者则是令 X 中的 n－m 个元素为零的一个特殊解。这两种情况下，因为 A 不是方阵，其逆阵 inv(A)不存在，解的 MATLAB 算式均为 **X** = inv(**A' * A**) * (**A' * B**)。

（4）矩阵的乘方

A^B

说明：

① 当**A**为矩阵（必须为方阵）时：

B为正整数时，表示A矩阵自乘B次；B为负整数时，表示先将矩阵A求逆，再自乘|B|次，仅对非奇异阵成立；B为矩阵时不能运算，会出错；B为非整数时，涉及特征值和特征向量的求解，将A分解成A = W * D/W，D为对角阵，则有A^B = W * D^B/W。

② 当**A**为标量时：

B为矩阵时，将A分解成A = W * D/W，D为对角阵，则有A^B = W * diag(D.^B)/W。

（5）矩阵的转置

A'　　　　　　%矩阵A的转置

说明：如果矩阵A为复数矩阵，则转置是指共轭转置。

（6）矩阵的算术运算函数　MATLAB中针对矩阵的运算函数一般都以m结尾，如sqrtm、expm、logm等。

【例2-13】 使用矩阵算术函数计算矩阵开方。

```
>> a = ones(3);
>> b = a * a
b =
    3    3    3
    3    3    3
    3    3    3
>> c = sqrtm(b)
c =
    1.0000 + 0.0000i    1.0000 + 0.0000i    1.0000 - 0.0000i
    1.0000 + 0.0000i    1.0000 + 0.0000i    1.0000 - 0.0000i
    1.0000 - 0.0000i    1.0000 - 0.0000i    1.0000 + 0.0000i
```

程序分析：

c的值与a相同，sqrtm是计算矩阵的开方。

2. 数组运算

（1）数组加、减、乘、除、乘方和转置运算　数组运算又称为点运算，其加、减、乘、除和乘方运算都是对两个尺寸相同的数组进行元素对元素的运算。

数组的加减运算和矩阵的加减运算完全相同，运算符也完全相同。

数组的乘、除、乘方和转置运算符号为矩阵的相应运算符前面加“.”。数组的乘、除、乘方和转置运算格式如下：

A. * B　　　　%数组A和数组B对应元素相乘

A./B　　　　%数组A除以数组B的对应元素

A.\B　　　　%数组B除以数组A的对应元素

A.^B　　　　%数组A和数组B对应元素的乘方

A.'　　　　　%数组A的转置

说明：

■ 在数组乘方运算中，如果 A 为数组，B 为标量，则计算结果为与 A 尺寸相同的数组，该数组是 A 的每个元素求 B 次方；如果 A 为标量，B 为数组，则计算结果为与 B 尺寸相同的数组，该数组是以 A 为底 B 的各元素为指数的幂值。

■ 在数组的转置运算中，如果数组 A 为复数数组，则不是共轭转置。

【例 2-14】 使用数组算术运算法则进行向量的运算。

```
>> t=0:pi/3:2*pi;              %t 为行向量
>> x=sin(t) *cos(t)
??? Error using ==> mtimes
Inner matrix dimensions must agree.
>> x=sin(t).*cos(t)
x =
     0    0.4330   -0.4330   -0.0000    0.4330   -0.4330   -0.0000
>> y=sin(t)./cos(t)
y =
     0    1.7321   -1.7321   -0.0000    1.7321   -1.7321   -0.0000
```

程序分析：

sin（t）和 cos（t）都是行向量，因此必须使用 .* 和 ./ 计算行向量中各元素的计算值。

（2）数组的算术函数 MATLAB 中 exp、sqrt、sin、cos 等算术函数可以直接使用在数组上，这些运算是分别对数组的每个元素进行运算。数组的基本函数表如表 2-9 所示。

表 2-9 数组的基本函数表

函数类型	函数名	含 义	函数类型	函数名	含 义
基本函数	abs(x)	绝对值或者复数模	基本函数	conj(x)	复数共轭
	sqrt(x)	平方根		mod(x,y)	x 除以 y 的余数(与除数同号)
	real(x)	实部		round(x)	4 舍 5 入到整数
	imag(x)	虚部		fix(x)	向最接近 0 取整
	ceil(x)	向最接近∞取整		floor(x)	向最接近 -∞取整
	rem(x,y)	求余数(与被除数同号)		sign(x)	符号函数
	log(x)	自然对数		exp(x)	自然指数
	pow2(x)	2 的幂		lg10(x)	以 10 为底的对数
	lcm(x,y)	x 和 y 的最小公倍数		gcd(x,y)	x 和 y 的最大公约数
三角函数和超越函数	sin(x)	正弦	三角函数和超越函数	asin(x)	反正弦
	cos(x)	余弦		acos(x)	反余弦
	tan(x)	正切		atan(x)	反正切
	sinh(x)	双曲正弦		atan2(x)	第四象限反正切
	cosh(x)	双曲余弦		tanh(x)	双曲正切
特殊函数	erf(x)	误差函数	特殊函数	gamma(x)	伽吗函数
	beta(x,y)	计算 beta 函数		rat(x,tol)	计算有理近似值,tol 是容差

【例 2-15】 使用数组函数进行运算。

```
>> a=ones(3);              %全 1 的 3 行 3 列矩阵
```

```
>> b = a * a;                 %计算矩阵乘积
>> c = sqrt(b)                %计算数组开方
c =
    1.7321    1.7321    1.7321
    1.7321    1.7321    1.7321
    1.7321    1.7321    1.7321
>> d1 = ceil(c)               %向最接近∞取整
d1 =
    2    2    2
    2    2    2
    2    2    2
>> d2 = fix(c)                %向最接近0取整
d2 =
    1    1    1
    1    1    1
    1    1    1
>> d3 = round(c)              %4舍5入取整
d3 =
    2    2    2
    2    2    2
    2    2    2
```

程序分析：

■ 与例 2-13 相比，sqrt 和 sqrtm 函数的不同可以看出，sqrt 是对 c 数组的每个元素开方。

■ ceil、fix、round 都是取整函数，但结果不同，使用时应注意区别。

3. 矩阵和数组运算的区别

矩阵和数组运算的不同主要在于矩阵是从矩阵的整体出发，按照线性代数的运算规则进行；而数组是针对单独的各元素进行运算。将矩阵和数组的运算函数进行对比，如表 2-10 所示，其中 S 为标量，**A**、**B** 为矩阵。

表 2-10 矩阵和数组运算和函数对比表

数组运算		矩阵运算	
命令	含义	命令	含义
A + B	对应元素相加	A + B	与数组运算相同
A - B	对应元素相减	A - B	与数组运算相同
S. * B	标量 S 分别与 B 元素的积	S * B	与数组运算相同
A. * B	数组对应元素相乘	A * B	内维相同矩阵的乘积
S. /B	S 分别被 B 的元素左除	S\ B	B 矩阵左除 S
A. /B	A 的元素被 B 的对应元素除	A/B	矩阵 A 右除 B 即 A 的逆阵与 B 相乘

（续）

数组运算		矩阵运算	
命　令	含　义	命　令	含　义
B.\A	结果一定与上行相同	B\A	A 左除 B（一般与上行不同）
A.^S	A 的每个元素自乘 S 次	A^S	A 矩阵为方阵时，自乘 S 次
A.^S	S 为小数时，对 A 各元素分别求非整数幂，得出矩阵	A^S	S 为小数时，方阵 A 的非整数乘方
S.^B	分别以 B 的元素为指数求幂值	S^B	B 为方阵时，标量 S 的矩阵乘方
A.'	非共轭转置	A'	共轭转置
exp（A）	以自然数 e 为底，分别以 A 的元素为指数求幂	expm（A）	A 矩阵指数函数
log（A）	对 A 的各元素求对数	logm（A）	A 矩阵对数函数
sqrt（A）	对 A 的各元素求平方根	sqrtm（A）	A 矩阵平方根函数
f（A）	求 A 各个元素的函数值	funm（A，'FUN'）	A 矩阵的函数运算

说明：funm(A,'FUN')要求 A 必须是方阵，'FUN'为矩阵运算的函数名，例如 funm(A,'sqrt')等同于 sqrtm(A)。

2.2.5 稀疏矩阵

一个矩阵中如果包含很多元素值为 0，则此矩阵可以只存储少量的非 0 元素，这个矩阵称为稀疏矩阵（Sparse Matrix）。稀疏矩阵在工程上的应用相当广泛，例如电路、图学、有限元素法及偏微分方程等，都会用到稀疏矩阵。

在 MATLAB 中矩阵的存储方式有两种：全元素矩阵和稀疏矩阵。一般使用的都是全元素矩阵即矩阵中的每个元素都需要存储，如果每一个元素都是 double 数据类型（8 个字节），则一个 m×n 的全元素矩阵，所占用的内存空间是 8×m×n 个字节。但在稀疏矩阵中，由于大部分的元素都是 0，因此只需储存非零元素的下标和元素值，这种特殊的存储方式可以提高存储和运算效率。

1. 创建稀疏矩阵

全元素矩阵经过计算仍然是全元素矩阵。稀疏矩阵的创建需要由用户专门地定义。

sparse 函数用于创建稀疏矩阵，或将一个全元素矩阵直接转换成稀疏矩阵；与 sparse 函数相反，full 函数可将稀疏矩阵转变为全元素矩阵。sparse 函数的语法格式如下：

```
sparse(i,j,s,m,n)          %直接创建稀疏矩阵
sparse(p)                  %由全元素矩阵 p 转换为稀疏矩阵
```

说明：i、j 是非 0 元素的行、列下标；s 是非 0 元素所形成的向量；m、n 是 s 的行、列维数，可省略；i、j、s 都是长度相同的向量，生成矩阵的元素 s(k)下标分别是 i(k)和 j(k)；p 为全元素矩阵。

2. 稀疏矩阵的存储空间

在 MATLAB 中，一个稀疏矩阵只存储每个非零元素的下标和元素值。对于一个 m×n 的

稀疏矩阵，如果有 nnz 个非零元素，则 MATLAB 使用三个内部数组来储存此稀疏矩阵的信息：

■ 第一个数组：以 double 型存储 nnz 个非零元素实部值，使用 8 × nnz 个字节。

■ 第二个数组：以整型存储 nnz 个非零元素每个元素的行下标，使用 4 × nnz 个字节。

■ 第三个数组：以整型存储每个列的起始指针共 n 个列，使用 4 × n 个字节。

■ 如果是复数稀疏矩阵，则需要第四个数组，以 double 型存储 nnz 个非零元素虚部的值。

MATLAB 提供了得出稀疏矩阵元素个数的函数，如表 2-11 所示。

表 2-11 稀疏矩阵元素个数的函数表

函数名	功能
nnz	返回稀疏矩阵的非零元素个数
nonzeros	返回一个包含所有非零元素的列向量
nzmax	返回最大的非零元素个数，当 nnz > nzmax 时，MATLAB 会动态调整增加内存给 nzmax，以储存新增的非零元素
spy	用图形观看稀疏矩阵的非零元素分布情况

【例 2-16】 创建稀疏矩阵并查看存储空间，各变量的存储空间如图 2-7 中的工作空间窗口所示。

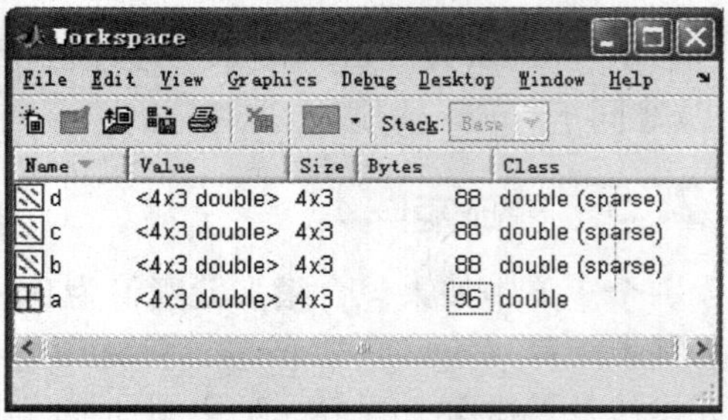

图 2-7 工作空间窗口

```
>> a = eye(3);
>> a(4,:) = [ -3  -3  -2]
a =
     1     0     0
     0     1     0
     0     0     1
    -3    -3    -2
>> b = sparse(a)                    % 创建稀疏矩阵
b =
   (1,1)        1
   (4,1)       -3
   (2,2)        1
   (4,2)       -3
   (3,3)        1
   (4,3)       -2
>> c = a + b                        % 加法运算结果为全元素矩阵
c =
     2     0     0
     0     2     0
     0     0     2
```

```
    -6     -6     -4
>> d=a.*b                    %数组乘法运算结果为稀疏矩阵
d =
    (1,1)      1
    (4,1)      9
    (2,2)      1
    (4,2)      9
    (3,3)      1
    (4,3)      4
```

程序分析:

在图 2-7 中可以看到变量 b、c、d 的类型为 double(sparse)，占有的字节为 88，稀疏矩阵占用的空间为 8×nnz+4×nnz+4×n+4 个字节，另外 4 个字节是其他 overheads，即8×6+4×6+4×3+4=88 个字节；变量 a 为全元素矩阵，占用 8×12=96 个字节。

将变量 a 修改为复数:

```
>> a (4,:) = [-3+i -3 -2]
```

转换为稀疏矩阵 b 后，则 b 占用 136 个字节。

3. 稀疏矩阵的运算

稀疏矩阵的标准数学运算按照以下原则:

■ 如果二元运算的两个操作数中一个是全元素矩阵另一个是稀疏矩阵，则对于“+”、“-”、“*”、“\”运算结果为全元素矩阵，而“&”、“.*”等运算结果为稀疏矩阵。

■ 如果函数的输入参数是矩阵，输出的参数为矩阵，则输出参数以输入矩阵的方式来表示，即当输入参数为稀疏矩阵时，输出参数也是稀疏矩阵。

另外，稀疏矩阵的运算主要有：矩阵的排列和重排、矩阵分解、解线性方程组和计算特征值及奇异值。

在 MATLAB 命令窗口中输入“help sparfun”命令或使用 MATLAB 的帮助可以获取稀疏矩阵的帮助信息。

2.3 字符串

对于 MATLAB 的编程来说，字符串处理是必不可少的，MATLAB R2010a 提供了很多功能强大的字符处理函数。

2.3.1 创建字符串

字符串由多个字符组成，是 1×n 的字符数组；每一个字符都是字符数组的一个元素，以 ASCII 码的形式存放并区分大小，而显示的形式则是可读的字符。

1. 创建字符串

(1) 直接赋值 用单引号(")括起字符来直接赋值创建字符串。

■ 输入英文字符

```
>> s1 ='matlab 7.3'
s1 =
matlab 7.3
```

■ 输入中文字符

```
>> s2 ='字符串'
s2 =
字符串
```

■ 使用两个单引号（''）输入字符串中的单引号

```
>> s3 ='显示''matlab'''
s3 =
显示'matlab'
```

（2）多个字符串组合

■ 用“,”连成长字符串

```
>> str1 = [s1, ' ', s2]            %多个行向量连接
str1 =
matlab 7.3 字符串
```

■ 用“;”构成字符串数组

使用多个现成的字符串构成 m × n 的字符串数组，必须每行的字符串长度相等。

```
>> str2 = [s1; s2, '       '; s3]
str2 =
matlab 7.3
字符串
显示'matlab'
```

程序分析：

s1 和 s3 都是 10 个字符，而 s2 是 3 个字符，必须添加 7 个空格补齐。

2. 字符数组的存储空间

MATLAB 在存储字符串时，每一个字符以 ASCII 码的形式存放，占用两个字节。

【例 2-17】 创建字符串变量并查看其存储空间。

```
>> s1 ='a + b ='
s1 =
a + b =
>> s2 =99
s2 =
    99
>> s = [s1 s2]              %合并字符串
s =
a + b = c
>> whos s1 s2 s
  Name        Size        Bytes   Class
```

```
  s          1x5        10        char array
  s1         1x4        8         char array
  s2         1x1        8         double array
Grand total is 10 elements using 26 bytes
```

程序分析：

s2 为 double 型的 99 占用 8 字节，表示为 ASCII 码的 "c" 占用 2 字节。

2.3.2 字符串函数

MATLAB R2010a 提供了很多字符串操作函数，包括字符串合并、比较、查找以及与数值之间的转换。

1. 字符串合并

strcat 函数用于将字符串水平连接合并成一个新字符串，合并的同时会将字符串尾的空格删除。语法格式如下：

strcat(s1,s2,…)　　　　　　%将 s1,s2…合并成一个长字符串

char 和 strvcat 函数都可以用于构造出字符串矩阵，而不必考虑每行的字符数是否相等，总是按最长的设置，不足的末尾自动用空格补齐。语法格式如下：

char(s1,s2,…)　　　　　　%将 s1,s2…合并成一个字符数组

strvcat(s1,s2,…)　　　　　%将 s1,s2…合并成一个字符数组

■ 合并成长字符串

```
>> s1 ='a + b =';
>> s2 =99;
>> ss1 = strcat(s1,s2)              %合并字符串,并将 99 转换为字符 c
ss1 =
a + b = c
```

■ 合并成数组

```
>> ss2 = [s1;s2]
??? Error using = = > vertcat
CAT arguments dimensions are not consistent.
>> ss2 = strvcat(s1,s2)
ss2 =
a + b =
c
>> ss2 = char(s1,s2)
ss2 =
a + b =
c
```

2. 字符串与数值的转换

在 MATLAB R2010a 中字符串进行算术运算，会自动转换为数值型，MATLAB 还提供了把字符串与数值转换的函数，如表 2-12 所示。

表 2-12 字符串与数值转换函数表

类别	函数名	功能	例子	
			输入	结果
字符串转数值	abs	将字符串转换为 ASCII 码数值	abs('ex1')	101 120 49
	double	将字符串转换为 ASCII 码数值的 double 数据	Double('a')	97
	str2num	将字符串转换为数值	str2num('2 35')	2 35
	str2double	将元胞字符串数组转换为数值	str2double({'2' '35'})	2 35
	hex2num	将 IEEE 格式十六进制字符串转换为双精度型数值	hex2num('400921fb54442dl8')	3.1416
	hex2dec	将十六进制字符串转换为整型	hex2dec('fe')	254
	bin2dec	将二进制字符串转换为十六进制数	bin2dec('011')	3
	base2dec	将任意进制字符串转换为十进制数	base2dec('12',16)	18
数值转字符串	num2str	将数值转换为字符串	num2str(32)	'32'
	mat2str	将矩阵转换为字符串	mat2str([32,5;4 6])	'[32 5;4 6]'
	dec2hex	将正整数转换为十六进制字符串	dec2hex(32)	'20'
	dec2bin	将正整数转换为二进制字符串	dec2bin(32)	'100000'
	dec2base	将正整数转换为任意进制字符串	dec2base(32,8)	'40'
	char	将数值整数部分转换为 ASCII 码等值的字符	char(65)	A

【例 2-18】 使用字符串与数值转换来进行字符加密。

```
>> s = 'matlab'
s =
matlab
>> n = s + 10
n =
    119    107    126    118    107    108
>> s1 = char(n)          % 转换为相应的字符
s1 =
wk ~ vkl
```

3. 字符串的其他操作

MATLAB R2010a 还可以对字符串进行比较、查找、运行等操作，常用的字符串函数表如表 2-13 所示。

例如，有两个字符串变量 s1 和 s2：

```
>> s1 = 'matlab 7.3'
s1 =
matlab 7.3
>> s2 = 'Matlab'
s2 =
Matlab
```

表 2-13　常用的字符串函数表

类别	函数名	功　能	例子 输入	例子 结果
比较	strcmp	比较两个字符串是否相等，相等为 1 不等为 0	strcmp(s1,s2)	0
	strncmp	比较两个字符串的前 n 个字符是否相等，相等为 1 不等为 0	strncmp(s1,s2,6)	0
	strcmpi	与 strncmp 功能相同，只是忽略大小写	strcmpi(s1,s2)	0
	strncmpi	与 strncmp 功能相同，只是忽略大小写	strcmpi(s1,s2,6)	1
查找	strmatch	在字符数组中，查找匹配字符所在的行数	strmatch(s1,strvcat(s1,s2))	1
	findstr	在字符串中查找另一字符串的位置	findstr(s1,'t')	3
	strtok	查找字符串中第一个分隔符（包括空格、Enter 和 Tab 键）	strtok(s1,' ')	'matlab'
其他操作	lower	将字符串转换为小写	lower(s1)	'matlab 7.3'
	upper	将字符串转换为大写	upper(s1)	'MATLAB 7.3'
	strjust	对齐字符串（左对齐、右对齐、居中）	strjust([s1,' '],'right')	' matlab 7.3'
	strrep	将字符串中的部分字符用新字符串替换	strrep(s1,'7.3','6.5')	'matlab 6.5'
	eval	执行字符串	eval('2*3')	6
	double	将字符型转换为其 ASCII 码的数值	double('a')	97

【例 2-19】　使用字符串进行函数运算。

```
>> str = 'a+b,c+d,'
str =
a+b,c+d,
>> n = findstr(str,',')                %查找字符串中,的位置
n =
     4     8
>> str1 = str(1:n(1))                  %取第一个,前的字符串
str1 =
a+b,
>> str2 = str(n(1)+1:n(2))             %取第二个,前的字符串
str2 =
c+d,
>> str1 = strrep(str1,',','*2')        %将,用*2 替换
str1 =
a+b*2
>> a=5
a =
     5
>> b=2
b =
     2
```

```
>> eval(str1)                          %执行字符串 str1
ans =
    9
>> str2 = upper(str2)                  %将字符串转换为大写字母
str2 =
C + D,
```

2.4 日期和时间

在 MATLAB R2010a 中可以对日期时间变量进行处理，实现获取系统时间、在程序中使用时间函数来计时。

2.4.1 日期和时间的表示格式

MATLAB R2010a 没有专门的日期时间类型，日期时间以三种格式表示：日期字符串、连续的日期数值和日期向量，不同的日期格式可以相互转换。

1. 日期格式

（1）日期字符串 日期字符串是最常用的，有多种输出格式。

例如，“2007 年 1 月 1 日” 可以表示为：'01 - Jan - 2007'、'01/01/2007'等。

（2）连续的日期数值 在 MATLAB R2010a 中，连续的日期数值是以公元元年 1 月 1 日开始的，日期数值表示当前时间到起点的时间距离。

例如，“2007 年 1 月 1 日” 可以表示为：733043，即为 2007 年 1 月 1 日到公元元年 1 月 1 日的间隔天数。

（3）日期向量 日期向量格式是用一个包括 6 个数字的数组来表示日期时间，其元素顺序依次为 [year month day hour minute second]，日期向量格式一般不用于运算中，是 MATLAB 的某些内部函数的返回和输入参数的格式。

2. 日期格式转换

MATLAB 提供了函数 datestr、datenum 和 datevec 用于各种日期格式的转换。

- datestr：将日期格式转换为日期字符串格式。
- datenum：将日期格式转换为连续的日期数值格式。
- datevec：将日期格式转换为连续的日期向量格式。

【例 2-20】 日期格式的转换。

```
>> d = datenum('01/01/2007')           %连续的日期数值格式
d =
    733043
>> s = datestr(d)                      %日期字符串格式
s =
01 - Jan - 2007
>> v = datevec(d)                      %日期向量格式
v =
    2007    1    1    0    0    0
```

2.4.2 日期时间函数

在 MATLAB 中可以使用日期时间函数获得系统时间，提取年、月、日、时、分、秒信息，还可以在程序中计时以获知代码执行的实际时间。

1. 获取系统时间

MATLAB 中获取系统时间的函数有：

- date：按照日期字符串格式获取当前系统时间。
- now：按照连续的日期数值格式获取当前系统时间。
- clock：按照日期向量格式获取当前系统时间。

2. 提取日期时间信息

MATLAB 中可以提取时间的年、月、日、时、分、秒信息，分别使用 year、month、day、hour、minute、second 函数，都是以日期字符串格式或连续的日期数值格式表示的时间为参数。

例如，获取日期信息的命令：

```
>> day (now)
ans =
     2
```

3. 日期时间的显示格式

日期时间的显示可以使用 datestr 函数显示为字符串的样式。datestr 函数的格式如下：

datestr(d,f)　　　　　　%将日期按指定格式显示

说明：d 为日期字符串格式或连续日期数值格式的日期数值；f 为指定的格式，可以是数值也可以是字符串，如'dd－mmm－yyyy'、'mm/dd/yy'、'dd－mmm－yyyy HH：MM：SS'等。

【例 2-21】 使用日期函数按指定格式显示日期时间。

```
>> y = num2str(year(now))                    %取年份并转换为字符串
y =
2007
>> m = num2str(month(now))
m =
3
>> d = num2str(day(now))
d =
2
>> s = ['今天是',y,'年',m,'月',d,'日',datestr(now,'HH:MM:SS PM')]   %合并为长字符串
s =
今天是 2007 年 6 月 2 日 12:14:51 PM
```

程序分析：

year(now)函数得出的值为 double 型，因此要转换为字符串；datestr 函数的显示格式很多，datestr(now，'HH：MM：SS PM')表示按照指定的时间格式显示。

4. 计时函数

在 MATLAB 程序的运行过程中，如果需要知道代码运行的实际时间，可以使用计时函

数。MATLAB R2010a 提供了 cputime、tic/toc 和 etime 三种方法来实现计时。

（1）cputime 方法 cputime 是返回 MATLAB 启动以来的 CPU 时间：

程序执行的时间 = 程序代码执行结束后的 cputime − 在程序代码执行前的 cputime

（2）tic/toc 方法 tic 在程序代码开始用于启动的一个计时器；toc 放在程序代码的最后，用于终止计时器的运行，并返回计时时间就是程序运行时间。

（3）etime 方法 etime 方法使用 etime 函数来获得程序运行时间，etime 函数的命令格式如下：

```
etime（t1，t0）              %返回 t1 ~ t0 的值
```

说明：t0 为开始时间，t1 为终止时间。

t0 和 t1 可以使用 clock 函数获得，例如，在程序中使用如下命令：

```
>> t0 = clock;
……                         %程序段
>> t1 = clock;
>> t = etime(t1,t0)        %t 为程序运行时间
```

2.5 结构体和元胞数组

MATLAB 中有两种复杂的数据类型分别是元胞数组（Cell Array）和结构体（Structure Array），这两种类型都能在一个数组里存放各种不同类型的数据。

2.5.1 元胞数组

元胞数组是常规数值数组的扩展，其基本元素是元胞，每一个元胞可以看成是一个单元（Cell），用来存放各种不同类型不同尺寸的数据，如矩阵、多维数组、字符串、元胞数组和结构体。

元胞数组可以是一维、二维或多维，使用花括号 {} 表示，每一个元胞以下标区分，下标的编码方式也与矩阵相同，分为单下标方式和全下标方式。

1. 创建元胞数组

创建元胞数组的方法有两种：直接创建和使用 cell 函数创建。

（1）直接创建 下面几个命令都可以创建元胞数组，元胞数组 A 示意图如图 2-8 所示。

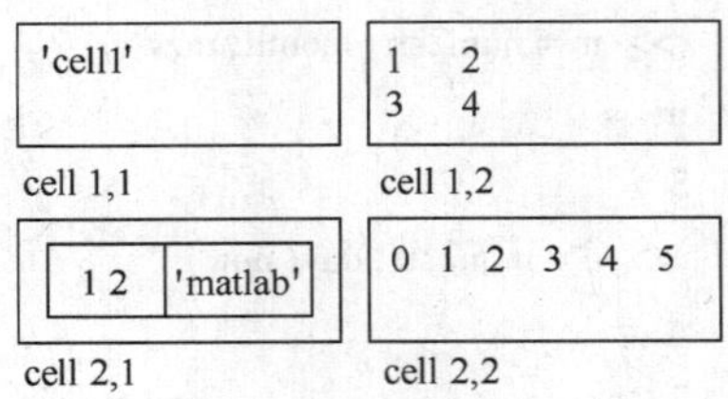

图 2-8 元胞数组 A 示意图

■ 直接创建数组

```
>> A = {'cell1',[1 2;3 4];{[1 2],'matlab'},0:1:5}
A =
     'cell1'      [2x2 double]
     {1x2 cell}      [1x6 double]
```

■ 使用元胞创建数组

```
>> A(1,1) = {'cell1'};
>> A(1,2) = {[1 2;3 4]};
>> A(2,1) = {{[1 2],'matlab'}};
```

```
>> A(2,2) = {0:1:5}
A =
     'cell1'      [2x2 double]
     {1x2 cell}      [1x6 double]
```

■ 由各元胞内容创建

```
>> A{1,1} ='cell1';
>> A{1,2} =[1 2;3 4];
>> A{2,1} ={[1 2],'matlab'};
>> A{2,2} =0:1:5
A =
     'cell1'      [2x2 double]
     {1x2 cell}      [1x6 double]
```

可以看到元胞数组 **A** 有 4 个元胞，其中元胞 **A**（2，1）的内容也是元胞数组。

注意（）和 {} 的区别：

■（）用在下标表示对数组元素的引用，为了与常规数组区分等式右边必须用 {}。

■ {} 用在下标表示元胞的内容，等式右边不需要用 {}。

A（1，2）表示第 1 行第 2 列的元胞元素，而 **A** {1，2} 表示第 1 行第 2 列的元胞元素中存放的内容，应该注意避免混淆。

（2）使用 cell 函数创建

cell 函数创建元胞数组的语法格式：

A = cell（m，n）　　　　　% 创建 m × n 元胞数组

cell 函数用于创建一个空的元胞数组，对每一个元胞的数据还需要另外赋值。

【例 2-22】 使用 cell 函数创建元胞数组。

```
>> A = cell（2, 2）              % 创建空的元胞数组
A =
       []        []
       []        []
>> A {1, 1} ='cell1'
A =
     'cell1'       [2x2 double]
       {1x2 cell}        [1x6 double]
>> A {1, 2} = [1 2; 3 4];
>> A {2, 1} = { [1 2], 'matlab'};
>> A {2, 2} =0: 1: 5
A =
     'cell1'       [2x2 double]
       {1x2 cell}        [1x6 double]
>> whos A
  Name      Size           Bytes Class
  A         2x2            478 cell array
Grand total is 29 elements using 478 bytes
```

2. 元胞数组的操作

建立了元胞数组以后，就需要使用其中的元素进行操作，对元胞数组元素内容进行寻访。

（1）用 {} 取元胞数组的元素内容

例如，在命令窗口中输入：

```
>> C = {2 + 5i,'hello';0:3,[1 2]}                 % 创建元胞数组
C =
    [2.0000 + 5.0000i]      'hello'
    [1x4 double]      [1x2 double]
>> s = C{2,1}                                     % 全下标方式
s =
    0    1    2    3
>> s = C{2}                                       % 单下标方式
s =
    0    1    2    3
```

（2）用 () 取元胞数组的元素 用 () 只能定位元胞的位置，返回的仍然是元胞类型的数组，如 1×1 的元胞数组，可以用于在较大的元胞数组中裁剪产生数组子集。

例如，在命令窗口中输入：

```
>> n = C(2,1)                 % 全下标方式
n =
    [1x4 double]
>> n = C(2)                   % 单下标方式
n =
    [1x4 double]
```

（3）用 deal 函数取多个元胞元素的内容

例如，在命令窗口中输入：

```
>> [n1,n2,n3] = deal(C{[1,2,4]})
n1 =
    2.0000 + 5.0000i
n2 =
    0    1    2    3
n3 =
    1    2
>> [n1,n2,n3,n4] = deal(C{:})
n1 =
    2.0000 + 5.0000i
n2 =
    0    1    2    3
n3 =
hello
n4 =
    1    2
```

3. 元胞数组的内容显示

在 MATLAB 命令窗口中输入元胞数组的名称，并不直接显示出元胞数组的各元素内容值，而是显示各元素的数据类型和尺寸。MATLAB 提供了 celldisp 函数用来显示元胞数组中元胞的具体数据内容；cellplot 函数用来以图形方式显示元胞数组的结构。

【例 2-23】　使用函数显示元胞数组的内容，以图形方式显示元胞数组，如图 2-9 所示。

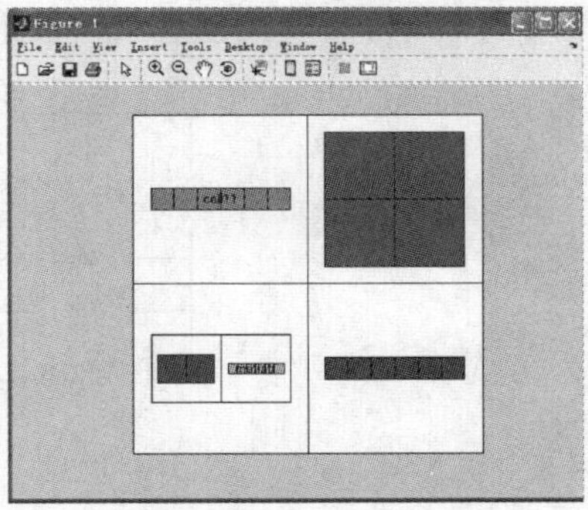

图 2-9　元胞数组 A

```
>> A = {'cell1',[1 2;3 4];{[1 2],'matlab'},0:1:5}
A =
    'cell1'      [2x2 double]
{1x2 cell}       [1x6 double]
>> celldisp(A)
A{1,1} =
cell1
A{2,1}{1} =
    1     2
A{2,1}{2} =
matlab
A{1,2} =
    1     2
    3     4
A{2,2} =
    0     1     2     3     4     5
>> cellplot(A)
```

程序分析：

{} 表示元胞数组的元胞元素内容，**A** {2, 1} {1} 表示第 2 行第 1 列的元胞元素中存放的元胞数组第 1 个元胞元素的内容；图 2-9 使用不同的颜色和形状表示元胞数组的内容。

2.5.2　结构体

结构体（Structure Array）也可以存储多种类型的数据。结构体可以有多个字段，比元胞数组内容更加丰富，应用更广泛。

结构体的基本组成是结构，每一个结构都包含多个字段（Fields），结构体只有划分了字段以后才能使用。例如，一个图形对象属性包含了 Name、Color、Position 等不同数据类型的属性，每个图形对象都具有这些属性但属性值不同，多个图形对象构成结构体，一个图形对象就是一个结构，一个属性（Name、Color、Position）就是一个字段；数据不能直接存放在结构中，只能存放在字段中，字段中可以存放任何类型、任何大小的数组。因此可以用结构体来存放图形对象的属性。

1. 创建结构体

（1）直接创建　直接使用赋值语句创建结构体，用“结构体名．字段名”的格式赋值。

【例2-24】 直接创建结构数组存放图形对象，结构体ps的结构如图2-10所示。

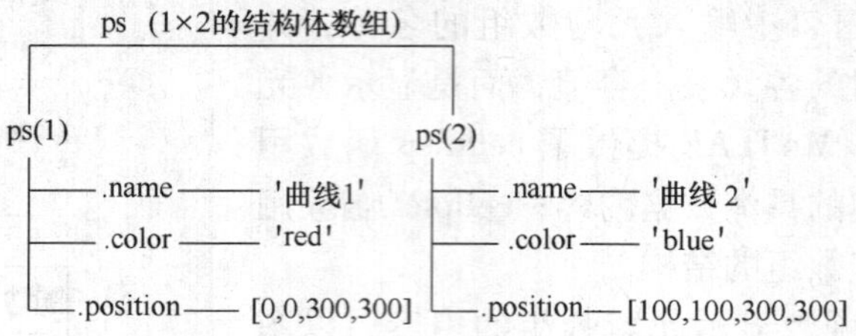

图2-10 结构体ps的结构

```
>> ps(1).name='曲线1';
>> ps(1).color='red';
>> ps(1).position=[0,0,300,300]
ps =
        name:'曲线1'
       color:'red'
    position:[0 0 300 300]
>> ps(2).name='曲线2';
>> ps(2).color='blue';
>> ps(2).position=[100,100,300,300]
ps =
1x2 struct array with fields:
    name
    color
    position
```

程序分析：

ps是结构体数组，ps(1)和ps(2)分别是结构体元素，name、color和position分别是字段。

(2) 利用struct函数创建 创建结构体还可以使用struct函数，struct函数的语法如下：

struct('field1',值1,'filed2',值2,…) %创建结构体将值赋给各字段

则图2-10中的ps (1) 使用struct函数创建的命令如下：

>> ps(1)=struct('name','曲线1','color','red','position',[0,0,300,300])

2. 获取结构体内部数据

(1) 使用"."符号获取 对于在图2-10中的ps结构体，以下命令都可以获取结构体内部数据：

```
>> x2=ps(1).position                    %获取结构ps(1)的position字段
x2 =
   0    0    300    300
>> x3=ps(1).position(1,3)               %获取结构ps(1)的position字段的元素
x3 =
   300
```

(2) 用getfield函数获取 getfield函数的命令格式如下：

getfield(A,{A_index},'fieldname',{field_index})

说明：A_ index 是结构的下标；'fieldname'是字段名；field_ index 是字段中数组元素的下标。

使用 getfield 函数可以获取结构体的内部数据：

```
>> x2 = getfield(ps,{1},'position')          %获取结构 ps(1)的 position 字段
x2 =
     0     0   300   300
>> x3 = getfield(ps,{1},'position',{3})  %获取结构 ps(1)的 position 字段的元素
x3 =
   300
```

（3）使用 fieldnames 函数获取结构体的所有字段　fieldnames 函数用来获取结构体的所有字段，并存放在元胞数组中。命令格式如下：

fieldnames(array)　　　　　　　　　%获取结构体的所有字段

例如，将 ps 的所有字段放在 x 元胞数组中，命令如下：

```
>> x = fieldnames(ps)
x =
    'name'
    'color'
    'position'
>> whos ps x
  Name      Size                    Bytes Class
  ps        1x2                     642 struct array
  x         3x1                     214 cell array
Grand total is 47 elements using 856 bytes
```

（4）使用“［］”合并相同字段的数据

例如，获取 ps 的 name 字段命令如下：

```
>> x_name = [ps.name]
x_name =
曲线 1 曲线 2
```

3. 结构体的操作函数

（1）删除结构体的字段　使用 rmfield 函数可以删除结构体的字段，语法格式如下：

rmfield(A,'fieldname')　　　　　　　　　%删除字段

（2）修改结构体的数据　如果需要对结构体的数据进行修改，可以使用 setfield 函数来设置结构体的数据，语法格式如下：

setfield(A,{A_index},'fieldname',{field_index},值)

例如，修改 ps(1)的 color 字段的内容：

```
>> ps = setfield(ps,{1},'color','green');
```

（3）结构体转换为元胞数组　使用 struct2cell 函数可以将结构体转换为元胞数组。

例如，将 ps 转换为元胞数组：

```
>> ps_cell = struct2cell(ps)
ps_cell(:,:,1) =
```

```
        '曲线 1'
        'green'
        [1x4 double]
ps_cell(:,:,2) =
        '曲线 2'
        'blue'
        [1x4 double]
```

2.6 多维数组

多维数组（Multidimensional arrays）是指下标多于两个的数组。空数组、向量、矩阵都是数组的特例，矩阵表示行、列组成的面。三维数组是二维数组的扩展，二维数组是由行和列组成的面，三维数组是用三个下标表示，三维数组可以看成由行、列和页构成的“长方体”。

三维数组的元素存放遵循“单下标”的编号规则：第一页第一列下接该页的第二列，下面再接第三列，依此类推；第一页的最后列下面接第二页第一列，如此进行，直至结束。

四维数组与三维数组可以同样考虑，就是用4个下标表示，更高维数组是在后面添加维度来确定页。

1. 多维数组的创建

多维数组的创建有三种方法：直接赋值创建、由二维数组扩展和使用 cat 函数创建。

（1）直接赋值创建

例如，创建三维数组 a：

```
>> a(:,:,1) = [1 2;3 4];
>> a(:,:,2) = [1 1;2 2]
a(:,:,1) =
     1     2
     3     4
a(:,:,2) =
     1     1
     2     2
```

（2）由二维数组扩展

例如，由二维数组 b 扩展为三维数组：

```
>> b = [10 9;8 7];
>> b(:,:,2) = [6 5;4 3]
b(:,:,1) =
    10     9
     8     7
b(:,:,2) =
     6     5
     4     3
```

（3）使用 cat 函数创建　使用 cat 函数可以把几个原先赋值好的数组或者新建立的数组

按照某一维连接起来，创建一个多维数组。cat 函数的语法格式如下：

cat(维,p1,p2,…) **%将 p1、p2 等数组按照某维连接起来**

【例 2-25】 使用 cat 函数创建多维数组。

```
>> a = [1 2;3 4];
>> b = [10 9;8 7];
>> c1 = cat(1,a,b)                    %按第一维连接
c1  =
     1     2
     3     4
    10     9
     8     7
>> c2 = cat(3,a,b)                    %按第三维连接
c2(:,:,1)  =
     1     2
     3     4
c2(:,:,2)  =
    10     9
     8     7
>> c2(1,1,2)                          %全下标方式的数组元素
ans  =
    10
>> c2(6)                              %单下标方式的数组元素
ans  =
     8
```

程序分析：

单下标方式取数组元素的顺序按照先第一页第一列→第一页第二列→第二页第一列→第二页第二列的顺序。

（4）使用特殊数组函数 MATLAB 提供了创建特殊矩阵的函数，其中有些函数也具有创建多维数组的功能。例如，randn、ones、zeros 等函数都可以创建特殊多维数组。

例如，创建随机的三维数组：

```
>> p = randn(2,3,2)                   %创建三维数组
p(:,:,1)  =
    0.5377    -2.2588     0.3188
    1.8339     0.8622    -1.3077
p(:,:,2)  =
   -0.4336     3.5784    -1.3499
    0.3426     2.7694     3.0349
>> p = randn(2,3,2,2)                 %创建四维数组
p(:,:,1,1)  =
    0.7254     0.7147    -0.1241
   -0.0631    -0.2050     1.4897
p(:,:,2,1)  =
```

```
    1.4090     0.6715     0.7172
    1.4172    -1.2075     1.6302
p(:,:,1,2) =
    0.4889     0.7269     0.2939
    1.0347    -0.3034    -0.7873
p(:,:,2,2) =
    0.8884    -1.0689    -2.9443
   -1.1471    -0.8095     1.4384
```

2. 多维数组的维度操作

多维数组的维度操作包括多维数组形状的重排和维度重新排序。

（1）reshape 函数改变多维数组的形状　reshape 函数的语法格式如下：

reshape(p,[行 列 页 ……])　　　　　　%按照行列页重排多维数组 p

说明：reshape 虽然重排了数组，但是线性存储的方式不变，即单下标方式的存储顺序不变。

（2）permute 函数重新定义数组的维度顺序　permute 函数按新的列行页重排数组，permute 改变了线性存储的方式，把原来维度的所有元素移到新的维度上，命令格式如下：

permute(p,[列 行 页 ……])　　　　　　%按照列行页重定义多维数组 p

说明：permute 改变后的维数不少于原数组的维数，而且各维数都不能相同。

【例 2-26】 将多维数组进行重新定义维数。

```
>> a(:,:,1) = ones(3);
>> a(:,:,2) = rand(3) * 10
a(:,:,1) =
     1     1     1
     1     1     1
     1     1     1
a(:,:,2) =
    9.5013    4.8598    4.5647
    2.3114    8.9130    0.1850
    6.0684    7.6210    8.2141
>> b = reshape(a,[2,3,3])               %重排数组 a,顺序不变
b(:,:,1) =
     1     1     1
     1     1     1
b(:,:,2) =
    1.0000    1.0000    2.3114
    1.0000    9.5013    6.0684
b(:,:,3) =
    4.8598    7.6210    0.1850
    8.9130    4.5647    8.2141
>> c = permute(a,[2,3,1])               %重排数组 a,顺序改变
c(:,:,1) =
    1.0000    9.5013
```

```
    1.0000    4.8598
    1.0000    4.5647
c(:,:,2) =
    1.0000    2.3114
    1.0000    8.9130
    1.0000    0.1850
c(:,:,3) =
    1.0000    6.0684
    1.0000    7.6210
    1.0000    8.2141
```

2.7 关系运算和逻辑运算

MATLAB 中的运算除了算术运算外，还有关系运算和逻辑运算。

2.7.1 逻辑变量

MATLAB R2010a 中逻辑型（logical）数据只有“1”和“0”，分别表示 true 和 false 两种状态，逻辑型变量只占 1 个字节。在 MATLAB 的关系运算和逻辑运算中，都要使用到逻辑型变量。

函数 logical 可以用来将数值型转换为逻辑型，任何非零的数值都转换为逻辑 1，数值 0 转换为逻辑 0。

【例 2-27】 逻辑型变量的运算。

```
>> a=[0 -1 0 10 0 9 -5 0 0]
a =
    0   -1    0   10    0    9   -5    0    0
>> b=logical(a)          %转换成逻辑型,所有的非 0 都是 1
b =
    0    1    0    1    0    1    1    0    0
>> c=1:9
c =
    1    2    3    4    5    6    7    8    9
>> d=c.*b
d =
    0    2    0    4    0    6    7    0    0
>> d1=c(b)               %产生子矩阵块
d1 =
    2    4    6    7
>> a(a<0)=10             %将小于 0 的数都改为 10
a =
    0   10    0   10    0    9   10    0    0
```

程序分析：

b 是逻辑型变量，每个元素占用 1 个字节；d 为逻辑型变量与数值型变量的乘积，d 是 double 型；d1 是 double 型子矩阵块。

2.7.2 关系运算

MATLAB R2010a 常用的关系操作符有 <、< =、>、> =、= =（等于）、~ =（不等于）。关系运算的结果是逻辑型的 1(true)或 0(false)。关系操作符 <、< = 和 >、> = 仅对参加比较变量的实部进行比较，而 = = 和 ~ = 则同时对实部和虚部进行比较。

关系运算规则：

■ 如果比较的两个变量都是标量，则结果为 1(true)或 0(false)。

■ 如果比较的两个变量都是数组，则必须尺寸大小相同，结果也是同样大小的数组。

■ 如果比较的是一个数组和一个标量，则把数组的每个元素分别与标量比较，结果为与数组大小相同的数组。

两个浮点数比较是否相等应注意，由于浮点数存储的相对误差的存在，因此直接比较是否相等不合适，而应使用两数差小于一定范围来表示相等。

2.7.3 逻辑运算

MATLAB 的逻辑运算有三种类型：元素的逻辑运算、位逻辑运算和先决逻辑运算。

1. 元素的逻辑运算

元素的逻辑运算是将数组中的元素一一进行逻辑运算，常用的逻辑运算符：&（与）、|（或）、~（非）和 xor（异或）。在逻辑运算中，非 0 元素表示 true，0 元素表示 false。逻辑运算的运算规则：

■ 如果逻辑运算的两个变量都是标量，则结果为 0、1 的标量。

■ 如果逻辑运算的两个变量都是数组，则必须大小相同，结果也是同样大小的数组。

■ 如果逻辑运算的是一个数组和一个标量，则把数组的每个元素分别与标量比较，结果为与数组大小相同的数组。

【例 2-28】 使用关系运算和元素的逻辑运算找出大于 60 小于 100 的数位置。

```
>> num = round(rand(1,10) * 100)   %生成<100 的整数
num =
    47    42    85    53    20    67    84    2    68    38
>> n = (num > 60)&(num < 100)       %判断是否大于 60 小于 100
n =
    0   0   1   0   0   1   1   0   1   0
>> n = n. * num
n =
    0   0   85   0   0   67   84   0   68   0
>> result = find(n)                 %查找非零的数的位置
result =
    3   6   7   9
>> num1 = num(num > 50)             %将大于 50 的元素取出
num1 =
```

```
    85    53    67    84    68
```

程序分析：

round 函数是四舍五入取整；num > 60 为关系运算得出逻辑型向量；& 为逻辑运算符，将两个关系运算的结果进行逻辑运算。

2. 先决逻辑运算

先决逻辑运算与元素逻辑运算相似，但可以减少逻辑判断的操作，运行效率高，注意先决逻辑运算只能用于标量的运算。先决逻辑运算符有：&&（先决与）和 ||（先决或）。

■ **A && B**：当 **A** 为 0(false) 时，直接得出逻辑运算结果为 0(false)，否则继续执行 & 运算。

■ **A || B**：当 **A** 为 1(true) 时，直接得出逻辑运算结果为 1(true)，否则，继续执行 | 运算。

【例 2-29】 使用先决逻辑运算符进行运算。

```
>> t =0:3
t =
    0    1    2    3
>> y1 =(t(1) ~ =0)&&(100/t(1) >10)
y1 =
    0
>> y2 =(t(2) ~ =0)&&(100/t(2) >10)
y2 =
    1
```

程序分析：

y1 使用 && 没有经过 & 运算，直接由"t(1) ~ =0"得出 0，y2 使用 && 是经过逻辑 & 计算的。

如果将 y1 中的 && 改为 &，就会出现警告提示，可以看出 && 和 & 的不同：

```
>> y1 =(t(1) ~ =0)&(100/t(1) >10)
Warning: Divide by zero.
y1 =
    0
```

3. 位逻辑运算

位逻辑运算就是对非负整数按二进制形式进行逐位逻辑运算，然后将逐位逻辑运算后的二进制数转换为十进制数输出。

位逻辑运算函数有：bitand（位与）、bitor（位或）、bitcmp（位非）和 bitxor（位异或）。

例如，使用 bitand 和 bitor 函数来运算，位逻辑运算过程如图 2-11 所示。

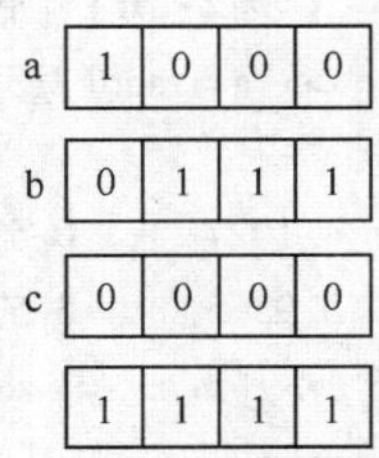

图 2-11 位逻辑运算过程

```
>> a =8
a =
    8
>> b =7
b =
```

```
   7
>> c = bitand(a,b)
c =
   0
>> d = bitor(a,b)
d =
  15
```

2.7.4 运算符优先级

在 MATLAB 的表达式中如果出现多种运算符，需要考虑各运算符的优先级。

各类运算符的优先级为：括号→算术运算符→关系运算符→逻辑运算符

各符号优先顺序为：

括号（）→转置'．'幂^．^→一元加减＋ －逻辑非～ →乘＊．＊ 除/．/\．\ →加减＋－→冒号：→关系运算＞ ＞＝ ＜ ＜＝ ＝＝ ～＝ →元素逻辑运算与 & →元素逻辑运算或 | →先决逻辑运算与 && →先决逻辑运算或 ||

例如，例 2-27 中的大于 60 且小于 100 的条件可以写成：

```
>> n = num > 60&num < 100
```

先执行关系运算 ＞ 和 ＜，再进行逻辑运算 &。

2.8 数组的信息获取

MATLAB R2010a 提供了很多函数获得数组的各种属性，包括数组的尺寸、数据类型等。

1. 数组的尺寸

数组尺寸大小的获取可以使用表 2-14 所示的函数。

表 2-14 获取数组尺寸的函数表

函数名	功能	
size	d = size(A)	% 以行向量 d 表示 A 数组的各维尺寸
	[m1,m2,…] = size(A)	% 返回数组 A 的各维尺寸
length	d = length (A)	% 返回数组 A 各维中最大维的长度
ndims	n = ndims(A)	% 返回数组 A 的维数
numel	n = numel(A)	% 返回数组 A 的元素总个数

【例 2-30】 使用获取数组尺寸的函数获得数组信息。

```
>> a = rand(2,3) * 10
a =
4.1027      0.5789      8.1317
8.9365      3.5287      0.0986
>> [m,n] = size(a)                    % 获得数组 a 的尺寸
m =
   2
n =
```

```
     3
>> a(1,n) =0                        %修改第一行最后一列元素值
a =
     4.1027      0.5789         0
     8.9365      3.5287    0.0986
>> t = numel(a)                     %求数组元素个数
t =
     6
>> mean = sum(a(:))/t               %计算数组的平均值
mean =
     2.8742
```

2. 数组的检测函数

MATLAB R2010a 提供了很多数组的检测函数，都是以“is”开头，函数返回的结果为逻辑型，如果检测符合条件则返回 1，不符合条件就返回 0，常用的检测数组函数表如表 2-15 所示。

例如，输入数组 a 如下：

```
>> a =0:5
a =
0  1  2  3  4  5
```

表 2-15　常用的检测数组函数表

函数名	功　能	实　例	
		命　令	结　果
isempty	是否为空数组	isempty(a)	0
isscalar	是否为单元素的标量	isscalar(a)	0
isvector	是否为向量	isvector(a)	1
issparse	是否为稀疏矩阵	issparse(a)	0
isnumeric	是否为数值型	isnumeric (a)	1
isreal	是否为实数型	isreal (a)	1
isfloat	是否为浮点数型	isfloat (a)	1
isinteger	是否为整型	isinteger (a)	0
ischar	是否为字符型	ischar (a)	0
islogical	是否为逻辑型	islogical (a)	0
iscell	是否为元胞型	iscell (a)	0
isstruct	是否为结构体型	isstruct (a)	0
isa	是否为指定类型	isa(a,'double')	1

2.9 多项式

一个多项式按降幂排列为：

$$p(x) = a_n x^n + a_{n-1} x^{n-1} + \cdots + a_1 x + a_0$$

在 MATLAB 中用行向量来表示多项式的各项系数，使用长度为 $n+1$ 的行向量按降幂排列，用 0 表示多项式中某次幂的缺项，则表示为：

$$p = [a_n \; a_{n-1} \cdots a_1 \; a_0]$$

例如，$p(x)=x^3-4x^2+3x+1$ 可表示为 $p=[1\ -4\ 3\ 1]$；$p(x)=x^3+5x^2+2x$ 可表示为 $p=[1\ 5\ 2\ 0]$。

2.9.1 多项式求根和求值

1. 多项式求根

使用 roots 函数来计算多项式的根，多项式的根以列向量的形式表示；反过来，也可以根据多项式的根使用 poly 函数获得多项式。

【例 2-31】 计算多项式的根并由根得出多项式。

```
>> p1 = [1 -6 11 -6 0]
p1 =
     1     -6     11     -6     0
>> r1 = roots(p1)                    % 求多项式的根
r1 =
          0
     3.0000
     2.0000
     1.0000
>> p2 = poly([r1(2),r1(3)])          % 根据根得出多项式
p2 =
     1.0000     -5.0000     6.0000
```

程序分析：

多项式 $p1=x^4-6x^3+11x^2-6x=x(x-3)(x-2)(x-1)$，$p2=x^2-5x+6$。

2. 多项式求值

函数 polyval 和 polyvalm 可以用来计算多项式在给定变量时的值。语法格式如下：

polyval(p,x) **%得出变量 x 对应多项式值**

polyvalm(p,x) **%得出矩阵 x 对应多项式值**

说明：polyvalm 要求输入的矩阵是行列相等的方阵，以矩阵为整体作为自变量。

【例 2-31 续】 计算例 2-31 中 p1 当变量为 5 和方阵时的值。

```
>> polyval(p1,5)
ans =
     120
>> x = [1 2;3 4];
>> polyvalm(p1,x)                    % 计算矩阵对应的多项式值
ans =
     48     64
     96     144
```

2.9.2 多项式的算术运算

1. 多项式的乘法和除法

多项式的乘法和除法运算分别使用函数 conv 和 deconv 来实现，这两个函数也可以对应于卷积（convpolytion）和解卷（deconvpolytion）运算。乘除法的命令格式如下：

p = conv(p1,p2)　　　　　　%计算多项式 p1 和 p2 的乘积

[q,r] = deconv(p1,p2)　　　　%计算多项式 p1 与 p2 的商

说明：除法不一定会除尽，多项式 p1 被 p2 除的商为多项式 q，而余子式是 r。

【例 2-32】 计算多项式的乘除法。

```
>> p1 = [1 2];
>> p2 = [1 3];
>> p3 = [1 4];
>> p = conv(conv(p1,p2),p3)        %计算三个多项式乘积
p =
     1     9    26    24
>> [p12,r] = deconv(p,p3)          %计算多项式除法
p12 =
     1     5     6
r =
     0     0     0     0
```

2. 部分分式展开

将由分母多项式和分子多项式构成的表达式进行部分分式展开，当分母没有重根时：

$$\frac{B(s)}{A(s)} = \frac{r_1}{s-p_1} + \frac{r_2}{s-p_2} + \cdots + \frac{r_n}{s-p_n} + k(s)$$

当分母有重根 p_j时，则表达式如下：

$$\frac{B(s)}{A(s)} = \frac{r_1}{s-p_1} + \frac{r_2}{s-p_2} + \cdots + \frac{r_n}{s-p_n} + \frac{r_j}{s-p_j} + \frac{r_{j+1}}{(s-p_j)^2} + \ldots + \frac{r_{j+m-1}}{(s-p_j)^m} + k(s)$$

用 residue 函数可以实现多项式的部分分式展开，部分分式展开经常在控制系统的计算传递函数中应用，residue 函数的语法格式如下：

[r,p,k] = residue(B, A)　　%将分母多项式 A 和分子多项式 B 进行部分分式展开

说明：B 和 A 分别是分子和分母多项式系数行向量；r 是零点列向量[r_1;r_2;…r_n];p 为[p_1;p_2;…p_n]极点列向量；k 为余式多项式的列向量。

residue 函数还可以将部分分式和形式转化为两个多项式除法，语法格式如下：

[B, A] = residue(r,p,k)

【例 2-33】 将两个表达式 G_1 和 G_2 进行部分分式展开，G_1 和 G_2 表达式如下：$G_1(s) = \frac{10}{s^4 - 6s^3 + 11s^2 - 6s}$ 和 $G_2(s) = \frac{10}{(s+1)^2(s+3)}$。

```
>> a1 = [1 -6 11 -6 0];
>> b1 = 10;
>> [r1,p1,k1] = residue(b1,a1)          %将 G1 部分分式展开
r1 =
     1.6667
    -5.0000
     5.0000
    -1.6667
p1 =
```

```
    3.0000
    2.0000
    1.0000
         0
k1 =
     []
>> a2 = conv(conv([1 1],[1 1]),[1 3])
a2 =
     1     5     7     3
>> b2 = 10;
>> [r2,p2,k2] = residue(b2,a2)          %将G2部分分式展开
r2 =
    2.5000
   -2.5000
    5.0000
p2 =
   -3.0000
   -1.0000
   -1.0000
k2 =
     []
```

程序分析：

部分分式展开的表达式为：$G_1(s) = \frac{10}{s^4 - 6s^3 + 11s^2 - 6s} = \frac{1.6667}{s-3} - \frac{5}{s-2} + \frac{5}{s-1} - \frac{1.6667}{s}$，$G_2(s) = \frac{10}{(s+1)^2(s+3)} = \frac{2.5}{s+3} - \frac{2.5}{s+1} + \frac{5}{(s+1)^2}$。

3. 多项式的微积分

在 MATLAB R2010a 中可以使用 polyder 函数来计算多项式的微分，polyder 函数可以计算单个多项式的导数以及两个多项式乘积和商的导数。语法格式如下：

polyder(p) **%计算 p 的导数**

polyder(a,b) **%计算 a * b 乘积的导数**

[q,d] = polyder(b,a) **%计算 b/a 商的导数**

MATLAB 没有专门的多项式积分函数，但可以通过以下的公式计算完成积分：

[p./(length(p):-1:1),k] **%计算多项式 p 的积分**

说明：k 是积分表达式的最后项，可以用 0 等常数表示。

【例 2-34】 计算多项式 $p(x) = x^3 + 5x^3 + 2x + 1$ 的微积分。

```
>> p = [1 5 2 1];
>> d = polyder(p)                  %计算多项式的微分
d =
     3    10     2
```

```
>> [d./(length(d):-1:1),0]    %计算多项式的积分
ans =
      1     5     2     0
```

2.9.3 多项式的拟合与插值

1. 多项式的拟合

如果面对一组杂乱的实验数据，希望能找出其中的规律就可以使用多项式的拟合。多项式拟合是用一个多项式来逼近一组给定的数据，是数据分析上的常用方法。

(1) 拟合函数 多项式的拟合可以使用 polyfit 函数来实现，拟合的准则是最小二乘法，即找出使 $\sum_{i=1}^{n} |f(x_i) - y_i|^2$ 最小的 $f(x)$。语法格式如下：

```
p = polyfit(x,y,n)      %由 x 和 y 得出多项式 p
```

说明：x、y 向量分别为数据点的横、纵坐标；n 是拟合的多项式阶次；p 为拟合的多项式，p 是 n+1 个系数构成的行向量。

【例 2-35】 使用多项式拟合的方法对 $y = 6x^5 + 4x^3 + 2x^2 - 7x + 10$ 曲线的数据进行拟合，拟合后根据多项式绘制的拟合曲线如图 2-12 所示。

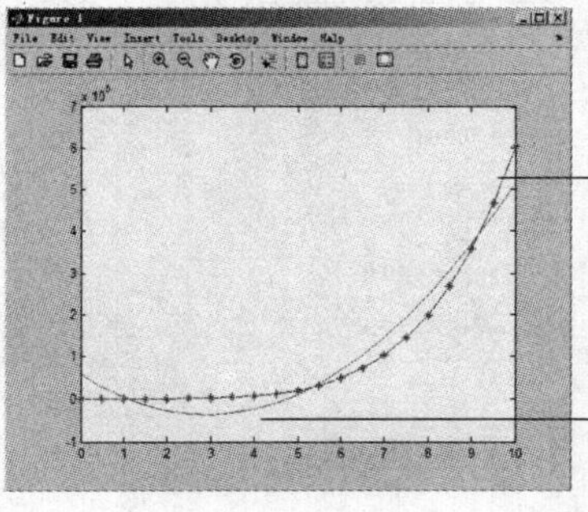

图 2-12 拟合曲线

```
>> x=0:0.5:10;
>> p=[6 0 4 2 -7 10];
>> y=polyval(p,x);
>> p1=polyfit(x,y,2)                    %根据 x 和 y 进行 2 阶拟合
p1 =
   1.0e+004 *
    1.1071   -6.4978    5.7848
>> y1=polyval(p1,x);
>> p2=polyfit(x,y,5)                    %根据 x 和 y 进行 5 阶拟合
p2 =
    6.0000   -0.0000    4.0000    2.0000   -7.0000    10.0000
```

程序分析：

p1 和 p2 分别是使用多项式拟合方法得出的 2 阶和 5 阶多项式的系数，5 阶拟合得出的多项式 p2 与原多项式 p 相同，因此，多项式拟合必须选择合适的阶数。

在图 2－12 中绘制原曲线、2 阶拟合曲线和 5 阶拟合曲线：

```
>> plot(x,y)%原曲线图
>> hold on
>> plot(x,polyval(p1,x),'o')      %2 阶拟合曲线
>> plot(x,polyval(p2,x),'*')      %5 阶拟合曲线
```

程序分析：

图中的圆圈是原始数据曲线，可以看出 2 阶拟合曲线（p2）则与原始数据拟合较好，5 阶拟合曲线（p2）与原始数据吻合。

（2）曲线拟合图形用户接口　MATLAB R2010a 提供了方便的曲线拟合图形用户接口，可以直接在图形窗口图 2-12 中使用菜单进行多项式拟合，在图形窗口中选择菜单“Tools”→“Basic Fitting”，则出现“Basic Fitting”窗口，如图 2－13 所示，单击 → 按钮可以展开窗口。

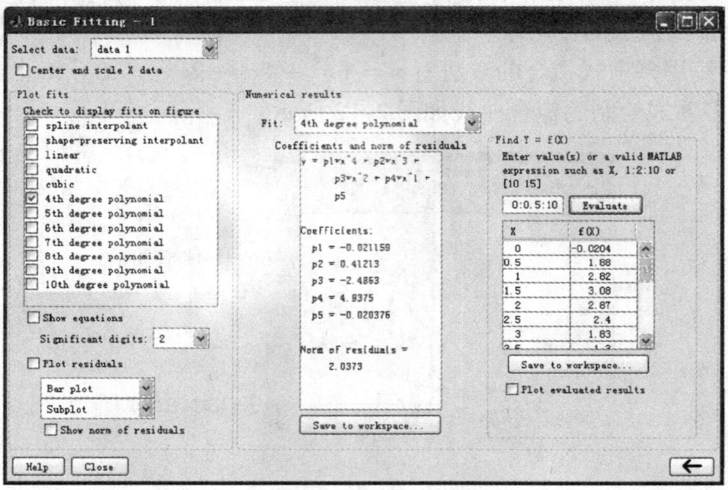

图 2-13　“Basic Fitting”窗口

■ 在“Select data”中选择图中的曲线名称；

■ 在“Plot fits”中选择拟合阶数，如图中选择“4th degree polynomial”，则在右侧就出现拟合的多项式系数；

■ 在“Find Y = f(X)”中输入横坐标，如图中输入“0：0.5：10”，然后单击按钮“Evaluate”，则在表中出现横坐标与纵坐标的对应数据；

■ 可以单击按钮“Save to workspace…”将数据存入工作空间。

2. 插值运算

插值（interpolation）是在两个原始数据点之间根据一定的运算关系插入新的数据点，以便更准确地得出数据的变化规律。当工程中有一些离散点的数值，通过插值运算可以得到近似的连续过程，插值运算广泛使用于信号和图像处理领域。

MATLAB R2010a 提供了大量的插值函数，可以获得数据不同的平滑度、时间复杂度和空间复杂度，这些函数在“\toolbox\matlab\polyfun”目录下，插值运算函数表如表 2-16 所示。

表 2-16 插值运算函数表

函数名	功能	函数名	功能
interp1	一维插值	pchip	分段三次厄米多项式插值
interp1q	一维快速插值	griddata	栅格数据插值
interpft	一维傅里叶插值	griddata3	3 维栅格数据插值
interp2	二维插值	griddatan	n 维栅格数据插值
interp3	三维插值	spline	三次样条插值
interpn	N 维插值	ppval	分段多项式插值

插值运算有两个条件：

■ 自变量必须是单调的；

■ 只能在自变量的取值范围内进行插值。

（1）一维插值　一维插值是指对一个自变量的插值。interp1 函数用来进行一维插值，命令格式如下：

yi = interp1(x,y,xi,'method')

说明：x、y 为行向量，如果 y 为矩阵则根据 y 单下标方式构成行向量；xi 是插值范围内任意点的 x 坐标，yi 则是插值运算后的对应 y 坐标；'method'是插值函数的类型包括 4 种'linear'为线性插值（默认），'nearest'速度最快为用最接近的相邻点插值，'spline'速度最慢为三次样条插值，'cubic'为三次多项式插值。

【例 2-36】 使用插值运算计算曲线中横坐标为 9.5 的对应纵坐标值，曲线表达式为 $y = 2\sin(x) + \sqrt{x}$。

```
>> x = 1:10;
>> y = 2 * sin(x) + sqrt(x);
>> y01 = interp1(x,y,9.5)                 %采用线性插值方法计算
y01  =
    2.9492
>> y02 = interp1(x,y,9.5,'spline')        %采用三次样条插值方法计算
y02  =
    2.9558
>> y03 = interp1(x,y,9.5,'cubic')         %采用三次多项式插值方法计算
y03  =
    3.0586
>> y04 = interp1(x,y,9.5,'nearest')       %采用最接近的相邻点插值方法计算
y04  =
    2.0742
>> y0 = 2 * sin(9.5) + sqrt(9.5)          %实际值
y0  =
    2.9319
```

程序分析：

可以看出不同的插值方法得出的结果不同，因为插值本身就是一种推测和估计的过程，不同的估计方法计算的结果不同。从本例来看，线性插值的结果更精确，线性插值是用直线

连接两个相邻的点来估计出中间的数据。

（2）二维插值 二维插值是指对两个自变量的插值，可以简单地理解为连续三维空间函数的取值计算，常用来计算随平面位置变化的温度、压力和湿度等。interp2 函数是用来进行二维插值的，命令格式如下：

zi = interp2(x,y,z,xi,yi,'method')

说明：x 和 y 为行向量，z 为矩阵是（x，y）点的对应值；'method'是插值函数的类型，与一维插值相同也有 4 种，默认的是“linear”为双线性插值。

习 题

1. 选择题

（1）下列变量名中________是合法的。

A. char_1,i,j　B. x * y,a.1　C. x\y,a1234　D. end,1bcx

（2）下列________是合法常量。

A. 3 * e10　B. 1e500　C. -1.85e-56　D. 10-2

（3）x = uint8(2.3e10)，则 x 所占的字节是________个。

A. 1　B. 2　C. 4　D. 8

（4）已知 x = 0: 10，则 x 有________个元素。

A. 10　B. 11　C. 9　D. 12

（5）产生对角线上为全 1 其余为 0 的 2 行 3 列矩阵的命令是________

A. ones(2,3)　B. ones(3,2)　C. eye(2,3)　D. eye(3,2)

（6）已知数组 $a=\begin{bmatrix}1&2&3\\4&5&6\\7&8&9\end{bmatrix}$，则 a(: ,end) 是指________

A. 所有元素　B. 第一行元素　C. 第三列元素　D. 第三行元素

（7）已知数组 $a=\begin{bmatrix}1&2&3\\4&5&6\\7&8&9\end{bmatrix}$，则运行 a(: ,1) = [ ] 命令后________

A. a 变成行向量　B. a 数组为 2 行 2 列

C. a 数组为 3 行 2 列　D. a 数组中没有元素 3

（8）已知数组 $a=\begin{bmatrix}1&2&3\\4&5&6\\7&8&9\end{bmatrix}$，则运行 mean(a) 命令是 ________

A. 计算 a 每行的平均值　B. 计算 a 每列的平均值

C. a 数组增加一行平均值　D. a 数组增加一列平均值

（9）已知 x 为一个向量，计算 ln(x) 的 MATLAB 命令是计算________

A. ln(x)　B. log(x)　C. Ln(x)　D. log10(x)

（10）当 a = 2.4，使用取整函数计算得出 3，则该取整函数名为________

A. fix　B. round　C. ceil　D. floor

（11）已知 a = 0：4，b = 1：5，下面的运算表达式出错的为________

A. a + b　B. a./b　C. a' * b　D. a * b

（12）已知 a = 4，b = '4'，下面说法中错误的为________

A. 变量 a 比 b 占用的存储空间大　B. 变量 a 和 b 可以进行加、减、乘、除运算

C. 变量 a 和 b 的数据类型相同　　D. 变量 b 可以用 eval 命令执行

(13) 已知 s = '显示"hello"'，则 s 的元素个数是________

A. 12　　B. 9　　C. 7　　D. 18

(14) 运行字符串函数 strncmp('s1','s2',2)，则结果是________

A. 1　　B. 0　　C. false　　D. true

(15) 命令 day(now)是指________

A. 按照日期字符串格式提取当前时间　B. 提取当前时间

C. 提取当前时间的日期　　D. 按照日期字符串格式提取当前日期

(16) 有一个 2 行 2 列的元胞数组 **c**，则 c(2)是指________

A. 第 1 行第 2 列的元素内容　　B. 第 2 行第 1 列的元素内容

C. 第 1 行第 2 列的元素　　D. 第 2 行第 1 列的元素

(17) 以下运算符中哪个的优先级最高________

A. *　　B. ^　　C. ~=　　D. |

(18) 运行命令 bitand(20,15)的结果是________

A. 15　　B. 20　　C. 4　　D. 5

(19) 使用检测函数 isinteger（15）的结果是________

A. 1　　B. 0　　C. false　　D. true

(20) 计算三个多项式 s1、s2 和 s3 的乘积，则算式为________

A. conv(s1,s2,s3)　　B. s1 * s2 * s3

C. conv(conv(s1,s2),s3)　　D. conv(s1 * s2 * s3)

2. 复数变量 $a=2+3i$，$b=3-4i$，计算 $a+b$，$a-b$，$c=a*b$，$d=a/b$，并计算变量 c 的实部、虚部、模和相角。

3. 用“from：step：to”方式和 linspace 函数分别得到从 0 ~ 4π 步长为 0.4π 的变量 x1 和从 0 ~ 4π 分成 10 点的变量 x2。

4. 输入矩阵 $\boldsymbol{a}=\begin{bmatrix}1&2&3\\4&5&6\\7&8&9\end{bmatrix}$，使用全下标方式取出元素“3”，使用单下标方式取出元素“8”，取出后两行子矩阵块，使用逻辑矩阵方式取出 $\begin{bmatrix}1&3\\7&9\end{bmatrix}$。

5. 输入 $\boldsymbol{a}$ 为 3×3 的魔方阵，$\boldsymbol{b}$ 为 3×3 的单位阵，并将 $\boldsymbol{a}$、$\boldsymbol{b}$ 小矩阵组成 3×6 的大矩阵 $\boldsymbol{c}$ 和 6×3 的大矩阵 $\boldsymbol{d}$，将 $\boldsymbol{d}$ 矩阵的最后一行取出构成小矩阵 $\boldsymbol{e}$。

6. 将矩阵 $\boldsymbol{a}=\begin{bmatrix}1&2&3\\4&5&6\\7&8&9\end{bmatrix}$ 用 flipud、fliplr、rot90、diag、triu 和 tril 函数进行操作。

7. 求矩阵 $\begin{bmatrix}1&3\\5&8\end{bmatrix}$ 的转置、秩、逆矩阵、矩阵的行列式值和矩阵的三次幂。

8. 求解方程组 $\begin{cases}2x_1-3x_2+x_3+2x_4=8\\x_1+3x_2+x_4=6\\x_1-x_2+x_3+8x_4=7\\7x_1+x_2-2x_3+2x_4=5\end{cases}$。

9. 计算数组 $A=\begin{bmatrix}1&2&3\\4&5&6\\7&8&9\end{bmatrix}$，$B=\begin{bmatrix}1&1&1\\2&2&2\\3&3&3\end{bmatrix}$ 的左除、右除以及点乘和点除。

10. 输入 a=[1.6 -2.4 5.2 -0.2]，分别使用数学函数 ceil、fix、floor、round 查看各种取整的运算结果。

11. 输入字符串变量 a 为“hello”，将 a 的每个字符向后移 4 个，例如“h”变为“l”，然后再逆序排放赋给变量 b。

12. 计算函数 $f(t)=10e^{2t}-\sin(4t)$ 的值；其中 t 的范围从 0~20 步长取 0.2；$f_1(t)$ 为 $f(t)\geqslant 0$ 的部分，计算 $f_1(t)$ 的值。

13. 创建三维数组 a，第一页为 $\begin{bmatrix}1&2\\3&4\end{bmatrix}$，第二页为 $\begin{bmatrix}1&2\\2&1\end{bmatrix}$，第三页为 $\begin{bmatrix}1&2\\2&2\end{bmatrix}$。重排生成数组 b 为 3 行、2 列、2 页。

14. 创建一个 4×4 的稀疏矩阵 $\boldsymbol{a}=\begin{bmatrix}1&0&0&0\\0&1&0&0\\0&0&1&0\\-1&-2&-3&1\end{bmatrix}$，一个 4×4 全元素随机矩阵 $\boldsymbol{b}$，计算 $\boldsymbol{c}=\boldsymbol{a}+\boldsymbol{b}$，$\boldsymbol{d}=\boldsymbol{a}.*\boldsymbol{b}$，查看 $\boldsymbol{a}$、$\boldsymbol{b}$、$\boldsymbol{c}$、$\boldsymbol{d}$ 的存储空间。

15. 计算 x 从 0~20，$y=\sin x$ 中，$\pi<x<4\pi$ 范围内 $y>0$ 的所有值。

16. 输入数组 $\boldsymbol{a}=\begin{bmatrix}1&2&3\\4&5&6\\7&8&9\end{bmatrix}$，使用数组信息获取函数得出行列数，元素个数，是否是稀疏矩阵，是否是字符型。

17. 两个多项式 $a(x)=5x^4+4x^3+3x^2+2x+1, b(x)=3x^2+1$，计算 $c(x)=a(x)b(x)$，并计算 $c(x)$ 的根。当 $x=2$ 时，计算 $c(x)$ 的值；将 $b(x)/a(x)$ 进行部分分式展开。

18. x 从 0~20，计算多项式 $y=5x^4+4x^3+3x^2+2x+1$ 的值，并根据 x 和 y 进行 2 阶、3 阶和 4 阶拟合。

第3章 数据的可视化

数据的可视化是 MATLAB R2010a 非常擅长的功能，将杂乱无章的数据通过图形来显示，可以从中观察出数据的变化规律、趋势特性等内在的关系。本章主要介绍使用 MATLAB 绘制二维和三维图形，以及使用不同线型、色彩、数据点标记和标注等来修饰图形。

3.1 二维绘图

使用 MATLAB R2010a 的函数命令绘制图形是件轻松而愉悦的事情。

【例 3-1】 绘制一个正弦波形，绘制的正弦曲线图如图 3-1 所示。

```
>> x = 0:0.1:10;
>> y = sin(x);
>> plot(x,y)            % 根据 x 和 y 绘制二维曲线图
```

程序分析：

plot 函数自动创建 Figure 1 图形窗口并显示绘制的图形，横坐标是 x，纵坐标是 y。

3.1.1 绘图的一般步骤

MATLAB R2010a 提供了丰富的绘图函数和绘图工具，可以画出令用户相当满意的彩色图形，并可以对图形进行各种修饰。在 MATLAB 中绘制一个典型图形一般需要 7 个步骤。

1. 曲线数据准备

对于二维曲线，需要准备横坐标和纵坐标数据；对于三维曲面，则要准备矩阵参变量和对应的 Z 坐标值。

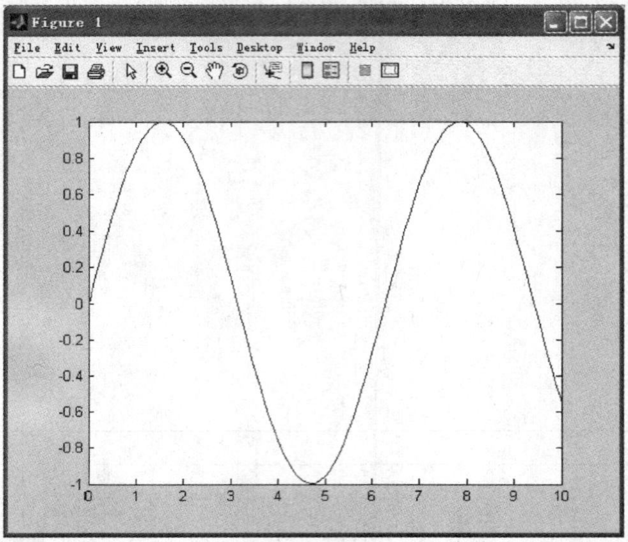

图3-1 正弦曲线图

2. 指定图形窗口和子图位置

可以使用 Figure 命令指定图形窗口，默认时打开 Figure 1 窗口，或使用 subplot 命令指定当前子图。

3. 绘制图形

根据数据绘制曲线后，并设置曲线的绘制方式包括线型、色彩、数据点形等。

4. 设置坐标轴和图形注释

设置坐标轴包括坐标的范围、刻度和坐标分格线等，图形注释包括图名、坐标名、图例、文字说明等。

5. 仅对三维图形使用的着色和视点等设置

对三维图形还需要着色、明暗、灯光、材质处理，以及视点、三度（横、纵、高）比等设置。

6. 图形的精细修饰

图形的精细修饰可以利用对象或图形窗口的菜单和工具条进行设置，属性值使用图形句柄进行操作，将在第6章中详细介绍。

7. 按指定格式保存或导出图形

将绘制的图形窗口保存为 .fig 文件，或转换成其他图形文件。

其中步骤1到步骤3是最基本的绘图步骤。如果利用 MATLAB 的默认设置通常只需要这三个基本步骤就可以绘制出图形。

3.1.2 基本绘图函数

MATLAB R2010a 中最基本的绘图函数是绘制曲线函数 plot。plot 函数是最核心而且使用最广泛的二维绘图函数，命令格式如下：

```
plot(y)          %绘制以 y 为纵坐标的二维曲线
plot(x,y)        %绘制以 x 为横坐标 y 为纵坐标的二维曲线
```

plot(x1,y1,x2,y2…) **%在同一窗口绘制多条二维曲线**

说明：x 和 y 可以是实数向量或矩阵，也可以是复数向量或矩阵。

（1）y 为向量时的 plot(y) 当 y 是长度为 n 的向量时，则坐标系的纵坐标为 y，横坐标为从 1 开始的向量，MATLAB 根据 y 向量的元素序号自动生成的，长度与 y 相同。

【例 3-2】 绘制以 y 为纵坐标的锯齿波，如图 3-2所示。

```
>> y=[1 0 1 0 1 0];
>> plot(y)
```

程序分析：

图 3-2 中的横坐标自动为 1 ~6 与纵坐标相对应，plot(y) 适合绘制横坐标间隔为 1 的曲线。

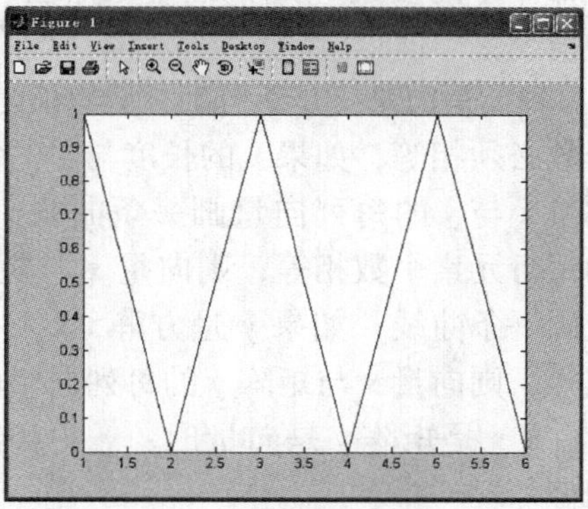

图 3-2 锯齿波图

（2）y 为矩阵时的 plot(y) 当 y 是一个 m×n 的矩阵时，plot（y）函数将矩阵的每一列画一条线，共 n 条曲线，各曲线自动用不同的颜色表示；每条线的横坐标为向量 1: m，m 是矩阵的行数。

【例 3-3】 绘制矩阵 y 为 2×3 的曲线图，如图 3-3a所示；绘制由 peaks 函数生成的一个 49×49 的二维矩阵的曲线图，如图 3-3b 所示。

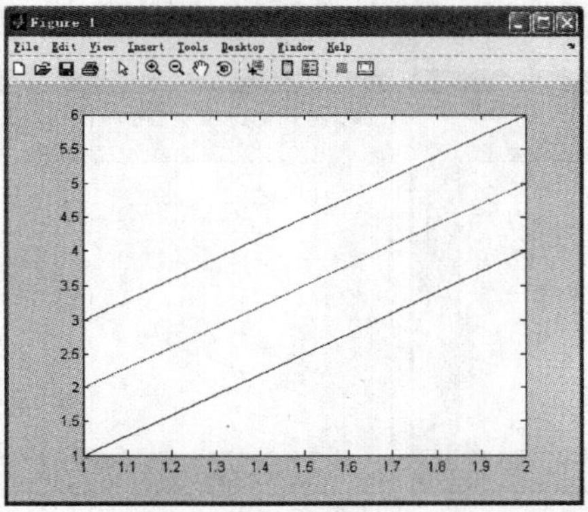

a) 2×3的曲线图

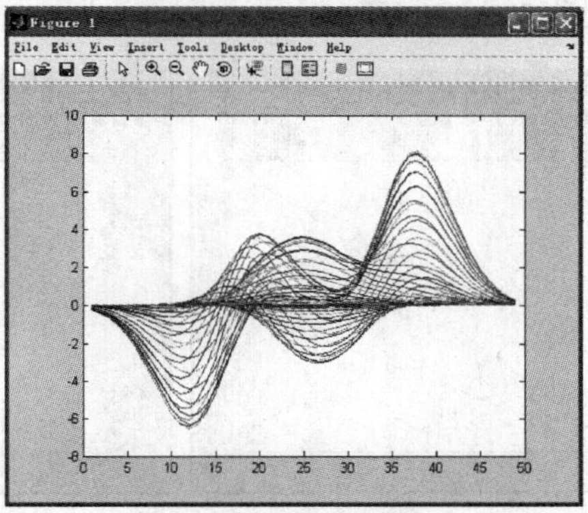

b) 49×49的曲线图

图 3-3 矩阵的曲线图

```
>>y1=[1 2 3;4 5 6];
>> plot(y1)
>>y=peaks;                   %产生一个 49*49 的矩阵
>> plot(y)
```

程序分析：

y 是 2×3 的矩阵，每列画一条曲线共 3 条，第一条线纵坐标画的是 [1 4] 两点。

（3）x 和 y 为向量时的 plot(x,y) 当参数 x 和 y 是向量时，x、y 的长度必须相等，图 3-1 的正弦曲线就是这种。

【例 3-4】 绘制方波信号，如图 3-4 所示。

```
>>x=[0 1 1 2 2 3 3 4 4];
```

```
>> y = [1 1 0 0 1 1 0 1 1];
>> plot(x,y)
>> axis([0 4 0 2])  %将坐标轴范围设定为 0 ~ 4 和 0 ~ 2
```

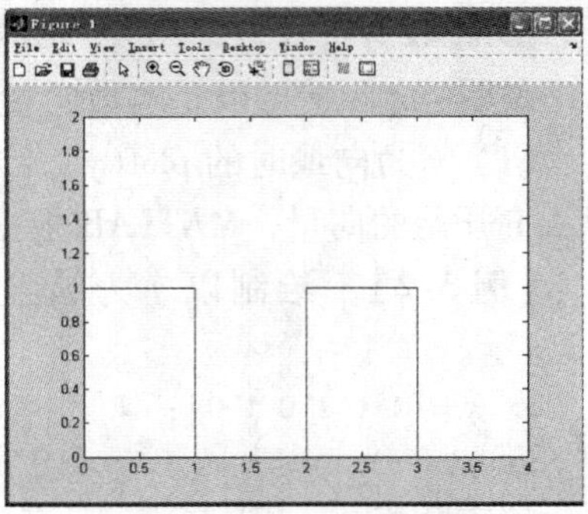

图 3-4 方波信号图

（4） x 和 y 为向量或矩阵时的 plot(x,y)　当 plot(x, y)命令中的参数 x 和 y 是向量或矩阵时，分别有以下几种情况：

■ x 是向量 y 是矩阵时：x 的长度与矩阵 y 的行数或列数必须相等，如果 x 的长度与 y 的每列元素个数相等，向量 x 与 y 的每列向量画一条曲线；如果 x 的长度与 y 的每行元素个数相等，则向量 x 与矩阵 y 的每行向量对应画一条曲线；如果 y 是方阵，x 和 y 的行数和列数都相等，则向量 x 与矩阵 y 的每列向量画一条曲线。

■ x 是矩阵 y 是向量时：y 的长度必须等于 x 的行数或列数，绘制的方法与前一种相似。

■ x 和 y 都是矩阵时：x 和 y 大小必须相同，矩阵 x 的每列与 y 的每列画一条曲线。

【例 3-5】　x 是向量，分别绘制 y1、y2 和 y3 的曲线，已知 y1 矩阵的每行元素个数与 x 的长度相等，y2 矩阵的每列元素个数与 x 的长度相等，y3 是方阵，曲线分别如图 3-5a、b 和 c 所示。

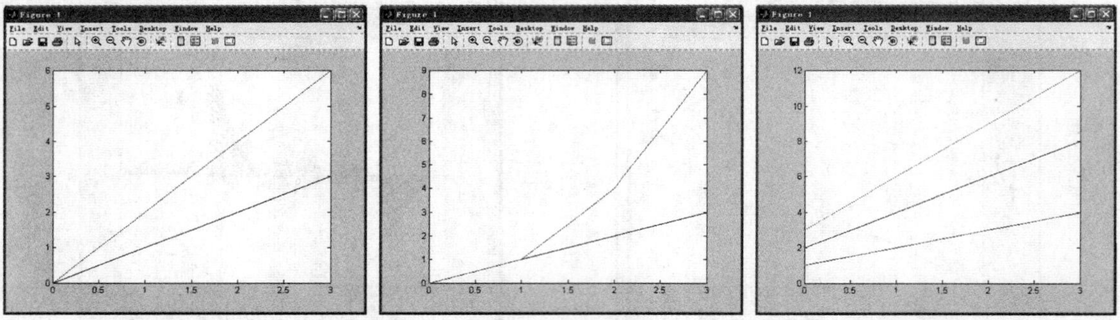

a) x和y1生成的曲线　b) x和y2生成的曲线　c) x和y3生成的曲线

图 3-5　plot 绘制的曲线

```
>> x = 0:3;
>> y1 = [x;2 * x]                    % y1 的行与 x 的长度相等
y1 =
     0     1     2     3
     0     2     4     6
>> plot(x,y1)
>> y2 = [x;x.^2]'                    % y2 的列与 x 的长度相等
y2 =
     0     0
     1     1
```

```
     2     4
     3     9
>> plot(x,y2)
>> y3 = [x;2*x;3*x;4*x]          % y3 是方阵
y3 =
     0     1     2     3
     0     2     4     6
     0     3     6     9
     0     4     8    12
>> plot(x,y3)
```

程序分析：

y3 为方阵，因此每条曲线按照列向量来绘制，第一列为全 0，对应图 3-5c 中的横坐标上的线。

【例 3-6】　x 是矩阵，分别绘制 x 与 y1 和 x 与 y2 的曲线，已知 y1 是向量且长度与 x 的行数相等，y2 是矩阵且与 x 尺寸相同，曲线分别如图 3-6a 和 3 - 6b 所示。

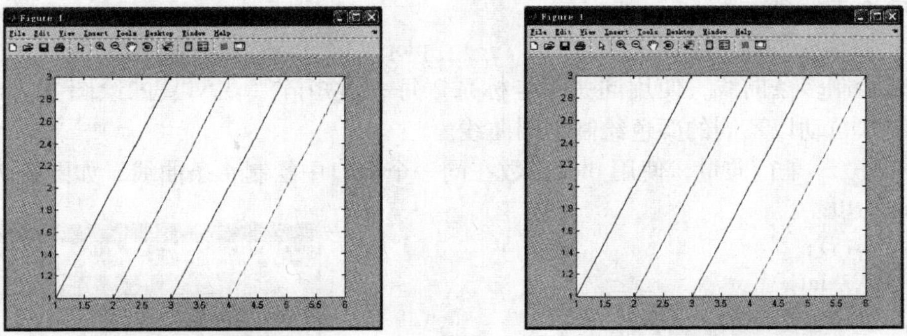

a) x和y1生成的曲线　　b) x和y2生成的曲线

图 3-6　绘制的 x 是矩阵时的图形

```
>> x = [1:4;2:5;3:6]
x =
     1     2     3     4
     2     3     4     5
     3     4     5     6
>> y1 = [1 2 3]                          % y1 长度与 x 的行数相等
y1 =
     1     2     3
>> plot(x,y1)
>> y2 = [1 1 1 1;2 2 2 2;3 3 3 3]        % y2 是矩阵且与 x 尺寸相同
y2 =
     1     1     1     1
     2     2     2     2
     3     3     3     3
```

```
>> plot(x,y2)
```

程序分析：

图3-6a 中 x 的每列为横坐标，y1 的所有元素为纵坐标；图 3-6b 是 x 和 y2 的每列对应的4条曲线。

（5）plot(z)绘制复数数组曲线　参数 z 为复数数组时，plot(z)是以实部为横坐标，虚部为纵坐标绘制曲线，z 可以是向量也可以是矩阵。

【例 3-6 续】 将例 3-6 中 x 为实部，y2 为虚部构成复数数组 z，绘制 z 的曲线。

```
>> z = x + y2 * i
z =
    1.0000 + 1.0000i    2.0000 + 1.0000i    3.0000 + 1.0000i    4.0000 + 1.0000i
    2.0000 + 2.0000i    3.0000 + 2.0000i    4.0000 + 2.0000i    5.0000 + 2.0000i
    3.0000 + 3.0000i    4.0000 + 3.0000i    5.0000 + 3.0000i    6.0000 + 3.0000i
>> plot(z)
```

程序分析：

plot(z)是以实部 x 和虚部 y2 的每列数据来绘制曲线的，绘制的图形与图 3-6b 完全相同，在此就不另外显示了。

（6）绘制多条曲线 plot(x1,y1,x2,y2,…)　plot(x1,y1,x2,y2,…)函数可以在一个图形窗口中同时绘制多条曲线，使用同一个坐标系，每一对矩阵（xi,yi）的绘图方式与前面相同，MATLAB 自动以不同的颜色绘制不同曲线。

【例 3-7】 x 是行向量，使用 plot 函数在同一个窗口中绘制4条曲线，如图 3-7 所示。

```
>> x = 0:10;
>> y1 = sin(x);
>> y2 = 10 * sin(x);
>> y3 = [20 * sin(x);30 * sin(x)];
>> plot(x,y1,x,y2,x,y3)
```

程序分析：

在图 3-7 中可以看到 4 条曲线，y3 是矩阵因此（x,y3）有两条曲线，其余（x,y1）和（x,y2）两对数据分别对应一条曲线。

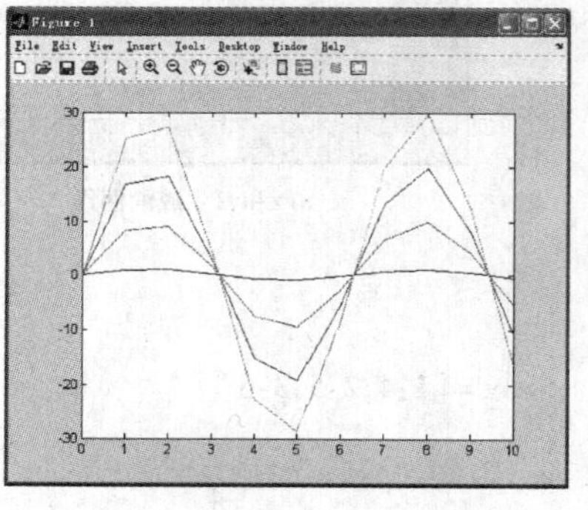

图 3-7　在同一窗口绘制 4 条曲线

3.1.3 多个图形的绘制

MATLAB R2010a 可以方便地对多个图形进行对比，既可以在一个图形窗口中绘制多个图形，也可以打开多个图形窗口来分别绘制。

1. 同一个窗口多个子图

在同一个窗口绘制多个图形，可以将一个窗口分成多个子图，使用多个坐标系分别绘图，这样既便于对比多个图形也节省了绘图的空间。

使用 subplot 函数建立子图，subplot 函数的命令格式如下：

subplot(m,n,i)　　　　%将窗口分成(m×n)幅子图中,第 i 幅为当前图

说明：subplot 中的逗号（,）可以省略；子图的编排序号原则是：左上方为第一幅，先从左向右后从上向下依次排列，子图彼此之间独立。

【例 3-8】　在同一个窗口中建立 4 个子图，在子图中分别绘制 sin(x)、cos(x)、sin(2x)和 cos(2x)曲线，如图 3-8 所示。

```
>> x = 0:0.1:10;
>> subplot(2,2,1)                %第一行左图
>> plot(x,sin(x))
>> subplot(2,2,2)                %第一行右图
>> plot(x,cos(x))
>> subplot(2,2,3)                %第二行左图
>> plot(x,sin(2*x))
>> subplot(2,2,4)                %第二行右图
>> plot(x,cos(2*x))
```

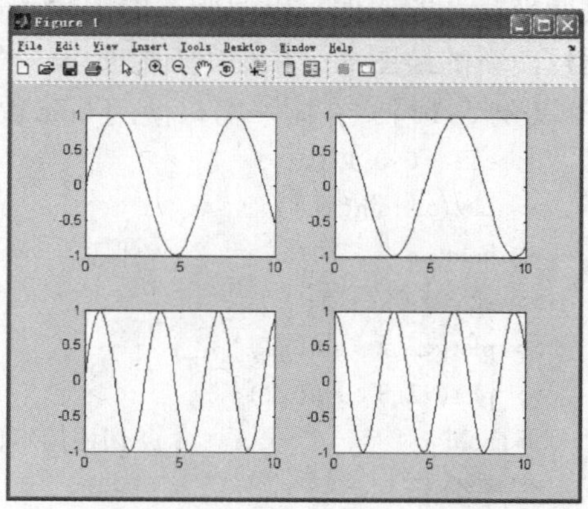

图 3-8　在同一窗口建立的 4 个子图

程序分析：

每个 plot 函数绘制的图形由前一行的 subplot 函数决定。

2. 双纵坐标图

双纵坐标图是指在同一个坐标系中使用左右两个不同刻度的坐标轴。

在实际应用中，常常需要把同一自变量的两个不同量纲、不同数量级的数据绘制在同一张图上。例如，在同一张图上画出放大器输入、输出电流的时间响应曲线；电压、电流的时间响应曲线；温度、压力的时间响应曲线等，因此使用双纵坐标是很有用的。

MATLAB 使用 plotyy 函数来实现双纵坐标绘制曲线。plotyy 函数的语法结构如下：

```
plotyy(x1,y1,x2,y2)          %以左、右不同的纵轴绘制两条曲线
```

说明：左纵轴使用（x1,y1）数据，右纵轴使用（x2,y2）数据。坐标轴的范围和刻度都是自动产生的。

【例 3-9】　在同一窗口使用双纵坐标绘制电动机的转速 n 与电磁转矩 m 随电流 ia 的变化曲线，如图 3-9 所示。

```
>> ia = 0:0.5:80;
>> m = 0.6 * ia;
>> n = 1500 - 15 * ia;
>> plotyy(ia,m,ia,n)
```

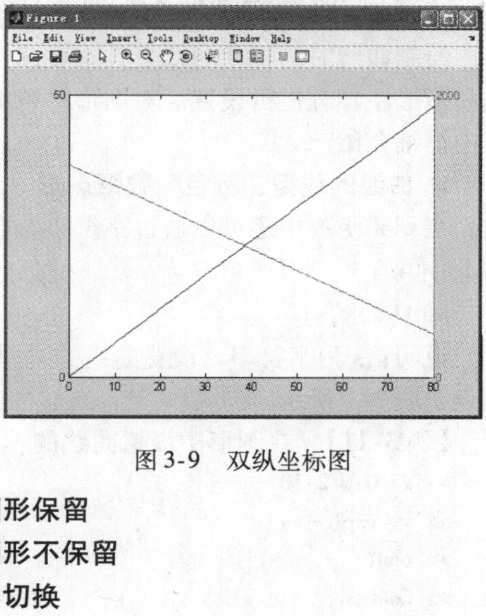

图 3-9　双纵坐标图

程序分析：

左边纵坐标为 m，范围是 0 ~ 50；右边的纵坐标为 n，范围是 0 ~ 2000。

3. 同一窗口多次叠绘

在前面的例子中调用 plot 函数都是绘制新图形而不保留原有的图形，使用 hold 命令可以保留原图形，使多个 plot 函数在一个坐标系中不断叠绘，命令格式如下：

```
hold on                  %使当前坐标系和图形保留
hold off                 %使当前坐标系和图形不保留
hold                     %在以上两个命令中切换
```

hold all %使当前坐标系和图形保留

说明：在保留的当前坐标系中添加新的图形时，MATLAB 会根据新图形的大小，重新改变坐标系的比例，以使所有的图形都能够完整地显示；hold all 不但实现 hold on 的功能，而且使新的绘图命令依然循环初始设置的颜色和线型等。

【例 3-10】 在同一窗口使用 hold 命令对曲线在同一图中叠绘，如图 3-10 所示。

```
>> x1 =0:0.1:10;
>> plot(x1,sin(x1))
>> hold on                    %保留
>> x2 =0:0.1:15;
>> plot(x2,2 * sin(x2))
>> plot(x2,3 * sin(x2))
>> hold                       %切换为不保留
```

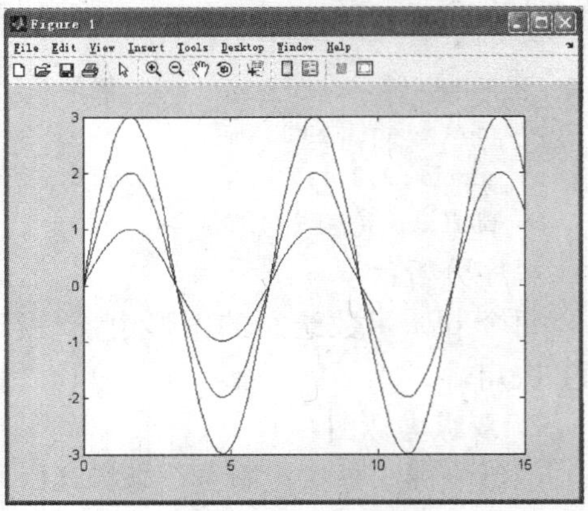

图 3-10 在同一图中叠绘

程序分析：

图 3-10 中的三条曲线的叠绘，其纵坐标为最大的范围 -3 ~3，横坐标为 0 ~15。

4. 指定图形窗口

使用 plot 等绘图命令时，都是默认打开 “Figure 1” 窗口，使用 figure 语句可以打开多个窗口，命令格式如下：

figure(n) %产生新图形窗口

说明：如果该窗口不存在，则产生新图形窗口并设置为当前图形窗口，该窗口名为 “Figure n”，而不关闭其他窗口。

例如，可以使用 “figure(1)”、“figure(2)” 等语句来同时打开多个图形窗口。指定图形窗口是 3.1.1 小节中绘图步骤的第 2 步。

3.1.4 设置曲线绘制方式、坐标轴和图形注释

绘制曲线时为了使曲线更具有可读性，需要对图形曲线的线型、颜色、数据点型、坐标轴和图形注释等进行设置。对图形的精细设置还可以使用图形句柄的方式，将在后面的 6.1 节中详细介绍。

1. 曲线的线型、颜色和数据点形

在 plot 函数中还可以通过字符串参数来设置曲线的线型、颜色和数据点型等，命令格式如下：

plot(x,y,s)

说明：s 为字符串，设置曲线的线型、颜色和数据点型等的，线型、颜色与数据点形参数表如表 3-1 所示。

【例 3-11】 在图形中设置曲线的不同线型和颜色并绘制图形，如图 3-11 所示。

```
>> x =0:0.2:10;
>> y = exp( - x);
>> plot(x,y,'ro - .')
>> hold on
```

```
>> z = sin(x);
>> plot(x,z,'m + :')
```

程序分析：

图中 exp(- x)用红色圆圈标关键点，用点画线连接关键点；sin(x)是以紫色加号标关键点，用点线连接关键点。

表 3-1　线型、颜色与数据点型参数表

颜色		数据点间连线		数据点型	
类　型	符　号	类　型	符　号	类　型	符　号
黄色	y(Yellow)	实线(默认)	-	实点标记	.
紫红色	m(Magenta)	点线	:	圆圈标记	o
青色	c(Cyan)	点画线	-.	叉号形 ×	x
红色	r(Red)	虚线	--	十字形 +	+
绿色	g(Green)			星号标记 *	*
蓝色	b(Blue)			方块标记□	s
白色	w(White)			钻石形标记◇	d
黑色	k(Black)			向下的三角形标记	∨
				向上的三角形标记	∧
				向左的三角形标记	<
				向右的三角形标记	>
				五角星标记☆	p
				六角形标记	h

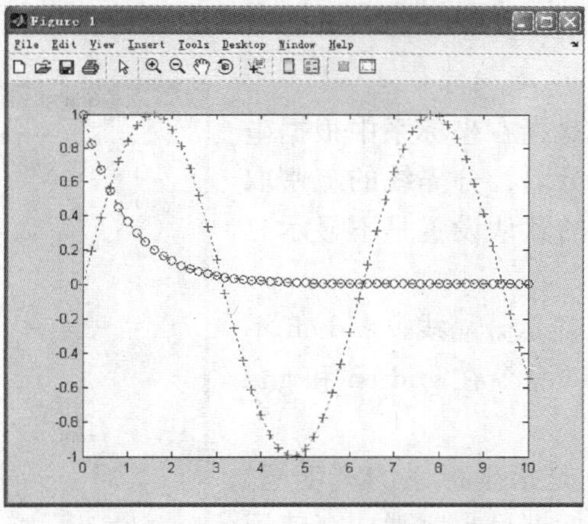

图 3-11　使用不同线型和颜色绘制图形

2. 设置坐标轴

MATLAB 可以通过设置坐标轴的刻度和范围来调整坐标轴，表 3-2 列出常用的坐标轴控制命令，都是以“axis”开头。

【例 3-12】　在图形中设置曲线的坐标轴，图形显示如图 3-12 所示。

```
>> x = 0:0.1:2 * pi + 0.1;
>> plot(sin(x),cos(x))
```

```
>> axis([ -2,2, -2,2])             %设置坐标范围
>> axis square                     %坐标轴设置为正方形
>> axis off                        %坐标轴消失
```

程序分析：

坐标轴显示默认的矩形坐标时看到的是椭圆，将坐标轴设置为正方形则显示为圆；坐标轴消失命令使图形窗口中不显示坐标轴，常用于对图像的显示。

表 3-2 常用的坐标控制命令

命 令	含 义	命 令	含 义
axis auto	使用默认设置	axis equal	纵、横轴采用等长刻度
axis manual	使当前坐标范围不变，以后的图形都在当前坐标范围显示	axis off	取消轴背景
axis fill	在 manual 方式下起作用，使坐标充满整个绘图区	axis tight	把数据范围直接设为坐标范围
axis vis3d	保持高宽比不变，三维旋转时避免图形大小变化	axis on	使用轴背景
axis ij	矩阵式坐标，原点在左上方	axis square	产生正方形坐标系
axis xy	普通直角坐标，原点在左下方	axis normal	默认矩形坐标系
axis([xmin,xmax,ymin,ymax])	设定坐标范围，必须满足 xmin < xmax，ymin < ymax，可以取 inf 或 -inf	axis image	纵、横轴采用等长刻度，且坐标框紧贴数据范围

3. 分隔线和坐标框

(1) 分隔线　分隔线是指在坐标系中根据坐标轴的刻度使用虚线进行分隔，分隔线的疏密取决于坐标刻度，MATLAB 的默认设置是不显示分格线。

MATLAB 使用 grid on 显示分隔线；grid off 不显示分隔线；反复使用 grid 命令在 grid on 和 grid off 之间切换。

(2) 坐标框　坐标框是指坐标系的刻度框，MATLAB 的默认设置是坐标框呈封闭形式。使用 box on 使当前坐标框呈封闭形式；box off 使当前坐标框呈开启形式；反复使用 box 命令则在 box on 和 box off 命令之间切换。

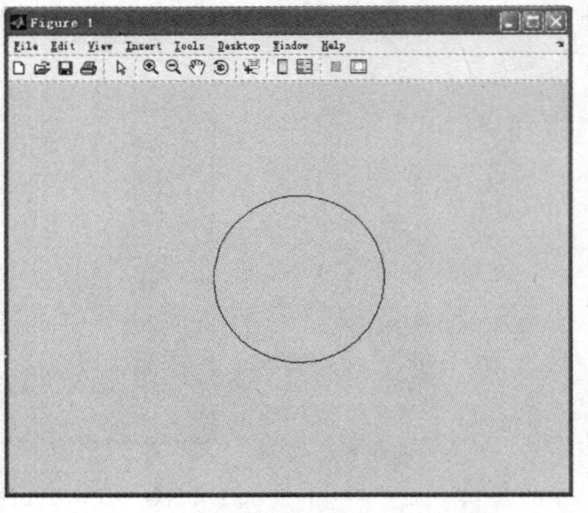

图 3-12 设置曲线的坐标轴

4. 图形注释

图形注释是对打开的正在编辑的图形进行文字标注，文字标注包括设置标题（title）、设置坐标轴标签（label）、设置图例（legend）和添加标注元素（annotation），常用的图形注释命令如表 3-3 所示。

表 3-3　常用的图形注释命令

命令格式	功　　能
title('s')	使用字符串 s 添加图标题
xlabel('s')	使用字符串 s 添加横坐标轴标签
ylabel('s')	使用字符串 s 添加纵坐标轴标签
legend('s1','s2',…,pos)	在指定 pos 位置建立图例 s1，s2，…，pos：0 为自动取最佳位置，1 为右上角（默认），2 为左上角，3 为左下角，4 为右下角，-1 为图外右侧
legend off	擦除当前图中的图例
text(xt,yt,'s')	在图形的（xt，yt）坐标处书写文字注释 s
annotation('type',[x1,x2],[y1,y2])	根据 type 在指定的坐标处添加标注元素，type：rectangle 为矩形，ellipse 为椭圆，textbox 为文本框，line 为线，arrow 为箭头，doublearrow 为双箭头，textarrow 为带文字的箭头

【例 3-13】　在图形中绘制对称曲线并添加文字注释，如图 3-13 所示。

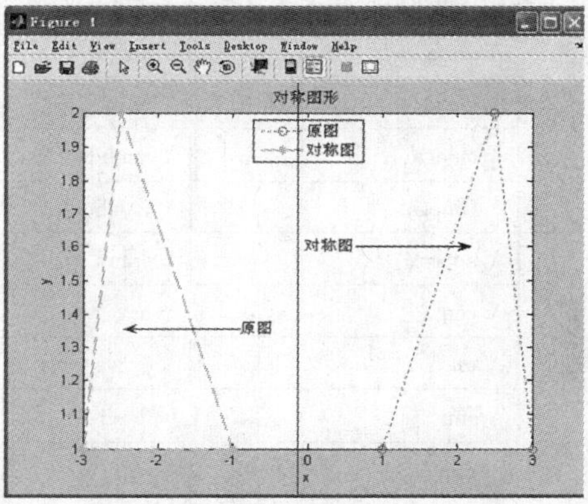

图 3-13　绘制曲线并添加注释

```
>> a = [1 3 2.5 1;1 1 2 1]'
a =
     1.0000     1.0000
     3.0000     1.0000
     2.5000     2.0000
     1.0000     1.0000
>> x = a(:,1);
>> y = a(:,2);
>> plot(x,y,'ro:')
>> hold on
>> T = [ -1 0;0 1];
>> aa = a * T
aa =
     -1.0000     1.0000
     -3.0000     1.0000
     -2.5000     2.0000
     -1.0000     1.0000
>> x1 = aa(:,1);
>> y1 = aa(:,2);
>> plot(x1,y1,'y * - -')                            %绘制对称图形
>> title('对称图形')                                 %添加标题
>> xlabel('x');                                     %添加坐标轴注释
>> ylabel('y');
%添加带文字的箭头
>> annotation('textarrow',[.6,.8],[.6,.6],'string','对称图');
>> annotation('textarrow',[.4,.2],[.4,.4],'string','原图');
>> annotation('line',[.5,.5],[0,1]);                %添加线
>> legend('原图','对称图',0)                         %添加图例
```

程序分析：

■ a 矩阵与矩阵 T = [-1 0;0 1]相乘得出按照 y = 0 轴对称的矩阵 aa。

■ annotation('type',[x1,x2],[y1,y2])函数中的 x1、x2 指对象横坐标的起点和终点，y1 和 y2 指对象纵坐标的起点和终点，x1、x2 、y1 和 y2 都表示整个图形的比例，例如 0.5 表示整个图形的一半位置。

如果在图形注释中需要使用一些特殊字符如希腊字母、数学符等，则可以使用如表 3-4 所示的对应字符。

表 3-4 图形注释的希腊字母、数学符号和特殊字符表

类别	命令	字符	命令	字符	命令	字符	命令	字符
希腊字母	\ alpha	α	\ eta	η	\ nu	ν	\ upsilon	υ
	\ beta	β	\ theta	θ	\ xi	ξ	\ Upsilon	ϒ
	\ epsilon	ε	\ Theta	Θ	\ Xi	Ξ	\ phi	ϕ
	\ gamma	γ	\ iota	τ	\ pi	π	\ Phi	Φ
	\ Gamma	Γ	\ zeta	ζ	\ Pi	Π	\ chi	χ
	\ delta	δ	\ kappa	κ	\ rho	ρ	\ psi	ψ
	\ Delta	Δ	\ mu	μ	\ tau	τ	\ Psi	Ψ
	\ omega	ω	\ lambda	λ	\ sigma	σ		
	\ Omega	Ω	\ Lambda	Λ	\ Sigma	Σ		
数学符号	\ approx	≈	\ oplus	≡	\ neq	≠	\ leq	⩽
	\ geq	⩾	\ pm	±	\ times	×	\ div	÷
	\ int	∫	\ exists	∝	\ infty	∞	\ in	∈
	\ sim	≌	\ forall	~	\ angle	∠	\ perp	⊥
	\ cup	∪	\ cap	∩	\ vee	∨	\ wedge	∧
	\ surd	√	\ otimes	⊗	\ oplus	⊕		
箭头	\ uparrow	↑	\ downarrow	↓	\ rightarrow	→	\ leftarrow	←
	\ leftrightarrow	↔	\ updownarrow	↕				

如果需要对文字进行上下标设置或字体设置，则必须在文字注释前先使用表 3-5 中所示的文字设置值。

表 3-5 文字设置值表

命令	含义
\fontname{s}	字体的名称，s 可以设置 Times New Roman 、Courier、宋体等
\fontsize{n}	字号大小，n 为正整数，默认为 10(points)
\color{colorname}	颜色，colorname 可以指定 8 种颜色，red、green、yellow、magenta 等
\s	字体风格，s 可以为 bf（黑体）、it（斜体一）、sl（斜体二）、rm（正体）等
^{s}	将 s 变为上标
_{s}	将 s 变为下标

【例 3-14】 使用特殊符号显示图形中的标题文字，在图形窗口中使用红色 20 号黑体字显示“y≥sin(ωt)”，如图 3-14 所示。

```
>> figure(1)
>> title('\fontsize{20}\bf\fontname{Times New Roman}\color{red}y\geqsin(\omegat)')
```

程序分析：

特殊字符前都使用“\”，要显示的普通字符前不用“\”，“\geq”是显示≥，“\omega”是显示 ω。

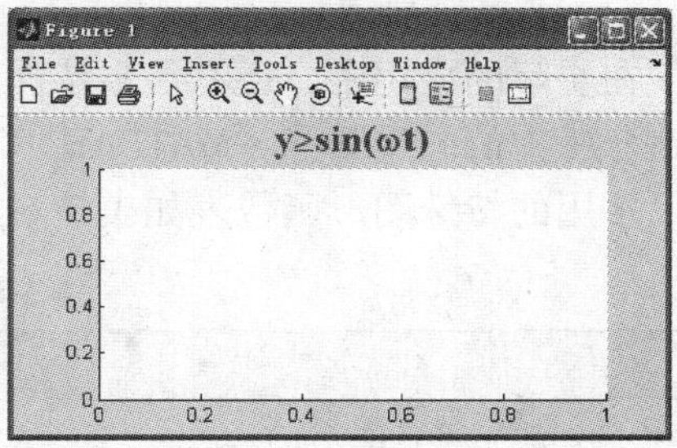

图 3-14　使用特殊符号显示标题

5. 使用鼠标添加注释文字

使用 gtext 函数可以把字符串放置到图形中鼠标所指定的位置上，命令格式如下：

gtext('s')　　**%用鼠标把字符串放在图形上**

gtext({'s1','s2','s3',...})　　**%一次将多个的字符串分行放置在图形上**

gtext({'s1';'s2';'s3';...})　　**%一次放置一个字符串分多次放置在图形上**

说明：如果参数 s 是单个字符串或单行字符串矩阵，那么一次鼠标操作就可把全部字符以单行形式放置在图上；如果参数 s 是多行字符串矩阵，那么每操作一次鼠标，只能放置一行字符串，需要通过多次鼠标操作，把字符串放在图形的不同位置。

例如，在正弦图形窗口中使用 gtext 添加三个文字标注：

```
>> gtext({'\pi';'2\pi';'3\pi'})
```

在运行 gtext 命令后，当前图形窗口自动由后台转为前台，鼠标光标变为十字叉，如图 3-15 所示；移动鼠标到希望的位置，单击鼠标右键，将字符串 s 放在紧靠十字叉点的第一象限位置上；在图 3-15 中在三个不同的位置添加标注，放置完第三个文字“3π”后十字叉就消失了。

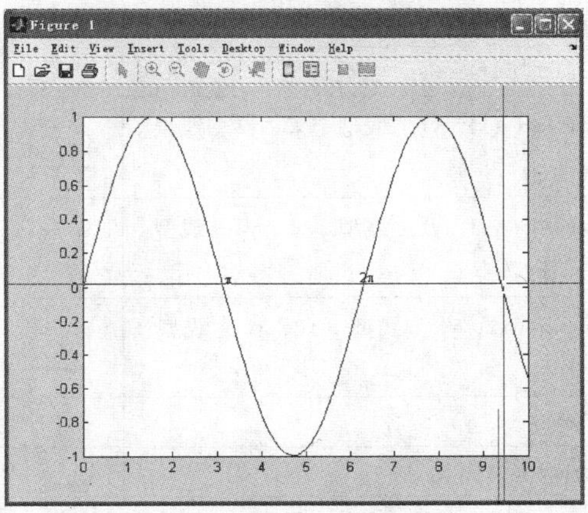

图 3-15　运行 gtext 命令

6. 使用鼠标获取图形数据

MATLAB 还可以从图形中获取数据，ginput 函数单击在图上获取鼠标所在处的数据。因此，ginput 命令在数值优化、工程设计中十分有用，但仅适用于二维图形。命令格式如下：

[x,y]=ginput(n)　　**%用鼠标从图形上获取 n 个点的坐标(x,y)**

说明：参数 n 应为正整数，是通过鼠标从图上获得数据点的个数；x、y 用来存放所取点的坐标是列向量，每次获取的坐标点为列向量的一个元素。

当 ginput 函数运行后，会把当前图形从后台调到前台，同时鼠标光标变为十字叉，用户移动鼠标将十字叉移到待取坐标点，单击鼠标左键，便获得该点坐标；当 n 个点的数据全部取到后，图形窗口便退回后台。

为了使 ginput 命令能准确选点，可以先使用工具栏的按钮对图进行局部放大处理。

例如，在图形窗口中使用 ginput 获取 3 点的数据存放在变量 x 和 y 中：

```
>> [x,y] = ginput(3)
```

3.2 特殊图形和坐标的绘制

在实际的应用中，还有很多特殊图形经常需要绘制，如数据统计中的饼形图、柱状图和电路分析中的向量图等，MATLAB R2010a 绘制这些特殊图形非常方便。

常用的特殊图形函数表如表 3-6 所示。

表 3-6 常用的特殊图形函数表

函数格式	图形	功能
bar（x，y，width，参数）		绘制横坐标 x、纵坐标 y、宽度为 width 的柱状图
area（x，y）		绘制横坐标 x、纵坐标 y 的面积图
pie（x，explode，'label'）		绘制显示各元素占总和的百分比的饼形图
hist（y，n）		统计并绘制 n 段数据的分布数据的直方图
stem（x，y，参数）		绘制横坐标 x、纵坐标 y、离散的火柴杆图
stairs（x，y，'线型'）		绘制横坐标 x、纵坐标 y、离散的阶梯图
errorbar（X，Y，L，U，'线型'）	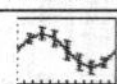	绘制在（X，Y）处向下长为 L、向上长为 U 的误差条
compass（u，v，'线型'）		绘制横坐标为 u、纵坐标为 v 的罗盘图
feather（u，v，'线型'）	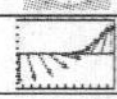	绘制横坐标为 u、纵坐标为 v 的羽毛图
quiver（x，y，u，v）		绘制以（x，y）为起点、横纵坐标为（u，v）的向量场
polar（theta，rho，参数）		根据相角 theta 和离原点的距离 rho 绘制极坐标图
semilogx（x1，y1，'线型'，x2，y2，'线型'，……）	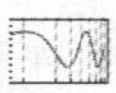	绘制 x 为对数的多条曲线
semilogy（x1，y1，'线型'，x2，y2，'线型'，……）	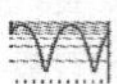	绘制 y 为对数的多条曲线
loglog（x1，y1，'线型'，x2，y2，'线型'，……）		绘制 x、y 都为对数的多条曲线
comet（x，y）	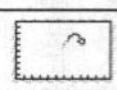	绘制 x、y 的彗星曲线
pareto（y）	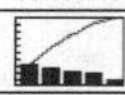	绘制 y 的帕雷塔图形
spy（s）	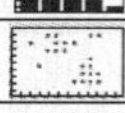	绘制稀疏矩阵 s 的稀疏点位置图
rose（t）	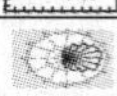	绘制角度 t 的直方图
contour（z）		绘制矩阵 z 的等高线图

3.2.1 特殊图形绘制

在 MATLAB R2010a 的 Workspace 窗口中，如果选择了 Workspace 窗口中的某个内存变量，单击工具栏中的绘制列数据曲线按钮（Plot）旁的▾，出现下拉的菜单如图 3-16 所示，在其中选择各菜单项就可以绘制各种不同的特殊图形。当同时选择两个变量时可以绘制两个变量为参数的曲线，单击 x↔y 按钮可以将两个参数进行坐标互换。

1. 柱状图

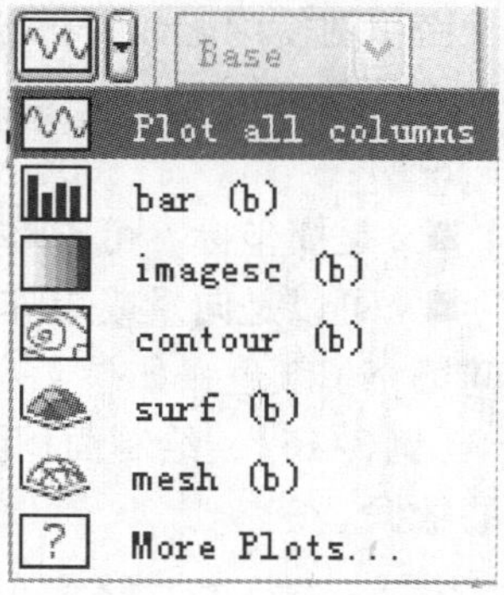

图 3-16 Plot 的下拉菜单

柱状图常用于对统计的数据进行显示，便于观察在一定时间段中数据的变化趋势，比较不同组数据集以及单个数据在所有数据中的分布情况，特别适用于少量且离散的数据。MATLAB 使用 bar 函数来绘制柱状图，命令格式如下：

bar(x,y,width,参数) **%画柱状图**

说明：

■ x 是横坐标向量，省略时默认值是 1:m，m 为 y 的向量长度。

■ y 是纵坐标，可以是向量或矩阵，当是向量时每个元素对应一个竖条，当是 m×n 的矩阵时，将画出 m 组竖条每组包含 n 条。

■ width 是竖条的宽度，省略时默认宽度是 0.8，如果宽度大于 1，则条与条之间将重叠。

■ 参数有'grouped'（分组式）和'stacked'（累加式），省略时默认为'grouped'。

bar 柱状图函数有如表 3-7 所示的几种格式：

表 3-7 柱状图函数表

函数	功能	函数	功能
bar	垂直柱状图	bar3	三维垂直柱状图，参数除了'grouped'和'stacked'还有'detached'（分离式）
barh	水平柱状图	bar3h	三维水平柱状图

【例 3-15】 绘制柱状图显示三个部门 5 个月的销售业绩，使用垂直柱状图分组式、垂直柱状图累加式和三维垂直柱状图三种显示，如图 3-17 所示。

```
>> a1 = [25.3 30.5 42.8 61.2 45];
>> a2 = [15.3 20.7 38.8 59.2 46];
>> a3 = [35.1 40.7 58.8 75.2 59];
>> a = [a1;a2;a3];
>> subplot(1,3,1)
>> bar(a)
>> subplot(1,3,2)
>> bar(a,'stacked')
>> subplot(1,3,3)
>> bar3(a)
```

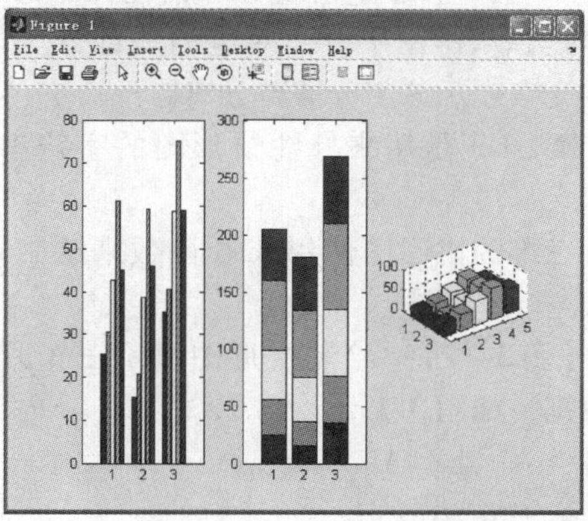

图 3-17 三种柱状图

程序分析：

可以看出分组式是按行分组的，使用累加式进行总和的比较。

2. 面积图

面积图与柱状图相似，只不过是将一组数据的相邻点连接成曲线，然后在曲线与横轴之间填充颜色，适合于连续数据的统计显示。

面积图使用函数 area 绘制，只适用于二维数组，命令格式如下：

area(x,y) **%画面积图**

说明：

■ x 是横坐标，可省略，当 x 省略时则横坐标为 1:size(y,1)。

■ y 可以是向量或矩阵，如果 y 是向量则绘制的曲线和 plot 命令相同，只是曲线和横轴之间填充了颜色；如果 y 是矩阵则每列向量的数据构成面积叠加起来。

【例 3-16】 绘制面积图显示三个部门 5 个月的销售业绩，如图 3-18 所示，使用例 3-15 中的数据。

```
>> a
a =
    25.3000 30.5000 42.8000 61.2000 45.0000
    15.3000 20.7000 38.8000 59.2000 46.0000
    35.1000 40.7000 58.8000 75.2000 59.0000
>> area(a)
```

程序分析：

面积图是按列绘制的，共有 5 列因此是 5 组面积图。

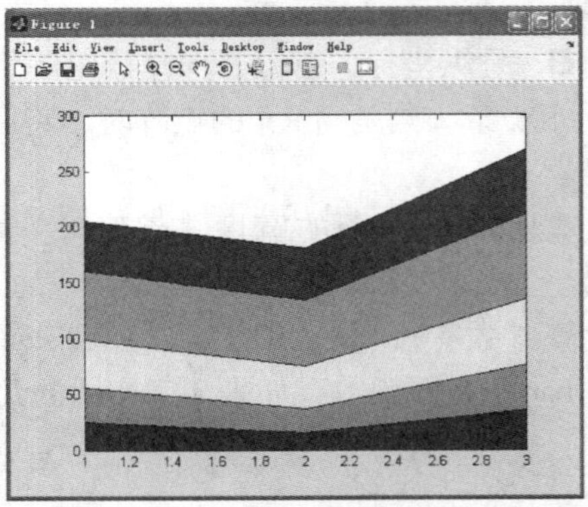

图 3-18 绘制面积图

3. 饼形图

饼形图适用于显示向量或矩阵中各元素占总和的百分比。可以用 pie 函数绘制二维饼形图，命令格式如下：

pie(x,explode,'label') **%画二维饼形图**

说明：

■ x 是向量，用于绘制饼形图。

■ explode 是与 x 同长度的向量，用来决定是否从饼图中分离对应的一部分块，非零元素表示该部分需要分离。

■ 'label'是用来标注饼形图的字符串数组。

三维的饼形图使用 pie3 函数来绘制，格式与 pie 相同。

【例 3-17】 绘制饼形图显示三个月的数据，如图 3-19 所示。

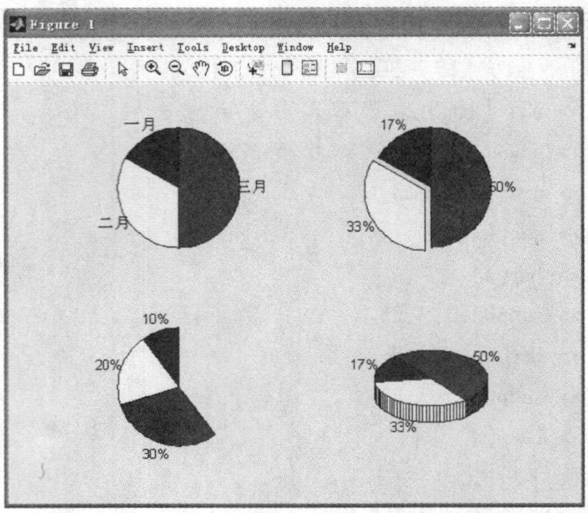

图 3-19 绘制饼形图

```
>> x = [1 2 3];
>> subplot(2,2,1)
%添加文字标注
>> pie(x,{'一月','二月','三月'})
>> subplot(2,2,2)
>> pie(x,[0 1 0])                    %将二月的饼块分离
>> subplot(2,2,3)
```

```
>> x1 = x * 0.1;
>> pie(x1)
>> subplot(2,2,4)
>> pie3(x)                              %三维饼形图
```

程序分析：

当 x 的所有元素和 >1 时，饼形图是一个整圆，当 x1 的所有元素和 <1 时，则不足 1 的部分空缺，如图 3-19 的左下子图所示。

4. 直方图

直方图又称为频数直方图，适于显示数据集的分布情况并具有统计的功能。

绘制直方图的函数是 hist，直方图和柱状图的形状相似但功能不同，直方图的横坐标将数据范围划分成若干段，每个柱的高度显示该区间内分布的数据个数。命令格式如下：

hist(y,n)　　　　　　　　　　**%统计每段的元素个数并画出直方图**

N = hist(y,x)　　　　　　　　**%统计出每段元素个数**

说明：

■ n 分段的个数，n 省略时则默认为分成 10 段。

■ x 是向量，用于指定所分每个数据段的中间值。

■ y 可以是向量或矩阵，如果是矩阵则按列分段。

■ N 是每段元素个数，N 可省略，省略时绘制图形。

【例 3-18】　绘制直方图统计并显示数据，如图 3-20 所示。

```
>> x = randn(100,1) %产生 100 个正态分布的随机数
>> subplot(2,1,1)
>> hist(x,20)                           %分 20 段
>> subplot(2,1,2)
>> hist(x, -3:1:3)                      %确定每段中间值
>> sum((x < =2.5)&(x >1.5))             %计算 1.5 ~2.5 间的元素个数
ans =
     3
```

程序分析：

hist(x,20)分为 20 段，自动确定横轴的范围从 -2.5 ~2.5，每段高度是由在该段范围内的元素个数确定的；hist(x, -3:1:3)共分为 7 段，每段宽度为 1，中间值确定。

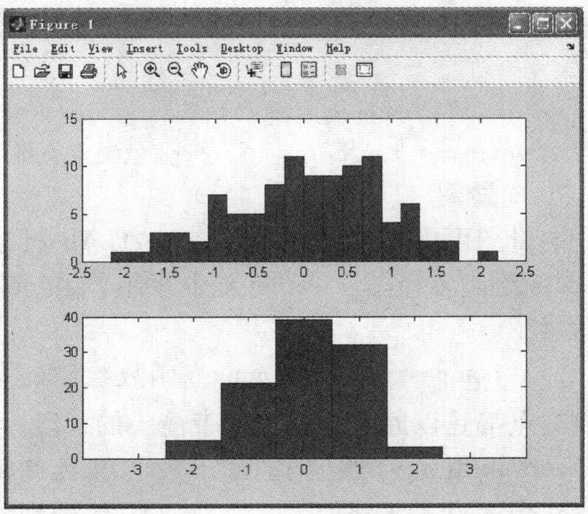

图 3-20　绘制直方图

5. 离散数据图

MATLAB 的离散数据图有 stem 绘制的火柴杆图和 stairs 绘制的阶梯图。

（1）stem 函数　stem 函数绘制的方法和 plot 命令相似，不同的是将数据用一个垂直于横轴的火柴棒表示，火柴头的小圆表示数据点。stem 函数的命令格式如下：

stem(x,y,参数)　　　　　　　　**%绘制火柴杆图**

说明：

■ x 是横坐标，可以省略，当 x 省略时则横坐标为 1: size（y，1）。

■ y 是用于画火柴杆的数据，y 可以是向量或矩阵，y 是矩阵时则每行的数据对应一个横坐标。

■ 参数可以是'fill'或线型，'fill'表示将火柴杆头填充，线型与 plot 的线型参数相似。

（2） stairs 函数　stairs 函数用于绘制阶梯图，命令格式如下：

stairs(x,y,'线型')　　　　　　　　**%绘制阶梯图**

说明：stairs 函数的格式与 stem 函数相似，y 如果是矩阵则每行画一条阶梯曲线。

【例 3-19】　使用火柴杆图和阶梯图绘制离散数据 $y=e^{-t}\sin(2t)$，如图 3-21 所示。

```
>> t=0:0.1:10;
>> y=exp(-t).*sin(2*t);
>> subplot(2,1,1)
>> stem(t,y,'fill')          %填充火柴杆图
>> subplot(2,1,2)
>> stairs(t,y,'r--')         %红色虚线阶梯图
```

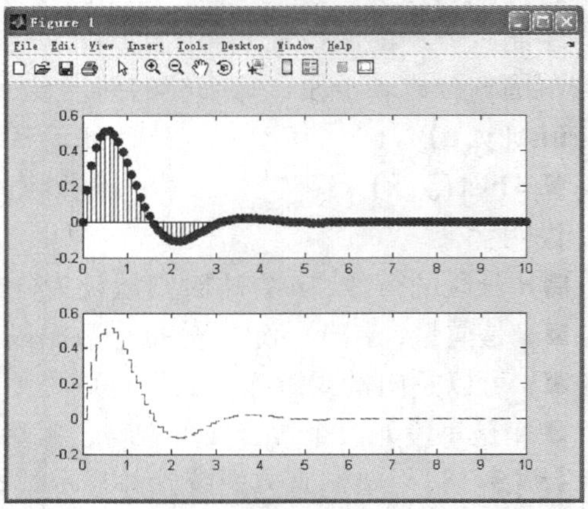

图 3-21　火柴杆图和阶梯图

6. 误差条图

误差条图是用来绘制误差的条形图，显示沿着曲线的误差，常用于数理统计。误差条图使用 errorbar 命令绘制，命令格式如下：

errorbar(X,Y,L,U,'线型')　　　**%绘制在(X,Y)处向下长为 L 向上长为 U 的误差条**

errorbar(X,Y,E,'线型')　　　**%绘制在(X,Y)处长为 E 的误差条**

说明：X 为横坐标，可以省略；X、Y、L、U 必须为相同尺寸的数组。

【例 3-19 续】　使用 errorbar 函数绘制例 3-19 中数据的误差条图，绘制的误差条图如图 3-22 所示。

```
>> e=std(y)*ones(size(t));
>> errorbar(t,y,e,'b')          %蓝色误差条图
```

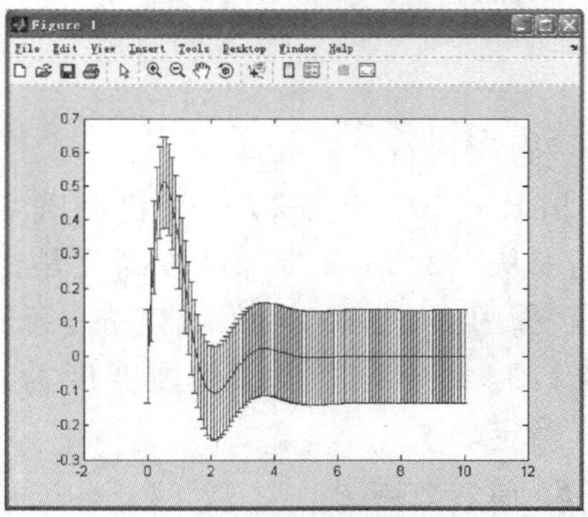

图 3-22　误差条图

7. 向量图

向量图可以用来表示复数，MATLAB 可以使用 compass 绘制罗盘图、feather 绘制羽毛图和 quiver 绘制向量场。

（1） compass 函数　compass 函数绘制的图中每个数据点都是以原点为起点的带箭头的线段，称为罗盘图，命令格式如下：

compass(u,v,'线型')　　　　　**%绘制横坐标为 u 纵坐标为 v 的罗盘图**

compass(Z,'线型')　　　　　**%绘制复向量 Z 的罗盘图**

说明：u、v 分别为复向量的实部和虚部，u = real(Z), v = imag(Z)。

（2）feather 函数　feather 函数是在直角坐标系中绘图，起点为 X 轴上间隔单位长度的刻度点，称为羽毛图，命令格式如下：

```
feather(u,v,'线型')                    %绘制横坐标为 u 纵坐标为 v 的羽毛图
feather(Z,'线型')                      %绘制复向量羽毛图
```

（3）quiver 函数　quiver 函数绘制向量场，也是在直角坐标系中绘图，常用于绘制梯度场，命令格式如下：

```
quiver(x,y,u,v)                        %绘制以(x,y)为起点,横纵坐标为(u,v)的向量场
```

【例 3-20】　已知如图 3-23 所示电路图，电流 $I=10\sin(100t+\pi/6)$ A，$R=10\Omega$，$\omega L=3\Omega$，$1/(\omega C)=2\Omega$ 时计算 U、U_r、U_c 和 U_L，分别使用 compass、feather 和 quiver 函数绘制复相量 U、U_r、U_c 和 U_L的相量图，如图 3-24a、b 和 c 所示。

设 $Z_L=j\omega L$，$Z_C=1/(j\omega C)$，$U=I*(R+Z_L+Z_C)$，

$$\dot{I}=10\angle\frac{\pi}{6}=10e^{j\frac{\pi}{6}}$$

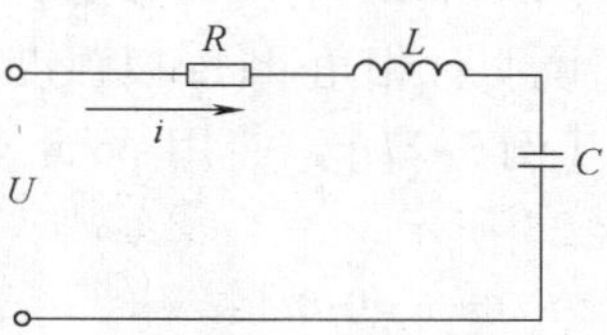

图 3-23　电路图

```
>> I = 10 * exp(j * pi/6)
>> R = 10;
>> zc = 2 * 1/j;
>> zl = 3j;
>> Ur = I * R                          %电阻电压
Ur  =
  86.6025   +50.0000i
>> Uc = zc * I                         %电容电压
Uc  =
  10.0000   -17.3205i
>> Ul = zl * I                         %电感电压
Ul  =
-15.0000   +25.9808i
>> U = I * (R + zc + zl)
U  =
  81.6025   +58.6603i
>> compass([Uc,Ur,Ul,U],'r')           %绘制红色罗盘图
>> feather([Uc,Ur,Ul,U])               %绘制羽毛图
```

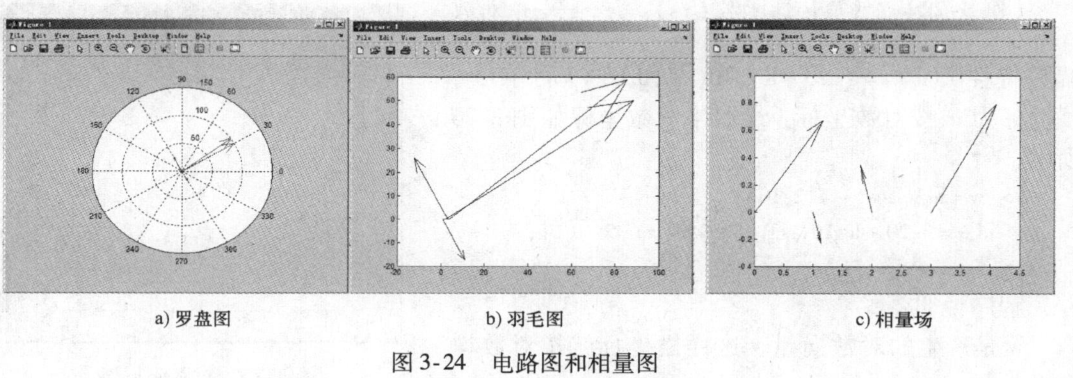

a) 罗盘图　　b) 羽毛图　　c) 相量场

图 3-24　电路图和相量图

```
>> quiver([0,1,2,3],0,[real(Ur),real(Uc),real(Ul),real(U)],[imag(Ur),imag(Uc),imag(Ul),
imag(U)])     %绘制相量场
```

程序分析：

compass 绘制的是罗盘图显示幅值和相角，feather 是在直角坐标中绘图，quiver 是相量场，起点横坐标分别是 0、1、2、3，纵坐标是 0，显示相量的实部和虚部。

3.2.2 特殊坐标轴图形绘制

MATLAB 除了可以在刻度均匀的直角坐标系中绘制图形，也提供了特殊坐标轴，如极坐标和对数坐标。

1. 极坐标图

在 MATLAB 中绘制极坐标图使用 polar 命令，命令格式如下：

polar(theta,rho,参数)　　　　%根据相角 theta 和离原点的距离 rho 绘制极坐标图

说明：相角 theta 以弧度为单位；参数与 plot 的参数相同。

【例 3-21】 使用 polar 函数来绘制极坐标图，如图 3-25 所示。

```
>> theta = 0:0.1:2 * pi;
>> r1 = sin(theta);
>> r2 = cos(theta);
%在极坐标中绘制两条曲线
>> polar([theta,theta],[r1,r2],'r')
```

程序分析：

polar 函数绘制多条曲线时，是将参数组成行向量，如 [theta, theta]。

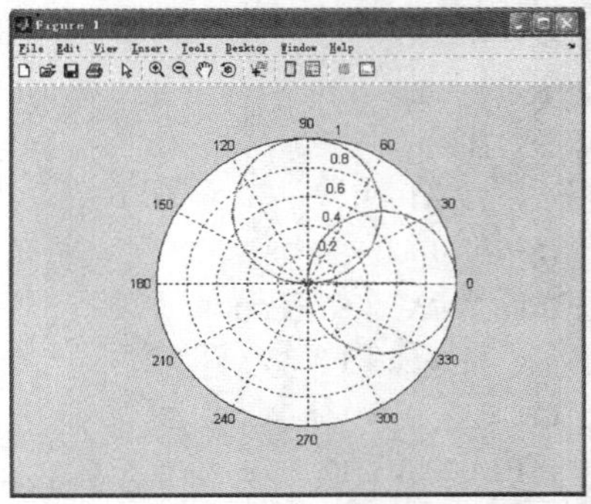

图 3-25 极坐标图

2. 对数坐标图

对数坐标图是指坐标轴的刻度不是线性刻度而是对数刻度，semilogx 和 semilogy 函数分别绘制对 X 轴和 Y 轴的半对数坐标图，loglog 是双对数坐标图。命令格式如下：

semilogx(x1,y1,'线型',x2,y2,'线型',……)　　%绘制 x 为对数的多条曲线
semilogy(x1,y1,'线型',x2,y2,'线型',……)　　%绘制 y 为对数的多条曲线
loglog(x1,y1,'线型',x2,y2,'线型',……)　　%绘制 x、y 都为对数的多条曲线

【例 3-22】 计算传递函数 $G(s)=\frac{1}{0.05s+1}$ 对数幅频特性 $L(w)=-20*\log 10(\sqrt{(0.05*w)^2+1})$，横坐标为 w 按对数坐标，绘制半对数坐标如图 3-26 所示。

```
>> w = logspace(-1,2,10);
>> Lw = -20 * log10(sqrt((0.05 * w).^2 + 1));
>> semilogx(w,Lw)
```

程序说明：

w 是产生的对数向量，这样横坐标就按对数均匀分布。

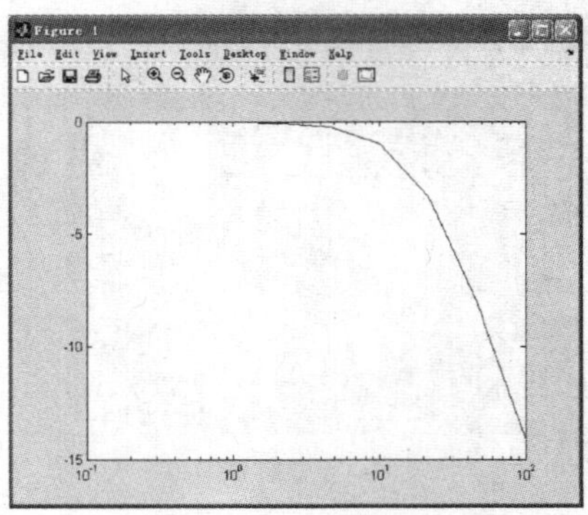

图 3-26 对数坐标图

3.3 MATLAB 的图形窗口

图形窗口是运行 MATLAB 绘图函数时自动生成的，在 MATLAB 中绘制的所有图形都显示在图形窗口中，默认文件名为“Figure 1”。

3.3.1 图形窗口界面

MATLAB R2010a 的图形窗口功能非常强大，除了可以显示绘图函数的结果，还可以进行交互式绘图，能实现图形设置属性、颜色、添加标注等功能。使用“plottools”命令可以打开图形工具面板。

【例 3-23】 在图形窗口中绘制曲线，绘制的图形如图 3-27 所示。

```
>> x = 0:0.2:10;
>> y = sin(x). * exp( - x);
>> plot(x,y)
>> plottools
```

MATLAB R2010a 的图形工具面板主要包括图形窗口、图形面板、绘图浏览器和属性编辑器 4 个面板。

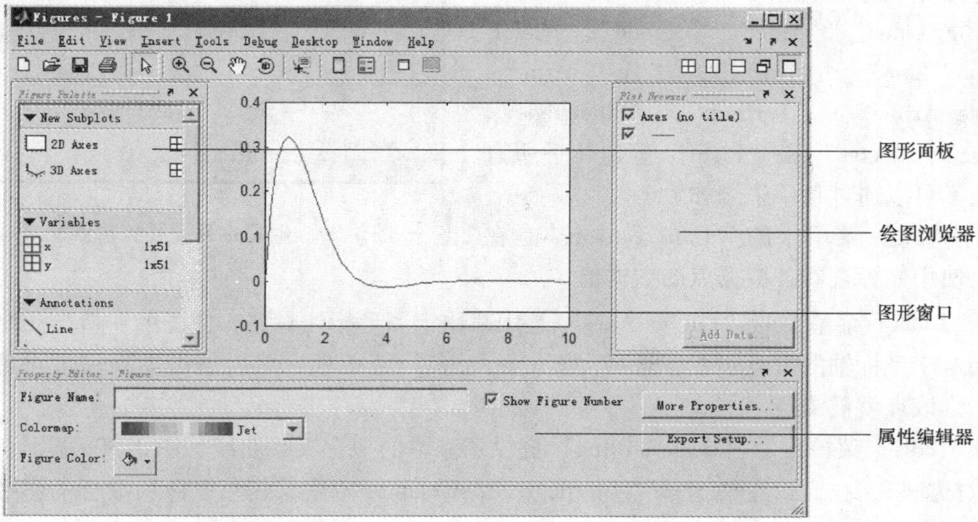

图 3-27　图形工具面板

1. 图形窗口

图形窗口（Figure 1）是显示绘制的图形，即 Figure 1 窗口，显示的是“plot(x,y)”命令绘制的图形。

（1）工具栏

MATLAB R2010a 图形窗口有三个工具栏，如图 3-28 所示。工具栏可以通过“View”菜单来添加。

■ 图形窗口工具栏（Figure Toolbar）：主要用于对图形文件和图形窗口进行各种处理，

图 3-28 三个工具栏

包括打开、保存、打印文件等，在图形窗口中添加图标、颜色条，进行三维图形的旋转等。

■ 照相工具栏（Camera Toolbar）：主要用于设置图形的视角和光照等，可以从不同的视角和光照来观测图形。

■ 绘图编辑工具栏（Plot Editor Toolbar）：主要用于向图形中添加文本标注和各种标注对象。

（2）菜单

■ File 菜单中的“Generate M－file”菜单项可以生成画图的 M 文件。例如，在如图3-29所示的 M 文件编辑器窗口中，显示的是所生成的例 3-23 的“createfigure. m”文件。

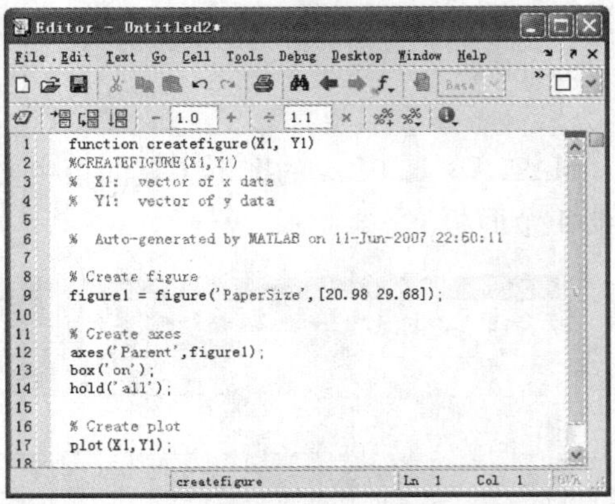

图 3-29 生成的 M 文件编辑器窗口

■“Insert”菜单用于向当前图形窗口中插入各种标注图形，包括“X Label”、“Y Label”、“Z Label”、“Title”、“Legend”、“Colorbar”、“Line”、“Arrow”、“Text Arrow”、“Double Arrow”、“TextBox”、“Rectangle”、“Ellipse”、“Axes”和“Light”等，几乎所有的标注都可以通过菜单来添加。

■“Tools”菜单中的“Data Cursor”是在曲线上使用光标查看各数据点的数据值。

■“Tools”菜单中的“Pin to Axes”是用来锚定图形标注对象，使图形窗口变化时标注对象相对于坐标轴的位置不变，选择“Pin to Axes”菜单项，然后单击需要锚定对象的锚定点，则该点就被锚定。

■“Tools”菜单中的“Basic Fitting”提供了基本的拟合关系曲线，图 3-30a 显示例3-23中的数据窗口，在窗口左栏选择“4th degree polynomial”时，右栏中显示拟合的参数，并且在图形窗口中显示拟合的曲线。

■“Tools”菜单中的“Data Statistics”提供了数据统计窗口，图 3-30b 显示例 3-23 数据的窗口。

2. 图形面板

图形工具面板的左侧为图形面板（Figure Palette）。如图 3-31a 所示。

■“2D Axes”和“3D Axes”按钮：分别在当前绘图区下方添加一个新的平面坐标轴和三维坐标轴，新坐标轴的数据和文字标注等可以单击鼠标右键在下拉菜单中选择添加。

■ 田 ▸按钮：可以根据所选择的行列添加子图。

■ 田x和田y按钮：双击该按钮可以在右侧显示相应的数据波形，单击鼠标右键或“Ctrl

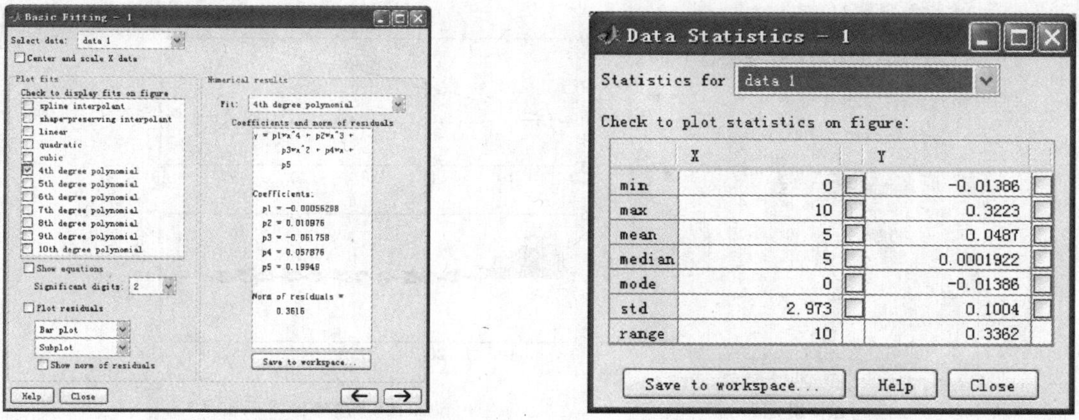

a) 拟合曲线窗口　　b) 数据统计窗口

图 3-30　拟合曲线和数据统计窗口

+左键”选择显示不同的曲线。

■ 在左侧“Annotations”栏单击各种绘图对象，在右侧绘图区中添加该对象，例如，添加线、文字标注等。

例如，在图形窗口添加一个子图，显示 y 轴的 bar 曲线则在图 3-27 右下侧单击“Add data”按钮时出现如图 3-31b 所示的“Add Data to Axes”对话框，分别选择“X Data Source”为“auto”，“Y Data Source”为“y”，以及“Plot Type:”为“bar”，单击“OK”按钮则图形窗口显示如图 3-31c 所示。

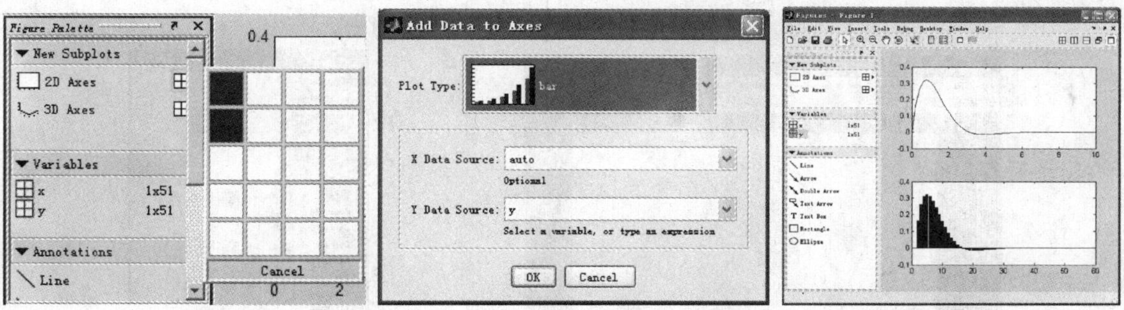

a) 图形　　b) “Add Data to Axes”对话框　　c) 添加子图的图形窗口

图 3-31　图形窗口的不同子窗口

3. 绘图浏览器

绘图浏览器（Plot Browser）用来显示当前绘图区中不包括文字标注的所有坐标轴、线。出现在图 3-27 所示的图形窗口，右侧为绘图浏览器。

■“Axes”：通过选择前面的复选框决定显示或隐藏坐标轴，如果选择图 3-32b 的上图，单击图 3-32a 左侧下面的“Add Data…”按钮可以打开如图 3－31b 所示的“Add Data to Axes”对话框，“y data source”为“x”，如图 3-32b 所示。

■“－”：通过选择前面的复选框决定显示或隐藏线，在右侧绘图区单击鼠标右键可以

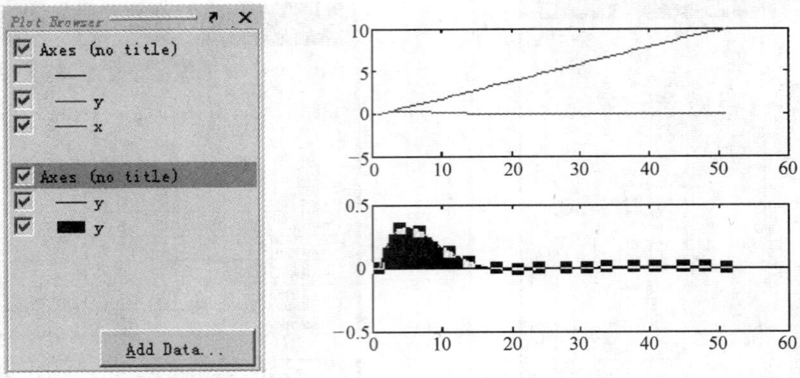

a) 绘图浏览器　　b) 添加x曲线的图形窗口

图 3-32　绘图浏览器

设置线型等属性，双击左键则会出现属性编辑器。

4. 属性编辑器

属性编辑器（Property Editor）用来修改图形中各元素的属性，包括坐标轴、线、文字标注、图例、颜色等。打开绘图浏览器的方法是选择“View”菜单→“Property Editor”，或者在工具栏单击□按钮也会出现如图 3-33a 所示的属性编辑器。

图 3-33a 下面显示图形较常用的属性，可以设置图形名称、颜色等，图中将“Figure Name”设置为“波形曲线”，颜色设置为红色；单击“More Properties…”按钮，则出现图 3-33b 所示的属性监视器，显示了图形对象的所有属性，可以在属性监视器中修改属性值。

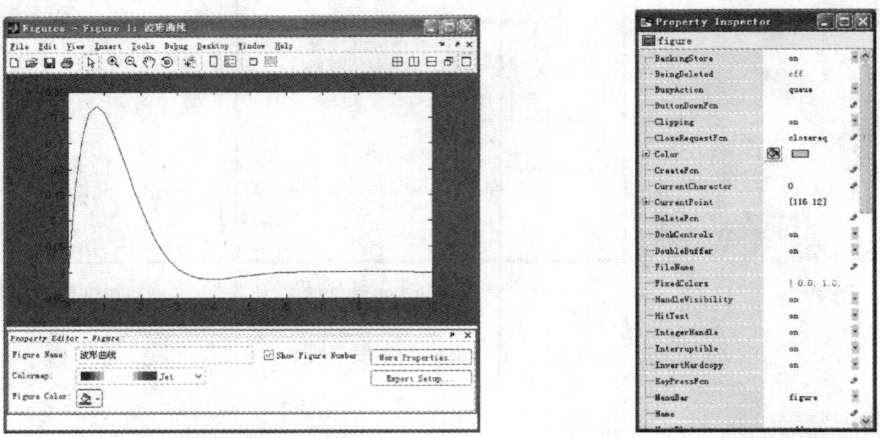

a) 打开属性编辑器的图形窗口　　b) 属性编辑器

图 3-33　属性编辑器的不同显示

3.3.2 图形的打印和输出

MATLAB 生成的图形文件为 .fig 文件格式，如果需要在其他图形软件中编辑图形文件，则可以通过将图形文件导出为特定标准格式的图像文件，也可以将图形以不同文件格式复制到 Windows 剪贴板，供其他程序直接粘贴。

1. 导出图形文件

在 MATLAB R2010a 中导出图形文件使用菜单“File”→“Export Setup…”，则会打开如图 3-34a 所示的导出设置对话框。

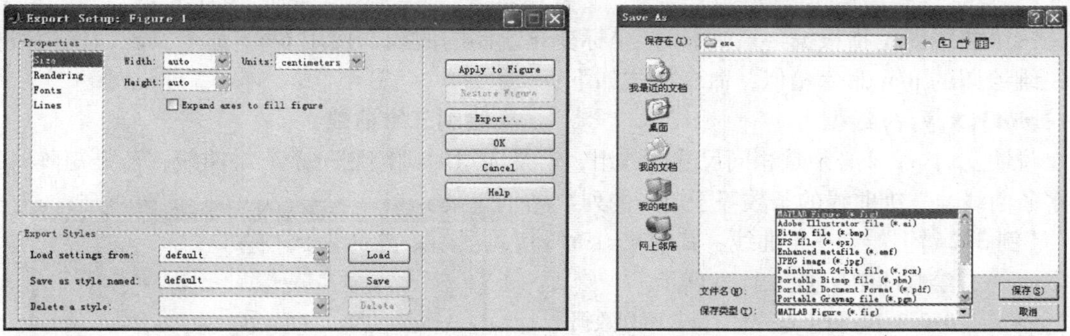

a) 导出设置窗口　　　　b) 另存为对话框

图 3-34　导出设置和另存为对话框

在左侧的 Properties 栏中有 4 部分设置：

- Size：设置图形导出的图像文件的长宽尺寸。
- Rendering：设置图形导出时采用的色彩模式、着色器、分辨率和坐标轴标签等。
- Fonts：设置图形导出时文字的字体、字号、倾斜度等。
- Lines：设置图形导出时线条的线型、线宽等。

单击右侧的“Export…”按钮时，就会出现另存为对话框，可以设置保存的文件格式，如图 3-34b 所示，可以看到图形文件的保存格式有 . fig、. bmp、. emf、. jpg、. pdf、. tif、. pcx 和 . png 等常用图形文件格式。

2. 将图形复制到剪贴板

将图形复制到剪贴板的方法是选择菜单“Edit”→“Copy Figure”进行复制，可以先单击“Copy Options…”菜单则打开“Preferences”对话框，如图 3-35 所示，在“Preferences”对话框中进行复制设置。

在“Preferences”对话框中可以对剪贴板保存的文件格式设置颜色、格式和尺寸，MATLAB 把图形复制到剪贴板只有两种图像格式：彩色的增强图元文件向量图（Metafile）和 8 位彩色 BMP 格式点阵图（BMP），默认能使用 Metafile 时就使用 Metafile 格式。

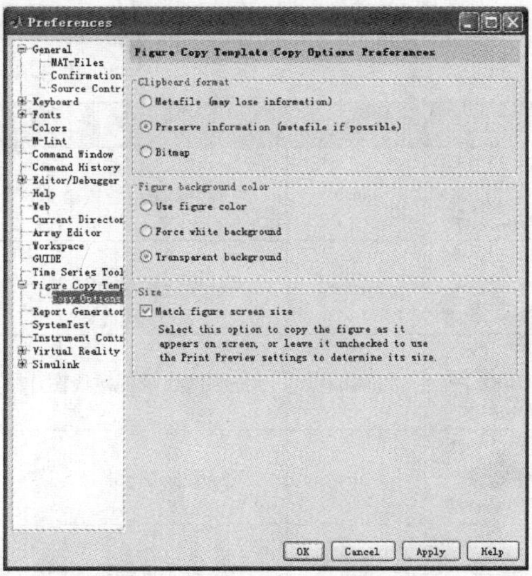

图 3-35　“Preferences”对话框

3.4 基本三维绘图命令

MATLAB 绘制的三维图形包括三维曲线、三维网格线和三维表面图。三维图形与二维图形相比需要的数据是三维的，并且三维图形还增加了颜色表、光照、视角等设置。

3.4.1 三维曲线图

三维曲线图是指根据（x，y，z）坐标变化绘制的曲线，使用 plot3 命令实现，使用格式与二维绘图的 plot 命令相似，命令格式如下：

```
plot3(x,y,z,'线型')                    %绘制三维曲线
```

说明：x，y，z 必须是相同尺寸的数组，若是向量时则绘制一条三维曲线，若是矩阵时绘制多条曲线。三维曲线的条数等于矩阵的列数。

【例 3-24】 绘制三维曲线，其中 y = sin(x)，z = cos(x)，绘制的图形如图 3-36 所示。

```
>> x = [0:0.2:10;30:0.2:40]';  % 两列数据
>> y = sin(x);
>> z = cos(x);
>> plot3(x,y,z)
```

程序分析：

x、y、z 都是有两列数据的矩阵，因此绘制了两条三维曲线。

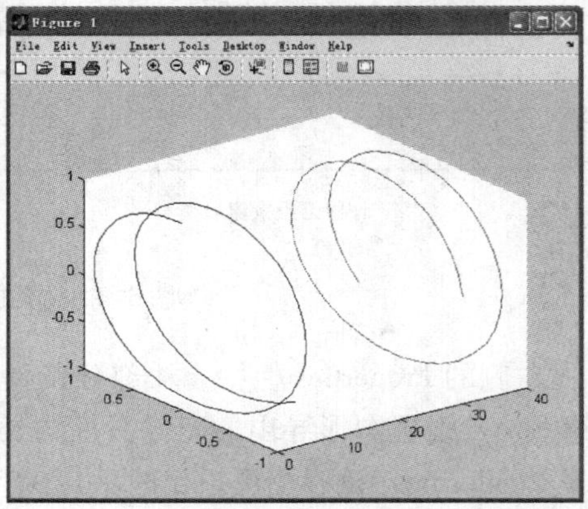

图 3-36　两条三维曲线

3.4.2 三维曲面图

三维曲面图包括三维网线图和三维表面图，三维曲面图与三维曲线图的不同是三维曲线图是以线来定义而三维曲面图是以面来定义，因此面上的点都要连接起来。MATLAB R2010a 的三维曲面图函数如表 3-8 所示。

表 3-8　三维曲面图表

图　形	函 数 名	功　能	图　形	函 数 名	功　能
	mesh	三维网线图		waterfall	三维瀑布图
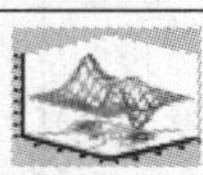	meshc	三维网线带等高线图		ribbon	三维彩带图，只显示一维数据
	meshz	三维网线带围裙线图		Contour3	三维等高线图
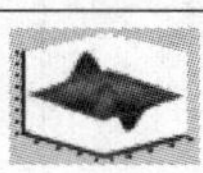	surf	三维表面图	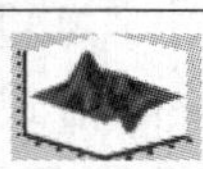	surfl	三维表面加光照效果图
	surfc	三维表面带等高线图			

1. 产生矩形网格

MATLAB R2010a 绘制三维曲面图的方法是用矩形网格来绘制曲面，即将 x 方向划分为 m 份，将 y 方向划分为 n 份，则整个（x，y）平面就划分成 m×n 个网格，然后计算出各网格点对应的 z 绘制出网格顶点，将各顶点相互连接起来形成曲面。

MATLAB 的 meshgrid 函数就是用来在（x，y）平面上产生矩形网格的，其命令格式如下：

[X,Y] = meshgrid(x,y)　　　　%产生 XY 矩形网格

说明：x 和 y 分别是有 n 个和 m 个元素的一维数组，X 和 Y 都是 n×m 的矩阵，每个（X，Y）对应一个网格点；如果 y 省略，则 X 和 Y 都是 n×n 的矩阵。

【例 3-25】 x 为 5 个元素的一维数组，y 是 3 个元素的一维数组，由 x 和 y 产生 3×5 的矩形网格，绘制的图形上显示的是（X，Y）对应的网格顶点，如图 3-37 所示。

```
>> x = 1:5;
>> y = 1:3;
>> [X,Y] = meshgrid(x,y)
X =
     1     2     3     4     5
     1     2     3     4     5
     1     2     3     4     5
Y =
     1     1     1     1     1
     2     2     2     2     2
     3     3     3     3     3
>> plot(X,Y,'p')
>> axis off                %坐标轴框取消
```

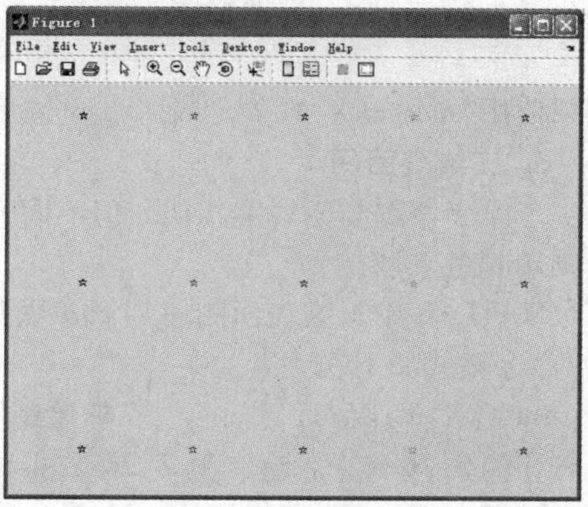

图 3-37　网格顶点图

程序分析：

X 和 Y 是 3×5 的矩阵，图 3-37 绘制的是（X，Y）网格顶点图形。

2. 三维网线图

三维网线图就是将平面上的网格点（X，Y）对应 z 值的顶点画出，并将各顶点用线连接起来，使用 mesh 函数绘制三维网线图，命令格式如下：

mesh(X,Y,Z,C)　　　　%绘制网格点数据对应的三维网线

说明：（X，Y）是通过 meshgrid 得出的网格顶点，C 是指定各点的用色矩阵，当 C 省略时默认的用色矩阵是 Z。

另外，mesh 函数还有两个派生的函数 meshc 和 meshz，meshc 用来绘制网线图并添加等高线；meshz 用来绘制网线图并添加“围裙”即平行于 z 轴的边框线。

【例 3-26】 绘制 $z = x^2 + y^2$ 的三维网线图，如图 3-38a 所示。

```
>> x = 0:10;
>> [X,Y] = meshgrid(x)              %y 省略则表示 x = y
>> Z = X.^2 + Y.^2;
>> mesh(X,Y,Z)
```

程序分析：

Z 是由网格顶点（X，Y）计算得出的，颜色是由 Z 决定的，因此反映了 Z 值的大小。

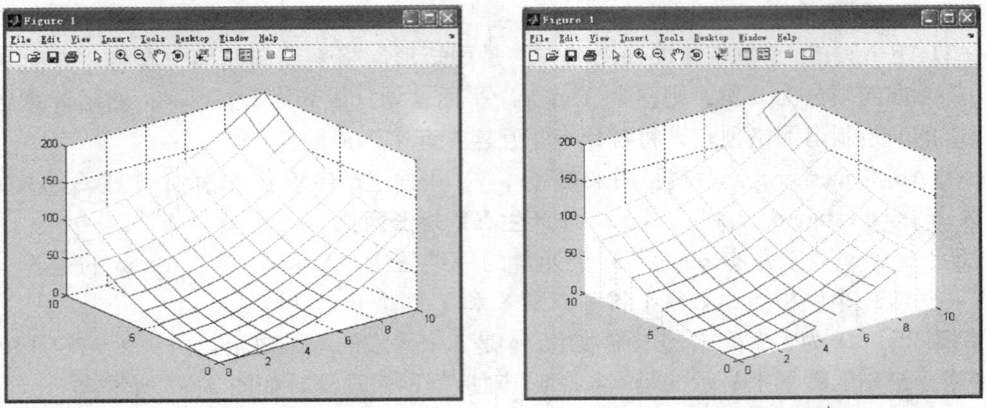

a) 三维网线图　　　　b) 带“围裙”的网线图

图 3-38　三维网线图

如果使用“meshz(X,Y,Z)”命令，则显示带“围裙”的网线图，如图 3-38b 所示。

3. 三维表面图

三维表面图与网线图相似，但不同的是网线图中网格范围内的区域为空白，而三维表面图则用颜色来填充。

MATLAB 中三维表面图使用 surf 函数绘制，也是先得出网格顶点（X，Y），再计算出 Z，命令格式如下：

```
surf(X,Y,Z,C)                    %绘制网格点数据对应的三维表面图
```

【例 3-26 续】　绘制例 3-26 数据的三维表面图，如图 3-39 所示。

```
>> surf(X,Y,Z)                   %绘制三维表面图
```

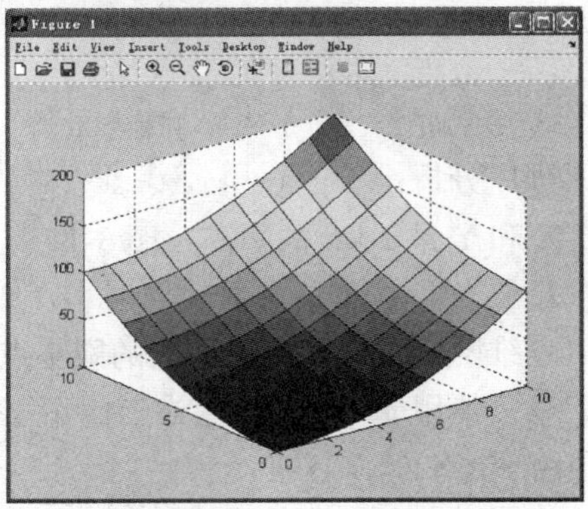

图 3-39　三维表面图

3.4.3　设置视角和色彩

1. 设置视角

三维图形在不同的位置观察会有不同的结果，因此需要设置视角。视角是由方位角和俯仰角决定的，与 x 平面所成的夹角称为方位角（Azimuth），与 z 平面所成的夹角称为俯仰角（Elevation）；当俯仰角为正时为俯视，为负时为仰视。

MATLAB 可以通过 view 函数来定义观察点，命令格式如下：

```
view([az,el])                    %通过方位角和俯仰角设置视角
view([x,y,z])                    %通过(x,y,z)直角坐标设置视角
```

另外，view(2)表示二维图形，方位角 = 0°，俯仰角 = 90°；view(3)表示三维图形，默认的方位角 = −37.5°，俯仰角 = 30°；[az,el] = view 得到当前的视角值。

【例 3-27】　改变视角观察三维表面图，分析不同视角显示的图形，如图 3-40 所示，已知 $z = \dfrac{\sin\sqrt{x^2+y^2}}{\sqrt{x^2+y^2}}$。

```
>> x = -8:0.6:8;
>> [X,Y] = meshgrid(x);
>> Z = sin(sqrt(X.^2 + Y.^2))./(sqrt(X.^2 + Y.^2));
>> subplot(2,2,1)
>> surf(X,Y,Z)
>> subplot(2,2,2)
>> surf(X,Y,Z)
>> view(2)                      %二维平面
>> subplot(2,2,3)
>> surf(X,Y,Z)
>> view([180,0])                     %侧面图
>> subplot(2,2,4)
>> surf(X,Y,Z)
>> view([1,1,5])               %根据向量[1,1,5]的方向设置视角
```

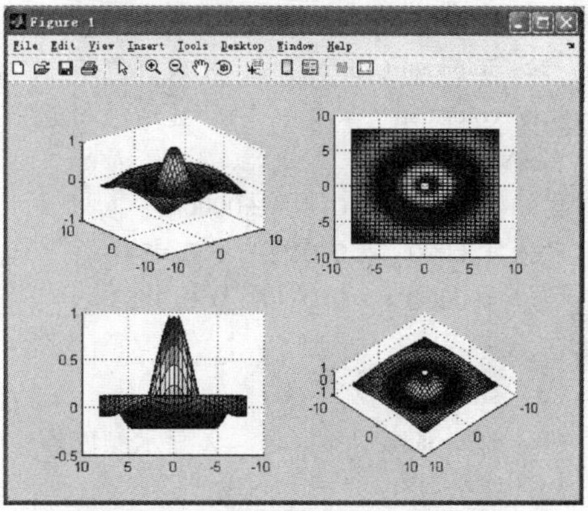

图 3-40　不同视角的三维表面图

2. 设置色彩

色彩可以使图形更加丰富美观，也可以用来显示某些数据信息。MATLAB 使用色图作为着色的基础，色图是一个 m×3 的矩阵，m 的值通常是 64，代表真正用到的颜色个数，而每一行的三列组成一个颜色的 RGB 三元色组，每个图形窗口只能有一个色图。

色图的色彩控制可以使用现成预定义的索引色图函数，表 3-9 所示为索引色图表。

表 3-9　索引色图表

命　令	说　明
hsv	带饱和值的颜色对照表（默认值），以红色开始和结束
hot	代表暖色对照表，黑、红、黄、白浓淡色
cool	代表冷色对照表，青、品红浓淡色
summer	代表夏天色对照表，绿、黄浓淡色
gray	代表灰色对照表，灰色线性浓淡色
copper	代表铜色对照表，铜色线性浓淡色
autumn	代表秋天颜色对照表，红、黄浓淡色
winter	代表冬天色对照表，蓝、绿浓淡色
spring	代表春天色对照表，青、黄浓淡色
bone	代表“X 光片”的颜色，蓝色灰基调
pink	代表粉红色对照表，粉红色线性浓淡色
flag	代表“旗帜”的颜色对照表，红、白、蓝、黑交错色
jet	HSV 的变形，以蓝色开始和结束
prim	代表三棱镜对照表，红、橘黄、黄、绿、蓝交错色

表 3-9 中每行的函数默认产生一个 64×3 的色图矩阵，可以改变函数的参数产生一个 m×3的色图矩阵；默认的色图为 hsv，颜色顺序为红、黄、青、蓝、品红、红。

MATLAB 使用 colormap 函数来设置色图以及显示色图矩阵的值，使用 colorbar 显示色图的颜色条，颜色条在三维图形中清楚地显示颜色与数值的关系，在二维图形中则没有意义。

【例 3-28】　绘制例 3-27 中的三维表面图，使用不同的色图显示并显示颜色条。图 3-41 所示为设置色图为“spring”的三维表面图。

```
>> x = -8:0.6:8;
>> [X,Y] = meshgrid(x);
```

```
>> Z=sin(sqrt(X.^2+Y.^2))./(sqrt(X.^2+Y.^2));
>> colormap(spring)      %设置色图
>> colormap              %显示色图矩阵
ans =
    1.0000      0     1.0000
    1.0000    0.0159    0.9841
    1.0000    0.0317    0.9683
    ……
>> surf(X,Y,Z)
>> colorbar              %显示颜色条
```

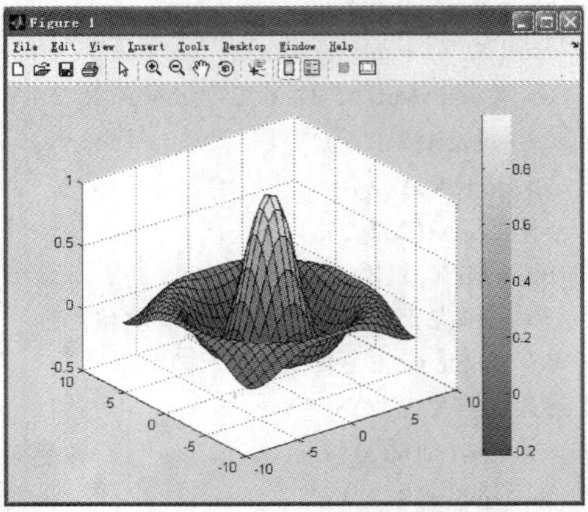

图 3-41 设置色图为“spring”的三维表面

程序分析：

色图矩阵每行为 3 个元素，在 0 ~ 1 之间，分别表示 RGB 的红、绿、蓝基色的相对亮度，第一行的颜色设定该曲面的最高点，最后一行的颜色设定该曲面的最低点，其余高度的颜色则根据线性内插法来决定；图中颜色条为垂直颜色条，颜色条以不同的颜色来代表 Z 坐标曲面的高度。

习 题

1. 选择题

(1) 运行以下命令：

```
>> x=[1 2 3;4 5 6];
>> y=x+x*i
>> plot(y)
```

则在图形窗口中绘制________条曲线。

A. 3　　B. 2　　C. 6　　D. 4

(2) 运行以下命令：

```
>> x=[1 2 3;4 5 6];
>> plot(x,x,x,2*x)
```

则在图形窗口中绘制________条曲线。

A. 4　　B. 6　　C. 3　　D. 5

(3) subplot（2，1，1）是指________的子图。

A. 两行一列的上图　　B. 两行一列的下图

C. 两列一行的左图　　D. 两列一行的右图

(4) 运行命令“>> figure(3)”，则执行________

A. 打开三个图形窗口　　B. 打开一个图形窗口

C. 打开图形文件名为“3. fig”　　D. 打开图形文件名为“figure 3. fig”

(5) 运行以下命令：

```
>> x=0:0.1:2*pi;
>> y=sin(x);
>> plot(x,y)
```

则如果要使正弦曲线充满坐标轴则以下________命令不能使用。

A. axis image　　B. axis([0,2*pi, -1,1])　　C. axis fill　　D. axis tight

(6) 如果要显示向量中各元素占和的百分比，则使用________函数绘图。

A. hist　　B. pie　　C. bar　　D. stairs

(7) 极坐标图是使用________来绘制的。

A. 原点和半径　　B. 相角和距离　　C. 纵横坐标值　　D. 实部和虚部

(8) meshc 函数是 ________

A. 绘制三维曲线图　　B. 绘制三维网线图并添加平行于 z 轴的边框线

C. 绘制三维表面图　　D. 绘制三维网线图并添加等高线

(9) 三维图形中的默认视角是________

A. 方位角 =0°，俯仰角 =90°　　B. 方位角 =90°，俯仰角 =0°

C. 方位角 =37.5°，俯仰角 =30°　　D. 方位角 =0°，俯仰角 =180°

(10) 二维图形中的 colorbar 命令运行后，颜色条显示________

A. 无色　　B. 黑色　　C. 白色　　D. 有颜色但无意义

2. 在 0 ~ 10 的坐标轴范围内绘制三条曲线，一条水平线，一条垂直线，一条对角斜线。

3. 绘制一条半径为 2 的圆，要求在图形窗口中显示的是圆形。

4. 绘制函数曲线 $y=5t\sin(2\pi t)$，t 的范围为 0 ~ 2。

5. 在同一图形窗口绘制曲线 $y_1=\sin(t)$，t 的范围为 $0\sim 2\pi$，$y_2=\sin(2t)$，t 的范围为 $\pi\sim 4\pi$；要求 y_1 曲线为黑色点画线，y_2 曲线为红色虚线圆圈，使用鼠标将文字标注添加到两条曲线上。

6. 在同一图形窗口分别绘制 $y_1=x$、$y_2=x^2$、$y_3=e^{-x}$ 三条函数曲线，x 的范围为［-2 6］，要求给整个图形加上标题，给横坐标轴加上标注，图的右上角标注三条曲线的图例，使用文字标注 $x=1$ 点，并在 $x=1$ 处绘制一条［-2, 10］的垂直线。

7. 已知某班 10 个同学的成绩为 65、98、68、75、88、78、82、94、85、56，分别统计并绘制 60 分以下、60 - 70、70 - 80、80 - 90、90 - 100 分数段的人数图；并使用饼形图显示各分数段所占的百分比。

8. 已知某班 5 个同学的三次成绩为 $\begin{bmatrix} 65 & 78 & 86 & 93 & 69 \\ 75 & 85 & 92 & 95 & 70 \\ 72 & 80 & 79 & 92 & 72 \end{bmatrix}$，使用柱状图和阶梯图显示每个同学的成绩变化。

9. 用 semilogx 命令绘制传递函数为 $\dfrac{10}{s(0.5s+1)}$ 的对数幅频特性曲线，横坐标为 w，纵坐标为 Lw，w 范围为 $10^{-2}\sim 10^{3}$ 按对数分布，并绘制双对数坐标图。

10. 绘制 $y=\sin(2x)$ 的曲线，并使用图形窗口的图形面板、绘图浏览器和属性编辑器添加文字和箭头。

11. 绘制 $y=\cos(10x)$ 的曲线，保存图形文件为 .bmp 和 .jpg 格式，并在其他图像软件中查看该图形。

12. 绘制 $z=\sqrt{x^2+y^2}$ 的三维网线图和表面图，x 在［-5, 5］范围，y 在［-5, 5］范围，将网线图用 gray 色图并用颜色条显示色图，改变视角显示二维图形。

第4章 符号运算

MATLAB 除了具有强大的数值运算功能还具有符号运算功能，数值运算的对象是数值，而符号运算的对象是非数值的符号对象。对于像公式推导和因式分解等抽象的运算都可以通过符号运算来解决。

MATLAB 具有符号数学工具箱，现在的版本是 Symbolic Math Toolbox5. 4，将符号运算结合到 MATLAB 的数值运算环境。从 MATLAB R2008b 开始，默认的符号运算引擎就由 Mupad 代替了原来的 Maple 引擎，因此符号运算的功能也有了很大的扩展，并提供了 Mupad notebook 可以方便地实现符号运算的用户界面。

符号工具箱能够实现微积分运算、线性代数、表达式的化简、求解代数方程和微分方程、不同精度转换和积分变换，符号计算的结果可以以图形化显示。MATLAB 的符号运算功能十分完整和方便。

符号运算的特点：

1）符号运算以推理解析的方式进行，计算的结果不受计算累积误差影响。

2）符号计算可以得出完全正确的封闭解和任意精度的数值解。

3）符号计算命令调用简单。

4）符号计算所需要的时间较长。

4.1 符号对象的创建和使用

在进行符号运算时，首先必须定义符号对象（Symbolic Object），符号对象的数据类型称为 sym 类型，用来存储代表符号的字符串。

4.1.1 创建符号对象

符号对象包括符号常量、符号变量和符号表达式。创建符号对象可以使用 sym 和 syms 函数来实现。

1. sym 函数

sym 函数的命令格式如下：

S = sym(s,参数)　　　　　　　　　**%由数值创建符号对象**

S = sym('s',参数)　　　　　　　　**%由字符串创建符号对象**

说明：S 为所创建的符号对象；参数表示转换后的格式，可以省略，当被转换的 s 是数值时，参数可以是'd'、'f'、'e'或'r' 4 种格式，当被转换的's'是字符串时，参数可以是'real'、'unreal'和'positive'3 种格式，各参数的含义如表 4-1 所示。

表 4-1 各参数的含义

参　数	作　用
d	返回最接近的十进制数值（默认位数为 32 位）
f	返回浮点型数值
r	返回最接近的有理数型数值（为系统默认方式），可表示为 p/q、p * q、10^q、pi/q、2^q 和 sqrt(p)形式之一
e	返回最接近的带浮点估计误差的有理数型
real	限定 s 为实型符号变量，conj(s)与 s 相同
unreal	限定 s 为非实型符号变量
positive	限定 s 为正实型符号变量

2. syms 函数

当符号变量和被转换变量相同时，可以使用 sym 的简捷方式 syms 函数来创建符号变量，syms 函数对于创建多个符号对象很方便。syms 函数的命令格式如下：

syms(s1,s2,s3,…,参数)

syms s1,s2,s3,…,参数　　　　　　　　　　**%创建多个符号变量**

说明：参数设置和 sym 函数相同。

syms 与 sym 的关系是：syms(s1,s2,s3,…,参数) 等同于 s1 = sym('s1',参数)，s2 = sym('s2',参数)……

例如，创建符号变量和表达式。

```
>>  x = sym('x');
>> syms  a  b  c
>>  y = a * x^2 + b * x + c
y  =
a * x^2 + b * x + c
```

可以在 Workspace 中看到，x、a、b、c 和 y 都是符号变量，y 是由符号变量计算产生的。

3. class 函数

如果需要了解对象的数据类型，可以使用 class 函数来获得。class 函数的命令格式如下：

s = class(x)　　　　　　　　　　　%返回对象 x 的数据类型

说明：s 为字符型，如果 x 是符号对象，则 s 为'sym'。

4.1.2 符号常量和符号变量

符号常量是不含变量的符号表达式，用 sym 函数来创建；符号变量使用 sym 和 syms 函数来创建。

【例 4-1】 创建符号常量和符号变量。

```
>> a = sin(2)
a =
    0.9093
>> a1 = sym(sin(2))                    %用数值创建符号常量
a1 =
4095111552621091/4503599627370496
>> a2 = sym(sin(2),'f')                %用十六进制浮点表示
a2 =
4095111552621091/4503599627370496
>> a3 = sym(sin(2),'d')                %用估计误差的有理表示
a3 =
0.90929742682568170941692642 3728
>> whos
  Name      Size         Bytes    Class     Attributes
  a         1x1            8      double
  a1        1x1          60       sym
  a2        1x1          60       sym
  a3        1x1          60       sym
```

程序分析：

变量 a1 是符号对象 sym 类型，符号对象占用的空间较多；a1 默认使用有理数型表示，用分数 p/9 形式表示 a2 是十六进制浮点表示，a3 是表示形式不同但存储的内容是相同的。

【例 4-2】 使用字符串创建符号变量。

```
>> a1 = sym('a','unreal')          %用字符串创建符号变量
a1 =
a
>> real(a1)                        %取 a1 的实部
ans =
1/2 * a + 1/2 * conj(a)
>> imag(a1)                        %取 a1 的虚部
ans =
- (a * j)/2 + (conj(a) * j)/2
```

程序分析：

a1 是由字符'a'创建的符号变量，使用参数'unreal'限定为非实型符号变量，则 a1 由实部

和虚部组成。

4.1.3 符号表达式

由符号对象生成的新对象仍然是符号对象，符号表达式是由符号常量和符号变量等构成的表达式，可以使用 sym 和 syms 函数来创建。

【例4-3】 分别使用 sym 和 syms 函数创建符号表达式，工作空间如图4-1所示。

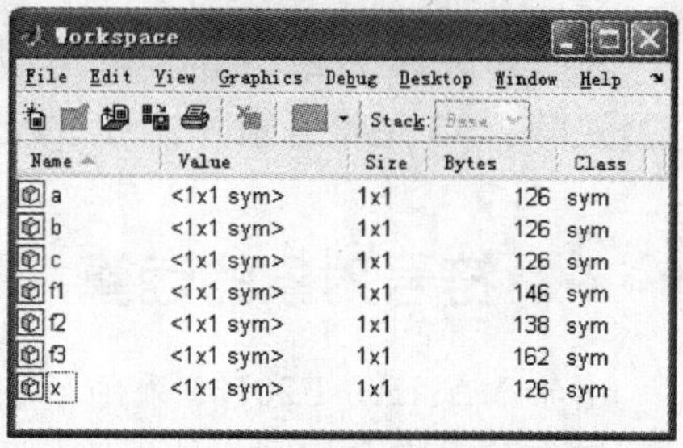

图4-1 工作空间

```
>> syms a b c x
>> f1 = a * x^2 + b * x + c
f1 =
a * x^2 + b * x + c
>> f2 = sym('y^2 + y + 1')                    %创建符号表达式
f2 =
y^2 + y + 1
>> f3 = sym('sin(z)^2 + cos(z)^2 = 1')  %创建符号方程
f3 =
sin(z)^2 + cos(z)^2 = 1
```

程序分析：

从图4-1中看到，共创建了符号对象 a、b、c、f1、f2、f3 和 x，f1 是由符号变量生成的表达式，因此也是符号对象；没有创建符号变量 y 和 z。

4.1.4 符号矩阵

符号矩阵的元素是符号对象，符号矩阵可以用 sym 和 syms 函数来创建。

【例4-4】 分别使用 sym 和 syms 函数创建符号矩阵，并查看字符矩阵与符号矩阵的不同。

```
>> A = sym('[a,b;c,d]')
A =
[ a, b]
[ c, d]
>> B = sym('[1 2;3 4]')
B =
[ 1, 2]
[ 3, 4]
>> A1 = '[a,b;c,d]'                    %创建字符矩阵
A1 =
[a,b;c,d]
>> A2 = sym(A1);                              %将字符矩阵转换为符号矩阵
>> syms a b c d
>> A3 = [2 a+c;b+c a+b+c+d]
A3 =
[    2,     a+c]
```

```
[      b+c, a+b+c+d]
>> class(A1)
ans =
char
```

程序分析：

符号矩阵 A 为 2×2 的 sym 类型；A1 为字符矩阵，A2 使用 sym 函数将字符矩阵转换为符号矩阵；A3 是符号矩阵，A3 的元素可以是符号常量、符号变量和符号表达式。

4.2 符号对象的运算

由于 MATLAB R2010a 采用了重载技术，因此符号表达式的运算符和基本函数都与数值运算中的几乎完全相同，使得符号运算的编程实现变得很简单。

4.2.1 符号对象的基本运算

1. 算术运算

(1) "+"，"-"，"*"，"\"，"/"，"^"运算符分别实现符号矩阵的加、减、乘、左除、右除和求幂运算。

(2) ".*"，"./"，".\"，".^"运算符分别实现符号数组的乘、除、求幂，即数组间元素与元素的运算。

(3) "'"，".'"运算符分别实现符号矩阵的共轭转置和非共轭转置。

2. 关系运算

在符号对象的比较中，没有"大于"、"大于等于"、"小于"、"小于等于"的概念，而只有运算符"=="、"~="分别对符号对象进行"相等"、"不等"的比较，比较结果用 1 表示 True，用 0 表示 False。

3. 三角函数、双曲函数和相应的反函数

三角函数包括 sin、cos 和 tan，双曲函数包括 sinh、cosh 和 tanh，三角反函数包括 asin、acos 和 atan 函数，除了 atan2 函数仅能用于数值计算外，其余的函数在符号运算中与数值计算的使用方法相同。

4. 指数和对数函数

指数函数 sqrt、exp 和 expm 的使用方法与数值运算中的完全相同；对数函数在 MATLAB R2010a 版有自然对数 log（表示 ln）、log2 和 log10。

5. 复数函数

复数的共轭 conj、求实部 real、求虚部 imag 和求模 abs 函数与数值计算中的使用方法相同。在符号运算中，MATLAB 没有提供求相角的命令。

6. 矩阵代数命令

符号运算中的矩阵代数命令有 diag，triu，tril，inv，det，rank，poly，expm，eig 和 svd 等，它们的用法几乎与数值计算中的情况完全一样，只有 svd 稍微不同。

【例 4-5】 创建符号矩阵并进行运算。

```
>> A=sym('[a,b;c,d]');
```

```
>> B = sym('[1 2;3 4]');
>> C = A + B
C =
[ a+1, b+2]
[ c+3, d+4]
>> D = A + B * i;
>> D1 = conj(D)                    %计算共轭复数
D1 =
[       -i + conj(a), -2 * i + conj(b)]
[ -3 * i + conj(c), -4 * i + conj(d)]
>> b1 = det(B)                     %计算行列式
b1 =
-2
>> E = A == B                      %比较符号矩阵是否相等
E =
    0    0
    0    0
```

程序分析：

C、D、D1 和 b1 都是符号对象，计算的方法与数值运算基本相同；E 是比较的结果，不是 sym 型而是 logical 型。

4.2.2 任意精度的算术运算

符号运算与数值运算的不同是符号运算以推理解析的方式进行，因此运算过程不会出现舍入误差，如果提供足够的存储空间和运算时间，则符号运算可以得到任意精度的数值解。

1. 符号工具箱的算术运算方式

符号工具箱有 3 种不同类型的算术运算方式，包括数值型、有理数型和 VPA 型，这 3 种算术运算的运算速度和占用内存都不相同。

（1）数值型　数值型的算术运算是 MATLAB 的浮点运算，运算速度最快，占用内存最少，但结果不精确。例如，2/3 就是一般的浮点运算。

（2）有理数型　有理数型的算术运算是精确符号运算，计算时间和占用内存是最大的，产生的结果是非常准确的。例如，sym(2/3)是有理数型的算术运算。

（3）VPA 型　VPA 型的算术运算是任意精度运算，这种运算比较灵活，可以设置任意有效精度，当保留的有效位数增加时，运算的时间和使用的内存也会增加。

2. 不同类型对象的转换

数值型、有理数型和 VPA 型的运算对象之间是可以相互转换的。

（1）获得 VPA 型对象　任意精度的 VPA 型运算可以使用 digits 和 vpa 函数来实现。命令格式如下：

```
digits(n)                %设定 n 位有效位数的精度
S = vpa(s,n)             %将 s 按 n 位有效位数计算得出符号对象 S
```

说明：digits 函数可以改变默认的有效位数，随后的计算都以新精度为准，n 省略时，显示默认的有效位数为 32 位；vpa 函数只对指定的符号对象 s 按新精度进行计算并显示计算结果，但并不改变全局的 digits 参数，当 n 省略时，则按 digits 函数的精度来计算。

【例 4-6】 创建符号对象并转换为任意精度 VPA 型对象，工作空间窗口如图 4-2 所示。

```
>> digits                %显示默认精度
Digits = 32
>> q = sym('sqrt(2)')
q =
2^(1/2)
>> q = vpa(q)            %按默认精度计算并显示
q =
1.4142135623730950488016887242097
>> digits(15)            %改变默认精度为 15 位
>> p = sym('pi');
>> p = vpa(p)
p =
3.14159265358979
>> pq = vpa(q * p,10)   %按当前精度计算并显示
pq =
4.442882938
```

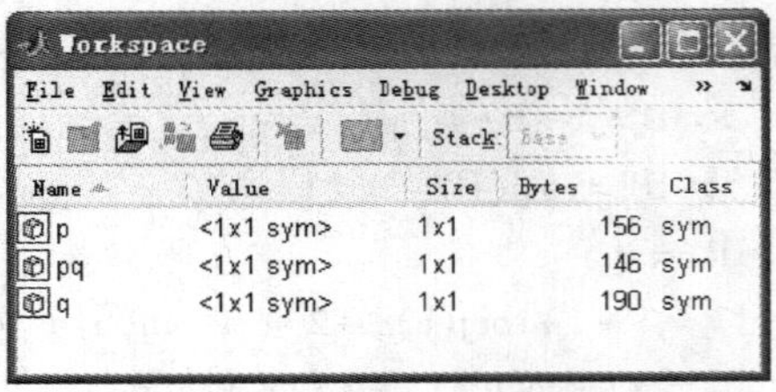

图 4-2 工作空间窗口

程序分析：

从图 4-2 可以看出，工作空间中按不同精度保存的符号对象存储空间也不同，q 是按 32 位精度因此存储空间最多，pq 是按 10 位精度因此存储空间最少。

(2) 获得数值型对象 使用 double 函数可以将有理数型和 VPA 型符号对象转换成数值对象。命令格式如下：

n = double(s) **%将符号对象 s 转换为双精度数值对象 n**

【例 4-6 续】 将例 4-6 中的符号对象转换为数值对象。

```
>> pq1 = vpa(q * p,20)
pq1 =
4.44288293815838
>> n1 = double(pq1)                  %符号对象转换为数值对象
n1 =
    4.4429
>> pq2 = vpa(q * p,3)
pq2 =
4.44
>> n2 = double(pq2)
n2 =
    4.4400
>> format long
>> n1
n1 =
    4.442882938158380
```

程序分析：

pq1 和 pq2 是按不同精度运算的，因此运算的结果是不同的；n1 和 n2 是由符号对象 pq1 和 pq2 转换成的数值型，n1 和 n2 也不相等；n1 是双精度数值，通过 format 可以改变其显示的格式，但存储的内容并没有变。

（3）不同类型对象的转换关系 不同类型对象可以互相转换，其转换关系图如图 4-3 所示。

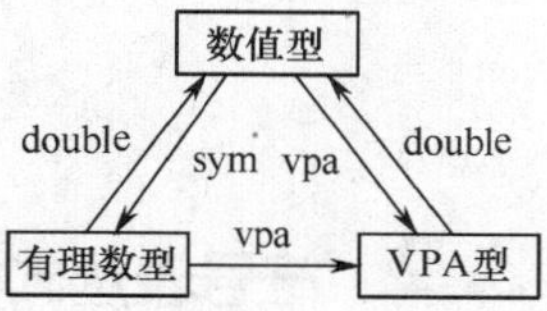

图 4-3 不同类型对象的转换关系图

4.3 符号表达式的变换

符号表达式往往比较繁琐不直观，因此在运算时应根据需要对其进行化简、替换和转换等操作。

4.3.1 符号表达式中的自由符号变量

1. 自由符号变量的确定

当符号表达式中含有多个符号变量时，例如，符号表达式"ax^2+bx+c"中有符号变量 a、b、c 和 x，在运算时往往只有一个符号变量是自由符号变量，其余的都当做常量来处理。

在符号表达式中如果有多个符号变量而没有指定自由符号变量，则 MATLAB 将基于以下原则来选择一个自由符号变量：

■ 符号表达式中的多个符号变量，按以下顺序来选择自由符号变量：首先选择 x，如果没有 x，则选择在字母表顺序中最接近 x 的字符变量，如果字母与 x 的距离相同，则在 x 后面的优先。

■ 字母 pi、i 和 j 不能作为自由符号变量。

■ 大写字母比所有的小写字母都靠后。

例如，在符号表达式"ax^2+bx+c"中，自由符号变量的顺序为 x→c→b→a。

2. findsym 函数

MATLAB 还提供了 findsym 函数来确定符号表达式中的自由符号变量，命令格式如下：

findsym(S,n)　　　　　　　　　%确定符号对象 S 中的 n 个自由符号变量

说明：S 可以是符号表达式或符号矩阵；n 为按顺序得出自由符号变量的个数，可省略，当 n 省略时，则不按顺序得出 S 中所有的符号变量。

【例 4-7】 已知符号对象 $f=ax^2+bx+c$，得出自由符号变量。

```
>> syms a b c x y z;
>> f = a * x^2 + b * x + c;
>> findsym(f)                          %得出所有不按顺序排列的自由符号变量
ans =
a, b, c, x
>> findsym(f,4)                   %得出 4 个按顺序排列的自由符号变量
ans =
x,c,b,a
>> g = x + i * y - j * z;
```

```
>> findsym(g)                    %i 和 j 不能做自由符号变量
ans =
x, y, z
```

4.3.2 符号表达式的化简

MATLAB 的符号数学工具箱提供了 collect、expand、horner、factor、simplify 和 simple 等函数实现符号表达式的化简。

多项式的符号表达式有多种形式，例如，$f(x) = x^3 + 6x^2 + 11x - 6$ 可以表示为以下几种形式：

■ 合并同类项形式：$f(x) = x^3 + 6x^2 + 11x - 6$

■ 因式分解形式：$f(x) = (x-1)(x-2)(x-3)$

■ 嵌套形式：$f(x) = x(x(x-6)+11)-6$

函数 collect、expand、horner 和 factor 的化简结果如表 4-2 所示。

表 4-2 符号表达式化简表

函数格式	化简前	命令	化简后	功能
g = collect(f, 符号变量)	f = (x-1) * (x-2) * (x-3)	g = collect(f)	g = -6 + x^3 - 6 * x^2 + 11 * x	将 f 按照“符号变量”的同次幂合并
	f = (t-1) * (t-x)	g = collect(f,'t')	g = t^2 + (-1 - x) * t + x	
g = expand(f, 符号变量)	f = (x-1) * (x-2) * (x-3)	g = expand(f)	g = -6 + x^3 - 6 * x^2 + 11 * x	展开成多项式和的形式
	f = cos(x - y)	g = expand(f)	g = cos(x) * cos(y) + sin(x) * sin(y)	
g = horner(f)	f = x^3 - 6 * x^2 + 11 * x - 6	g = horner(f)	g = -6 + (11 + (-6 + x) * x) * x	化简成嵌套的形式
	f = t^2 - (1 + x) * t + x	g = horner(f)	g = (-t + 1) * x + (t - 1) * t	
g = factor(f)	f = sym('120')	g = factor(f)	g = (2)^3 * (3) * (5)	进行因式分解
	f = x^3 - 6 * x^2 + 11 * x - 6	g = factor(f)	g = (x-1) * (x-2) * (x-3)	
pretty(f)	f = x^3 - 6 * x^2 + 11 * x - 6	pretty(f)	<pre> 3 2 x - 6 x + 11 x - 6</pre>	给出排版形式的输出结果

另外还有 simplify 和 simple 函数功能比较强大。

1. simplify 函数

simplify 函数是一个功能强大的函数，利用各种形式的代数恒等式对符号表达式进行化简，包括求和、分解、积分、幂、三角、指数、对数、Bessel 以及超越函数等方法来简化表达式。

【例 4-8】 使用 simplify 函数化简符号表达式，已知符号表达式分别为 $\frac{x^2-1}{x-1}$、$\cos^2 x + \sin^2 x$ 和 e^{x+y} 。

```
>> syms x y
>> f1 = (x^2 - 1)/(x - 1);
>> g1 = simplify(f1)
g1 =
x + 1
>> f2 = cos(x)^2 + sin(x)^2;
>> g2 = simplify(f2)
g2 =
1
>> f3 = exp(x) * exp(y);
>> g3 = simplify(f3)
g3 =
exp(x + y)
```

2. simple 函数

simple 函数是将符号表达式化简为含最少字符组成的表达式，综合使用了多个函数进行化简，除了 collect、expand、factor、simplify 简化形式之外，还使用 radsimp 函数对含根式的表达式化简，用 combine 函数把表达式中的和形式、乘积形式和幂形式的各项合并，用 convert 函数实现转换，最后找出字符最少的简化表达式，simple 函数适用于三角函数化简。

【例 4-9】 将符号表达式 $f = 2\cos^2 x - \sin^2 x$ 使用 simple 函数化简。

```
>> syms x y
>> f = 2 * cos(x)^2 - sin(x)^2;
>> simple(f)
simplify:
3 * cos(x)^2 - 1
radsimp:
2 * cos(x)^2 - sin(x)^2
combine(trig):
3/2 * cos(2 * x) + 1/2
factor:
2 * cos(x)^2 - sin(x)^2
expand:
2 * cos(x)^2 - sin(x)^2
combine:
3/2 * cos(2 * x) + 1/2
convert(exp):
2 * (1/2 * exp(i * x) + 1/2/exp(i * x))^2 + 1/4 * (exp(i * x) - 1/exp(i * x))^2
convert(sincos):
2 * cos(x)^2 - sin(x)^2
convert(tan):
2 * (1 - tan(1/2 * x)^2)^2/(1 + tan(1/2 * x)^2)^2 - 4 * tan(1/2 * x)^2/(1 + tan(1/2 * x)^2)^2
collect(x):
2 * cos(x)^2 - sin(x)^2
```

```
mwcos2sin:
2 - 3 * sin(x)^2
ans =
3 * cos(x)^2 - 1
```

程序分析：

simple 函数得出最简化的符号表达式是“3 * cos(x)^2 - 1”，如果“y = simple(f)”则直接得出最简化的符号表达式。

4.3.3 符号表达式的替换

符号表达式的简化还可以通过替换来实现，MATLAB R2010a 提供了 subexpr 和 subs 函数来实现符号表达式的替换，使符号表达式简洁易读。

1. subexpr 函数

subexpr 函数用来替换符号表达式中重复出现的子表达式，通过替换子表达式来化简。subexpr 函数可以自动寻找子表达式，只对长的子表达式替换，短的子表达式即使多次出现也不替换。命令格式如下：

[r,s1] = subexpr(S,'s')　　　　　　　　%用符号变量's'来置换 S 中的子表达式

说明：r 为替换后的符号表达式，s1 为被替换的子表达式，S 为原符号表达式，'s'为用来替换的子表达式。

【例 4-10】 将符号矩阵中的重复子表达式使用 subexpr 函数实现替换，重复子表达式是 $\sqrt{x^2+xy+xz}$。

```
>> syms x y z
>> v =[(x^2 +x * y +x * z)^(1/2),y - (x^2 +x * y +x * z)^(1/2)
   x + (x^2 +x * y +x * z)^(1/2),2 * (x^2 +x * y +x * z)^(1/2)
   1,1]
>> [r,s1] = subexpr(v,'A')                        %用'A'来替换
r =
[      A, y - A]
[ x + A, 2 * A]
[      1, 1]
s1 =
(x^2 +x * y +x * z)^(1/2)
```

2. subs 函数

subs 函数用来对符号表达式中某个特定符号进行替换，命令格式如下：

subs(s,old,new)　　　　　　　　%用 new 替换符号表达式 s 中的 old

说明：old 是指符号表达式中要被替换的符号对象，可以省略，当 old 省略时则替换自由符号变量；new 是指替换的符号对象，可以省略，当 new 省略时使用工作空间中的变量来替换。

【例 4-11】 将符号表达式 $f=(x-y)(x+y)+(x-y)^2+2(x-y)$ 中的特定符号使用 subs 函数替换。

```
>> syms x y z
```

```
>> f=(x-y)*(x+y)+(x-y)^2+2*(x-y);
>> f1=subs(f,'x-y','S')
f1 =
((S))*(x+y)+((S))^2+2*x-2*y
>> x=5;
>> y=3;
>> f2=subs(f)                        %将工作空间的变量x和y替换符号变量
f2 =
    24
>> f3=subs(f,'u+v')                  %用u+v替换符号变量x
f3 =
((u+v)-y)*((u+v)+y)+((u+v)-y)^2+2*(u+v)-2*y
```

程序分析：

用subs函数替换比较灵活简单，可以用符号变量、符号表达式和工作空间中变量值替换原来的符号对象。

4.3.4 计算反函数和复合函数

1. 反函数

函数$f(x)$存在一个反函数$g(.)$，$g(f(x))=x$，则g和f互为反函数，MATLAB R2010a中的finverse函数可以用来求符号函数的反函数。命令格式如下：

g=finverse(f,v)　　　　　　%对f(v)按指定自变量v求反函数

说明：当v省略，则对默认的自由符号变量求反函数。

【例4-12】　求符号函数$f=5\sin x+y$的反函数。

```
>> syms x y
>> f=5*sin(x)+y;
>> g=finverse(f)                     %对默认自由变量求反函数
g =
-asin(1/5*y-1/5*x)
>> g1=finverse(f,'y')                %对y求反函数
g1 =
-5*sin(x)+y
```

2. 复合函数

MATLAB R2010a提供了compose函数可以求出f(x)和g(y)的复合函数f(g(y))。命令格式如下：

compose(f,g,x,y,z)　　　　　　%计算f和g的复合函数

说明：x、y、z都可以省略，都省略时则计算出的复合函数为f(g(y))；当x和y省略时，计算出f(g(z))；都不省略时以x为自由符号变量计算出f(g(z))，并将z替代符号变量y。

【例4-13】　求两个符号函数$f=x+y$和$g=t*v$的复合函数。

```
>> syms x y t v n
>> f=x+y;
```

```
>> g=t*v;
>> y1=compose(f,g)                    %以x为符号变量求复合函数
y1 =
t*v+y
>> y2=compose(f,g,'n')                %求复合函数f(g(n))
y2 =
t*n+y
>> y3=compose(f,g,y,'n')              %以y为自由符号变量求复合函数f(g(n))
y3 =
x+t*n
>> y4=compose(f,g,y,t,'n')            %以n代替t求复合函数f(g(n))
y4 =
x+n*v
```

程序分析：

f 符号函数中默认的自由符号变量是 x，g 符号函数中默认的自由符号变量是在字母表上离 x 较近的 v。

4.3.5 多项式符号表达式

1. 多项式符号表达式的通分

多项式符号表达式如果是包含分子和分母，则可以使用 numden 函数来进行通分计算，并可以提取分子和分母多项式符号表达式。numden 函数的命令格式如下：

[N,D] = numden(s)　　　　%**提取多项式符号表达式 s 的分子和分母**

说明：N 和 D 是通分过后的分子和分母多项式符号表达式。

【例 4-14】 求多项式符号表达式的分子和分母符号表达式，已知多项式为 $\frac{1}{x-1}+\frac{1}{x+1}+3$。

```
>> f1=sym('1/(x-1)+1/(x+1)+3');
>> [N1,D1] = numden(f1)
N1 =
2*x+3*x^2-3
D1 =
x^2-1
```

2. 符号表达式与多项式的互换

多项式的符号表达式可以与表示多项式系数的行向量之间相互转换，MATLAB R2010a 提供了 sym2poly 和 poly2sym 函数来实现相互转换；sym2poly 只能对含有一个变量的符号表达式进行转换。命令格式如下：

c= sym2poly(s)　　　　%**将符号表达式 s 转换为行向量 c**

r = poly2sym(c, v)　　　　%**将行向量 c 转换为符号表达式 r**

说明：符号表达式 s 转换为行向量 c 时，c 按降幂排列，v 是生成符号表达式中使用的符号变量，可以省略，如果 v 省略则使用符号变量'x'。

【例4-14续】 将例4-14中多项式符号表达式的分子和分母转换为多项式的系数行向量，并转换成符号表达式$\frac{3s^2+2s-3}{s^2-1}$。

```
>> n1 = sym2poly(N1)
n1 =
     3     2    -3
>> d1 = sym2poly(D1)
d1 =
     1     0    -1
>> f2 = poly2sym(n1,'s')/poly2sym(d1,'s')          %转换为以s为符号变量的表达式
f2 =
(3*s^2+2*s-3)/(s^2-1)
```

程序分析：

分母符号表达式D1 =（x - 1）*（x + 1）经过合并同类项计算后，得出按降幂排列的行向量。

4.4 符号微积分、极限和级数

4.4.1 符号表达式的微积分

微积分在高等数学中占据重要的地位，MATLAB可以对符号表达式进行微积分运算，微分使用diff函数实现，积分使用int函数实现。

1. 微分

符号表达式的微分运算使用diff函数，命令格式如下：

diff(f,t,n)　　　　　　　　　　　　%计算f对符号变量t的n阶微分

说明：f是符号表达式；t是进行微分的符号变量，可以省略，t省略时指默认的自由符号变量；n是微分的阶次，可以省略，n省略时是一阶微分。diff函数也可以对符号矩阵进行运算，结果是对符号矩阵的每一个元素进行微分运算。

【例4-15】 计算符号表达式$f = \sin(ax) + y^2\cos(x)$的微分。

```
>> syms a x y
>> f = sin(a*x) + y^2*cos(x);
>> dfdx = diff(f)                              %对默认自由变量x求一阶微分
dfdx =
cos(a*x)*a-y^2*sin(x)
>> dfdy = diff(f,y)                            %对符号变量y求一阶微分
dfdy =
2*y*cos(x)
>> dfdy2 = diff(f,y,2)                         %对符号变量y求二阶微分
dfdy2 =
2*cos(x)
```

【例 4-16】 计算符号矩阵的一阶微分，已知符号矩阵为$f = \begin{pmatrix} \sqrt{1+x^2} & t^x \\ e^x & x+y \end{pmatrix}$。

```
>> f = sym('[ sqrt(1 + x^2) t^x; exp(x) x + y]');
>> dfdx = diff(f)
dfdx =
[ 1/(1 + x^2)^(1/2) * x,      t^x * log(t) ]
[           exp(x),            1]
```

diff 函数还可以用来计算数组各行的差值，例如：

```
>> a = [1 2 3;1 0 1]
a =
     1     2     3
     1     0     1
>> diff(a)
ans =
     0    -2    -2
```

2. 积分

在数学中积分与微分是一对互逆运算，即找出一个符号表达式 F 使得 diff（F） =f，积分分为定积分和不定积分，运用函数 int 可以计算符号表达式的积分，命令格式如下：

int(f,t,a,b)　　　　　　　　　　%计算符号变量 t 的积分

说明：f 为符号表达式；t 为积分符号变量，可以省略，当 t 省略时则指默认自由符号变量；a 和 b 是为积分上下限［a b］，可以省略，省略时计算的是不定积分。

函数的积分有时可能不存在，即使存在，也可能限于很多条件，MATLAB 无法顺利得出。当 MATLAB 不能找到积分时，它将给出警告提示并返回该函数的原表达式。

【例 4-17】 计算符号表达式的双重积分，已知符号表达式为。

$$f = \int_0^{2\pi}\int_0^a r^2 \sin^2\varphi \mathrm{d}r\mathrm{d}\varphi。$$

```
>> syms a r phi
>> g = r^2 * (sin(phi))^2;
>> f = int(int(f,r,0,a),phi,0,2 * pi)
f =
z * pi * a * (cos(x) * y^2 + sin(a * x))
```

程序分析：

上面的表达式是双重定积分，多重积分的计算是将 int 函数嵌套使用。

【例 4-18】 根据微分表达式计算原函数f，已知微分表达式为$\frac{\mathrm{d}f}{\mathrm{d}t} = \begin{bmatrix} t & \mathrm{e}^t \\ 2\cos(t) & \ln(t) \end{bmatrix}$。

```
>> syms t
>> dfdt = [ sin(2 * t) exp(t) ;2 * cos(t) log(t) ];
>> f = int(dfdt)
f =
[      1/2 * t^2,            exp(t) ]
[   2 * sin(t), t * (log(t) - 1) ]
```

4.4.2 符号表达式的极限

微分实际上就是由极限计算得出的，$\frac{df(x)}{dx} = \lim\limits_{\Delta x \to 0} \frac{f(x+\Delta x)-f(x)}{\Delta x}$，如果符号表达式的极限存在，MATLAB R2010a 提供了 limit 函数来求其极限，limit 函数的功能如表 4-3 所示。

表 4-3 limit 函数的功能

函数格式	表达式	说明
limt(f)	$\lim\limits_{x \to 0} f(x)$	求符号表达式 f 对 x 趋近于 0 的极限
limt(f,a)	$\lim\limits_{x \to a} f(x)$	求符号表达式 f 对默认自由符号变量趋近于 a 的极限
limt(f,x,a)	$\lim\limits_{x \to a} f(x)$	求符号表达式 f 对 x 趋近于 a 的极限
limt(f,x,a, left)	$\lim\limits_{x \to a^-} f(x)$	求符号表达式 f 对 x 左趋近于 a 的极限
limt(f,x,a, right)	$\lim\limits_{x \to a^+} f(x)$	求符号表达式 f 对 x 右趋近于 a 的极限

【例 4-19】 使用 limit 函数计算符号表达式的极限，符号表达式分别为 $e^{-t}\sin(t)$ 和 $\frac{1}{t}$。

```
>> syms t
>> f1 = exp(-t) * sin(t);
>> ess = limit(f1,t,inf)                    %计算趋向无穷大的极限
ess =
0
>> f2 = 1/t;
>> limitf2 = limit(f2)                      %计算趋向 0 的极限
limitf2 =
NaN
>> limitf2_l = limit(f2,'t','0','left')     %计算趋向 0 的左极限
limitf2_l =
-Inf
>> limitf2_r = limit(f2,'t','0','right')    %计算趋向 0 的右极限
limitf2_r =
Inf
```

程序分析：

无穷大使用 inf 表示，由于符号表达式 1/t 的左右极限不相等，极限不存在表示为 NaN。

4.4.3 符号表达式的级数

1. 级数求和

MATLAB 提供了 symsum 函数实现有限个级数求和，命令格式如下：

symsum(s,x,a,b)　　　　%计算表达式 s 当 x 从 a 到 b 的级数和

说明：s 为符号表达式；x 为符号变量，可省略，省略时使用默认自由变量；a 和 b 为符号变量的范围，可省略，省略时范围是无限个级数。

【例 4-20】 使用 symsum 函数对符号表达式进行级数求和，已知符号表达式分别是 x^k

和$\frac{1}{k}$。

```
>> syms x k n
>> f1 = x^k;
>> limitf1 = symsum(f1,k,0,inf)          %计算无穷级数和
limitf1 =
-1/(x-1)
>> f2 = 1/k;
>> sumf2 = symsum(f2,k,1,10)             %计算前 10 项级数和
sumf2 =
7381/2520
```

2. taylor 级数

如果函数$f(x)$在点x_0的某一邻域内具有从一阶到$n+1$阶的导数，则在该邻域内函数$f(x)$在点$x=x_0$时，趋向无穷的幂级数为

$$f(x) = f(x_0) + f'(x_0)(x - x_0) + \frac{f''(x_0)}{2!}(x - x_0)^2 + \cdots$$

这个级数称为泰勒级数，MATLAB 中使用 taylor 函数来计算，命令格式如下：

taylor(f,x,n,x0)　　　　%求泰勒级数以符号变量 x 在 x0 点展开 n 项

说明：f 为符号表达式；x 为符号变量，可省略，省略时使用默认自由变量；n 是指 f 进行泰勒级数展开的项数，可省略，n 省略则默认展开前 5 项；x0 是泰勒级数的展开点。

【例 4-21】　使用 taylor 函数对符号表达式 $\cos(x)$ 和 $e^{-t}\sin(t)$ 进行泰勒级数展开。

```
>> syms x
>> f1 = cos(x);
>> taylorf1 = taylor(f1,3,1)             %计算 x = 1 级数展开前 3 项
taylorf1 =
cos(1) - sin(1) * (x-1) - 1/2 * cos(1) * (x-1)^2
>> f2 = exp(-x) * sin(x);
>> taylorf2 = taylor(f2)                 %计算级数展开前 5 项
taylorf2 =
x - x^2 + 1/3 * x^3 - 1/30 * x^5
```

4.5 符号积分变换

所谓积分变换就是通过积分运算将一类函数变换成另一类函数，积分变换在工程技术和应用数学中都有着广泛的应用，Symbolic Math Toolbox 提供了专门的函数，可以提高运算效率，下面分别介绍 Fourier（傅立叶）变换、Laplace（拉普拉斯）变换和 Z 变换。

4.5.1 Fourier 变换

时域中的$f(t)$与频域中 fourier 变换后的$F(\omega)$之间的关系如下：

$$F(\omega) = \int_{-\infty}^{\infty} f(t)e^{-j\omega t}dt$$

$$f(t) = \frac{1}{2\pi}\int_{-\infty}^{\infty} F(\omega) w^{-j\omega t} d\omega$$

MATLAB R2010a 提供 fourier 变换可以使用的函数有 fourier，也可以直接使用 int 积分函数 ifourier 进行逆变换。fourier 和 ifourier 函数的命令格式如下：

F = fourier(f,t ,w)　　　　　　　　**%求以 t 为符号变量 f 的 fourier 变换 F**

说明：f 和 F 是符号表达式；t 是符号变量，可省略，省略时使用默认自由变量；w 可省略，省略时默认为'w'。

f = ifourier (F,w,t)　　　　　　　　**%求以 w 为符号变量的 F 的 fourier 反变换 f**

【例 4-22】 使用 fourier 和 ifourier 函数对符号表达式 sin（x）进行积分变换。

```
>> syms x
>> f1 = sin(x);
>> ff1 = fourier(f1)                    % fourier 变换
ff1 =
i * pi * ( - dirac(w - 1) + dirac(w + 1))
>> if1 = ifourier(ff1)                  % fourier 反变换
if1 =
sin(x)
```

程序说明：

MATLAB R2010a 的符号工具箱中提供了 dirac 和 heaviside 函数，分别表示单位脉冲函数 $\begin{cases} 0 & t \geqslant 0 \\ \infty & t = 0 \end{cases}$ 和单位阶跃函数 $\begin{cases} 1 & t \geqslant 0 \\ 0 & t < 0 \end{cases}$。

4.5.2 Laplace 变换

Laplace 变换在高等数学和自动控制领域应用非常广泛，Laplace 变换和反变换的定义为

$$F(s) = \int_{0}^{\infty} f(t) e^{-st} dt$$

$$f(t) = \frac{1}{2\pi t}\int_{c-j\infty}^{c+j\infty} F(s) ds$$

MATLAB R2010a 提供了 laplace 和 ilaplace 函数实现 Laplace 变换和反变换，与 fourier 变换相同也可以利用积分函数 int 来实现拉普拉斯变换，laplace 和 ilaplace 函数的命令格式如下：

F = laplace(f,t,s)　　　　　　　　**%求以 t 为变量 f 的 Laplace 变换 F**

f = ilaplace(F,s,t)　　　　　　　　**%求以 s 为变量的 F 的 Laplace 反变换 f**

说明：f 是符号表达式；t 是符号变量，可省略，当 t 省略默认自由变量为't'；s 是符号变量，可省略，省略时为's'。

【例 4-23】 使用 laplace 和 ilaplace 计算单位阶跃函数、t 和 sin(wt) 的拉普拉斯变换和反变换。

```
>> syms t w s x
>> f2 = t;
>> lf1 = laplace(sym(1))                % 对单位阶跃函数求 laplace 变换
```

```
lf1 =
1/s
>> lf2 = laplace(f2,t,x)                    % 替换为 x 的 laplace 变换
lf2 =
1/x^2
>> f3 = sin(w * t);
>> lf3 = laplace(f3,t,s)
lf3 =
w/(s^2 + w^2)
>> ilf = ilaplace(heaviside(t),s,t)          % 对单位阶跃函数求 laplace 反变换
ilf =
dirac(t)
```

程序分析:

MATLAB 中提供了 heaviside(t)函数表示单位阶跃函数，对单位阶跃函数的拉普拉斯变换为 $1/s$，拉普拉斯反变换是单位脉冲函数 dirac(t)。

【例 4-24】 计算符号表达式 $At^3 + Be^{at}$, $\frac{\mathrm{d}f(t)}{\mathrm{d}t}$ 的拉氏变换表达式。

```
>> syms A B a t
>> F1 = laplace(f1)
F1 =
6 * A/s^4 + B/(s - a)
>> f2 = sym('f(t)');
>> F2 = laplace(diff(f2))
F2 =
s * laplace(f(t),t,s) - f(0)
```

程序分析:

$L\left[\frac{\mathrm{d}f(t)}{\mathrm{d}t}\right] = SF(s) + f(0)$，其中$f(0) = f(t)|_{t=0}$。

【例 4-25】 根据图形计算函数的 laplace 变换。

图 4-4a 中的波形表示为: $f(t) = u(t) - u(t-\tau)$，则拉氏变换如下:

```
>> syms A t
>> tou = sym('tou','positive');              % 定义 tou 为正实型符号变量
```

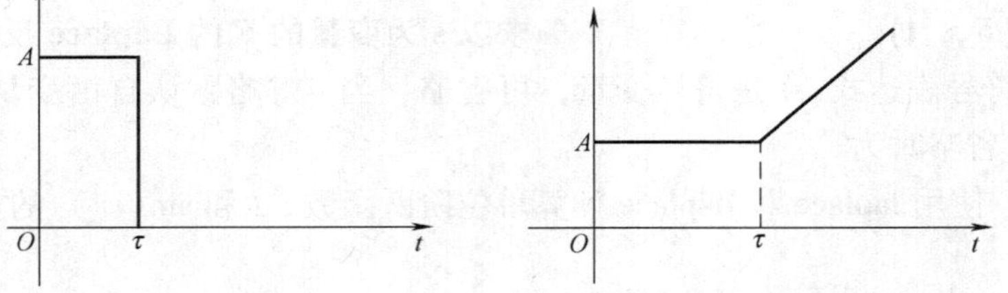

a) 矩形波形图　　b) 阶跃信号和斜坡信号的叠加

图 4-4 曲线图

```
>> f1 = A * heaviside(t) - A * heaviside(t - tou);
>> F1 = laplace(f1)
F1 =
A/s - A * exp( - s * tou)/s
```

图 4-4b 中的波形表示为：$f(t) = u(t) - (t - \tau) * u(t - \tau)$，则拉氏变换如下：

```
>> f2 = A * heaviside(t) - (t - tao) * heaviside(t - tou);
>> F2 = laplace(f2)
F2 =
A/s - exp( - s * tou)/s^2
```

4.5.3 Z 变换

一个离散信号的 Z 变换和 Z 反变换的定义为

$$F(z) = \sum_{n=0}^{\infty} f(n) z^{-n}$$

$$f(n) = Z^{-1} \{ F(z) \}$$

MATLAB 提供了 ztrans 和 iztrans 函数求 Z 变换和 Z 反变换，还可以使用幂级数展开法和部分分式展开法求 Z 变换。

使用 ztrans 和 iztrans 函数计算 Z 变换和 Z 反变换的命令格式如下：

F = ztrans(f,n, z) **%求以 n 为变量的 f 的 Z 变换 F**

f = iztrans(F,z,n) **%求以 z 为变量的 F 的 z 反变换 f**

说明：f 是离散信号的符号表达式；n 是符号变量，可省略，省略时默认符号变量为'n'；z 是符号变量表示替换符号变量，可省略，省略时默认符号变量为'z'。

【例 4-26】 使用 ztrans 和 iztrans 函数对单位阶跃函数、t 和 $\sin(t)$ 进行 Z 变换。

```
>> syms k n z t
>> zf1 = ztrans(heaviside(t),n,z)                %对单位阶跃函数求 Z 变换
zf1 =
heaviside(t) * z/(z - 1)
>> zf12 = symsum(heaviside(t)/z^n, n, 0, inf)     %使用级数求和求 Z 变换
zf12 =
heaviside(t) * z/(z - 1)
>> f2 = n;
>> zf2 = ztrans(f2)                               %对 t 求 Z 变换
zf2 =
1/(z - 1)^2 * z
>> f3 = sin(n * k);
>> zf3 = ztrans(f3,n,z)
zf3 =
z * sin(k)/(z^2 - 2 * z * cos(k) + 1)
>> izf1 = iztrans(zf1,z,n)                        %对单位阶跃函数求 Z 反变换
izf1 =
heaviside(t)
```

程序分析:

可以看出使用 ztrans 函数和使用级数 symsum 函数计算的结果是相同的; Z 变换是对于离散信号的, 因此变换前的函数是以 n 为变量的。

使用级数求和计算 Z 变换的公式为 F(z) = symsum(f(n)/z^n, n, 0, inf)。

4.6 符号方程的求解

解方程在数学中是非常重要的, MATLAB R2010a 为方程的求解提供了强大的工具。符号方程分为代数方程和微分方程, 下面介绍这两种方程的求解。

4.6.1 代数方程的求解

一般的代数方程包括线性方程、非线性方程和超越方程。当方程不存在解析解又无其他自由参数时, MATLAB 提供了 solve 函数得出方程的数值解。命令格式如下:

solve('eqn','v') **%求方程关于指定变量 v 的解**

solve('eqn1', 'eqn2',… 'v1','v2',…) **%求方程组关于指定变量解**

说明:

■ eqn 和 eqn1, eqn2, …是符号方程, 可以是含等号的方程或不含等号的符号表达式, 不含等号所指的仍是令 eqn=0 的方程; v1, v2, …可省略, 当省略时默认为方程中的自由变量。

■ 其输出结果有 3 种情况: 单个方程有单个输出参数, 是由多个解构成的列向量; 输出参数和方程数目相同则每个输出参数一个解, 并按照字母表的顺序排列; 方程组只有一个输出参数则输出参数为结构矩阵的形式。

【例 4-27】 使用 solve 求解下列两个方程组

$$\begin{cases}\dfrac{1}{x}+\dfrac{1}{y}=\mathrm{a}\\[2mm]\dfrac{1}{x}+\dfrac{1}{z}=\mathrm{b}\\[2mm]\dfrac{1}{y}+\dfrac{1}{z}=\mathrm{c}\end{cases}\text{和}\begin{cases}x^2+xy+y=0\\x^2-4x+3=0\end{cases}$$

```
>> syms x y z a b c;
>> f = solve('x^2 + x * y + y','x^2 - 4 * x + 3')           %解方程组输出一个结果
f =
     x: [2x1 sym]
     y: [2x1 sym]
>> f.x                                                      %取结构数组的元素
ans =
  1
  3
>> [x,y,z] = solve('1/x + 1/y = a','1/x + 1/z = b','1/y + 1/z = c')
x =
2/(b - c + a)
```

```
y =
2/( -b+c+a)
z =
-2/( -b-c+a)
```

程序分析：

从工作空间可以看到，变量f是结构数组，因为方程的个数是两个而输出参数只有一个f，f.x是方程的解。

对于含周期解的方程，可能有无穷多个解，而MATLAB只给出零附近的解，例如：

```
>> solve('sin(x) =1')
ans =
1/2 * pi
```

4.6.2 微分方程的求解

微分方程的求解比方程要稍微复杂一些，按照自变量的个数可以分为常微分方程和偏微分方程，微分方程可能得不到简单的解析解或封闭式的解，往往不能找到通行的方法。

MATLAB提供dsolve来求常微分方程的符号解，命令格式如下：

dsolve('eqn','cond','v') **%求解微分方程**

dsolve('eqn1,eqn2,…','cond1,cond2,…','v1,v2,…') **%求解微分方程组**

说明：

■ eqn和eqn1，eqn2，…是符号常微分方程，方程组最多可允许12个方程，方程中D表示微分，则D2、D3分别表示二阶、三阶微分，y的一阶导数dy/dx或dy/dt表示为Dy。

■ cond是初始条件，可省略，应写成'y（a） =b，Dy（c） =d'的格式，当初始条件少于微分方程数时，在所得解中将出现任意常数符C1、C2、…，解中任意常数符的数目等于所缺少的初始条件数，是微分方程的通解；v1、v2、…是符号变量，表示微分自变量，可省略，如果省略则默认为符号变量t。

【例4-28】 使用dsolve求解微分方程和方程组，微分方程为

$$\frac{d^2c(t)}{dt^2}+1.414\frac{dc(t)}{dt}+c(t)=1$$

方程组为$\begin{cases}\dfrac{dx}{dt}=y\\ \dfrac{dy}{dt}=-x\end{cases}$

```
>> syms x y c t
>> dsolve('D2c +1.414Dc +c =1','c(0) =0,c(1) =0')          %解微分方程
ans =
-207/500 * sin(t) * (cos(1) -1)/sin(1) +207/500 * cos(t) -207/500
>> [x,y] =dsolve('Dx =y,Dy = -x')                            %解微分方程组
x =
-C1 * cos(t) +C2 * sin(t)
y =
C1 * sin(t) +C2 * cos(t)
```

程序分析：

有初始条件可以得出常微分方程的特解，缺少初始条件，则解得微分方程的通解，微分方程组缺少两个初始条件，则解中有两个常数符 C1 和 C2。

4.7 符号函数的可视化

MATLAB R2010a 的 Symbolic Math Toolbox 还提供了符号函数的可视化命令，可以在类似计算器的界面窗口中方便地进行符号函数运算，符号函数计算器和泰勒级数计算器是主要的两种可视化界面。

4.7.1 符号函数计算器

符号函数计算器提供了进行符号函数运算的界面窗口，具有功能简单，操作方便的特点，由 funtool. m 文件生成，针对只有一个变量的符号表达式可以实现多种运算。

在命令窗口中输入命令“funtool”，就会出现该符号函数计算器，由两个图形窗口（Figure 1、Figure 2）和一个函数运算控制窗口（Figure 3）共 3 个窗口组成。

Figure 1 窗口显示的是 f 表达式曲线，Figure 2 窗口显示的是 g 表达式曲线，Figure 3 窗口用来修改 f、g、x、a 函数表达式和参数值；Figure 1 和 Figure 2 任何时候只有一个窗口被激活，Figure 3 中的任何操作只能对被激活的窗口起作用。

Figure 3 界面下面的按钮可提供各种运算：第一排是单函数运算；第二排是函数和参数 a 的运算；第三排是两个函数间的运算；最下面一排是计算器自身操作，其中“Demo”按钮是自动演示符号函数计算器的计算功能，“Help”按钮查看符号函数计算器的帮助文档，每次单击“Cycle”按钮就循环显示典型函数演示表里的函数曲线。

例如，在图 4-5 中，输入“f = x^2 + 2 * x + 1”，“g = sin(x)”，“a = 1”，则在 Figure 1 和 Figure 2 中就显示了 f 和 g 的波形图，可以在 Figure 3 中单击各种按钮，实现不同的符号函数运算。

4.7.2 泰勒级数计算器

泰勒级数计算器提供了在给定区间内被泰勒级数逼近的情况，在命令窗口中输入命令“taylortool”，就会出现该泰勒级数计算器窗口，如图 4-6 所示。图中蓝色的曲线为 f(x) 的曲线，红色的点线为泰勒级数 TN(x) 的曲线。

在泰勒级数计算器图形窗口中：

■ f（x）：需要使用泰勒级数逼近的函数，可以在命令窗口中直接输入“taylortool('f(x)')”命令，也可以在图 4-5 窗口中输入 f(x) 表达式。

■ N：泰勒级数展开的阶次，默认为 7。

■ a：泰勒级数的展开点，默认为 0。

■ x 的范围：默认为 -2 * pi ~ 2 * pi。

例如，在图 4-5 中输入例 4-24 中的函数，“f(x) = exp(-x) * sin(x)”，“N = 5”和“a = 1”，则显示了以“1”为观察点的 f(x) 和 T_N(x) 波形图，在图中可以清楚地观测两条曲线的逼近情况。

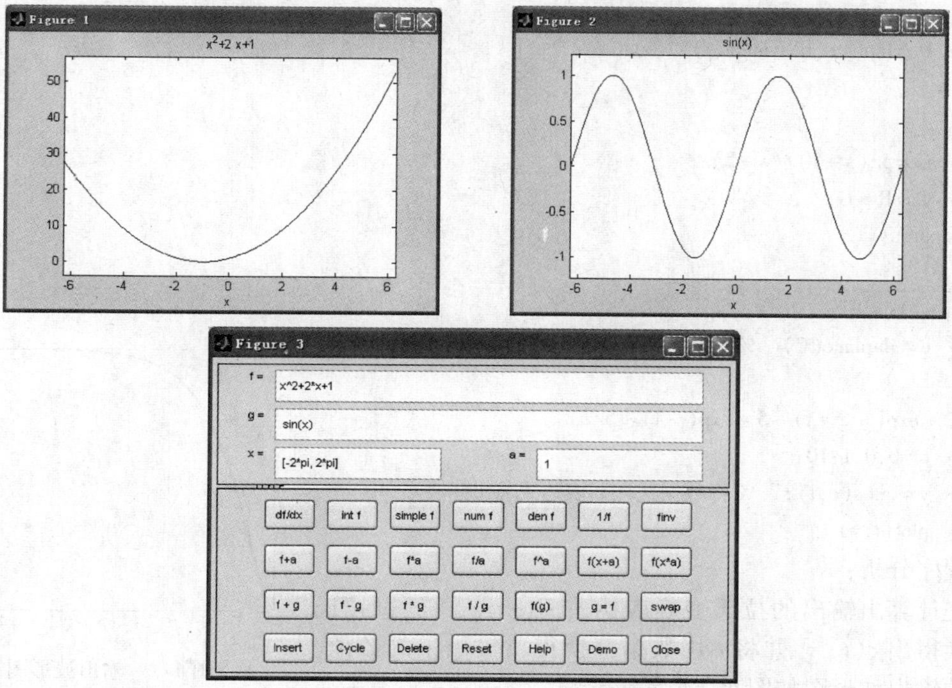

图 4-5　符号函数计算器的 3 个窗口

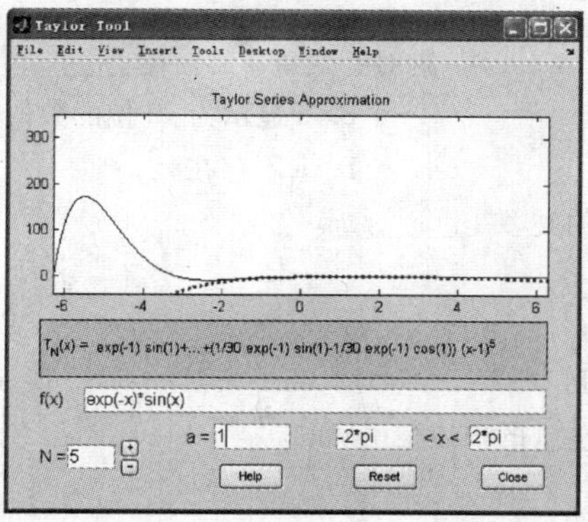

图 4-6　泰勒级数计算器窗口

4.8　综合举例

【例 4-29】　已知系统传递函数 $G(s) = \dfrac{5}{(s+1)(s+3)}$，计算当输入信号为阶跃信号 $r(t) = u(t)$ 时，系统的输出拉氏变换 $C(s)$，并绘制系统输出 $c(t)$ 的时域波形曲线。

系统输出的拉氏变换 $C(s) = R(s) * G(s)$

输出时间响应 $c(t) = L^{-1}C(s)$

```
>> syms t s r c
>> R = laplace(heaviside(t))
R =
1/s
>> G = 5/(s+1)/(s+2);
>> C = R * G;
>> pretty(C)
      5
-------------
s(s+1)(s+2)
>> c = ilaplace(C)   % 计算 C 的拉氏反变换得出时间 t 的函数
c =
5/2 * exp(-2 * t) - 5 * exp(-t) + 5/2
>> t = 0:0.1:10;
>> y = subs(c,t);   % 将数据代入 c 表达式将 t 替换
>> plot(t,y)
```

程序分析：

先计算出输出的拉氏变换表达式 $C(s)$，再经过拉氏反变换得出 $c(t)$，并将 t 用数据替换得出输出 y 的数值。绘制的输出波形图如图 4-7 所示。

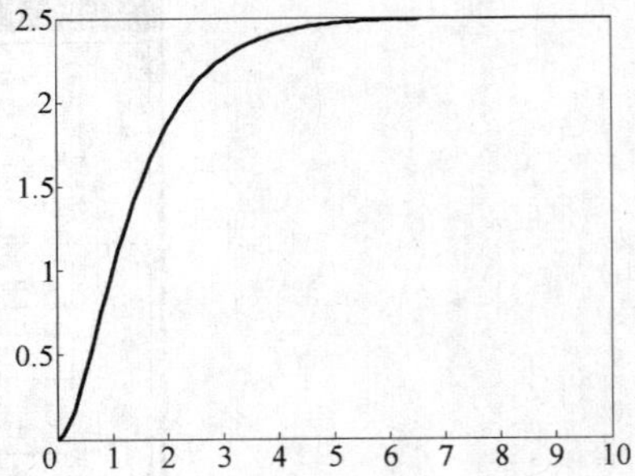

图 4-7 输出波形图

习 题

1. 选择题

(1) 运行命令“ >> a = sym('pi','d')”则对于变量 a 的描述________是正确的。

A. a 是符号变量　　B. a 显示为 10 位的数值

C. a 显示为 32 位的数值　　D. a 不存在

(2) 运行以下命令则变量 a 的类型是________。

```
>> syms a
>> a = sin(2)
```

A. sym　　B. double　　C. char　　D. int

(3) 运行以下命令，则________的描述是正确的。

```
>> syms a b c d
>> A = [a b;c d]
```

A. A 占用的内存小于 100B　　B. 创建了 5 个符号变量

C. A 占用的内存是 a、b、c、d 的总和　　D. 不存在

(4) 运行以下命令后变量 C 的值是________。

```
>> A = sym([5 5;6 6]);
>> B = sym([1 2;3 4]);
>> C = A. * B
```

A. [5, 10] [18, 24]　　B. $\begin{bmatrix}5, & 10\\18, & 24\end{bmatrix}$　　C. [5 * 1, 5 * 2] [6 * 3, 6 * 4]　　D. 出错

(5) 运行命令“ >> a = double(sym('sin(pi/2)'))”，则变量 a 是________。

A. 符号变量　　B. 字符串'1'　　C. double 型的数值 1　　D. 出错

(6) 符号表达式"g = sym ('sin (a * z) + cos (w * v) ')"中的自由符号变量是________。

A. a　　B. z　　C. w　　D. v

(7) 将符号表达式化简为嵌套形式，使用________函数。

A. collect　　B. expand　　C. factor　　D. horner

(8) 积分表达式 $\int_0^{\frac{\pi}{2}}\int \cos(x)\,\mathrm{d}t\mathrm{d}x$ 的实现应使用下面的________命令。

A. int(int(cos(x)),0,pi/2)　　B. int(int(cos(x),'t'),0,pi/2)

C. int(int(cos(x)),'t',0,pi/2)　　D. int(int(cos(x),'t',0,pi/2))

(9) 运行命令"f = solve('x^2 + 1')"，则________。

A. f 是有两个数值元素的行向量　　B. f 是有两个数值元素的列向量

C. f 是符号对象　　D. f 只有一个元素

(10) 运行命令"y = dsolve('x * D2y - 3 * Dy = x^2','t')"求解微分方程，则________。

A. Dy 是指 dy/dx　　B. 得出的 y 是通解有一个常数符 C1

C. D2y 是指 d2y/dx　　D. 得出的 y 是通解有两个常数符 C1 和 C2

2. 分别使用 sym 和 syms 创建符号表达式"sin(x) + cos(y)"。

3. 创建符号常量 pi，并分别使用十进制、十六进制和有理数型格式表示。

4. 使用 magic 函数创建 3×3 的矩阵，并转换为符号矩阵，查看符号矩阵与数值矩阵的不同。

5. 分别对符号矩阵 $A=\begin{bmatrix} a & b \\ c & d \end{bmatrix}$ 和 $B=\begin{bmatrix} c & d \\ a & b \end{bmatrix}$ 进行加、点乘、点除和比较是否相等运算，并对 A 计算行列式和对数 log10 的运算。

6. 创建数值变量 $a=\ln(10)$，并分别转换为有理数型和 18 位精度的 VPA 型符号对象。

7. 确定下面各符号表达式中的自由符号变量：

1/(log(t) + log10(w * t))　　sqrt(t)/y　　10 * i + x * j　　exp(- a * result)

8. 对符号表达式 $f=\cos x+\sqrt{-\sin^2 x}$，分别使用 collect、expand 和 simplify 函数化简，并与 simple 函数的结果比较。

9. 将符号表达式 $y = x^2 - 1$ 中的 $x - 1$ 用 a 或 5 替换，并求 y 的反函数。

10. 已知符号表达式 $f = x^3 + 5x^2 + 4x + 1, g = \mathrm{e}^{-x}$，求复合函数 $f(g(x))$，并将 f 转换为多项式系数。

11. 分别对符号表达式 $f = \sin(ax)$ 中的变量 a 和 x 进行一阶微分和二阶微分，并计算当 x 在 $[0, 2\pi]$ 范围的积分。

12. 对符号表达式 $y = 2t\sin(t + \pi/4)$ 求 t 趋向极限 1 的值，并使用级数和求前 10 项。

13. 求 $F_1(s) = \dfrac{3}{(s+1)(s+2)}$ 与 $F_2(s) = \dfrac{1}{(s+2)^2}$ 和的分子和分母，并求出 Laplace 反变换。

14. 求解符号方程组 $\begin{cases} 2x_1 - 3x_2 + x_3 + 2x_4 = 8 \\ x_1 + 3x_2 + x_4 = 6 \\ x_1 - x_2 + x_3 + 8x_4 = 7 \\ 7x_1 + x_2 - 2x_3 + 2x_4 = 5 \end{cases}$

15. 求符号微分方程 $\dfrac{\mathrm{d}y}{\mathrm{d}x} + y\mathrm{tg}x = \cos x$ 的通解和当 $y(0) = 2$ 的特解。

第5章 程序设计和M文件

MATLAB R2010a 和其他高级语言一样，要实现复杂的功能和进行较大系统的分析设计就需要编制程序，调用各种子函数。

本章主要介绍 MATLAB 的结构化流程设计方法，函数的创建和函数间的调用，以及函数的调试方法。

5.1 程序控制

对于结构化程序设计语言，一般有三种常用的结构为顺序结构、分支结构和循环结构，MATLAB 支持各种流程结构并提供了 4 种程序流程控制语句：分支控制语句、循环控制语句、错误控制语句和流程控制语句。

5.1.1 分支控制语句

分支控制语句实现满足一定条件就执行相应分支的功能，MATLAB 的分支控制有 if 结构和 switch 结构。

1. if 结构

if 结构包括 if、else、elseif 和 end 命令，if 结构比较灵活，常用于是非条件的判断，if 结构的格式如下：

```
    if 条件1
    语句段1
elseif 条件2
```

```
    语句段 2
    ……
  else
    语句段 n
  end
```

说明：

■ 对 if 和 elseif 的多个“条件”进行逻辑运算，满足哪个条件（逻辑运算的结果为 True）就执行后面相应的语句段，如果条件都不满足则执行 else 后的语句段；当“条件”为数组时，要全 1 才能算满足条件，有一个为 0 都表示不满足条件。

■ if 和 end 必须配对使用。

【例 5-1】 根据函数计算结果，使用 if 结构：

$$函数为\begin{cases} x^2-1 & x\geqslant 1 \\ 0 & -1<x<1 \\ -x^2+1 & x\leqslant -1 \end{cases}$$

```
>> x = input('Input X please.  x = ')      % 从键盘输入 x 的值
    Input X please.  x = 10
    x =
        10
    >> if x > = 1
        y = x.^2 - 1
    elseif  - 1 < x & x < 1
        y = 0 * x
    else
        y = - x.^2 - 1
    end
    y =
        99
```

程序分析：

从 if 语句到 end 结束，在命令窗口中必须全部输入完才能运行。input 语句是让用户通过键盘输入数据。

2. switch 结构

switch 结构包括 switch、case、otherwise 和 end 命令，常用于各种条件的列举，switch 结构的格式如下：

```
switch 表达式
case 值 1
    语句段 1
case 值 2
    语句段 2
…
otherwise
    语句段 n
```

```
end
```

说明：

■ 将表达式依次与 case 后面的值进行比较，满足值的范围就执行相应的语句段，如果都不满足则执行 otherwise 后面的语句段。

■ 表达式只能是标量或字符串。

■ case 后面的值可以是标量、字符串或元胞数组，如果是元胞数组则将表达式与元胞数组的所有元素进行比较，只要某个元素与表达式相等，就执行其后的语句段。

■ switch 和 end 必须配对使用。

【例 5-2】 使用 switch 结构判断学生成绩的等级，90 分以上为优，80 ~ 90 为良，70 ~ 80 为中，60 ~ 70 为及格，60 分以下为不及格。

```
>> score = 98;
>> s1 = fix(score/10);              %取十位数
>> switch s1
    case {9,10}
        s = '优'
    case 8
        s = '良'
    case 7
        s = '中'
    case 6
        s = '及格'
    otherwise
        s = '不及格'
end
```

结果：

```
s =
优
```

程序分析：

s1 使用 fix 函数计算取出十位上的数；{9，10} 表示分数范围是 90 分以上和 100 分，是元胞数组表示 9 和 10 两个元素，只要与其中一个匹配就执行后面的语句。

5.1.2 循环控制语句

循环控制语句可以实现将某段程序重复执行，MATLAB 提供的两种循环控制结构为 for 循环和 while 循环。

1. for 循环

for 循环的结构包括 for 和 end 命令，常用于预先知道循环次数的情况，for 循环结构的格式如下：

```
for 循环变量 = array
    循环体
end
```

说明：array 可以是向量也可以是矩阵，循环执行的次数就是 array 的列数，每次循环中循环变量依次取 array 的各列并执行循环体，直到 array 所有列取完。

下面都是正确的 for 循环表达式：

```
for n = 1:5                              %循环 5 次
for n = -1:0.1:1                         %循环 21 次
for n = linspace(-2*pi,2*pi,5)           %循环 5 次
a = eye(2,3); for n = a                  %循环 3 次,n 为列向量
```

【例 5-3】 使用 for 循环将单位矩阵进行转换，转换为对角线上分别是 1、2、3、4、5 的矩阵。

```
>> x = eye(5);
>> len = length(x);
>> for n = 1:len
   x(n,n) = n
   end
```

结果：

```
x =
     1     0     0     0     0
     0     2     0     0     0
     0     0     3     0     0
     0     0     0     4     0
     0     0     0     0     5
```

程序分析：

len 是单位矩阵 x 的尺寸，循环次数为 5 次。

应注意，在 MATLAB 中变量 i 和 j 表示复数的虚部单位，因此使用时应避免使用 i 和 j 作为循环变量。

【例 5-4】 使用 for 循环计算并绘制 x 在 [−5, 5] 范围内的三段曲线，函数为

$$\begin{cases} x^2-1 & x\geqslant 1 \\ 0 & -1<x<1 \\ -x^2+1 & x\leqslant -1 \end{cases}$$

绘制的曲线如图 5-1 所示。

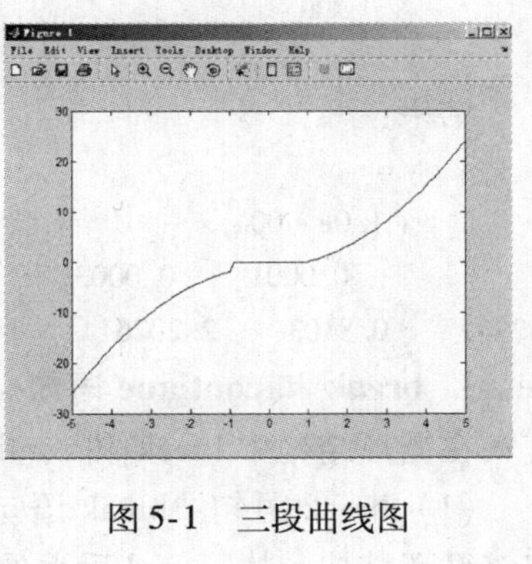

图 5-1　三段曲线图

```
>> y = [];
>> for x = -5:0.1:5
   if x >= 1
       y1 = x.^2 - 1;
   elseif -1 < x & x < 1
       y1 = 0 * x;
   else
       y1 = -x.^2 - 1;
   end
   y = [y y1];
   end
```

```
>> x = -5:0.1:5;
>> plot(x,y)
```

程序分析：

程序中使用 for 循环结构嵌套 if 分支结构。

注意：由于 MATLAB 执行循环的效率较低，为了提高程序执行效率最好不要多使用循环，而应使用 MATLAB 擅长的数组运算。

2. while 循环

while 循环的结构包括 while 和 end 命令，常用于预先知道循环条件或循环结束条件的情况，while 循环结构的格式如下：

```
while 条件表达式
    循环体
end
```

说明：

■ 当条件表达式为 True，就执行循环体；如果为 False，就结束循环。

■ 条件表达式可以是向量也可以是矩阵，如果表达式为矩阵则所有的元素都为 True 才执行循环体，否则不执行；如果条件表达式为 NAN，也不执行循环体。

【例 5-5】 使用 while 循环计算 $f(x) = e^x$，x 在 0 ~ 10，且每次 x 递增 1。

```
>> x=0;
>> y=[];
>> while x<=10
    f=exp(x)
    x=x+1;
y=[y f];
    end
y
```

结果：

```
y =
  1.0e+004 *
    0.0001    0.0003    0.0007    0.0020    0.0055    0.0148    0.0403    0.1097
0.2981    0.8103    2.2026
```

3. break 和 continue 语句

在循环结构中 break 和 continue 语句可以用来控制循环的流程。

(1) break 语句 break 语句使包含 break 的最内层 for 或 while 循环强制终止，并立即跳出该循环结构，执行 end 后面的命令。break 一般与 if 语句结合使用。

【例 5-5 续】 在 while 循环中计算 $f(x) = e^x$，使用 break 语句当 $f(x) > 1000$ 就终止运算。

```
>> x=0;
>> y=[];
>> while x<=10
    f=exp(x);
    if f>1000
```

```
        break
    end
    x = x + 1;
y = [y f];
    end
y
```

结果：

```
y =
    1.0000    2.7183    7.3891    20.0855    54.5982    148.4132    403.4288
```

程序分析：

程序中使用 for 循环嵌套 if 结构，当 f > 1000 时跳出 for 循环。

（2）continue 语句 continue 语句与 break 不同的是 continue 只结束本次 for 或 while 循环，而继续进行下次循环。continue 一般也与 if 语句结合使用。

【例 5-6】 使用 for 循环将字符串中的数值取出，遇到非数值则跳过。

```
>> str = 'The result is 100.';
>> len = length(str);
>> s = [];
>> for n = 1:len
   if str(n) > '9' | str(n) < '0' % 非数值时
       continue
   end
   s = [s str(n)];
end
```

结果：

```
s =
100
```

程序分析：

if 语句判断是否是字符 0 ~9，如果不是就结束本次循环，继续下次循环。

5.1.3 错误控制语句

MATLAB R2010a 还提供了错误控制语句，当程序可能会出现运行错误时，可以使用错误控制语句来捕获和处理错误，避免程序出错而不能继续运行。错误控制语句使用 try、catch 和 end 命令。错误控制语句的格式如下：

```
try
  语句段 1
catch
  语句段 2
end
```

说明：

■ 先试探地执行语句段 1，如果出现错误则将错误信息赋给保留的 lasterr 变量，并放弃语句段 1 转而执行语句段 2 中的语句；如果语句段 2 正确则结束。

■ 如果语句段 1 正确则不执行语句段 2 就结束。

■ 当语句段 1 和语句段 2 都错误，则程序出错。

当错误控制语句运行结束后，可以调用 lasterr 函数查询出错信息，调用方法是“［lastmsg，lastid］ = lasterr”，其中 lastmsg 保存出错信息，lastid 保存错误类型。

【例 5-7】 使用错误控制语句查看 $a*b$ 的运算。

```
>> a=[1 3 5];
>> b=[1 2 3];
>> try
     c=a.*b'
catch
     c=a.*b
end
>> [lastmsg,lastid]=lasterr
```

结果：

```
c =
     1     6    15
lastmsg =
Error using ==> times
Matrix dimensions must agree.
lastid =
MATLAB:dimagree
```

程序分析：

当试探“c = a. * b'”出错，就进入“catch”程序段，并保存出错信息为矩阵尺寸不匹配。

5.1.4 流程控制命令

在 MATLAB 的程序执行中，还提供了一些用于控制程序流程的命令，主要有 return、keyboard、input、disp 和 pause 等命令。

1. return 命令

return 命令用于提前结束程序的执行，并立即返回到上一级调用函数或等待键盘输入命令，一般用于遇到特殊情况需要立即退出程序或终止键盘方式。

应注意当程序进入死循环时，则按 Ctrl + break 键来终止程序的运行。

2. keyboard 命令

keyboard 命令用来使程序暂停运行，等待键盘命令，命令窗口出现“K >>”提示符，当键盘输入“return”后，程序才继续运行。keyboard 命令可以用来在程序调试或程序执行时修改变量。

【例 5-7 续 1】 在例 5-7 中使用 keyboard 命令输入变量 b。

```
>> a=[1 3 5];
>> keyboard
K>> b=[1 2 4];                          %等待键盘输入
K>> return                              %终止键盘输入
try
```

```
    c = a. * b'
catch
    c = a. * b
end
```

3. input 命令

input 命令用于在程序运行过程中接收用户的输入，可以接收用户从键盘输入的数值、字符串或表达式，并将键盘输入的内容保存到变量中，命令格式如下：

r = input('str', 's')　　　　　　　　　　**%从键盘中输入数据保存到变量 r**

说明：r 是变量，可省略，省略时输入内容保存到变量 ans 中；'str'是显示在工作空间的提示信息；'s'表示用户输入的内容是字符串不需要执行，可省略，如果省略则用户输入的表达式要执行。

4. disp 命令

disp 命令是较常用的显示命令，常用来显示字符串型的信息提示。

【例 5-7 续 2】 在例 5-7 中使用 input 命令输入变量 b，并使用 disp 显示出错提示。

```
>> a = [1 3 5];
>> b = input('Input b = ')                  % 输入变量 b
Input b = [1 2 3]
b =
    1     2     3
>> try
    c = a. * b'
catch
    disp 'a and b is not the same size. '   % 显示提示信息
    c = a. * b
end
```

5. pause 命令

pause 命令用来使程序暂停运行，当用户按任意键才继续执行。常用于程序调试或查看中间结果，也可以用来控制执行的速度。pause 的命令格式如下：

pause(n)　　　　　　　　　　**%暂停 ns**

说明：n 表示暂停的秒数，秒数到则自动继续运行程序，n 可省略，省略时等待键盘按任意键才继续执行程序。

例如，在显示两个图形窗口之间暂停 3s：

```
>> plot(0:10,0:1:10)
>> pause(3)
>> plot(0:10,10:-1:0)
```

6. warning 和 error 命令

在程序中可以给出错误或警告信息以提醒用户，使用 warning 和 error 命令，命令格式如下：

warning('message')　　　　　　　　　　**%显示警告信息 message 并继续运行**

error('message')　　　　　　　　　　**%显示错误信息 message 并终止程序**

【例 5-7 续 3】 在例 5-7 中使用 input 命令输入变量 b，将上例中的 catch 语句中的 disp

修改成 warning 命令：

```
    >> a = [1 3 5];
    >> b = input('Input b = ')                    %输入变量 b
Input b = [1 2 3]
b =
    1    2    3
>> try
    c = a. * b'
catch
    warning('a and b is not the same size. ')     %显示提示信息
    c = a. * b
end
```

5.2 M 文件结构

MATLAB R2010a 的程序如果要保存，则使用扩展名是“. m”的 M 文件。M 文件有两种，即 M 脚本文件（Script File）和 M 函数文件（Function File）。

M 文件是一个 ASCII 码文件，可以使用任何字处理软件来编写，MATLAB R2010a 提供了专门的 M 文件编辑/调试器窗口（Editor/Debugger）来编辑 M 文件。M 文件编辑/调试器窗口集合了代码编辑和程序调试运行的功能，并可以分析程序的运行效率。

5.2.1 M 文件的一般结构

M 文件包括 M 脚本文件和 M 函数文件，这两种文件的结构有所不同，其一般结构包括函数声明行、H1 行、帮助文本和程序代码 4 个部分，图 5 - 2 所示是 M 文件编辑/调试器窗口中打开的 M 函数文件“ex5 _ 9. m”。

1. 函数声明行

函数声明行是在 M 函数文件的第一行，只有 M 函数文件必须有，以“function”引导并指定函数名、输入和输出参数，M 脚本文件没有函数声明行。

2. H1 行

H1 行是帮助文字的第一行，一般为函数的功能信息，可以提供给 help 和 lookfor 命令查询使用，给出 M 文件最关键的帮助信息，通常要包含大写的函数文件名。在 MATLAB 的“Current Directory”窗口中的 Description 栏，就显示了每个 M 文件的 H1 行。

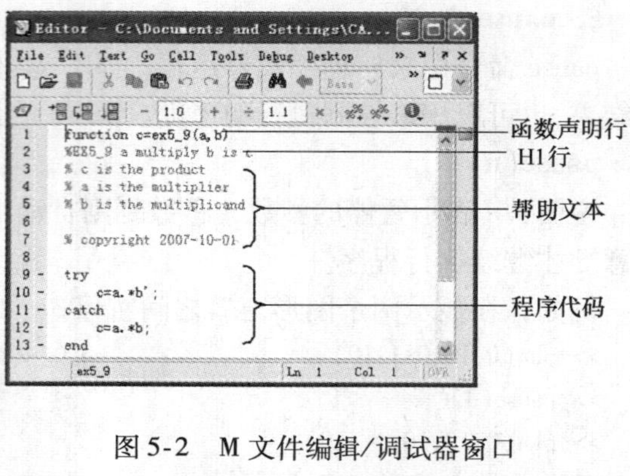

图 5-2 M 文件编辑/调试器窗口

使用 lookfor 命令查找包含某个关键词的函数时，只在每个函数的 H1 行中搜索是否包含此关键词。例如，在命令窗口中使用 lookfor 和 help 命令查找“ex5 _ 9”的信息，则 lookfor 只显示 H1 行的信息，而 help 命令显示 H1 行和其他注释文本：

```
>> lookfor ex5 _ 9
EX5 _ 9 a multiply b is c
```

```
>> help ex5_9
EX5_9 a multiply b is c
c is the product
a is the multiplier
b is the multiplicand
```

3. 帮助文本

帮助文本提供了对 M 文件更加详细的说明信息，通常包含函数的功能、输入输出参数的含义、格式说明和作者、日期和版本记录等版权信息，便于 M 文件的管理和查找。

4. 程序代码

程序代码由 MATLAB 语句和注释语句构成，可以是简单的几个语句，也可以是通过流程控制结构组织成的复杂程序，注释语句提供对程序功能的说明，可以在程序代码中的任意位置。

5.2.2 M 文件编辑/调试器窗口

M 文件是在 M 文件编辑/调试器窗口中编辑，MATLAB R2010a 对 M 脚本文件和 M 函数文件采用不同的创建文件方式。

1. 创建新 M 文件

1）创建 M 脚本文件，可以通过单击 MATLAB 工具栏的图标，或者单击菜单“File”→“New”→“Script”，创建一个新的 M 脚本文件，默认文件名为“Untitled1. m”，新的脚本文件是空白的文件没有任何命令，如图 5-3 左边窗口所示。创建的 M 脚本文件在当前目录浏览器中显示的图标是。

2）创建新的 M 函数文件，单击菜单“File”→“New”→“Function”，则创建了新的 M 函数文件。新的 M 函数文件“Untitled2. m”有“Function”和“End”语句。如图 5-3 右边窗口所示。创建的 M 函数文件在当前目录浏览器中显示的图标是。

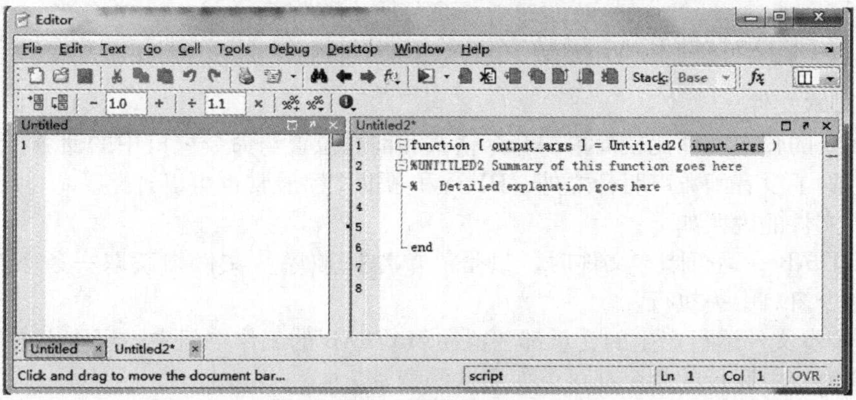

图 5-3　M 脚本文件和 M 函数文件

2. M 文件编辑/调试器窗口的使用

MATLAB R2010a 的 M 文件编辑器窗口具有方便用户编辑和调试的功能，可以通过设书签、定位、清除工作空间和命令窗口、添加注释和缩进等方法进行编辑程序，调试的方法在附录 A 中详细介绍。

（1）窗口的使用　在 M 文件窗口打开例 5-7 的程序，在右侧显示的橙色横线单击可以看到对该行程序的解释和建议，如图 5-4a 所示 。

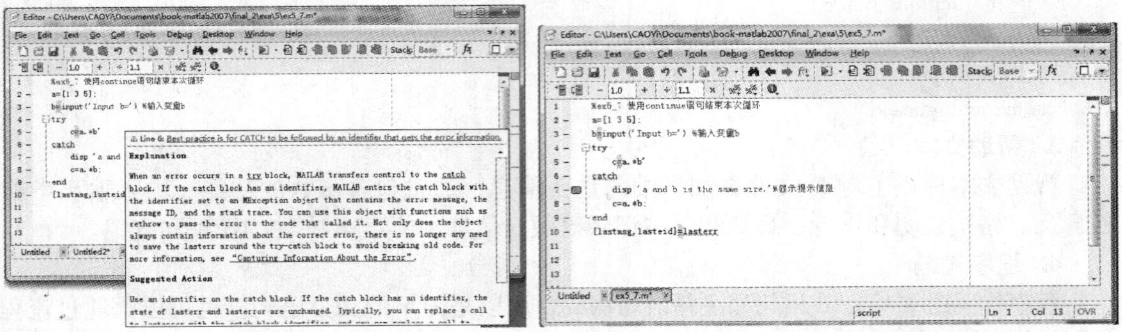

a) 查看建议　　　　b) 查看书签

图 5-4　M 文件编辑器窗口

在函数或结构前面的灰色的⊟图符，表示结构可以打开或折叠起来。

（2）工具栏　单击运行按钮▶可以直接运行该文件；单击 fo 按钮的下拉箭头可以查看并定位到文件中的某个函数；单击 fx 按钮可以查找函数的帮助信息；右侧的◫按钮可以将窗口进行分栏同时查看多个文件。

（3）编辑

清除窗口内容：选择“Edit”→“Clear Workspace”等可以选择清除工作空间等窗口的内容；

添加注释：选择“Text”菜单→“Comment”可以将所选择的行变成注释语句；

添加书签：书签可以在长程序中做标记，选择“Go”菜单→“Set/Clear Bookmark”用来在某行程序前加上蓝色的书签，下次可以通过“Go”菜单→“Next Bookmark”迅速定位到该行。

M 脚本文件和 M 函数文件在文件结构中的不同就是 M 脚本文件没有函数声明行。

5.2.3　M 脚本文件和 M 函数文件

1. M 脚本文件

MATLAB 的脚本文件比较简单，命令格式和前后位置与命令窗口中的命令行都相同，M 脚本文件中除了没有函数声明行之外，H1 行和帮助文字经常也可以省略。

M 脚本文件的说明如下：

1）MATLAB 在运行脚本文件时，只是简单地按顺序从文件中读取一条条命令，送到 MATLAB 命令窗口中去执行。

2）M 脚本文件运行产生的变量都驻留在 MATLAB 的工作空间中，可以很方便地查看变量，在命令窗口中运行的命令都可以使用这些变量。

3）脚本文件的命令可以访问工作空间的所有数据，因此要注意避免工作空间和脚本文件中的同名变量相互覆盖，一般在 M 脚本文件的开头使用“clear”命令清除工作空间的变量。

【例 5-8】　在 M 文件编辑/调试器窗口中编写 M 脚本文件得出 10 ~ 50 范围内的所有素数。

```
%EX5_8 计算 10 ~ 50 内的素数
clear
y1 = primes(50);              %获得 50 以内的所有素数
n = length(primes(10));       %获得 10 以内素数的个数
```

```
y = y1(n + 1:end)
```

程序分析：

primes 函数是计算素数的专用函数，primes(50) 得出 50 以内的所有素数。

将 M 文件保存在用户的工作目录下，命名为“ex5_8. m”，为了在命令窗口中运行 M 脚本文件，可以将工作目录添加到搜索路径中，或将 MATLAB 的“Current Directory”设置为工作目录。这样，运行时只要在命令窗口中输入脚本文件名，MATLAB 就会执行该文件。

在命令窗口中输入：

```
>> ex5_8
y =
     11    13    17    19    23    29    31    37    41    43    47
```

在工作空间中就可以查看到变量 y1、n 和 y，并可以修改和使用这些变量。

2. M 函数文件

M 函数文件稍微复杂一些，可以有一个或多个函数，每个函数以函数声明行开头。M 函数文件的说明如下：

1）M 函数文件中的函数声明行是必不可少的。

2）M 函数文件在运行过程中产生的变量都存放在函数本身的工作空间中，函数的工作空间是独立的、临时的，随具体的 M 函数文件调用而产生并随调用结束而删除，在 MATLAB 运行过程中如果运行多个函数则产生多个临时的函数空间。

3）当文件执行完最后一条命令或遇到“return”命令时就结束函数文件的运行，同时函数工作空间的变量被清除。

4）一个 M 函数文件至少要定义一个函数。

函数声明行的格式如下：

function [输出参数列表] = 函数名(输入参数列表)

说明：

■ 函数名是函数的名称，保存时最好使函数名与文件名一致，当不一致时，MATLAB 以文件名为准。

■ 输入参数列表是函数接收的输入参数，多个参数间用“,”分隔。

■ 输出参数列表是函数运算的结果，多个参数间用“,”分隔。

【例 5-9】 将例 5-7 的计算行向量乘积的运算使用 M 函数文件保存。

```
    function c = ex5_9(a,b)
    %EX5_9(a,b) returns the product of a and b
    % c is the product
    % a is the multiplier
    % b is the multiplicand

    % copyright 2007 - 10 - 01
try
    c = a. * b';
catch
    c = a. * b;
end
```

程序分析：

函数名为 ex5_9，输入参数为 a 和 b，输出参数是计算的乘积 c。

将文件保存为“ex5_9. m”，将文件添加到 MATLAB 的搜索路径中，然后在命令窗口中输入以下命令来调用该函数：

```
>> z = ex5_9 ([1 2 3], [4 5 6])
z =
    4    10    18
```

也可以使用以下命令调用：

```
>> clear
>> x = [1 2 3];
>> y = [4 5 6];
>> z = ex5_9 (x, y)
z =
    4    10    18
```

程序运行结束后，在工作空间中查看变量，可以看到变量 a、b 和 c 都不存在，说明变量 a、b 和 c 与 MATLAB 的工作空间是独立的，因此避免了工作空间与函数中的同名变量的相互覆盖。

5.3 函数的使用

使用 M 函数文件可以将大的任务分成多个小的子任务，每个函数实现一个独立的子任务，通过函数间的相互调用完成复杂的功能，具有程序代码模块化、易于维护和修改的优点。MATLAB 中的函数分为主函数、子函数、嵌套函数、私有函数、重载函数和匿名函数。

5.3.1 主函数和子函数

1. 主函数

一个 M 函数文件中可以包含一个或多个函数，主函数是出现在文件最上方的函数，即第一行声明的函数，一个 M 文件只能有一个主函数，通常主函数名与 M 函数文件名相同。

2. 子函数

在一个 M 函数文件中如果有多个函数，则除了第一个主函数之外，其余的都是子函数。子函数的说明如下：

1）子函数的次序无任何限制。

2）子函数只能被同一文件中的函数（主函数或子函数）调用，不能被其他文件的函数调用。

3）同一文件的主函数和子函数运行时的工作空间是相互独立的。

【例 5-10】 根据二阶系统的阻尼系数绘制时域响应曲线，阻尼系数 ζ 与输出 y 关系如下：

$$\begin{cases} y = 1 - \dfrac{1}{\sqrt{1-\zeta^2}} \mathrm{e}^{-\zeta x} \sin\left(\sqrt{1-\zeta^2}x + a\cos\zeta\right) & 0 < \zeta < 1 \\ y = 1 - \mathrm{e}^{-x}\ (1 + x) & \zeta = 1 \\ y = 1 - \dfrac{1}{2\sqrt{\zeta^2 - 1}} \left(\dfrac{\mathrm{e}^{-(\zeta - \sqrt{\zeta^2-1})x}}{\zeta - \sqrt{1-\zeta^2}} - \dfrac{\mathrm{e}^{-(\zeta + \sqrt{\zeta^2-1})x}}{\zeta + \sqrt{1-\zeta^2}} \right) & \zeta > 1 \end{cases}$$

使用主函数 ex5 _ 10 来调用三个子函数 p1、p2 和 p3，每个子函数绘制一条曲线，“ex5 _ 10”文件如下：

```
function y = ex5 _10(zeta)
% EX5 _10 二阶系统的阶跃响应
% zeta 阻尼系数
% y 阶跃响应
t =0:0.1:20;
if (zeta > =0)&(zeta <1)
    y = p1(zeta,t);
elseif zeta = =1
    y = p2(zeta,t);
else
y = p3(zeta,t);
end
plot(t,y)
title(['zeta =' num2str(zeta)])

function y = p1(z,x)
% 阻尼系数在[0,1]的二阶系统阶跃响应
y =1 -1/sqrt(1 -z^2) *exp( -z *x). *sin(sqrt(1 -z^2) *x +acos(z));

function y = p2(z,x)
% 阻尼系数 =1 的二阶系统阶跃响应
y =1 -exp( -x). * (1 +x);

function y = p3(z,x)
% 阻尼系数 >1 的二阶系统阶跃响应
sz = sqrt(z^2 -1);
y =1 -1/(2 *sz) * (exp( - ((z -sz) *x))./(z -sz) -exp( -((z +sz) *x))./(z +sz));
```

在命令窗口中调用 ex5 _ 10：

```
>> y = ex5 _10(3)
```

为了节省篇幅，输出 y 在此省略，绘制的二阶系统的阶跃响应曲线如图 5-5 所示。三个子函数 p1、p2 和 p3 的顺序可以随意交换，主函数 ex5 _ 10 和子函数 p1、p2 和 p3 中的变量 x、y、z 占用的空间都是独立的，因此变量名相同也不会互相修改。

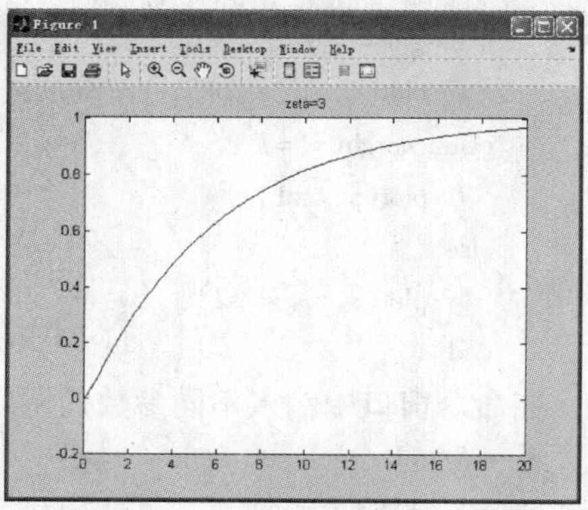

图 5-5　二阶系统的阶跃响应曲线

用 help 命令使用“help 文件名 > 子函数名”可以查找子函数的帮助信息，例如，查找“ex5 _ 10”文件中的子函数“p2”的帮助信息：

```
>> help ex5 _10 >p2
    阻尼系数 =1 的二阶系统阶跃响应
```

5.3.2 函数的输入/输出参数

函数通过输入参数接收数据，经过运算后由输出参数输出结果，函数与外界交流的途径就是输入输出参数，因此 MATLAB 的函数调用过程实际上就是参数传递的过程。

1. 参数的传递

函数的参数传递是将主调函数中的变量值传给被调函数的输入参数，例如，在例 5-10 中的主函数调用子函数 p1 的参数传递如图 5-6 所示。

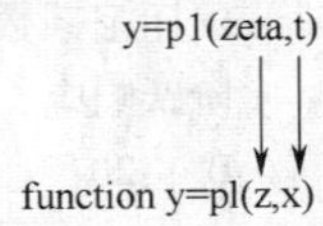

图 5-6 参数传递

函数的参数传递有几点说明：

1）函数参数传递的是数值，例如，例 5-10 中将变量 zeta 的值传递给子函数 p1 的输入参数 z，将变量 t 的值传递给输入参数 x。

2）被调函数的输入参数是存放在函数的工作空间中，与 MATLAB 的工作空间是独立的，当调用结束时函数的工作空间被清除，输入参数也被清除。

2. 输入/输出参数的个数

一般软件函数的输入/输出参数个数是由被调函数的函数声明语句确定的，但 MATLAB 不同的是输入/输出参数的个数都可以改变，MATLAB 提供了 nargin 和 nargout 函数确定实际调用时输入/输出参数的个数，还提供了 varargin 和 varargout 函数获得输入/输出参数的内容。

（1）nargin 和 nargout 函数　nargin 和 nargout 函数可以分别获得输入/输出参数的个数，命令格式如下：

```
nargin('fun')                    %获取函数 fun 的输入参数个数
nargout('fun')                   %获取函数 fun 的输出参数个数
```

说明：fun 是函数名，可以省略，当 nargin 和 nargout 函数在函数体内时 fun 可省略，在函数外时 fun 不省略。

【例 5-11】 当输入参数个数变化时使用 nargin 函数绘制不同线型的曲线。

```
function n = ex5_11(s1,s2)
    x = 0:10;
    y = nargin * ones(11,1);
    hold on
    if nargin == 0
        plot(x,y)                %实线曲线
    elseif nargin == 1
        plot(x,y,s1)
    else
        plot(x,y,[s1 s2])
    end
```

在命令窗口中输入不同参数的调用命令：

```
>> ex5_11
>> ex5_11('r')
>> ex5_11('k','o')
```

```
>> nargin('ex5_11')
ans =
     2
>> ex5_11('g',':','p')
??? Error using ==> ex5_11
Too many input arguments.
```

程序分析：

使用 if 分支结构，当输入参数个数为 0 时，绘制实线；如果输入的参数多于输入参数个数，则会出错，输入以上命令后显示的曲线如图 5-7 所示。

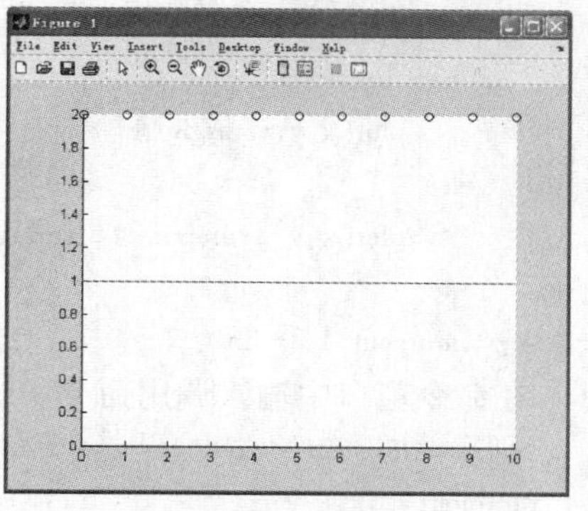

图 5-7　显示的三条曲线

【例 5-11 续】　在例 5-11 中，当输出参数个数变化时，使用 nargout 函数查看输出变量的值，在“end”命令前添加如下程序：

```
    if nargout == 0
        n = 0;
    else
        n = nargout;
    end
```

在命令窗口中使用不同个数的输出变量调用函数 ex5_11：

```
>> ex5_11('y','o')
ans =
     0
>> y = ex5_11('y','o')
y =
     1
>> [y,n] = ex5_11('y','o')
??? Error using ==> ex5_11
Too many output arguments.
```

程序分析：

当输出参数 nargout 为 0 时，结果输出 ans 变量；当输出参数多于程序中指定的输出参数个数 1 时，程序也出错。

（2）varargin 和 varargout 函数　nargin 和 nargout 函数需要与分支结构结合使用，对不同参数进行不同的处理，当分支较多时程序较繁琐。MATLAB 还提供了 varargin 和 varargout 函数可以处理复杂输入/输出参数，varargin 和 varargout 函数将函数调用时实际传递的参数构成元胞数组，通过访问元胞数组中各元素内容来获得输入/输出变量。

varargin 和 varargout 函数的命令格式如下：

```
function y = fun(varargin)          %输入参数为 varargin 的函数 fun
function varargout = fun(x)         %输出参数为 varargout 的函数 fun
```

【例 5-12】　根据输入参数的个数将例 5-11 中参数个数使用 varargin 和 varargout 函数，绘制不同线型的曲线，绘制的曲线与图 5-7 相同。

```
function varargout = ex5_12(varargin)
    x = 0:10;
    lin = length(varargin);                    %取输入参数个数
    y = lin * ones(11,1);
    hold on
    if lin = = 0
        plot(x,y)
    elseif lin = = 1
        plot(x,y,varargin{1})
    else
        plot(x,y,[varargin{1} varargin{2}])
    end
    varargout{1} = lin
```

在命令窗口中输入调用命令：

```
>> y = ex5_12('y','o')
varargout =
    [2]
y =
    2
>> ex5_12('y','o')
varargout =
    [2]
ans =
    2
```

程序分析：

varargin 和 varargout 函数获得的都是元胞数组，length(varargin) 表示数组元素个数，varargin{1} 表示元胞数组的元素，varargout{1} = lin 表示给输出参数赋值。

5.3.3 局部变量、全局变量和静态变量

变量按照作用范围的不同分成局部变量和全局变量。

1. 局部变量

局部变量（Local Variables）的作用范围只能在函数内部，如果一个变量没有特别的声明，则是局部变量。每个函数在运行时，都有自己的函数工作空间，与 MATLAB 的工作空间是相互独立的，局部变量仅在函数执行期间存在于函数的工作空间内，当函数执行完变量就消失。

2. 全局变量

全局变量（Global Variables）具有全局的作用范围，可以在不同的函数和 MATALB 工作空间中共享。使用全局变量可以减少参数的传递，有效地使用全局变量可以提高程序执行的效率，由于全局变量在任何定义过的函数中都可以修改，因此使用时应十分小心。

全局变量在使用前必须用“global”声明，而且每个要共享全局变量的函数和工作空间，都必须逐个用“global”对该变量加以声明，建议把全局变量的定义放在函数体的开

始，用大写字符命名，可以防止重复定义。

要清除全局变量可以使用 clear 命令，命令格式如下：

clear global 变量名　　　　　　　　%清除某个全局变量

clear global　　　　　　　　　　　%清除所有的全局变量

【例 5-13】 在主函数和子函数之间使用全局变量，绘制的输出曲线如图 5-8 所示。

```
function y = ex5_13()
    global T                          %全局变量 T
    T = 0:0.1:20;
    y = f1(0.2)
    plot(T,y)

function y = f1(w)
    global T                          %全局变量
    y = sin(w * T)
```

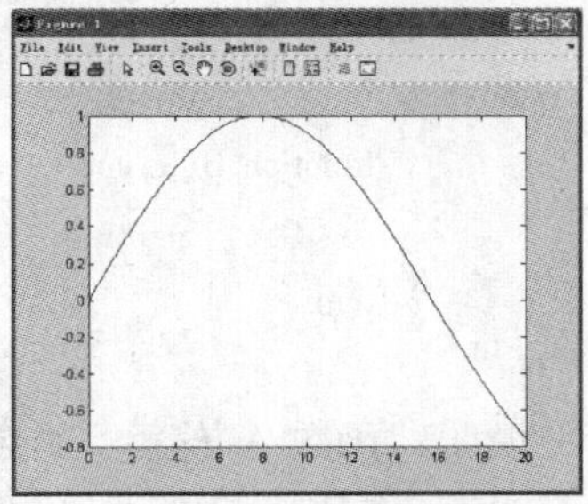

图 5-8　输出曲线

程序分析：

使用全局变量 T 在主函数 ex5_13 和子函数 f1 中传递数据，在主函数和子函数中都使用"global"声明变量 T，运行结束时 MATLAB 的工作空间中没有变量 T。

如果不使用全局变量也可以将 T 作为参数传递给子函数 f1。

3. 静态变量

静态变量的使用范围也在函数的工作空间中，但函数运行完时静态变量不被清除，静态变量有点象全局变量，但不在全局变量工作空间中。MATLAB 提供了 mlock、munlock 和 mislocked 函数来操作静态变量。

（1）mlock 函数　mlock 函数是将正在运行的 M 函数文件的变量锁定，放在函数内部成为静态变量，就不会被"clear"命令清除了，命令格式如下：

mlock　　　　　　　　　　　　　　%锁定当前运行函数的工作空间

（2）munlock 函数　munlock 函数与 mlock 正好相反，解除 M 函数文件工作空间的锁定，命令格式如下：

munlock fun　　　　　　　　　　　%解锁函数的工作空间

说明：fun 是函数文件名，可省略，省略时指解除当前运行函数的工作空间。

（3）mislocked 函数　mislocked 函数是查询函数是否锁定，命令格式如下：

mislocked fun　　　　　　　　　　%查询函数的锁定信息

说明：fun 是函数文件名，可省略，省略时查询当前运行的函数工作空间的锁定信息，如果锁定则返回值为 1，否则返回 0。

5.3.4 嵌套函数、私有函数和重载函数

MATLAB 除了最常用的主函数和子函数外，还提供了嵌套函数、私有函数、重载函数和匿名函数。匿名函数将在 5.5.1 小节中介绍。

1. 嵌套函数

在 MATLAB 中一个函数的内部还可以定义一个或多个函数，这种定义在其他函数内部的函数就称为嵌套函数，嵌套函数内部还可以嵌套其他函数，即多层嵌套，每个函数都必须使用“end”结束。嵌套函数的结构如下：

```
function A(x)
……
            function B(x,y)
                        ……
            end
end
```

说明：函数 A 嵌套了函数 B，则函数 B 为嵌套函数。

当有多层嵌套时，如图 5-9 所示，函数之间的调用按照以下原则：

1）外层函数可以调用内一层函数，但不能调用深层嵌套的函数，例如，函数 A 可以调用 B 和 D，不能调用 C 和 E。

2）嵌套函数可以调用同一层的嵌套函数，例如，函数 B 可以调用 D。

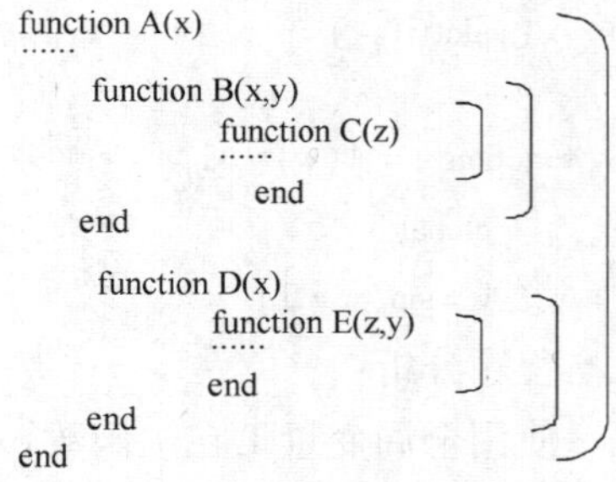

图 5-9 多层嵌套函数

3）内层嵌套函数可以调用外一层的嵌套函数，例如，C 可以调用 B，也可以调用与外一层同层的其他嵌套函数，例如，C 也可以调用 D。

因此，A 可以调用的函数有 B、D；B 可以调用 C、D；D 可以调用 B、E；E 可以调用 D、B。

2. 私有函数

私有函数是限制访问权限的函数，私有函数存放在“private”子目录中，只能被其直接父目录的 M 函数文件所调用，而不能被其他目录的函数调用。在函数调用搜索时，私有函数优先于其他 MATLAB 路径上的函数。

3. 重载函数

重载函数是指两个函数使用相同的名称，处理的功能相似，但参数类型或个数不同。重载函数通常放在不同的文件夹下，文件夹名称以“@”开头后面跟一个数据类型名，例如，“@int”文件夹下放置的是参数类型为 int 的函数文件，“@double”文件夹下放置的是参数类型为 double 的函数文件。MATLAB 在运行时根据实际传递的数据类型在不同的文件夹下选择函数文件来执行。

5.3.5 函数的工作过程和 P 码文件

函数只有被调用时才运行，MATLAB R2010a 中函数的工作过程是第一次调用该函数时，首先搜索 M 函数文件，然后将函数文件编译成同名的 P 码文件（伪代码）保存在内存中，以后每次运行时则运行 P 码文件。

1. 函数的搜索过程

当在 MATLAB 中输入一个函数名时，首先确认不是变量名后，函数搜索的顺序如下：

■ 检查是否是本 M 函数文件内部的子函数。

■ 检查是否是“private”目录下的私有函数。

■ 检查是否在当前路径中。

■ 检查是否在搜索路径中。

2. P 码文件

P 码就是伪代码（Pseudocode），一个 M 文件第一次被调用时，MATLAB 就将其进行编译并生成 P 码文件存放在内存中，以后再调用该 M 文件时，MATLAB 就直接调用内存中的 P 码文件，而不需要再对原 M 文件重新编译，因此再次调用 M 文件的运行速度就高于第一次运行的。当在 MATLAB 的同一目录或搜索路径中，同时存在同名的 M 文件和 P 码文件，则被调用时执行的是 P 码文件。

P 码文件也可以使用 pcode 命令生成，生成的 P 码文件与原 M 文件名相同，其扩展名为“. p”，P 码文件的保密性好，如果不希望别人看到源代码，则可以使用 P 码文件，pcode 命令的格式如下：

pcode File1. m, File2. m. . . . . . – inplace　　　　　%生成 File1. p, File2. p……文件

说明：File1. m 是 M 文件，生成同名的 File1. p 文件，如果使用 * 表示文件名，则将当前工作目录下的所有 M 文件都生成 P 码文件； – inplace 表示生成的 P 码文件与 M 文件在同一目录下，可省略。

【例 5-14】 将例 5-13 保存的“ex5 _ 13. m”生成 P 码文件并查看。

```
>> pcode ex5 _ 13. m
>> dir
.              ex5 _ 10. m     ex5 _ 13. asv   ex5 _ 2. asv   ex5 _ 4. m     ex5 _ 7. asv
..             ex5 _ 11. asv   ex5 _ 13. m     ex5 _ 2. m     ex5 _ 5. asv   ex5 _ 7. m
ex5 _ 1. asv   ex5 _ 11. m     ex5 _ 13. p     ex5 _ 3. asv   ex5 _ 5. m     ex5 _ 8. asv
ex5 _ 1. m     ex5 _ 12. asv   ex5 _ 14. m     ex5 _ 3. m     ex5 _ 6. asv   ex5 _ 8. m
```

在当前目录生成了 P 码文件“ex5 _ 13. p”，用字处理软件打开“ex5 _ 13. p”文件，看到的是乱码。将“ex5 _ 13. m”文件修改并保存，然后在命令窗口运行该文件：

```
>> y = ex5 _ 13
```

则结果仍然是与原来一样，说明运行的仍然是“ex5 _ 13. p”文件。

3. 函数的工作空间

每一个 M 函数运行时都有一个内存区，称为函数的工作空间，这个内存区与 MATLAB 的工作空间是完全独立的。

函数的工作空间可以使用“clear”命令来清除，命令格式如下：

clear functions　　　　　%清除所有编译过的 M 函数文件和 MEX 文件工作空间

clear function 函数名　　%清除某个编译过的函数工作空间

例如，清除例 5-13 的工作空间使用以下命令：

```
>> clear function ex5 _ 13
```

5.4 函数句柄和 inline 对象

MATLAB R2010a 的函数除了使用 M 函数文件创建外，还可以使用匿名函数和 inline 对象来创建。

5.4.1 函数句柄

函数句柄（Function _ Handle）包含了函数的路径、函数名、类型以及可能存在的重载方法，即函数是否为内部函数、M 或 P 文件、子函数、私有函数等。函数句柄提供了一种间接的函数调用方法，匿名函数实际上也是一种函数句柄，MATLAB 的所有 M 函数和内部函数都可以通过创建函数句柄来实现。

1. 创建函数句柄

（1）使用一个已有的函数创建函数句柄　创建函数句柄的命令格式如下：

fhandle = @fun　　　　　　　　　　　　　　　　　　%创建函数句柄

说明：fhandle 是函数句柄；fun 是函数名。

例如创建正弦函数的函数句柄：

```
>> fnd1 = @sin
```

【例 5-15】 使用两种方法创建函数句柄，计算 $f = e^{-x}\sin(x)$ 的值。

方法一：

```
>> fnd1 = @sin                              %创建函数句柄
fnd1 =
    @sin
>> x = 0:20;
>> fnd2 = @exp;
>> y = fnd1(x).*fnd2(-x)                    %调用函数
y =
  Columns 1 through 7
       0    0.3096    0.1231    0.0070   -0.0139   -0.0065   -0.0007
  Columns 8 through 11
    0.0006    0.0003    0.0001   -0.0000
```

方法二：

创建函数 ex5 _ 16 _ 1 并保存为“ex5 _ 16 _ 1.m”文件：

```
function y = ex5_16_1(x)
%EX5_16_1
    y = exp(-x).*sin(x)
```

在命令窗口调用函数：

```
>> fnd = @ex5_16_1                          %创建函数句柄
fnd =
    @ex5_16_1
>> x = 0:10;
>> y = fnd(x)
y =
Columns 1 through 8
       0    0.3096    0.1231    0.0070   -0.0139   -0.0065   -0.0007    0.0006
Columns 9 through 11
```

```
    0.0003     0.0001     -0.0000
```

利用函数句柄来执行函数可以在更大范围调用函数，因为函数句柄包含了函数文件的路径和函数类型，无论函数所在的文件是否在搜索路径或当前路径上，函数都能执行；使用函数句柄还可以提高函数调用的速度，因为不使用函数句柄时每次调用都要进行全面的路径搜索，影响了运行速度。

（2）使用匿名函数创建函数句柄　匿名函数是 MATLAB 7.0 版后推出的新特性，匿名函数是面向命令行代码的函数形式，通常只有一句很简单的语句。匿名函数的命令格式如下：

fhandle = @ (arg1, arg2, ...) (expr)　　　　　　**%创建匿名函数**

说明：fhandle 是函数句柄；arg1，arg2，...... 是参数列表，也可以省略；expr 是函数表达式。

匿名函数可以保存到 MAT 文件中，也可以嵌套使用。

【例 5-16】　使用匿名函数创建 $f_1 = 1 + e^{-x}$ 和 $f_2 = \sin(1 + e^{-x}) + \cos(1 + e^{-y})$。

```
>> fhnd1 = @(x)(1 + exp(-x));                      % 创建匿名函数
>> rf1 = fhnd1(2)                                  % 调用匿名函数
rf1 =
    1.1353
>> fhnd2 = @(x,y)(sin(fhnd1(x)) + cos(fhnd1(y)));  % 创建嵌套匿名函数
>> rf2 = fhnd2(1,2)
rf2 =
    1.4013
>> save ex5_16 fhnd1                               % 保存匿名函数到 MAT 文件
```

程序分析：

fhnd1 是函数句柄，可以看到工作空间中 fhnd1 的类型是 function_handle；将匿名函数句柄 fhnd1 保存到 MAT 文件中，如果以后需要使用匿名函数 fhnd1 时可以用 load 命令装载。

2. 函数句柄的调用

在使用函数句柄调用函数时，可以直接调用也可以使用 feval 命令调用，命令格式如下：

[y1, y2, …] = fhandle(arg1, arg2…)　　　　　　**%调用函数句柄 fhandle**

[y1, y2, …] = feval(fhandle, arg1, arg2…)

[y1, y2, …] = feval('fun', arg1, arg2…)

3. 处理函数句柄的函数

MATLAB R2010a 提供了丰富的处理函数句柄的函数，主要有 functions、func2str、str2func 和 isa 函数等。

（1）functions 函数　functions(fhandle) 用来获得函数句柄的信息，返回值是一个结构体，存储了函数的名称、类型（简单函数或重载函数）和函数 M 文件的位置。例如，获得 sin 函数句柄的信息：

```
>> functions(@sin)
ans =
    function: 'sin'
        type: 'simple'
```

```
file: "
```

（2）func2str 和 str2func 函数　func2str(fhandle) 函数是将函数句柄转换成函数名称字符串，str2func(str) 函数则相反，将字符串函数名转换为函数句柄。

```
>> str2func('cos')
ans =
    @ cos
```

（3）isa 函数　isa 函数是用来判断变量是否是函数句柄，如果是函数句柄则返回 1(True)，否则返回 0(False)，其命令格式如下：

isa(var,'function_handle')　　　　%判断 var 是否是函数句柄

例如，判断例 5-16 中的 fnd1 是否是函数句柄：

```
>> isa(fnd1,'function_handle')
ans =
    1
```

5.4.2 inline 对象

inline 对象是 MATLAB 提供的另一种可以实现函数功能的对象,创建 inline 对象就是使用 inline 函数将字符串转换成 inline 对象,命令格式如下：

inline_fun = inline('string",arg1,arg2,…)　　　　%创建 inline 对象

说明：inline_fun 是 inline 对象；'string'必须是不带赋值号（“=”）的字符串；arg1 和 arg2 是函数的输入变量。

inline 对象的执行可以直接调用，也可以使用 feval 命令来执行，调用的命令格式如下：

[y1,y2,…] = inline_fun(arg1,arg2…)　　　　%调用 inline 对象

[y1,y2,…] = feval(inline_fun,arg1,arg2…)　　　　%执行 inline 对象

说明：[y1，y2，…] 是输出变量；inline_fun 是 inline 对象。

【例 5-17】 使用 inline 对象实现函数 $f(x, z) = \sin(x)\ e^{-zx}$。

```
>> f = inline('sin(x) * exp( - z * x)','x','z')        % 创建 inline 对象 f
>> class(f)                                            % 查看 f 的类型
ans =
inline
>> y1 = f(1,2)                                         % 调用 inline 对象 f
y1 =
    0.1139
>> y2 = feval(f,1,2)
y2 =
    0.1139
```

5.5 函数绘图

在第 3 章中介绍过使用 plot 函数可以根据数值绘制曲线，但数值的取值范围需要自己去确定，有些函数自变量的取值不能很好地显示函数的特性，因此 MATLAB 提供了更智能的函数绘图命令 fplot 和 ezplot 来绘制函数的曲线。

5.5.1　fplot 命令

fplot 命令可以绘制函数的曲线，通过内部自适应算法动态地决定函数自变量的取值间隔，即函数值变化大自变量取值就密些，反之就取值稀些，然后根据计算出的数据点矩阵绘制函数曲线。fplot 的命令格式如下：

fplot(fun,limits,tol,Linespec)　　　　　**%绘制函数 fun 的曲线**

fplot(fun,limits,n)

说明：fun 是函数句柄或函数名；limits 是自变量的取值范围 [xmin xmax] 或 [xmin xmax ymin ymax]；tol 是相对误差度，默认为 2e-3，可省略；Linespec 是线型，与 plot 命令的设置相同，可省略；n 是绘制的点数，当 n≥1 时至少绘制 n+1 个点。

【例 5-18】 使用 fplot 和 plot 函数分别绘制 $f=e^{-x}\sin(x)$ 曲线，绘制的曲线如图 5-10 所示。

```
>> x = 0:0.5:20;
>> y1 = exp( - x). * sin(x);
>> subplot 211
%绘制数值曲线
>> plot(x,y1,'r-. *')
>> fhnd = @ (x)(exp( - x). * sin(x));
>> subplot 212
%绘制函数曲线
>> fplot(fhnd,[0 20],'b-. *')
```

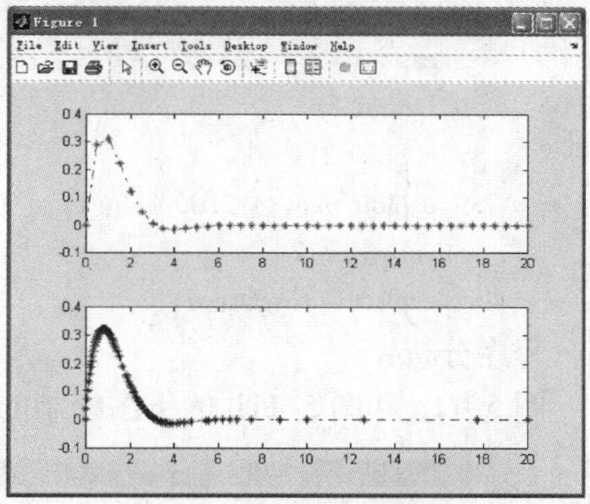

图 5-10　plot 和 fplot 绘制的曲线图

程序分析：

可以看出上图中使用 plot 绘制的曲线自变量取值间隔相同，而下图中使用 fplot 绘制的曲线，变化大的区域自变量取值比较密，变化小的区域自变量取值间隔较大。

5.5.2　函数绘图命令

MATLAB R2010a 版提供了一系列绘制函数的命令，以“ez”开头（easy - to - use），包含的绘图命令表如表 5-1 所示。

表 5-1　函数绘图命令表

函数名	功能	函数名	功能
ezplot	函数的二维曲线图	ezplot3	函数的三维网线图
ezcontour	函数的等高线图	ezontourf	函数的填充的等高线图
ezsurf	函数的三维表面图	ezsurfc	函数的三维表面加等高线图
ezmesh	函数的三维网线图	ezmeshc	函数的三维网线带等高线图
ezpolar	函数的极坐标图		

“ez” 函数的命令格式都差不多，以 ezplot 为例，格式如下：

ezplot(fun,[min,max])　　　　　**%绘制函数 fun 在[min,max]范围的曲线**

ezplot(fun,[xmin,xmax,ymin,ymax])　　**%绘制二维函数 fun 的曲线**

ezplot(funx,funy,[tmin,tmax])

%绘制在[tmin,tmax]范围内的 funx 和 funy 函数的曲线

说明:fun 是函数句柄、函数名、符号函数表达式或字符串;[min,max]是自变量的范围,可省略,省略时默认为[-2*pi,2*pi],当 fun 是二元函数,则范围是[xmin xmax ymin ymax];当自变量是 t 时,绘制以 funx 和 funy 为坐标的曲线,t 的范围为[tmin,tmax]。

【例 5-19】 使用 ezplot 绘制 $f(x)=x^3+2x^2+1$ 在 [0, 20] 和 $g(x, y)=x^2+y^2-1$ 在 [-3, 3, -3, 3] 范围内的曲线，绘制的曲线如图 5-11a 所示；绘制以 t 为参变量的函数曲线，横坐标为 e^t，纵坐标为 100sin(t)；以及横坐标为 sin(t)，纵坐标为 cos(t) 的曲线。

```
>> fhnd1 = @(x)(x^3 +2*x^2 +1);
>> subplot 211
>> ezplot(fhnd1,[0 20])                      %使用函数句柄绘制曲线
>> subplot 212
>> ezplot(x^2 + y^2 - 1,[-3,3,-3,3])          %绘制符号函数的曲线
>> figure(2)                                 %创建第二个窗体
>> subplot 211
>> ezplot('exp(t)','100*sin(t)',[0,2*pi])
>> subplot 212
>> ezplot(@sin,@cos)
```

程序分析:

图 5-11a 和图 5-11b 的下图绘制的曲线都是圆。

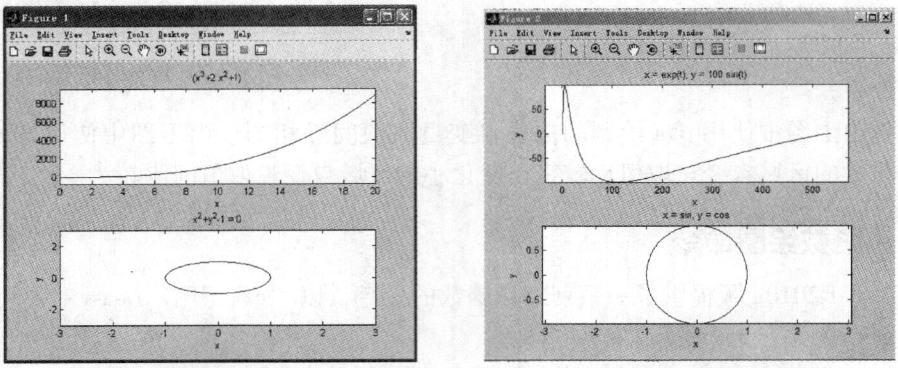

a) ezplot绘制的曲线图　　b) 以t为参变量的曲线图

图 5-11 绘制函数曲线图

5.6 数值分析

数值分析是指对于积分、微分或解析上难以确定的一些特殊值，利用计算机在数值上近似得出结果。工程上常用的数值分析有求函数最小值、求过零点、数值积分和解微分方程等。

5.6.1　求最小值和过零点

数学上求最大值和最小值点的方法是通过计算函数导数为零来确定的，然而，有很多函数很难找到导数为零的点，因此，必须通过数值分析来找函数的极值点。MATLAB 提供了 fminbnd 和 fminsearch 函数来寻找最小值。

$f(x)$ 的最大值则不需要另外计算，可以由“$-f(x)$ 的最小值”得出。

1. 一元函数的最小值

fminbnd 函数可以获得一元函数在给定区间内的最小值，命令格式如下：

x = fminbnd(fun,x1,x2)　　　　　　　　　　　%寻找最小值的纵横坐标

说明：fun 是函数句柄或匿名函数；x1 和 x2 是指寻找最小值的范围［x1，x2］。

【例 5-20】　使用 fminbnd 函数获得 sin（x）和匿名函数 $f_1(x)=x^2-5x$ 的在［0，10］范围内的最小值，$f_1(x)$ 曲线如图 5-12 所示。

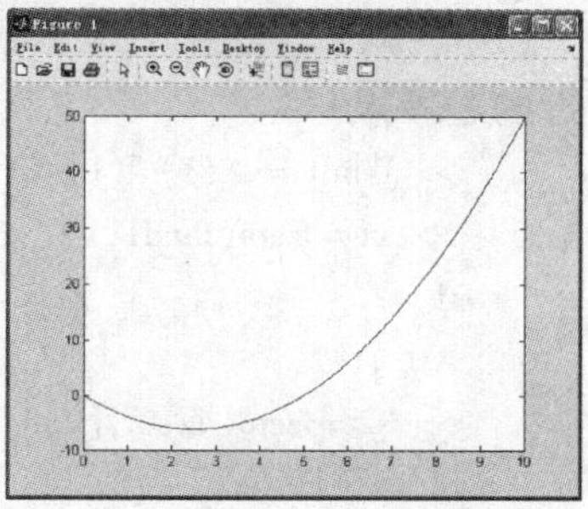

图 5-12　f_1（x）函数的曲线图

```
>> x = fminbnd(@ sin,0,10)　%计算正弦函数最小值的横坐标
x =
     4.7124
>> fhnd1 = @ (x)(x^2 - 5 * x);%计算匿名函数的最小值
>> [x,y1] = fminbnd(fhnd1,0,10)
x =
     2.5000
y1 =
     -6.2500
>> fplot(fhnd1,[0,10])
```

2. 多元函数的最小值

fminsearch 函数可以获得多元函数的最小值，采用 Nelder - Mead 单纯形算法求解，使用该函数时必须指定开始的猜测值，获得的是在初始猜测值附近的局部最小值，其命令格式如下：

［x，fval］ = fminsearch（fun，x0）　　　　%寻找最小值

说明：fun 是函数句柄或匿名函数；x0 是初始猜测值；x 是最小值的取值；fval 是返回的最小值，可省略。

【例 5-21】　使用 fminsearch 函数获得 f_1 函数在初始猜测值（0.5，1）附近的最小值，已知 $f_1=(x_2-x_1^2)^2+(1-x_1)^2$。

```
>> fhnd = @ (x)((x(2) - x(1)^2)^2 + (1 - x(1))^2);
>> f = fminsearch(fhnd,[0.5,1])　　　　%计算匿名函数的最小值
x =
     1.0000 1.0000
f =
   1.9151e - 010
```

程序分析：

计算得出二元函数在（0.5，1）附近的最小值是在（1，1）处的点，最小值为 1.9151e-010。

3. 一元函数的过零点

一元函数 $f(x)$ 的过零点求解可以使用 fzero 函数来实现，指定一个开始点，在开始点的附近查找函数值变号时的过零点，或直接根据指定的区间来求过零点，其命令格式如下：

```
x = fzero(fun,x0)                %获得 fun 在 x0 附近的过零点
```

说明：x 是过零点位置，如果找不到则返回 Nan；fun 是函数句柄或匿名函数；x0 是开始点或区间。

fzero 函数只能返回一个局部零点，不能找出所有的零点，因此先设定零点的范围。fzero 函数也可以得出 f(x) 等于某个常数点的值。

【例 5-22】 使用 fzero 函数获得 $(1-x)^2=2$ 在 1 附近的值，以及 $\sin(x)$ 在 [2，5] 附近的过零点。

```
>> fhnd1 = @(x)((1-x)^2-2);
>> x1 = fzero(fhnd1,1)                %获得在 1 附近的过零点
x1 =
 -0.4142
>> x2 = fzero(@sin,[2,5])             %获得在[2,5]范围的过零点
x2 =
    3.1416
```

5.6.2 数值积分

MATLAB R2010a 提供了多种求数值积分的函数，如表 5-2 所示。

表 5-2 数值积分的函数

函数名	命令格式	功能
quad	q = quad(fun,a,b,tol,trace)	一元函数的数值积分，采用自适应的 Simpson 方法
quadl	q = quadl(fun,a,b,tol,trace)	一元函数的数值积分，采用自适应的 Lobatto 方法，代替了 MATLAB 7.0 以前的 quad8
quadv	q = quadv(fun,a,b,tol,trace)	一元函数的矢量数值积分
dblquad	q = dblquad(fun,xmin,xmax,ymin,ymax,tol)	二重积分
triplequad	q = dblquad(fun,xmin,xmax,ymin,ymax,zmin,zmax,tol)	三重积分

说明：在各函数命令格式中，fun 是函数句柄或函数名；a 和 b 是数值积分的范围 [a，b]；tol 是绝对误差容限值，默认是 10^{-6}；trace 如果是非零值，则跟踪展示积分迭代的整个过程。

【例 5-23】 使用 quad 和 quadl 函数分别获得 $f(x)=e^{-x^2}$ 的数值积分，$f(x)$ 的曲线如图 5-13所示。

```
>> fhnd = @(x)(exp(-x.^2));
>> q1 = quad(fhnd,-1,1,2e-3,1)
```

%数值积分并跟踪展示迭代过程，迭代过程最后一列的和为 q1 的值

```
        9    -1.000000000    5.43160000e-001   0.3198710950
        11   -0.4568400000   9.13680000e-001   0.8538774475
        13   0.4568400000    5.43160000e-001   0.3198710950
q1 =
        1.4936
>> q2 = quadl(fhnd, -1,1,2e-6)
q2 =
        1.4936
>> fplot(fhnd,[ -1,1])
```

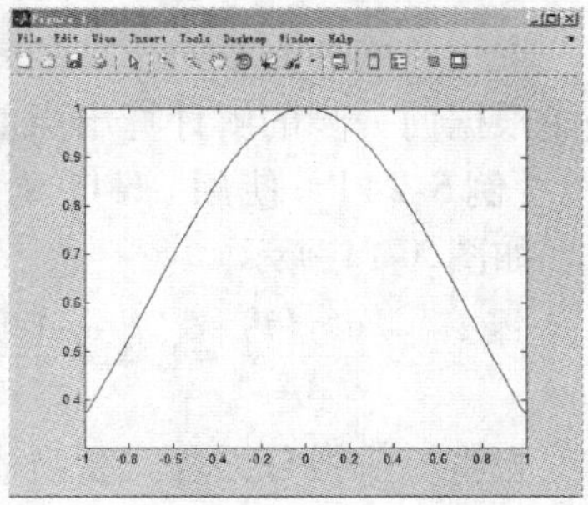

图 5-13　$f(x)$ 函数的曲线图

5.6.3 微分方程组数值求解

在第 4 章中介绍了符号工具箱中的 solve 函数求解常微分方程组，如果求取解析解困难时，MATLAB R2010a 为解常微分方程提供了 7 种数值求解的方法，包括 ode45、ode23、ode113、ode15s、ode23s、ode23t 和 ode23tb 函数，各函数的命令格式如下：

[t,y] = ode45(fun,ts,y0,options)　　　　**%解常微分方程**

说明：fun 是函数句柄或函数名；ts 是自变量范围，可以是范围［t0，tf］，也可以是向量［t0，……tf］；y0 是初始值，y0 应该是和 y 具有同样长度的列向量；options 是设定微分方程解法器的参数，可省略，可以由 odeset 函数来获得。

MATLAB R2010a 提供的 7 种数值求解函数的命令格式都与 ode45 的相似，功能有所不同，如表 5-3 所示。

表 5-3　常微分方程组 7 种数值求解的函数表

函数名	算法	适用系统	精度	特点
ode45	4/5 阶龙格 - 库塔法	非刚性方程	中	最常用的解法，单步算法，不需要附加初始值
ode23	2/3 阶龙格 - 库塔法	非刚性方程	低	单步算法，在误差允许范围较宽或存在轻微刚度时性能比 ode45 好
ode113	可变阶 AdamsPece 算法	非刚性方程	低 - 高	多步算法，误差允许范围较严时比 ode45 好
ode15s	可变阶的数值微分算法	刚性方程	低 - 中	多步算法，ode45 解法很慢可能系统是刚性的时，可以尝试该算法
ode23s	基于改进的 Rosenbrock 公式	刚性方程	低	单步算法，可以解决用 ode15s 效果不好的刚性方程
odes23t	自由内插实现的梯形规则	轻微刚性方程	低	给出的解无数值衰减
ode23tb	TR - BDF2 算法，即龙格 - 库塔法第一级采用梯形规则，第二级采用 Gear 法	刚性方程	低	对误差允许范围较宽时比 ode15s 好

说明：刚性方程是指常微分方程组的 Jocabian 矩阵的特征值相差悬殊的方程；单步算法是指根据前一步的解计算出当前解；多步算法是指需要前几步的解来计算出当前解。

【例 5-24】 使用 ode45 函数解微分方程，方程解的波形如图 5-14 所示。

$$\frac{d^2y(t)}{dt^2}+1.414\frac{dy(t)}{dt}+y(t)=1$$

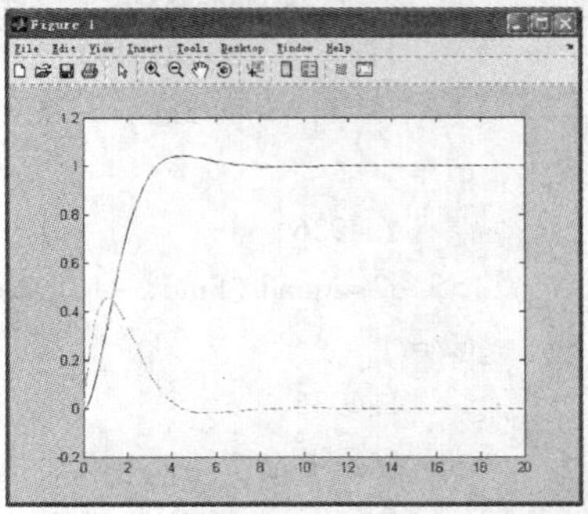

图 5-14 微分方程解的曲线图

先将二阶微分方程式变换成一阶微分方程组：

$$\begin{cases}\dfrac{dy_1}{dt}=y_2\\ \dfrac{d^2y}{dt^2}=-1.414\dfrac{dy_1}{dt}-y_1(t)+1\end{cases}$$

创建 M 函数文件 ex5_25.m，虽然 t 参数不用，但微分方程的函数必须有时间 t 变量：

```
function ex5_25()
ts=[0,20];                          %自变量范围
y0=[0;0];                           %初始条件
[t,y]=ode45(@ex5_25_1,ts,y0);
plot(t,y(:,1),'r',t,y(:,2),'g--')

function yp=ex5_25_1(t,y)
%EX5_25 使用 ode45 函数解微分方程
yp=[y(2);-1.414*y(2)-y(1)+1];
```

程序分析：

与第 4 章的例 4-28 的解相比，符号工具箱得出的是精确解，而 ode45 得出的是数值解。

习 题

1. 选择题

(1) if 结构的开始是“if”命令，结束是________命令。

A. End if　　B. end　　C. End　　D. else

(2) 下面的 switch 结构，正确的是________。

A. >> switch a
case a>1　　B. >> switch a
case a=1　　C. >> switch a
case 1　　D. >> switch a
case =1

(3) 运行以下命令：

```
>> a=eye(5);
>> for n=a(2:end,:)
    ……
```

则 for 循环的循环次数是________。

A. 5　　B. 4　　C. 3　　D. 1

(4) 运行以下命令，则 for 循环的循环次数是________。

```
>> x=0:10;
```

```
>> for n = x
   if n = = 5
        continue
   end
end
```

A. 10　　　　B. 5　　　　C. 11　　　　D. 10

(5) 运行以下命令则________。

```
>> a = [1 2 3]
>> keyboard
K >> a = [1 2 4];
K >> return
```

A. a = [1 2 3]　　　　B. a = [1 2 4]

C. 命令窗口的提示符为“K >>”　　　　D. 出错

(6) 创建以下函数文件，在命令窗口中运行“y = f”命令则显示________。

```
function y = f()
    global W
    W = 2;
    y = f1(5)
function y = f1(w)
    global W
    y = w + W
```

A. y = 5　　　　B. y = 2　　　　C. y = 7　　　　D. 出错

(7) 关于主函数，以下说法正确的是________。

A. 主函数名必须与文件名相同

B. 主函数的工作空间与子函数的工作空间是嵌套的

C. 主函数中不能定义其他函数

D. 每个函数文件中都必须有主函数

(8) 当在命令窗口中输入“sin (a)”时，则对“a”的搜索顺序是________。

A. 是否内部函数→是否变量→是否私有函数

B. 是否内部函数→是否搜索路径中函数→是否私有函数

C. 是否内部函数→是否搜索路径中函数→是否当前路径中函数

D. 是否变量→是否私有函数→是否当前路径中函数

(9) 运行命令“fhnd = @ (x) (exp(x));”，则 fhnd 是________。

A. 字符串　　　　B. function _ handle　　　　C. function　　　　D. inline

(10) 运行命令“f = @ (1 + sin(x));”则________。

A. 运行出错　　　　B. f 是函数句柄　　　　C. 创建了匿名函数　　　　D. 创建了函数

2. 简述 M 脚本文件和 M 函数文件的主要区别。

3. 编制 M 脚本文件，使用 if 结构显示学生成绩为 55 分时是否合格，大于等于 60 分为合格。

4. 编写 M 脚本文件，实现分段绘制曲线 $z(x,y)=\begin{cases}0.5\mathrm{e}^{-0.5y^2-3x^2-x} & x+y>1\\ 0.7\mathrm{e}^{-y^2-6x^2} & -1<x+y\leqslant 1\\ 0.5\mathrm{e}^{-0.5y^2-3x^2+x} & x+y\leqslant -1\end{cases}$。

5. 编写 M 函数文件，输入参数为 t 和 ω，计算函数 $y=\sin(\omega t)$ 的值并将变量 t 和 y 放在同一矩阵 z 的两行中，输出参数为 z。

6. 编写 M 脚本文件，从键盘输入数据，使用 switch 结构判断输入的数据是奇数还是偶数，并显示提示信息。

7. 编写 M 脚本文件，分别使用 for 和 while 循环语句计算 $sum = \sum_{i=1}^{10} i^i$，当 sum > 1000 时终止程序。

8. 编写 M 函数文件输入参数和输出参数都是两个，当输入参数只有一个时输出一个参数，当输入两个参数则输出该两个参数，如果没有输入参数则输出一个 0。

9. 编写 M 函数文件，输入参数个数随意，输出参数为 1 个，当输入参数超过 0 个时，输出所有参数的和，如果没有输入参数则输出 0。

10. 编写 M 函数文件，通过主函数调用子函数实现题 4 的功能，主函数调用三个子函数并绘制曲线，将该 M 函数文件转换为 P 码文件。

11. 创建匿名函数实现 $y = \log(x) + \sin(2x)$，当 $x = 2$ 时计算 y，并保存匿名函数。

12. 使用函数句柄创建函数 humps，查看函数句柄的信息并将函数句柄转换为字符串。

13. 使用 inline 对象创建 $f = x^3 + 2x^2 + 3x + 6$，并绘制函数曲线。

14. 求 $y(x) = e^{-x}|\sin(\sin(x))|$ 在 $x = 0$ 附近的最小值。

15. 求数值积分 $\int_a^b \sin(x)\mathrm{d}x$，其中 a = 0.1，b = 1。

16. 解微分方程 $\frac{\mathrm{d}y}{\mathrm{d}t} + y\tan y = \cos y$，$y_0 = 1$，并绘制曲线。

第6章

MATLAB 高级图形设计

MATLAB R2010a 版与前几个版本相比具有更加丰富的图形设计工具，能够创建丰富的图形用户界面，实现友好地人机交互。本章主要介绍 MATLAB R2010a 的 GUI 设计，详细介绍各种控件的使用以及通过句柄图像来创建图形对象的方法。

6.1 句柄图形对象

句柄图形是一种面向对象的绘图系统，第 3 章介绍的如 plot 等函数是高层图形命令，句柄图形为低层图形，低层图形命令能直接操作线、文字、面和图形控件等基本绘图要素。

高层命令是以低层命令为基础编写的，高层命令不用关心图形对象，但为了更好地控制和表现图形，实现高级图形设计经常需要使用低层图形命令。

6.1.1 句柄图形对象体系

句柄图形对象（Handle Graphics Object）是数据可视和界面制作的基本绘图要素，MATLAB 中的每个具体图形都是由不同的图形对象构成的。

句柄（Handle）是每个图形对象唯一的标志，不同对象的句柄不能重复，通过句柄可以对图形对象的属性进行操作。

MATLAB R2010a 的句柄图形体系由多个图形对象组成，如图 6-1 所示。

图 6-1 中的句柄图形对象体系按父对象（Parent）和子对象（Children）的关系组成层次结构，最上面的根对象是屏幕，它的子对象是 Figure（图形），Figure 的子对象有两个，即 Axes（轴）和 UI Object（用户接口对象），Axes 对象主要用于坐标轴绘图，而 UI Objects

主要用于设计图形用户界面（见 6.2 节）。图形对象的说明如表 6-1 所示。

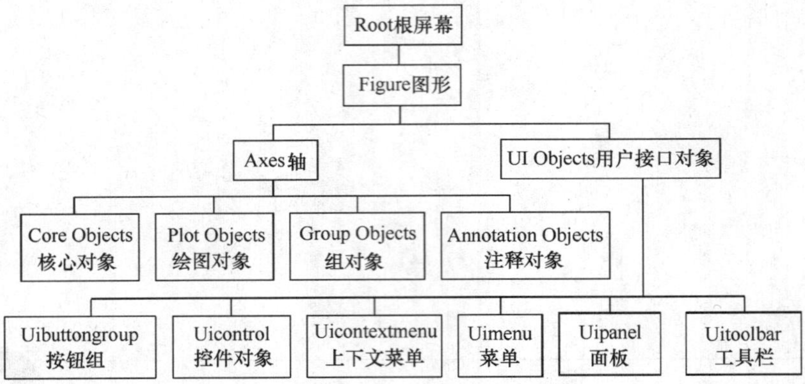

图 6-1　句柄图形体系

表 6-1　图形对象的说明

图形对象名称	说　明
Root 根屏幕	最上面的根对象只有一个即屏幕，是其他对象的父对象，句柄总是为 0
Figure（图形）	用来标志图形窗口的序号，它的句柄总是正整数
Axes 轴	在图形窗口中定义的坐标区域，是核心对象、绘图对象、组对象和注释对象的父对象，所有的绘图函数会自动创建轴对象
Core Objects 核心对象	包含最基本的绘图元素，如图片、线、矩形、文本、面片、灯光等
Plot Objects 绘图对象	包含基本曲线元素，如线型和各种特殊曲线形式
Group Objects 组对象	某一方面有共性的一组对象，但看起来像单一对象
Annotation Objects 注释对象	包含基本的注释元素，如箭头、文本、带文字的箭头、线、矩形、椭圆等
UI Objects 用户接口对象	用来构建图形用户界面的对象，是菜单、按钮组、工具栏、面板、控件等的父对象

6.1.2 句柄图形对象的操作

1. 创建句柄图形对象

图形中通常包含了多个图形对象，除了 Root 屏幕对象不用创建，其他的图形对象都可以使用函数来创建。创建句柄图形对象的命令格式如下：

```
h_obj = funname('PropertyName',PropertyValue,……)
```

说明：

■ h_obj 是图形对象的句柄。

■ funname 是函数名，每个创建的图形对象函数名与对象名相同，例如，创建 Figure 的函数名是“figure”；当创建子对象时，如果父对象不存在，则 MATLAB 会自动创建父对象，并将子对象置于父对象中，例如当创建“axes”时，会自动创建图形窗口“Figure”。

■ 'PropertyName'是属性名，属性名是字符串，一般第一个字母大写，没有空格，为了方便属性名的使用不区分大小写，只要不产生歧义甚至可以不必写全，例如坐标轴对象的位置属性用“Position”、“position”和“pos”属性名都可以。

■ PropertyValue 是属性值。

常用的创建 figure、Axes 和 Axes 图形对象的函数名如表 6-2 所示。

表 6-2 图形对象的函数名

父对象	创建句柄图形对象函数名	图形对象	父对象	创建句柄图形对象函数名	图形对象
root	figure	图形	plot objects	area	面积图
core objects	axes	坐标系统		bar	条形图
	image	二维图片		contour	等高线图
	light	光照		errorbar	误差条图
	line	线条		plot，plot3	二维、三维曲线
	patch	多边形面片		quiver，quiver3	箭头图
	rectangle	矩形或椭圆形		scatter，scatter3	二维、三维点图
	surface	曲面		stairs	阶梯图
	text	文本字符串		stem，stem3	二维、三维火柴杆
group objects	hggroup	创建组对象		surf，mesh	曲面图
	hgtransform	转换组对象	annotation objects	annotation	注释

【例 6-1】 绘制三个部门 4 个季度的销售业绩，使用条形图显示三个部门数据，每个部门使用饼图显示所占份额的百分比。图 6-2 所示为三个部门的销售业绩图。

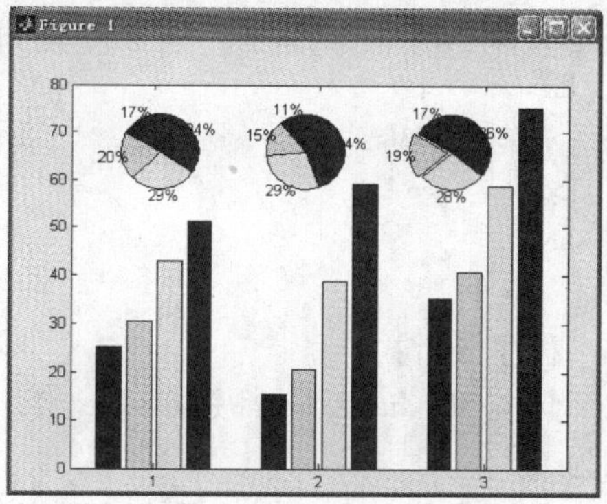

图 6-2 三部门的销售业绩图

为了在同一个图形中既显示条形图又显示饼形图，必须使用句柄对象来绘制：

```
%销售业绩数据
>> a1 = [25.3 30.5 42.8 51.2];
>> a2 = [15.3 20.7 38.8 59.2];
>> a3 = [35.1 40.7 58.8 75.2];
%创建图形窗口
>> h_f = figure('Position',[200 300 500 400])
>> h_a1 = axes('position',[0.1,0.05,.85,.85])              %创建条形图的坐标轴
>> h_bar = bar(h_a1,[a1;a2;a3])
>> h_a2 = axes('position',[0.15,0.65,.2,.2])               %创建饼图的坐标轴
>> h_pie1 = pie(h_a2,a1)
>> h_a3 = axes('position',[0.4,0.65,.2,.2])
>> h_pie2 = pie(h_a3,a2)
>> h_a4 = axes('position',[0.65,0.65,.2,.2])
>> h_pie3 = pie(h_a4,a3,[0 1 0 0])
```

程序分析：

'Position'属性是位置和尺寸，按照［左上角横坐标 左上角纵坐标 宽度 高度］的格式，figure 的位置是按绝对坐标来确定的，而 axes 则是按在 figure 中所占百分比确定的。在图 6-

2 中有 figure、axes、bar 和 pie 多个图形对象，每个图形对象都以唯一的句柄区分，bar 和 pie 是在当前的 axes 父对象中创建的。

由此可以看出，使用句柄图形对象可以实现高层命令无法实现的功能，设计的图形更紧凑、更个性化。

2. 访问句柄图形对象

每个图形对象都指定一个句柄，root 对象的句柄是 0，figure 的句柄是正整数，在图形窗口标题栏中的“Figure”后的数值默认为句柄，其余图形对象的句柄都是浮点数。

（1）当前图形对象的句柄　当前图形对象是很重要的概念，MATLAB 提供了三个获取当前对象句柄的命令：

```
gcf          %获取当前图形窗口的句柄
gca          %获取当前窗口当前坐标轴的句柄
gco          %获取当前窗口当前对象的句柄
```

说明：返回值都是句柄，gco 的当前对象句柄是指被鼠标最近单击过的对象。

【例 6-1 续 1】 访问图 6-2 中的当前图形对象句柄。

```
>> hf = gcf
hf =
    1
>> ha = gca
ha =
    31.0193
>> ho = gco
ho =
    []
```

程序分析：

句柄 hf、ha 和 ho 都是 double 型，由于当前没有被鼠标单击过的对象存在，故 ho 的句柄为 []。

（2）查找对象句柄　用户也可以使用 findobj 函数来查找已经存在对象的句柄。findobj 函数的命令格式如下：

h = findobj (h _ obj, 'PropertyName', PropertyValue)　%查找符合指定属性值的对象句柄

说明：h _ obj 是指定对象的句柄，包括该对象的所有子对象，可省略，省略时按属性值来查找；'PropertyName'是属性名，可省略，省略时查找指定对象的句柄；PropertyValue 是属性值，可省略，如果为多个查找条件，可以使用逻辑运算符号连接；如果 findobj 函数无参数，是查找根对象和所有子对象的句柄。

【例 6-1 续 2】 查找图 6-2 中的坐标轴和饼形图面片对象的句柄。

```
>> f _ findp = findobj('type','patch')            %查找饼形图的句柄
f _ findp =
    43.0013
    41.0013
    ……
```

```
>> f_findp = findobj('position',[0.65,0.65,.2,.2])%查找坐标轴的句柄
f_findp =
    31.0194
```

程序分析：

饼形图是 Core Objects 核心对象中的 patch 对象，在图 6-2 中共有 4×4 = 16 个 patch 对象。

3. 句柄图形对象属性的获取和设置

在创建图形对象时，用户通过设置属性（property）来定义或修改对象的特征，图形对象的属性包括位置、颜色、类型、父对象和子对象等。图形对象的所有属性可以通过打开图形窗口的"View"→"property editor"菜单来查看。

在运行过程中属性值还可以进行修改和查询，MATLAB R2010a 提供了 set 函数来设置和修改属性值，get 函数来查询和获取属性值。命令格式如下：

a = set(h_obj,'PropertyName',PropertyValue,...)

%设置图形对象的属性值

a = get(h_obj,'PropertyName')

%获取图形对象的属性值

【例 6-2】 使用句柄图形对象绘制正弦曲线，绘制的图形如图 6-3 所示。

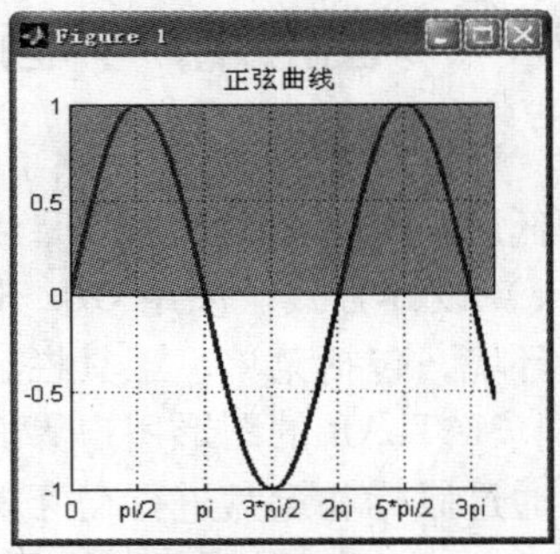

图 6-3 正弦曲线图

```
>> x = 0:0.1:10;
>> y = sin(x);
%创建无标题窗口
>> h_f = figure('Position',[200 300 300 300],'menubar','none');
>> h_a1 = axes('position',[0.1,0.1,.8,.8]);
>> h_t = title(h_a1,'正弦曲线');                    %创建标题
>> h_l = line(x,y);
%设置坐标轴刻度
>> set(gca,'xtick',[0 pi/2 pi 3*pi/2 2*pi 5*pi/2 3*pi])
%设置坐标轴刻度标注
>> set(gca,'xticklabel',{'0','pi/2','pi','3*pi/2','2pi','5*pi/2','3pi'})
>> set(gca,'xgrid','on','ygrid','on');             %设置坐标轴属性
>> set(h_1,'linewidth',2)                          %设置线属性
>> set(get(h_t,'parent'),'color','y')              %设置标题的父对象属性
%创建矩形框
>> h_ann0 = annotation(gcf,'rectangle',[0.1 0.5 .8 0.4],...
'FaceAlpha',.7,'FaceColor','red');
```

程序分析：

图 6-3 中有图形窗口、坐标轴、文本、线和注释图形对象，set(gca, 'xtick', …) 是设置坐标刻度数据，而 set(gca, 'xticklabel', …) 是设置坐标轴刻度的文字显示；set(get(h_t, 'parent'), 'color', 'y') 命令是先由 get 函数获取标题父对象的句柄，然后由 set 函数设置属性值。

4. 句柄图形对象的复制和删除

（1）句柄图形对象的复制　句柄图形对象的创建还可以通过复制来实现，MATLAB R2010a 提供了 copyobj 函数可以实现将一个子对象从一个父对象复制到另一个父对象中，复制后对象唯一的不同就是 parent 属性和句柄不同，命令格式如下：

```
new_handle = copyobj(h_obj,p)          %复制图形对象 h_obj
```

说明：h_obj 为需要复制的子对象句柄；p 为原来的父对象句柄；new_handle 为新子对象的句柄。该命令是在创建完新父对象后运行的。

（2）删除句柄图形对象　MATLAB R2010a 提供了 delete 命令来删除一个图形对象，该命令将删除对象和该对象所有子对象，而且不提示确认，命令格式如下：

```
delete(h_obj)                          %删除图形对象
```

（3）删除所有的句柄对象　clf 和 cla 函数分别用来删除窗口中和坐标轴中所有的可见对象，命令格式如下：

```
clf(h_figure)                          %删除 h_figure 窗口中的所有可见对象
cla(h_axes)                            %删除 h_axes 坐标轴中的所有可见对象
```

说明：h_figure 和 h_axes 都是句柄，可省略，省略时指当前的窗口和坐标轴。

6.2 图形用户界面

MATLAB R2010a 提供了两种方法来设计图形用户界面（GUI）：一种是使用 6.1 节介绍的低层句柄图形对象命令，另一种是使用 GUI 开发环境的图形界面（Graphical User Interface）设计方式。使用 GUI 开发环境的设计方法是更方便的设计方法，它提供了一个界面设计环境，包括菜单、工具栏、左侧为控件面板以及空白的界面设计区。

MATLAB 的图形用户界面提供了包含按钮、文本框、标签等一系列交互控件，用户可以通过鼠标和键盘进行交互操作。图 6-4 所示为空白的图形界面窗口。

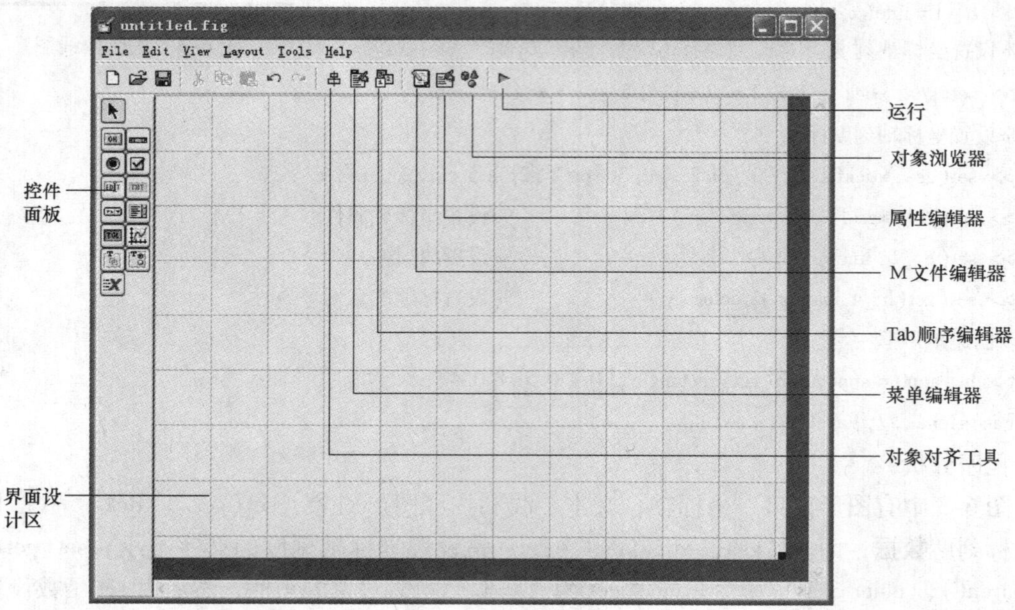

图 6-4　空白的图形界面窗口

GUI 开发环境设计图形用户界面的设计方法与其他支持图形用户界面的软件如 VC + +、Java 等相同，通过简单的鼠标拖拽来实现前台界面的设计，后台程序的设计是编写交互控件的回调函数。MATLAB 将实现程序功能的内核代码与交互控件的事件关联起来，实现图形用户界面的功能。

6.2.1 图形用户界面概述

GUI 开发环境是 MATLAB R2010a 为设计图形用户界面提供的一个集成设计和开发环境，在 MATLAB 主界面选择菜单“File”→“New”→“GUI”，或直接在命令窗口输入“Guide”命令都可以打开 GUIDE 快速开始界面，如图 6-5 所示。

在图 6-5 中如果要打开已经创建的文件选择“Open Existing GUI”，如果创建空白的可视化图形文件则选择“Blank GUI (Default)”，此时会出现空白的可视化界面窗口，见图 6-4。

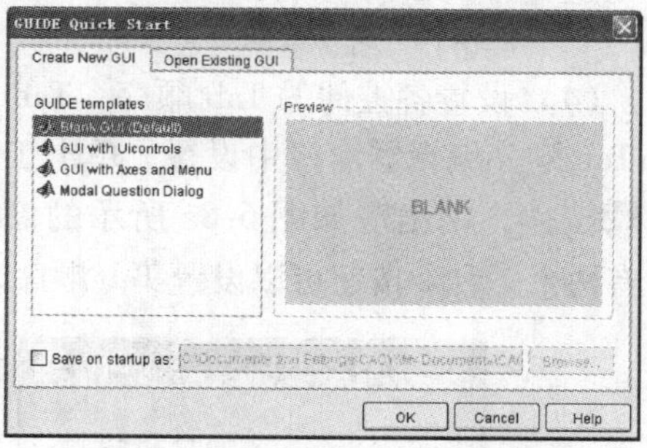

图 6-5 GUIDE 快速开始界面

6.2.2 设计一个简单的 GUI 界面

1. 设计一个 GUI 界面的步骤

（1）界面布局设计 界面布局设计包括以下几个步骤：

■ 通过拖拽控件面板中的控件到界面设计区中。

■ 然后使用对象对齐工具（Align Objects）进行控件的布局调整，使用 Tab 顺序编辑器（Tab Order Editor）对各控件的 Tab 顺序进行较好的设置。

■ 如果界面需要菜单，则使用菜单编辑器（Menu Editor）进行菜单的设计。

■ 添加完控件后在对象浏览器（Object Browser）中就可以看到所有的图形对象，完成界面的布局设计。

（2）属性设置 属性的设置是对图形对象的外观和特性进行设置，每个图形对象都有自己默认的属性设置，如果需要修改则打开属性编辑器（Property Inspector）对相关的属性进行修改，菜单的属性在菜单编辑器中设置。

（3）编写回调函数 编写回调函数就是使图形用户界面可以实现用户的响应，回调函数在 M 文件编辑器（M - File Editor）窗口中编写，完成控件的事件代码。

2. 一个简单的图形用户界面设计实例

按照图形用户界面的设计步骤，创建一个简单的实例。

【例 6-3】 创建一个用户界面，实现单击按钮在坐标轴中绘制正弦曲线的功能，运行界面如图 6-6 所示。

（1）创建一个空白的 GUI 界面 空白界面见图 6-4，界面的大小可以通过用鼠标拖动界面设计区来调整。

（2）创建控件 选择图 6-4 设计界面左侧控件面板中的按钮（Push Button）控件，在界面中放置两个按钮，然后选择坐标轴（Axes）控件在界面中放置一个坐标轴。

（3）调整控件布局 使用鼠标同时选中两个按钮，选择工具栏的串按钮则出现如图 6-

7a 所示的对象对齐工具，选择“Vertical”栏的顶端对齐按钮，则设计界面中的两个按钮就顶端对齐了。

选择菜单“View”→“Object Browser”，查看各图形对象，如图 6-7b 所示，可以看到创建了两个“pushbutton1”、“pushbutton2”和一个“axes1”对象。

（4）设置各控件的 Tab 顺序　Tab 顺序是在 Tab 顺序编辑器窗口中设置，单击工具栏上的按钮，则出现如图 6-8a 所示的窗口，图中有两个和按钮可以设置 Tab 顺序。

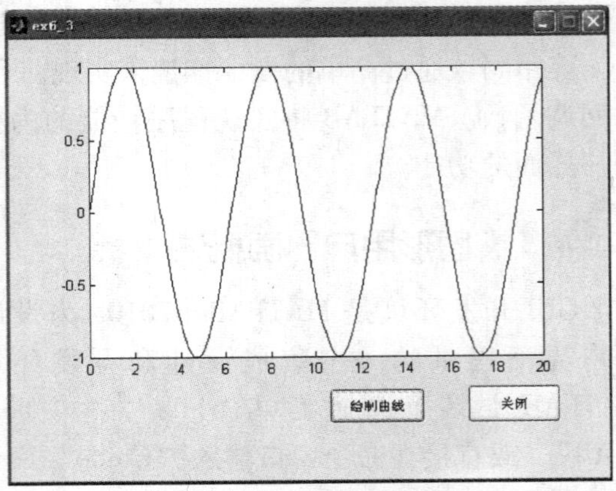

图 6-6　运行界面窗口

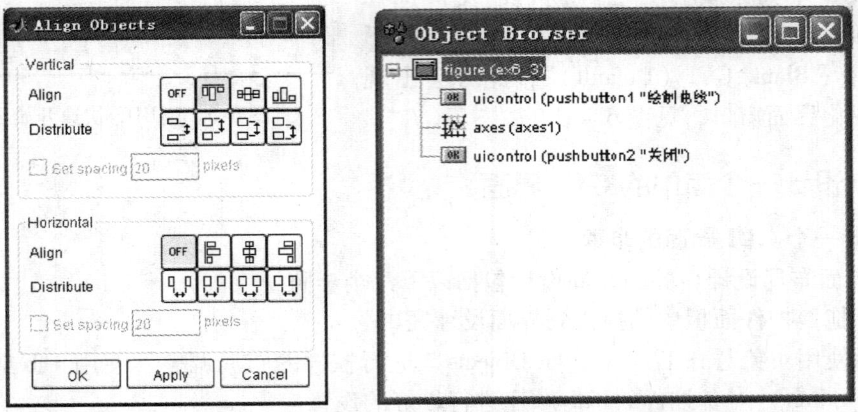

a) Align Objects窗口　　b) Object Browser窗口

图 6-7　Align Objects 和 Object Browser 窗口

（5）设置控件的属性　控件的属性在属性窗口中设置，用鼠标右键单击“pushbutton1”按钮，在出现的快捷菜单中选择“Property Inspector”，则出现如图 6-8b 所示的属性编辑器，属性编辑器窗口左栏是属性名，右栏是属性值。

选择“String”属性，将属性值改为“绘制曲线”，则在设计界面中按钮上的文字显示为“绘制曲线”；用同样的方法将“pushbutton2”按钮的“String”属性值改为“关闭”；同时选择两个按钮，将“FontSize”改为 10，则设计的界面如图 6-9a 所示。

（6）编写回调函数　用鼠标右键单击“pushbutton1”按钮，在快捷菜单中选择“M - file Editor”，则打开 M 文件编辑器窗口，如图 6-9b 所示。编写回调函数，实现单击按钮绘制正弦曲线的功能。

在 M 文件编辑器窗口中 GUI 已经自动生成了一个 M 函数文件的框架，可以看到回调的函数名、输入参数和注释语句都已经写好，只要找到回调函数“pushbutton1 _ Callback”和“pushbutton2 _ Callback”添加函数体的程序代码就可以了。

实现单击“pushbutton1”按钮绘制正弦曲线，程序编写如下：

```
function pushbutton1 _ Callback(hobject, eventdata, handles)
% hObject     handle to pushbutton1 (see GCBO)
```

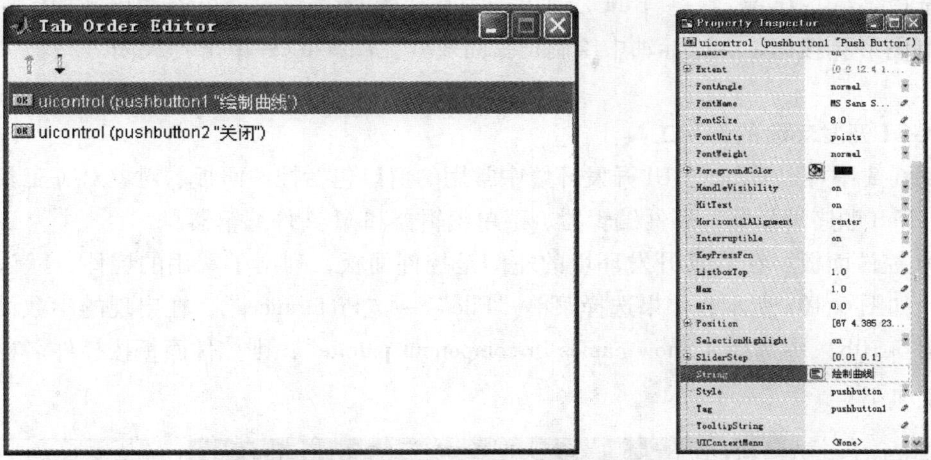

a) Tab顺序编辑器窗口　　b) Property Inspector窗口

图 6-8　Tab 顺序编辑器和 Property Inspector 窗口

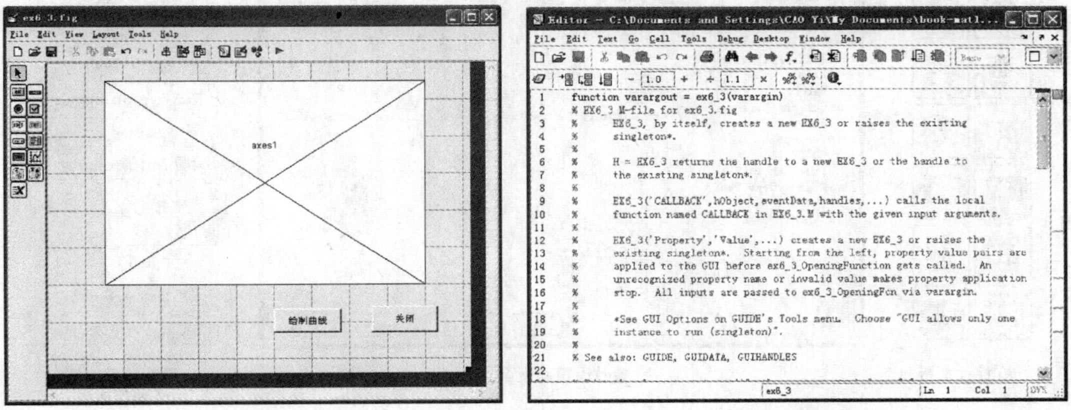

a) 设计界面　　b) M文件编辑器窗口

图 6-9　设计界面和 M 文件编辑器窗口

```
% eventdata   reserved - to be defined in a future version of MATLAB
% handles     structure with handles and user data (see GUIDATA)
    x = 0:0.1:20;
    y = sin(x);
    plot(x,y)
```

单击“pushbutton2”按钮关闭窗口，程序编写如下：

```
function pushbutton2_Callback(hobject, eventdata, handles)
% hObject     handle to pushbutton2 (see GCBO)
% eventdata   reserved - to be defined in a future version of MATLAB
% handles     structure with handles and user data (see GUIDATA)
    close                    %关闭窗口
```

（7）运行 GUI 界面程序　编写完 M 函数文件后就可以运行该 GUI 界面程序了，在设计界面中选择菜单“Tools”→“Run”或单击工具栏的▶按钮，就可以运行该程序界面，单击“绘制图形”按钮，在坐标轴中绘制正弦曲线（见图 6-6）；单击“关闭”按钮关闭该图形窗口。

3. GUI 开发环境的常用工具

从例 6-3 中可以看到，GUI 开发环境中常用的窗口包括控件面板、对象对齐工具、对象浏览器、Tab 顺序编辑器、属性编辑器、菜单编辑器和 M 文件编辑器。

（1）控件面板　在 GUI 开发环境的左侧是控件面板，列出了常用的控件，默认按小图标显示，如图 6-10a 所示，如果选择菜单“File”→“Preferences”，在出现的参数设置对话框（见图 6-10b）中选择“Show names in component palette”，则控件面板按控件名称显示如图 6-10c 所示。

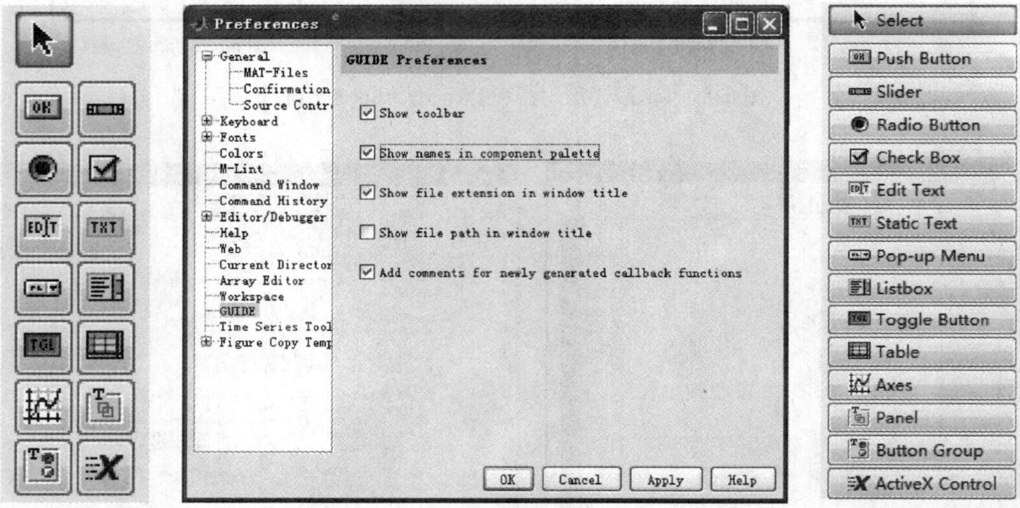

a) 控件面板　　b) 参数设置面板　　c) 显示控件名称的控件面板

图 6-10　控件面板和参数设置面板

控件面板中包括按钮（Push Button）、滚动条（Slider）、单选按钮（Radio Button）、复选框（Check Box）、文本框（Edit Text）、静态文本框（Static Text）、下拉菜单（Pop - Up Menu）、列表框（List Box）、切换按钮（Toggle Button）、坐标轴（Axes）、面板（Panel）、按钮组（Button Group）和 ActiveX 控件，其中最后两种是 MATLAB 7.0 版以后新增的。

将控件放置到设计界面中有两种方法：

■ 在控件面板上单击选择控件，然后在设计界面中单击一下。

■ 在控件面板上单击选择控件，在设计界面中用鼠标拖动十字光标使控件的大小尺寸合适，然后释放鼠标将控件放置到设计界面中。

（2）对象对齐工具　对象对齐工具（Align Objects）窗口见图 6-7a，用来对任意控件进行排列，可以提供精确的排列方法。

打开对象对齐工具窗口的方法有选择菜单“Tools”→“Align Objects”或选择工具栏的

串按钮或单击鼠标右键在快捷菜单中选择“Align Objects”。

（3）对象浏览器　对象浏览器（Object Browser）窗口见图 6-7b，用来管理和显示图形用户窗口中所有对象，并显示各对象之间的继承关系，按照各对象创建的先后顺序排列。

打开对象浏览器窗口的方法有选择工具栏的按钮，或者选择菜单“View”→“Object Browser”，或者在控件对象上单击鼠标右键在快捷菜单中选择“Object Browser”。

（4）Tab 顺序编辑器　Tab 顺序是在 Tab 顺序编辑器（Tab Order Editor）窗口中设置，Tab 顺序是指按“Tab”键时焦点在各控件上移动的顺序，焦点所在的对象就是当前对象，默认的 Tab 顺序按设计时控件创建的顺序，不是所有的控件都可以获得焦点，只有用户可以操作的控件可以获得焦点，见图 6-8a。

打开 Tab 顺序编辑器的方法有单击工具栏上的按钮或者选择菜单“Tools”→“Tab Order Editor...”。

（5）属性编辑器　属性编辑器（Property Inspector）窗口见图 6-8b，以列表形式来显示当前的属性值并可以设置各对象的属性，显示为属性。

打开属性编辑器的方法有双击控件，或者选择菜单“View”→“Property Inspector”，或者在控件对象上单击鼠标右键在快捷菜单中选择“Property Inspector”等几种。

（6）菜单编辑器　菜单编辑器（Menu Editor）是用来编辑和创建菜单的，将在 6.2.5 小节中详细介绍。

（7）M 文件编辑器　M 文件编辑器（M – File Editor）窗口见图 6-9b，是用来编辑和调试 GUI 用户界面的 M 文件。

打开 M 文件编辑器窗口的方法有选择菜单“View”→“M – file Editor”或单击工具栏的按钮，或者用鼠标右键单击控件对象在快捷菜单中选择“M – file Editor”等几种。

6.2.3 回调函数和 GUI 程序文件

GUI 图形用户界面的程序功能就是实现控件响应用户的行为，因此必须编程实现。

1. 回调函数

回调函数是控件接收到用户的操作时调用的特定函数，每一个回调函数都是一个子函数。每个图形对象类型不同回调函数也不同，图 6-11 中的“View Callbacks”下拉菜单项列出的是图形窗口对象的所有回调函数。

（1）回调函数的类型　回调函数的类型和功能如表 6-3 所示。

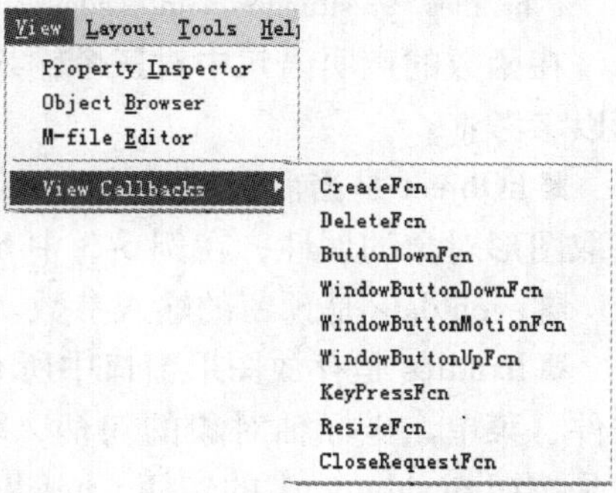

图 6-11　“View Callbacks”的下拉菜单

每种控件根据控件功能的不同回调函数类型也不同，如例 6-3 中按钮“pushbutton1”和“pushbutton2”的回调函数“Callback”在单击按钮时调用，而“axes1”则没有“Callback”回调函数。

表 6-3 回调函数的类型和功能

回调函数名称	功能说明	备注
ButtonDownFcn	当单击鼠标左键时调用	所有图形对象的回调函数
CreateFcn	当创建对象时调用	
DeleteFcn	当删除对象时调用	
Callback	当用户执行相应操作时调用，如单击按钮，单击菜单，滚动滚动条等	可接收用户输入的图形对象的回调函数
KeyPressFcn	当用户在对象中按下鼠标键时调用	
CloseRequestFcn	当请求关闭图形窗口时调用	图形窗口的回调函数，也可以调用 KeyPressFcn
ResizeFcn	当用户重画图形窗口时调用	
WindowButtonDownFcn	当用户在无控件的图形窗口位置按下鼠标时调用	
WindowButtonMotionFcn	当用户在图形窗口中移动鼠标时调用	
WindowButtonUpFcn	当用户在图形窗口中释放鼠标键时调用	
SecelectionChangeFcn	当改变选择时调用	ButtonGroup 控件的回调函数

（2）回调函数的自动命名　回调函数的函数名是 GUIDE 对其自动命名的，当设计时在界面中添加一个控件时，就根据该控件的“Tag”属性确定了回调函数的名称。例如，按钮“pushbutton1”被添加时，其“Tag”属性是“pushbutton1”，因此就命名了一个回调函数“pushbutton1 _ Callback”，当保存文件时就将该函数作为子函数保存，如果修改了“Tag”属性则回调函数名也改变。

（3）回调函数的输入参数　回调函数的输入参数也是由 GUIDE 自动确定的，常用的有 hObject、eventdata 和 handles，例如，例 6-3 中回调函数“pushbutton1 _ Callback”的声明语句和注释如下：

```
function pushbutton1_Callback(hObject, eventdata, handles)
% hObject     handle to pushbutton1 (see GCBO)
% eventdata   reserved - to be defined in a future version of MATLAB
% handles     structure with handles and user data (see GUIDATA)
```

在函数的声明语句中对三个输入参数 hObject、eventdata 和 handles 进行了说明，编程时可以参考：

■ hObject 是当前回调函数的图形对象句柄，通过 hObject 可以使用 set 和 get 命令设置和获取图形对象的属性，在例 6-3 中 hObject 就是按钮 pushbutton1 的句柄。

■ eventdata 是预留的输入参数。

■ handles 是存放图形窗口中所有图形对象句柄的结构体，存储了所有在图形界面中的控件、菜单、坐标轴对象的句柄，可以用于在 function 之间传递数据。handles. pushbutton1 就是按钮 pushbutton1 的句柄，handles. axes1 是坐标轴 axes1 的句柄，通过 handles 可以实现应用程序的数据传递。

例如，可以在“pushbutton1 _ Callback”回调函数中获取 axes1 的属性：

```
>> p = get(handles.axes1,'position')      % 获取 axes1 的位置
```

2. GUI 程序文件

GUI 图形用户界面的程序保存在两个文件中，是在第一次保存或运行时生成的，一个是

.fig 文件，一个是 .m 文件。例如，例 6-3 保存了 ex6 _ 3.m 和 ex6 _ 3.fig 两个文件。

（1）.fig 文件 .fig 文件是一个图形文件，在设计界面时创建的界面保存在 .fig 文件中，包括 GUI 界面控件、菜单等所有图形对象的属性。

（2）.m 文件 .m 文件用来存放 GUI 程序代码，MATLAB R2010a 自动创建的 M 文件为 GUI 控制程序提供一个框架，每个需要编程的函数都包含一个函数声明行，只需要在函数体中编写程序。.m 文件的结构包括以下几个通用的部分：

■ 主函数包括注释说明和窗口的初始化程序，主函数名为文件名，例如，例 6-3 的主函数为"function varargout = ex6 _ 3(varargin)"。

■ 子函数 OpeningFcn 是打开窗口时的初始化程序。

■ OutputFcn 函数是窗口的输出子函数，定义输出到命令窗口的变量。

■ 其他的子函数是各控件的回调函数。

6.2.4 按钮、滚动条和文本框控件

1. 控件的通用属性

控件的大多数其属性名都是相同的，下面介绍常用的几种通用属性。

（1）Tag 属性 Tag 属性是图形对象的标识，是所有图形对象最重要的属性，为字符串型，可以通过 Tag 属性查找对象句柄。对象的回调函数名自动以 Tag 属性命名，例如，按钮的 Tag 属性为"pushbutton1"，则函数名为"pushbutton1 _ Callback"。

（2）String 属性 String 属性是显示在运行界面中的标签文字，为字符串型，例如，按钮上显示的文字。

（3）Style 属性 Style 属性是控件的类型，为字符串矩阵或块数组，例如，按钮的 Style 属性为"pushbutton"。

（4）Visible 属性 Visible 属性是控件是否可见，"on"是可见，"off"为不可见。

（5）Fontsize 属性 Fontsize 属性是控件中文字的字体大小，为 double 型数值。

（6）Enable 属性 Enable 属性是控件是否有效，有三种选择："on"是有效，"off"是无效，"inactive"是不活动。

2. 按钮和切换按钮

按钮（Push Button）主要用于响应鼠标的单击事件，按钮是最常用的控件；切换按钮（Toggle Button）与按钮的功能类似，不过单击一次切换按钮显示为下凹，再单击一次显示为上凸。图 6-12 显示了按钮和切换按钮单击一次后的不同显示。

图 6-12 按钮和切换按钮单击一次后的显示

按钮和切换按钮的常用属性都有 Tag、string 和 value：

■ value 为 1 表示被单击，为 0 则未被单击。

■ 按钮默认的 Tag 属性为 pushbutton1，切换按钮为 togglebutton1。用户单击按钮或切换按钮时都调用 callback 回调函数。

■ string 属性是按钮上显示的文字，默认的 string 属性与 Tag 相同，如图 6-12 所示。

3. 滚动条

滚动条（Slider）用来输入一定范围内的数值，通过鼠标或键盘移动滚动条上的方块位

置来改变滚动条的当前值。滚动条默认的 Tag 属性为 slider1。

(1) 常用属性　常用属性有 value、max、min 和 SliderStep。

■ value 表示当前值，指滚动条中方块位置的对应数值，是 double 型，默认为 0。

■ max 表示最大值，是 double 型，默认为 1。

■ min 表示最小值，是 double 型，默认为 0。

■ sliderStep 属性由［x y］组成，默认为［0.01 0.1］，x 表示单击两端箭头时 value 改变的数值间隔，如 0.01 表示每单击一次 value 增加或减少 0.01 × max，y 表示单击滚动条时 value 改变的间隔，一般 y 比 x 大。

例如，将 slider1 的 max 属性设置为 10，value 属性设置为 5，则滚动条运行时显示如图 6-13 所示，sliderStep 属性为［0.01 0.1］，则每次单击箭头 value 改变 0.01 × 10 = 0.1，每次单击滚动条改变 0.1 × 10 = 1。

图 6-13　滚动条

(2) 回调函数　滚动条的常用回调函数是 callback，当每次单击滚动条改变当前值时调用该函数。

4. 静态文本框和文本框

静态文本框（Static Text）用来显示文本，不能接收用户的输入，常用来提供文字说明；文本框（Edit Text）除了可以像静态文本框一样显示文本，还可以接收用户通过键盘输入的字符串，常用来接收用户的输入。静态文本框默认的 Tag 属性为 text1，文本框为 edit1。

(1) 常用属性　静态文本框和文本框的常用属性都有 string 和字体属性：

■ string 用来输入显示的文字，文本框的 string 属性既可以在程序代码和属性编辑器中设置，也可以在运行时由用户从键盘输入。

■ 字体属性包括 fontSize、fontAngle、fontName 和 fontWeight，用来设置文本的字体。

■ 文本框的 max 属性用来设置可输入的文字行，默认为 1，只能输入一行，大于 1 行表示可以输入多行出现垂直滚动条。

例如，将 edit1 的 max 属性设置为 2，则文本框显示如图 6-14 所示，可以输入多行文本。

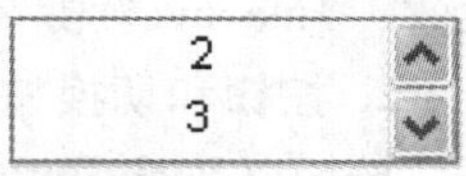

图 6-14　文本框 edit1

(2) 回调函数　静态文本框没有 callback 回调函数，一般不接收用户操作；而文本框有 callback 回调函数，当修改了文本框内容后，文本框失去焦点时调用。

【例 6-4】　创建一个用户界面，通过滚动条输入比例系数，使用文本框显示滚动条的当前值，单击按钮在静态文本框中显示传递函数，运行界面如图 6-15 所示。

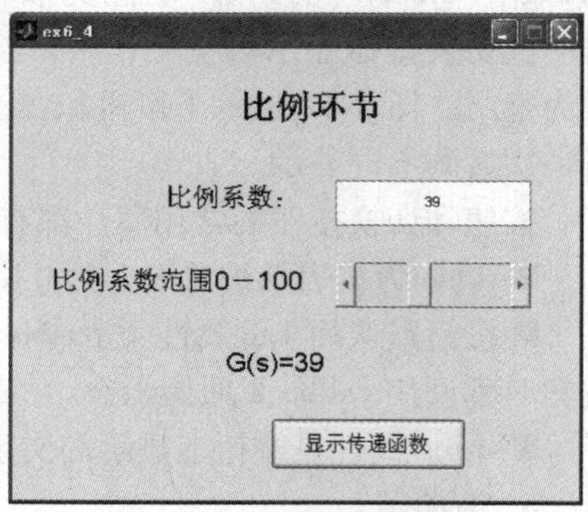

图 6-15　运行界面窗口

在界面中放置 4 个静态文本框（text1、text2、text3、text4），一个滚动条（slider1），一个文本框（edit1），一个按钮（pushbutton1），控件的属性表如表 6-4 所示。

表 6-4　控件的属性表

控件类型	Tag 属性	属性名	属性值
Static Text	text1	string	比例环节
		FontSize	20
		FontWeight	bold
	text2	string	比例系数
		FontSize	16
	text3	string	比例系数范围 0 ~ 100
		FontSize	16
	text4	string	空白字符串
		FontSize	16
Edit Text	edit1	string	空白字符串
Slider	slider1	max	100
Push Button	pushbutton1	string	显示传递函数
		FontSize	16

编写程序实现当滚动条 slider1 的当前值改变时，在文本框 edit1 中显示滚动条的当前值，在 slider1 _ Callback 回调函数中程序代码如下：

```
function slider1 _ Callback(hObject, eventdata, handles)
% hObject    handle to slider1 (see GCBO)
% eventdata  reserved - to be defined in a future version of MATLAB
% handles    structure with handles and user data (see GUIDATA)
% Hints: get(hObject,'Value') returns position of slider
%        get(hObject,'Min') and get(hObject,'Max') to determine range of slider
x = get(hObject,'Value');
set(handles.edit1,'string',num2str(x))
```

程序分析：

输入参数 hObject 是 slider1 的句柄，x 为输入的当前值；handles. edit1 是文本框 edit1 的句柄；string 属性是字符串型，因此需要进行类型转换。

编写程序实现当单击按钮 pushbutton1 时，在静态文本框 text4 中显示传递函数，在 pushbutton1 _ Callback 回调函数中程序代码如下：

```
function pushbutton1 _ Callback(hObject, eventdata, handles)
% hObject    handle to pushbutton1 (see GCBO)
% eventdata  reserved - to be defined in a future version of MATLAB
% handles    structure with handles and user data (see GUIDATA)
strk = get(handles.edit1,'string')
set(handles.text4,'string',['G(s) = ' strk])
```

程序分析：

handles. edit1 是 edit1 的句柄，strk 是 edit1 中显示的文本；handles. text4 是 text4 的句柄，

string 属性用来显示传递函数表达式字符串。

6.2.5 单选按钮、复选框和面板

1. 单选按钮和复选框

单选按钮（Radio Button）和复选框（Check Box）都用于用户输入参数，通常是多个为一组组合使用，一组单选按钮中只能有一个被选中，一组复选框中可以有多个被选中。单选按钮默认的 Tag 属性为 radiobutton1，复选框默认的 Tag 属性为 checkbox1。

（1）常用属性　单选按钮和复选框都有 value、string 和 enable 属性，value 属性为 1 时表示被选中；string 属性为显示的文本；enable 属性为 on 表示控件有效，无效控件显示为灰色。

（2）回调函数　单选按钮和复选框的状态改变时都调用 callback 回调函数。

2. 面板和按钮组

面板（Panel）和按钮组（Button Group）都是容器控件，常用来将一组单选按钮、复选框和切换按钮组织起来，当面板或按钮组移动时，内部的控件都跟着移动，使 GUI 界面更有组织和层次，在控件多时方便布局调整，用来将相关的控件组织在一个区域里。面板和按钮组的默认 Tag 属性都是 uipanel1。

按钮组与面板不同的是按钮组更适合用于一组单选按钮和切换按钮，在按钮组中每次选择一个单选按钮或切换按钮，其余的单选按钮和切换按钮就不选中，而面板则没有这样的功能。在图 6-16 中，右边是按钮组左边为面板。

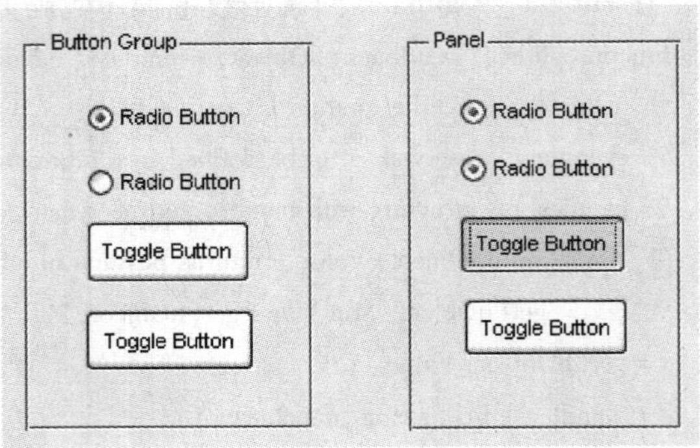

图 6-16　面板和按钮组的不同显示

（1）常用属性　面板和按钮组的常用属性有 title 和 bordertype：

■ title 属性是显示面板或按钮组的标题，为字符串型，默认显示为“Panel”或“Button Group”。

■ bordertype 属性是边框类型，设置面板的边框显示形式，默认都是“etchedin”。

（2）回调函数　面板和按钮组都没有 callback 回调函数，但按钮组有一个回调函数“SelectionChangeFcn”，当在按钮组中选择的选项改变时调用该函数。

【例 6-5】 创建一个用户界面，使用单选按钮选择正弦函数的幅值，使用复选框输入正弦函数的时间范围，正弦函数的行向量在文本框中显示运行界面如图 6-17a 所示。

在界面中放置一个静态文本框（text1），一个按钮组（uipanel1），一个面板（uipanel2），两个单选按钮（radiobutton1、radiobutton2），两个复选框（checkbox1、checkbox2），一个按钮（pushbutton1），一个文本框（edit1），控件的属性表如表 6-5 所示。

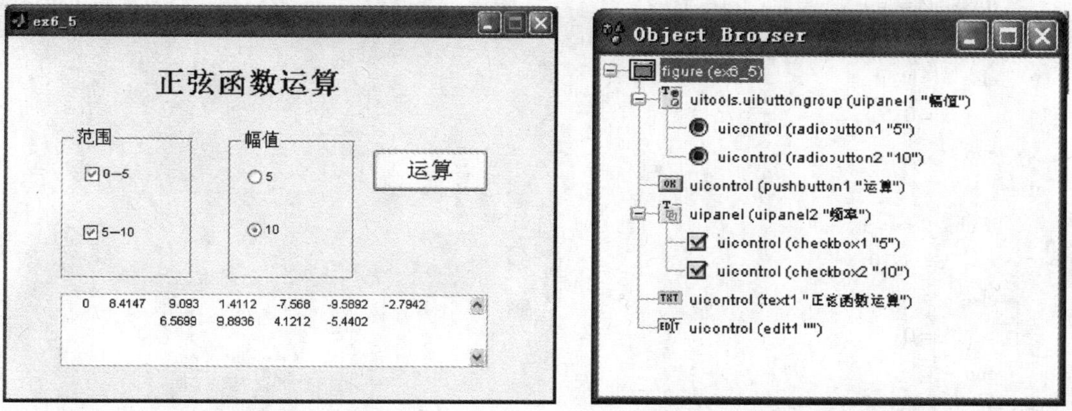

a) 运行界面窗口　　　　b) 对象浏览器

图 6-17　运行界面和对象浏览器窗口

表 6-5　控件的属性表

控件类型	Tag 属性	属性名	属性值
Static Text	text1	string	正弦函数计算
Panel	uipanel2	title	范围
		fontsize	12
Check Box	checkbox1	string	0 ~ 5
		value	1
	checkbox2	string	5 ~ 10
Button Group	uipanel1	title	幅值
		fontsize	12
Radio Button	radiobutton1	string	5
	radiobutton2	string	10
Edit Text	edit1	string	空白字符串
		max	2
Push Button	pushbutton1	string	运算
		fontsize	16

使用对象浏览器查看窗口中的对象，如图 6-17b 所示。可以看出，使用面板和按钮组可以将对象组织得更有层次。

编写程序实现当单击按钮 pushbutton1 时，在文本框 edit1 中显示计算的正弦函数值，在 pushbutton1 _ Callback 回调函数中程序代码如下：

```
function pushbutton1 _ Callback(hObject, eventdata, handles)
% 复选框选择时间范围
ch _ 1 = get(handles. checkbox1,'value');
ch _ 2 = get(handles. checkbox2,'value');
if ch _ 1 = =1
```

```
    if ch_2 = =1
        x =0:10;
    else
        x =0:5;
    end
else
    if ch_2 = =1
        x =5:10;
    else
        x =0;
    end
end
%单选按钮选择幅值
ra_1 = get(handles.radiobutton1,'value');
ra_2 = get(handles.radiobutton2,'value');
if ra_1 = =1
    a =5;
else
    a =10;
end
y = a * sin(x);
set(handles.edit1,'string',num2str(y));
```

程序分析:

复选框和单选按钮一般都使用分支结构来实现，复选框使用嵌套分支结构，因为每个复选框都可能被选中，单选按钮每次只会一个被选中，因此有一个分支结构就可以了。

6.2.6 下拉菜单、列表框、坐标轴和 ActiveX 控件

1. 下拉菜单和列表框

下拉菜单（Pop - Up Menu）和列表框（List Box）都是在下拉列表框中选择进行输入的。下拉菜单类似一组单选按钮，而列表框则类似一组复选框，可以输入多个选项。当太多选择时，使用单选按钮或复选框就不方便，则可以在下拉列表项中选择。下拉菜单的默认 Tag 属性是 popupmenu1，而列表框是 listbox1。

(1) 常用属性　下拉菜单和列表框的常用属性都有 string 和 value:

■ string 属性是所有的下拉列表项，可以在属性编辑器中输入，在程序代码中输入多个列表项时使用“|”分隔。

■ value 属性是当前所选项的序号，如果选择第一项，则 value =1。如图 6-18 所示为下拉菜单和列表框的显示。

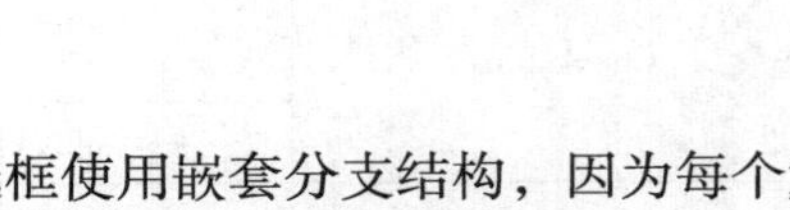

图 6-18　下拉菜单和列表框的显示

列表框与下拉菜单的不同是可以同时选择多个选项，则需要设置 max 和 min 属性，默认 max =1，min =0，当设置 max - min >1 时，就可以使用 ctrl 或 shift 键来同时选择多个选项。多个选项组成行向量。

（2）回调函数　下拉菜单和列表框都有 callback 回调函数，当选择下拉列表项时调用该函数。

2. 坐标轴

坐标轴（Axes）是输出图形的区域，plot 命令则是创建坐标轴并将图形输出到坐标轴中。可以使用 title、xlabel、ylabel、zlabel 和 text 函数在坐标轴中添加文本。坐标轴的默认 Tag 属性是 axes1。

坐标轴的常用属性在第 3 章中都详细介绍过，包括字体属性、linewidth、view、xtick、xgrid、xscale、ytick、ygrid、yscale 等。坐标轴没有 callback 回调函数一般不接收用户操作。

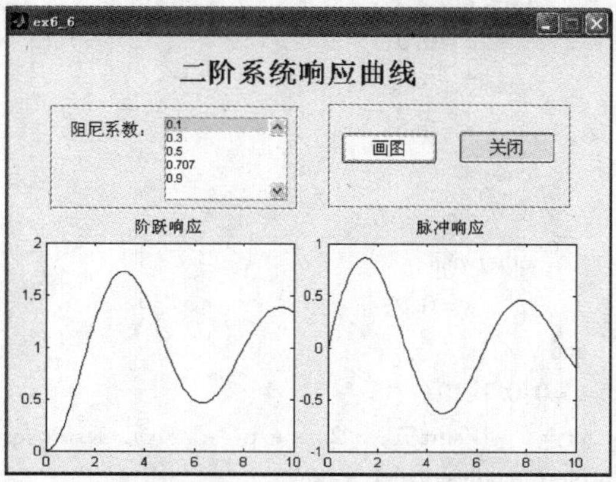

图 6-19　运行界面窗口

【例 6-6】　创建一个用户界面，使用列表框输入二阶系统的阻尼系数，在两个坐标轴中分别绘制阶跃响应曲线和脉冲响应曲线，运行界面如图 6-19 所示。

阻尼系数 $0<\zeta<1$ 时的阶跃响应和脉冲响应的表达式为：

$$\begin{cases} y = 1 - \dfrac{1}{\sqrt{1-\zeta^2}} e^{-\zeta x} \sin\left(\sqrt{1-\zeta^2}x + a\cos\zeta\right) & \text{阶跃响应} \\ y = \dfrac{1}{\sqrt{1-\zeta^2}} e^{-\zeta x} \sin\left(\sqrt{1-\zeta^2}x\right) & \text{脉冲响应} \end{cases}$$

在界面中放置两个静态文本框、一个列表框、两个坐标轴、两个按钮、两个面板。控件的属性表如表 6-6 所示。

表 6-6　控件的属性表

控件类型	Tag 属性	属 性 名	属 性 值
Static Text	text1	string	二阶系统响应曲线
	text2	string	阻尼系数
Panel	uipanel1，uipanel2	title	空白字符串
ListBox	listbox1	sting	0.1 | 0.3 | 0.5 | 0.707 | 0.9（“|”在属性编辑器中为回车）
PushButton	pushbutton1，pushbutton2	fontsize	12
	pushbutton1	string	画图
	pushbutton2	string	关闭

编写程序实现当窗口打开时，两个坐标轴看不见，在窗口的 OpeningFcn 函数中编程：

```
function ex6_6_OpeningFcn(hObject, eventdata, handles, varargin)
……
set(handles.axes1,'visible','off')          %隐藏坐标轴
set(handles.axes2,'visible','off')
```

单击“画图”按钮时，在两个坐标轴中绘制不同的曲线，并添加标题，程序代码如下：

```
function pushbutton1 _ Callback(hObject, eventdata, handles)
z1 = get(handles.listbox1,'value');
switch z1                                        %列表框选择阻尼系数
    case 1
        z=0.1;
    case 2
        z=0.3;
    case 3
        z=0.5;
    case 4
        z=0.707;
    otherwise
        z=0.9;
end
x=0:0.1:10;
y1=1-1/sqrt(1-z^2)*exp(-z*x).*sin(sqrt(1-z^2)*x+acos(z));
plot(handles.axes1,x,y1);
h _ t1=title(handles.axes1,'阶跃响应');
y2=1/sqrt (1-z^2) *exp (-z*x) .*sin (sqrt
(1-z^2) *x);
plot (handles.axes2, x, y2)
h _ t2=title (handles.axes2, '脉冲响应');
```

程序分析：

plot (handles.axes1, x, y1) 绘图命令是将曲线绘制到坐标轴 axes1 中，由 handles.axes1 确定坐标轴句柄；title 函数用来为坐标轴添加标题。

3. ActiveX 控件

ActiveX 控件是使用其他应用程序的控件，单击该控件，出现如图 6-20 所示的选择控件面板，可以选择左栏列表中的控件，并单击“Create”按钮在界面中创建。

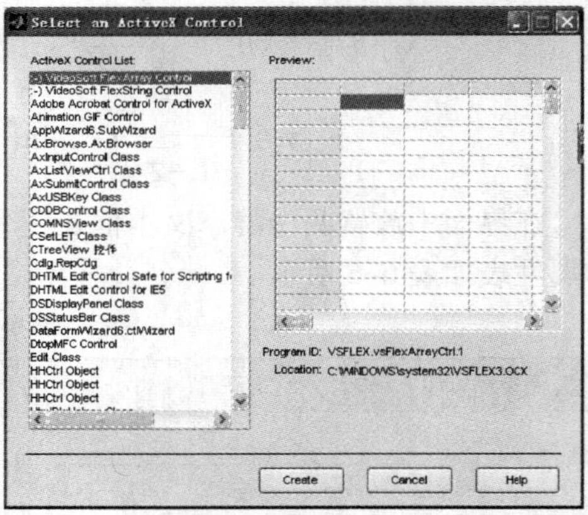

图 6-20 选择控件面板

6.2.7 菜单的设计

菜单在一个标准的用户界面中是必不可少的，可以方便用户的操作，菜单包括普通菜单和弹出式菜单，都在菜单编辑器中创建。

1. 菜单编辑器

在可视化界面环境中选择菜单“Tools”→“Menu Editor...”或单击工具栏按钮，就会出现菜单编辑器窗口，其中“Menu Bar”是普通菜单设计面板如图 6-21a 所示，“Context Menus”是弹出式菜单设计面板如图 6-21b 所示。

在图 6-20 的菜单编辑器窗口中：

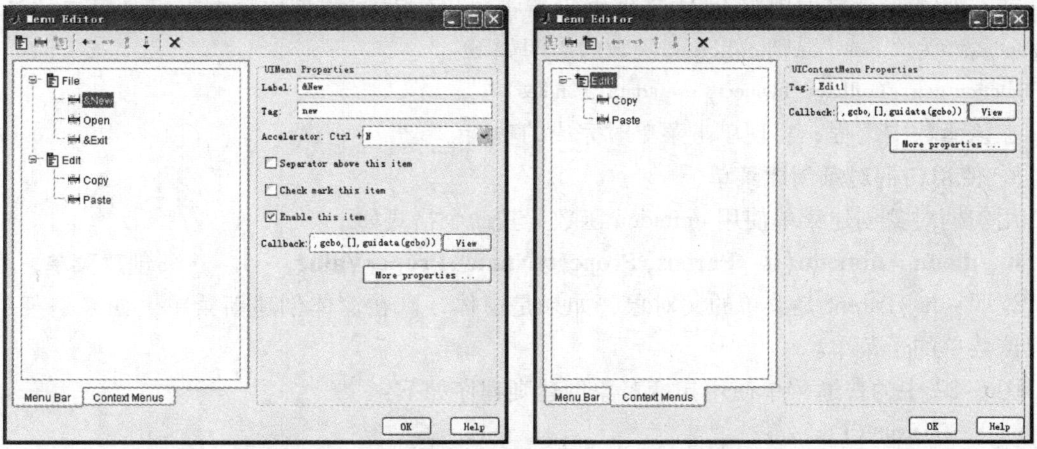

a) 普通菜单设计面板　　　　b) 弹出式菜单设计面板

图 6-21　普通菜单和弹出式菜单设计面板

■ 图标是新建菜单，图标是新建子菜单。

■ 图标和用来将菜单项左移和缩进，和是将菜单项上移和下移。

■ 图标是删除菜单项。

■“Label”栏用来填写菜单项的名称，在菜单名中加“&”符号则紧跟后面的字母为键盘访问键，当运行时该字母显示为加下划线。

■“Separator above this item”是分隔符。

■“Accelerator”是设置快捷键，使用“ctrl”和字母键组合作为快捷键。

■“Callback”是输入回调函数，单击“View”按钮打开 M 文件编辑器窗口来编写程序。

■ 按钮“More properties…”用来打开属性编辑器窗口设置其他属性。

例如，图 6-22 的图形窗口中显示了普通菜单和鼠标右键单击文本框时的弹出式菜单，则在图 6-21a 中设计的菜单如下：

File→New、Open、Exit

Edit→Copy、Paste

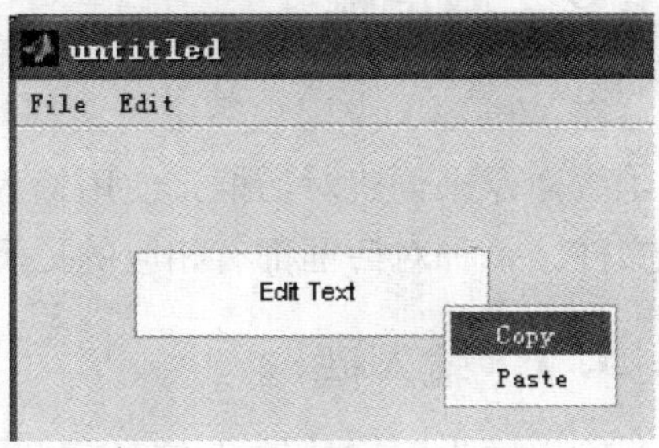

图 6-22　菜单显示

弹出式菜单的设计面板如图 6-21b 所示，没有快捷键等设置，第一级菜单没有“Label”，只有“Tag”。弹出式菜单是当用户在图形窗口的特定对象上单击鼠标右键时出现的，因此必须在该图形对象的“UIContextMenu”属性中设置对应的弹出式菜单。

例如，在图 6-21b 中弹出式菜单设计为

Edit1→Copy、Paste

并将文本框的“UIContextMenu”属性设置为菜单“Edit1”。

2. 回调函数

每个菜单项都有 callback 回调函数，在图 6-21 中单击“callback”后面的“View”按

钮，或在 GUI 设计界面中打开 M 文件编辑器都可以编写回调函数，例如，菜单项“New”的 Tag 属性为“new”，则 callback 函数的声明如下：

```
function new _ Callback(hObject, eventdata, handles)
```

在该函数中编程，实现单击菜单时完成的功能。

3. 使用句柄对象创建菜单

用句柄对象创建菜单使用 unimenu 函数，其命令格式如下：

h _ menu = uimenu(h _ Parent,'PropertyName',ProperValue,…)　　%创建菜单

说明：h _ Parent 是菜单的父对象，如果是窗体，则在窗体创建新菜单，如果是菜单则创建该菜单的子菜单。

图 6-22 中的普通菜单使用句柄对象创建则程序如下：

```
>> h _ f = figure(1);
>> set(h _ f,'menubar','none')                              %清除原来窗口的菜单条
>> h _ menuf = uimenu(h _ f,'label','File');                %创建菜单 File
>> h _ menufn = uimenu(h _ menuf,'label','New');            %创建下拉菜单 New
>> h _ menufo = uimenu(h _ menuf,'label','Open');
>> h _ menufe = uimenu(h _ menuf,'label','Exit');
>> h _ menue = uimenu(h _ f,'label','Edit');
>> h _ menuec = uimenu(h _ menue,'label','Copy');
>> h _ menuep = uimenu(h _ menue,'label','Paste');
```

程序分析：

如果没有清除原来窗口的菜单条，则新建的菜单“File”会添加在原菜单的右边。

6.3 对话框

在 Windows 应用程序中对话框可以实现简单地人机交互。MATLAB R2010a 提供了简单的函数命令来创建对话框，使用输入框接收用户输入，输出框显示输出信息，文件管理框管理文件，每种对话框都有相应的提示信息和按钮。

6.3.1 输入框

输入框为用户的输入信息提供了界面，使用 inputdlg 函数创建，并提供了“Ok”和“Cancel”两个按钮。inputdlg 函数的命令格式如下：

answer = inputdlg(prompt,title,lineno,defans,addopts)　　%创建输入框

说明：

- answer 是用户的输入，为元胞数组。
- prompt 为提示信息字符串，用引号括起来，为元胞数组。
- title 为标题字符串，用引号括起来，可以省略。
- lineno 用于指定输入值的行数，可以省略。
- defans 为输入的默认值，用引号括起来，是元胞数组，可以省略。

■ addopts 指定对话框是否可以改变大小，取 on 或 off，省略时为 off 表示不能改变大小，如果为 on 则自动变为无模式对话框可以改变大小。

【例 6-7】　使用 inputdlg 函数输入正弦函数的频率，输入框如图 6-23 所示。

```
>> prompt = {'请输入正弦函数的频率'};
>> defans = {'10'};
>> w = inputdlg(prompt,'输入',1,defans)
w =
    '10'
```

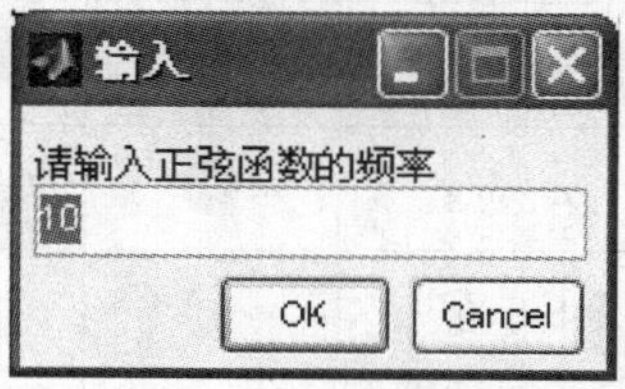

图 6-23　输入框

程序分析：

prompt、defans 和 w 都是元胞数组；defans 是输入的默认值为 10，所以出现在输入框中；如果单击“Cancel”按钮，则 w = {}。

6.3.2 输出框

输出框用来显示输出信息，MATLAB R2010a 提供了几种输出对话框，包括输出消息框、帮助对话框、出错提示框、列表框、警告框和提问框，用于显示不同的输出信息。

1. 输出消息框

输出消息框用来显示各种输出信息，使用 msgbox 函数来创建，只有一个“Ok”按钮，并利用图标表示不同的信息类型。msgbox 函数的命令格式如下：

h = msgbox(message,title,icon,icondata,iconcmap,createmode)　　%创建输出消息框

说明：

■ message 为显示的信息，可以是字符串或数组。

■ title 为标题，是字符串，可省略。

■ icon 为显示的图标，可取值为'none'（无图标）、'error'（出错图标）、'help'（帮助图标）、'warn'（警告图标）或'custom'（自定义图标），也可省略，各图标如表 6-7 所示。

■ 当 icon 参数使用“custom”时，用 icondata 定义图标的数据，用 iconcmap 定义图标的颜色映像。

■ createmode 为对话框的产生模式，可省略。

■ h 是输出消息框的句柄。

【例 6-8】　使用 msgbox 函数输出出错信息，输出消息框如图 6-24 所示。

```
>> message = '输入参数超出范围';
>> icon = 'error';
>> h = msgbox(message,'出错',icon)
h =
    1.0029
```

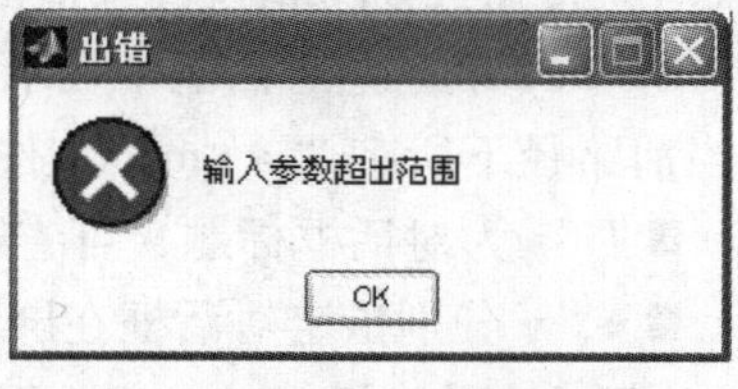

图 6-24　输出消息框

2. 专用输出框

MATLAB R2010a 还提供了几种专用的输出框函数，如表 6-7 所示。

表 6-7 专用输出框函数表

函数名	图标	功 能	显示的按钮
warndlg		警告对话框	一个“Ok”按钮
errordlg		出错提示对话框	一个“Ok”按钮
helpdlg		帮助对话框	一个“Ok”按钮
questdlg		提问对话框	一个或多个按钮，默认为“Yes”、“No”和“Cancel”三个按钮
listdlg	无	列表框	“Ok”和“Cancel”两个按钮

【例 6-9】 使用 questdlg 函数输出提问信息，提问对话框如图 6-25 所示。

```
>> question = '是否删除？';
>> title = 'question';
>> button = questdlg(question,title,'Yes','No','Yes')
button =
Yes
```

图 6-25 提问对话框

6.3.3 文件管理框

MATLAB R2010a 还提供了标准的文件管理对话框，可以实现打开文件、保存文件和浏览文件夹的功能。

1. 打开和保存文件

使用 uigetfile 函数显示打开文件对话框，uiputfile 函数显示保存文件对话框，可以在对话框中选择文件类型和路径，命令格式如下：

```
[FileName, PathName] = uigetfile(FiltrEspec, Title,x,y)     %打开文件
[FileName, PathName] = uiputfile(FiltrEspec, Title,x,y)     %保存文件
```

说明：

■ FileName 和 PathName 分别为所选择的文件名和路径，可省略，如果按对话框中的“取消”按钮或发生错误，都返回 0。

■ FiltrEspec 是对话框中显示的文件名，可以用通配符“*”表示，当省略时，自动列出当前路径下所有“*.m”文件和目录。

■ Title 为对话框标题，可省略。

■ x、y 分别指定对话框在屏幕上的位置，单位是像素，可省略。

【例 6-10】 使用 uigetfile 函数打开文件对话框，uiputfile 函数打开保存文件对话框，如图 6-26 所示。

```
>> [f,p] = uigetfile('*.*','打开文件')
>> [f1,p1] = uiputfile('ex6_10.m','保存文件')
```

程序分析：

如果单击对话框中的“取消”按钮，则返回 0；这两个函数只能返回所选的文件和文件

a) 打开文件对话框　　b) 保存文件对话框

图 6-26　打开和保存文件对话框

夹名，并不能真正打开和保存文件，对文件的操作还需要专门的文件操作命令。

2. 浏览文件夹

MATLAB R2010a 提供的 uigetdir 函数可以浏览文件夹，通过选择文件夹保存该文件夹名称。uigetdir 函数的命令格式如下：

dirname = uigetdir(startpath, title)

例如，在命令窗口中输入如下命令，则出现的浏览文件夹对话框如图 6-27 所示。

```
>> dirname = uigetdir('C:\Program Files\MATLAB');
```

图 6-27　浏览文件夹对话框

6.4 图像和声音

MATLAB R2010a 可以处理多种格式的图像、声音和视频文件，实现对各种文件的处理，以丰富界面的设计。

6.4.1 图像

MATLAB R2010a 的图像处理工具箱可以读入、显示和处理多种标准的图像格式文件，包括 .bmp、.gif、.jpg、.tif、.png、.hdf、.pcx、.xwd、.ico 和 .cur 等。

1. 图像类型

在 MATLAB R2010a 中，一幅图像的存储可能只使用一个数据矩阵，也可能还需要一个颜色表矩阵。MATLAB 有 3 种基本的图像类型，包括索引图像、灰度（强度）图像和 RGB（真彩）图像，这三种图像类型的不同在于数据矩阵元素的含义不同。

（1）索引图像　索引图像包括两个矩阵，一个是数据矩阵 X，一个是颜色表矩阵 map；X 是 m×n 矩阵，存储（m，n）像素点中各像素的颜色索引，可以是 uint8、uint16 或 double 型；map 是 m×3 矩阵，每个元素值在 0～1 之间，每一行是红、绿、蓝三种颜色值。

索引图像中每点的像素颜色由数据矩阵 X 作为索引值对颜色表矩阵 map 进行索引，在读取索引图像时，将 X 和 map 矩阵同时加载来显示图像，因此颜色表不必使用默认的颜色表矩阵，也可以使用其他颜色表。

（2）灰度（强度）图像 灰度图像包括一个 m×n 矩阵，矩阵中的元素是每个像素的灰度，元素的类型也可以是 uint8、uint16 或 double 型，显示灰度图像时默认使用系统预定义的灰度颜色表。

（3）RGB（真彩）图像 MATLAB R2010a 中 RGB 图像也是只包括一个 m×n×3 的矩阵，矩阵中的元素是每个像素的红、绿、蓝的颜色值，元素的类型也可以是 uint8、uint16 或 double 型，每种颜色是 0～1 之间的数值。

RGB 图像存储 24 位图像，红、绿、蓝各占 8 位，因此可以有 2^{24} 共 1600 万种颜色。

2. 图像处理函数

MATLAB R2010a 提供了专门的函数实现对图像文件的读写和显示。

（1）图像文件的信息 图像文件可以使用 imfinfo 函数查询其信息，包括文件名、文件大小、图像尺寸、图像类型和每个像素的位数等信息。

【例 6-11】 使用 imfinfo 函数查询 RGB 图像和灰度图像。

```
>> s1 = imfinfo('002.jpg')                          %查询 RGB 图像
s1 =
            Filename: '002.jpg'
         FileModDate: '11-Aug-2007 14:27:18'
            FileSize: 57441
              Format: 'jpg'
       FormatVersion: ''
               Width: 240
              Height: 320
            BitDepth: 24
           ColorType: 'truecolor'
     FormatSignature: ''
     NumberOfSamples: 3
        CodingMethod: 'Huffman'
       CodingProcess: 'Progressive'
             Comment: {}
>> s2 = imfinfo('004.jpg')                          %查询灰度图像
s2 =
            Filename: '004.jpg'
         FileModDate: '14-Aug-2007 18:19:47'
            FileSize: 5083
              Format: 'jpg'
       FormatVersion: ''
               Width: 240
              Height: 320
            BitDepth: 8
           ColorType: 'grayscale'
     FormatSignature: ''
```

```
NumberOfSamples: 1
    CodingMethod: 'Huffman'
    CodingProcess: 'Sequential'
        Comment: {}
```

程序分析：

s1 是结构体变量，s1 和 s2 都是 JPEG 文件格式，分别是真彩图像和灰度图像。

（2）图像的读写　图像文件的读取使用 imread 函数来实现，可以从 MATLAB 支持的图像文件中以特定位宽读取图像。图像文件的写入即保存，imwrite 函数可以实现将数据写入图像文件，也可以用 save 命令保存到 MAT 数据文件中。函数的命令格式如下：

```
[x,map] = imread(filename,fmt)                          %读取图像文件
imwrite(x,map,filename,fmt)                             %写入图像文件
```

说明：x 是图像文件的数据矩阵；map 是颜色表矩阵，可省略，当 imread 读取的不是索引图像时则为［］，当 imwrite 写入的不是索引图像，map 省略；filename 是图像文件名；fmt 是文件格式，如'bmp'、'cur'、'gif'、'jpg'或'ico'等，可省略。

【例 6-11 续】 使用 imread 函数读取 JPEG 图像文件，并使用 imwrite 写入文件。

```
>> [x1,map1] = imread('002','jpg')                      %读取 RGB 图像 002.jpg 文件
>> size(x1)
ans =
   320      240      3
>> size(map1)
ans =
     0     0
>> save ex6_11 x1                                       %保存到 MAT 文件
>> clear
>> load ex6_11
>> imwrite(x1,'003.bmp')                                %写入保存为 .bmp 文件
```

（3）图像的显示　MATLAB R2010a 提供 imshow、image 和 imagesc 函数来显示图像文件，将图像文件在 MATLAB 图形窗口中显示。

imshow 函数可以直接显示图像文件，也可以显示图像数据并按颜色表设定灰度图像。imshow 函数的命令格式如下：

```
h = imshow(x,map)                       %显示图像
h = imshow(filename)                    %显示图像文件
h = imshow(x,[low high])                %按颜色表设定显示灰度图像
```

说明：x 是图像数据；［low high］是颜色表的灰度数据，low 是 x 的最小值，high 是 x 的最大值，low 显示为黑色 high 显示为白色；h 是图像窗口句柄，可以省略。

image 函数图像显示为坐标轴的大小，并标出像素坐标，如果要显示出大小合适的图像，则需要通过 axis、colormap 命令设置坐标轴和颜色表；imagesc 函数与 image 函数相似，但可以按颜色表设定灰度图像。image 和 imagesc 函数的命令格式如下：

```
h = image(x)                            %显示图像
h = imagesc(x,[clow chigh])             %按颜色表设定显示灰度图像
```

说明：［clow chigh］都是颜色表的灰度数据，clow 和 chigh 则是对 x 规格化；image 和 imagesc 显示灰度图像和 RGB 图像是一致的，但 imagesc 对灰度图像其颜色是按照［clow chigh］的刻度显示。

【例 6-12】 使用 imshow、image 和 imagesc 函数显示 JPEG 图像文件，如图 6-28 所示。

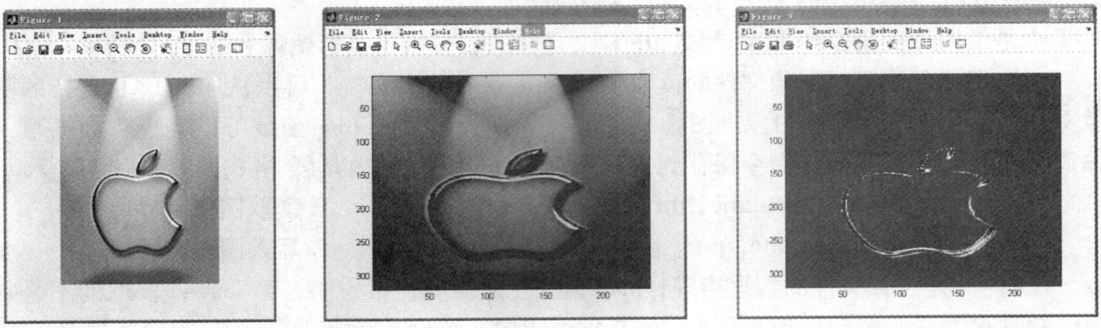

a) 使用imshow显示图像　　b) 使用image显示图像　　c) 使用imagesc显示图像

图 6-28　分别使用 imshow、image 和 imagesc 显示图像

```
>> figure(1);
>> h1 = imshow('002.jpg')                         % 显示图像文件
h1 =
   158.0040
>> x1 = imread('002','jpg');                      % 读取 RGB 图像
>> figure(2)
>> x1 = x1 - 100;                                 % 对图像数据进行运算
>> h2 = image(x1)
h2 =
   319.0035
>> [x2,map2] = imread('004.jpg');                 % 读取灰度图像
>> figure(3)
>> imagesc(x2,[10,60]);
```

程序分析：

由于 MATLAB 将图像都保存为矩阵，因此对图像的数据进行运算和修改就可以改变图像的内容，图像数据 -100 后颜色加深了。

（4）图像对象的常用属性 使用 image 和 imagesc 命令创建了图像窗口显示图像后，就可以通过图像对象的句柄来访问属性，常用的属性有 CData、XData 和 YData：

■ CData 属性是图像窗口对象的图像数据，如果 CData 是三维数组则是 RGB 图像，而如果是二维的则是索引图像或灰度图像。

■ XData 和 YData 分别是图像的尺寸，对于 m×n 的图像，默认的 XData 是［1，n］而 YData 是［1，m］，可以通过设置属性来修改图像。

【例 6-12 续】 获取图像并查看其常用属性。

```
>> cdatah = get(h1,'cdata');                      % 获取图像的数据
>> size(cdatah)
ans =
```

```
    320   240   3
>> xd = get(h1,'xdata')
xd =
     1    240
>> yd = get(h1,'ydata')
yd =
     1    320
```

程序分析：

cdatah 是三维数组，则“002. jpg” 文件的图像类型是 RGB 图像，图像大小为 320×240。

6.4.2 声音

MATLAB R2010a 除了支持图像的显示之外，也支持对声音文件的操作，可以对 . au、. wav 等各种 Windows 兼容的声音设备、录音和播音对象，以及音频信号进行读、写、获取信息和录制等。

1. 读取和写入声音文件数据

MATLAB R2010a 提供了 auread 和 wavread 函数分别读取 . au 和 . wav 声音文件的数据，auwrite 和 wavwrite 函数将声音数据写入文件，aufinfo 和 wavfinfo 函数用来获取 . au 和 . wav 文件的信息。

【例 6-13】 读取 WAV 声音文件的数据并获取声音文件的信息。

```
>> y = wavread('ding. wav');                    %读取声音文件
>> size(y)
ans =
    20191         2
>> yinf = wavfinfo('ding. wav')
yinf =
Sound (WAV) file
```

2. 播放声音文件

sound 和 soundsc 函数实现将向量转换为音频信号，并转换到 speaker 进行的播放；audioplayer 创建一个音频播放器对象，用来播放声音信号；beep 实现响铃。

【例 6-13 续】 播放 WAV 声音文件。

```
>> sound(y)                                     %播放声音
```

6.5 视频与动画设计

MATLAB 的 Demos 中有很多动画的应用程序，如 travel、truss、lorenz 等，通过动画的显示可以将工程运算演示得更精彩，也可以直接播放视频文件来实现动画效果。

6.5.1 视频

MATLAB R2010a 的视频帧称为 MATLAB Movie，是结构体类型，包括 cdata 和 colormap 两个域，分别用来存放图像数据和颜色表，通过 Movie 函数可以实现播放 AVI 视频文件，以及读取和生成 MATLAB Movie。

1. 获取视频文件的信息

mmfileinfo 函数用来获取各种多媒体文件的信息，包括视频和音频文件 . avi、. mpg、. wav、. mp3、. wma 和 . mid 等；aviinfo 函数用来获取视频或音频 . avi 文件的信息，使用 mmfileinfo 和 aviinfo 函数获取的文件信息是不同的。

【例 6-14】 获取视频 AVI 文件的信息。

```
>> favi. video = mmfileinfo('fox. avi')
favi =                %查看视频的 video 信息
     Filename: 'fox. avi'
     Duration: 4. 0666
         Audio: [1x1 struct]
         Video: [1x1 struct]
>> favi. Video
ans =
     Format: 'cvid'
     Height: 240
      Width: 320
```

2. 读取视频数据

(1) aviread 函数　aviread 函数可以读取 . avi 文件的数据，将 . avi 文件读入到 MATLAB Movie 结构体中，命令格式如下：

mov = aviread(filename,index)　　**%获取 filename 文件的视频帧**

说明：mov 是 MATLAB Movie 视频帧，是结构体类型；filename 是 . avi 文件名；index 是 . avi 文件的视频帧索引，第一帧的索引是 1，可省略。

(2) getframe 函数　getframe 函数用来获取 MATLAB Movie 视频帧，将图形对象读入到视频帧，getframe 函数的重要功能可以直接抓取当前坐标轴对象，命令格式如下：

f = getframe(h,rect)　　**%获取图形对象的视频帧**

说明：f 是 MATLAB Movie，是结构体类型；h 是图形对象的句柄，可省略；rect 是获取图形对象的区域，可省略，当 getframe 函数没有参数时，则读取当前坐标轴对象。

(3) 视频帧与图形对象的转换　视频帧是结构体，图形对象是矩阵数据，可以通过 im2frame 和 frame2im 函数进行相互转换，不过转换的图形对象必须是索引图像。

【例 6-14 续 1】 读取 AVI 文件的视频帧。

```
>> mov = aviread('fox. avi',1)                    %读取 . avi 文件的第一帧
mov =
          cdata: [240x320x3 uint8]
       colormap: []
>> [x,map] = frame2im(mov);                       %视频帧转换为图形对象
>> size(x)
ans =
     240     320     3
```

程序分析：

mov 是结构体，cdata 域是三维的图像，图像大小为 240×320×3。

3. 播放视频文件

movie 命令可以用来播放 MATLAB Movie。其命令格式如下：

movie(M,n)　　　　　　%将视频帧 M 播放 n 遍

【例 6-14 续 2】 播放 AVI 视频文件，播放的视频显示如图 6-29 所示。

```
>> mov = aviread('fox. avi');
>> size(mov)
ans =
    1      61
>> axis off
>> movie(mov,2)              %播放两遍
```

图 6-29　播放视频

程序分析：

aviread 将'fox. avi'文件的所有视频都读取到 mov 变量中，mov 为列向量共 61 帧，向量中的每个元素都是一个结构体。

6.5.2 以电影方式创建动画

MATLAB 产生动画的方式有两种：一种是以电影方式。另一种是以对象方式。

以电影方式是将多个画面逐帧播放，类似于电影的原理。创建动画的步骤如下：

1）使用 getframe 命令来抓取每个视频帧，视频帧以列向量保存到矩阵中，一般使用 for 循环来抓取并保存每个视频帧。

2）使用 movie 命令来播放视频帧矩阵。

【例 6-15】 以电影方式产生视频帧并播放动画，显示二阶系统当阻尼系数 ζ 在 0 ~ 1 范围内不断增大时，阶跃响应曲线的动画，阶跃响应表达式为 $y = 1 - \frac{1}{\sqrt{1-\zeta^2}}e^{-\zeta x}\sin\left(\sqrt{1-\zeta^2}x + a\cos\zeta\right)$，播放的视频如图 6-30所示。

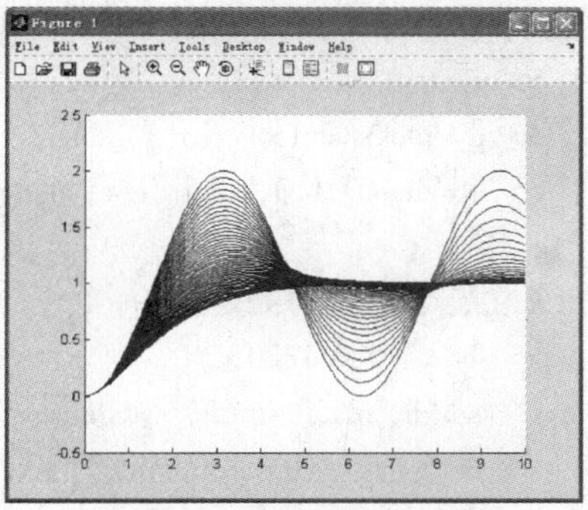

图 6-30　播放的视频

按照以下步骤创建动画：

1）使用 getframe 生成视频帧矩阵 MOV

```
>> x = 0:0.1:10;
>> n = 1
for k = 0:0.02:0.98
    y = 1 - 1/sqrt(1 - k^2) * exp( - k * x). * sin(sqrt(1 - k^2) * x + acos(k));
    plot(x,y);
    hold on
    axis([0,10, - 0.5,2.5])
    MOV(n) = getframe                    %保存当前坐标轴
    n = n + 1
end
```

2）播放视频

```
>> axis off
>> movie(MOV)
```

程序分析：

for 循环每次改变阻尼系数；MOV 变量是列向量，每个元素存放的是一个图形；movie 播放的视频帧默认坐标范围是 0～1。

6.5.3 以对象方式创建动画

以对象方式创建动画是保持图形窗口中大部分对象不变，通过重复绘制和擦除更新运动的部分来产生动画，擦除的方式不同动画的效果不同。

以对象方式创建动画不存储视频帧因此不需要占用大量的内存，可以快速产生实时的动画，但无法产生复杂的动画，效果不精美。创建动画的步骤如下：

（1）绘制背景图。

（2）设置对象擦除属性　设置动作对象的擦除属性，擦除属性 EraseMode 有 4 种：normal 是重画整个图形；background 是擦除背景，会擦除对象和它下面的其他图像；xor 是只画与背景色不一致的新对象点，擦除不一致的原对象点，通常这种方式用来创建动画；none 是不做任何擦除。

（3）确定对象的新位置　计算得出动作对象每次的新位置，设置对象的 xdata 和 ydata 属性。

（4）刷新屏幕　绘制了新对象后应该刷新屏幕，使新对象显示出来。刷新屏幕用 drawnow 命令实现。

【例 6-16】　以对象方式创建动画，显示一个红色圆点沿三维曲线移动的动画，如图 6-31 所示。

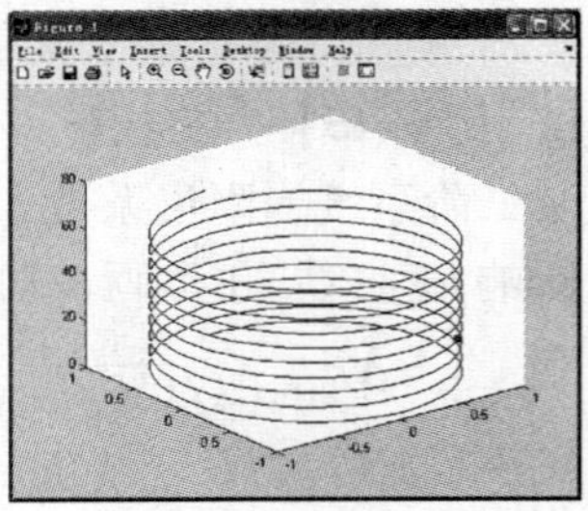

图 6-31　显示动画

```
>> x = 0:0.1:20 * pi;
>> p = plot3(sin(x),cos(x),x);
>> h = line(0,1,0,'color','red','marker','.','markersize',20,'erasemode',
'xor');
% 在起点(0,1,0)处定义一个红色的圆点并设置擦除方式
>> for k = 0:0.1:20 * pi
    set(h,'xdata',sin(k),'ydata',cos(k),'zdata',k)
    % 设定红点的(x,y,z)位置
    drawnow          % 刷新屏幕
end
```

程序分析：

line 对象的 marker 属性用来设置标记的类型；擦除方式如果使用 normal 效果也一样，如果使用 background 则会将红色小圆点经过的地方都擦除。

6.6 综合应用举例

【例 6-17】　创建一个用户界面分析 RLC 电路，在坐标轴中显示 RLC 电路图图像，用户在文本框中输入 R、L、C 参数后，单击“计算传递函数”按钮计算并显示传递函数，单击“画图”按钮在坐标轴中绘制阶跃曲线，运行界面如图 6-32b 所示。

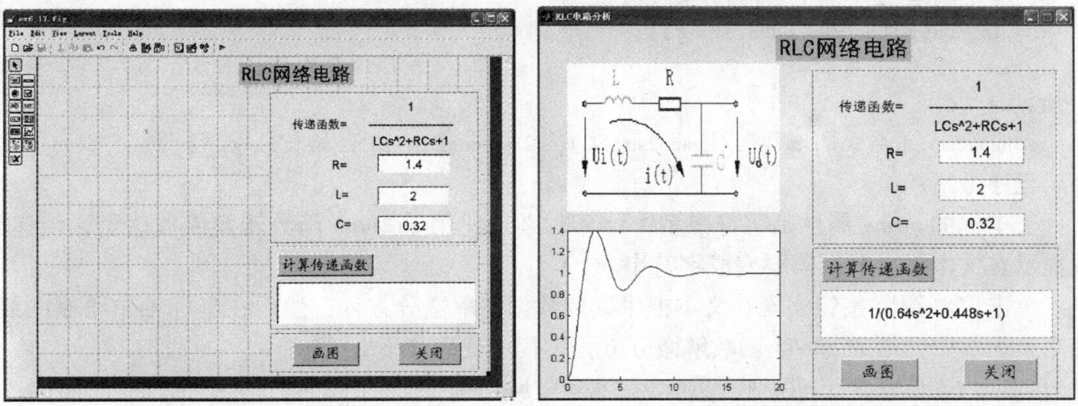

a) 设计界面　　b) 运行界面

图 6-32　设计和运行界面

界面设计如图 6-32a 所示，在用户界面中添加一个静态文本框显示标题，在窗口的左侧添加三个面板，第一个面板中添加静态文本框和文本框，第二个面板中添加按钮和文本框，第三个面板中添加两个按钮，分别设置各控件的字体属性和 string 属性，调整控件的位置，在此不详细介绍了，设计时在用户设计界面中不添加坐标轴。

在 M 文件编辑器窗口中设计程序，包括 OpeningFcn 函数、三个按钮的 callback 函数和子函数“ex6 _ 17 _ 1”。

（1）打开窗口函数“ex6 _ 17 _ OpeningFcn”　在窗口打开时添加两个坐标轴，将'006. bmp'文件显示在上面一个坐标轴中，'006. bmp'是 RLC 电路图，程序代码如下：

```
function ex6_17_OpeningFcn(hObject, eventdata, handles, varargin)
......
clear global                                          %清空全局变量
set(gcf,'name','RLC 电路分析')                         %修改窗口名称
bmp1 = imread('006. BMP');
h1_1 = axes('position',[0.05,0.5,0.4,0.4]);
image(bmp1);                                          %显示 RLC 电路图
axis off
h1_2 = axes('position',[0.05,0.05,0.4,0.4]);
axis off
```

程序分析：

使用句柄对象创建两个坐标轴；清空全局变量，防止 MATLAB 工作空间对全局变量进行修改；image 函数用来显示读取的 BMP 文件，默认在当前坐标轴中显示。

（2）控件的 callback 函数　三个按钮被单击时调用相应的 callback 函数，单击“计算传递函数”按钮实现从文本框中读取数据并计算，将计算后的传递函数显示在文本框中，程序代码如下：

```
function pushbutton1_Callback(hObject, eventdata, handles)
```

```
%计算传递函数
R = str2num(get(handles.edit1,'string'));
L = str2num(get(handles.edit2,'string'));
C = str2num(get(handles.edit3,'string'));
RC = R * C;
LC = L * C;
set(handles.edit4,'string',['1/','(',num2str(LC),'s^2 + ',num2str(RC),'s + ','1',')']);
```

程序分析：

文本框的 string 属性是字符串型，计算时必须使用 str2num 函数转换成数值型，传递函数显示在文本框中时则需要变成字符串。

单击“画图”按钮实现在文本框中读取数据并解微分方程，然后在坐标轴中绘制曲线，使用第 5 章中介绍的 ode45 函数解微分方程，程序代码如下：

```
function pushbutton2_Callback(hObject, eventdata, handles)
%画图按钮
global RC;
global LC;
ts = [0,20];
y0 = [0;0];
R = str2num(get(handles.edit1,'string'));
L = str2num(get(handles.edit2,'string'));
C = str2num(get(handles.edit3,'string'));
RC = R * C;
LC = L * C;
[t,y] = ode45(@ex6_17_1,ts,y0);
plot(t,y(:,1));
```

程序分析：

解微分方程的 ode45 函数需要调用子函数“ex6_17_1”，因为微分方程的系数是由文本框输入的变量，因此使用全局变量来实现数据的传送比较方便。

单击“关闭”按钮关闭窗口，程序代码如下：

```
function pushbutton3_Callback(hObject, eventdata, handles)
%关闭
close(gcf)
```

（3）子函数“ex6_17_1” 子函数“ex6_17_1”实现定义微分方程组，RLC 电路是二阶微分方程，设输入电压 $U_i = 1$，将二阶微分方程 $LC\frac{d^2U_C(t)}{dt^2} + RC\frac{dU_C(t)}{dt} + U_C(t) = U_i$ 转换为一阶微分方程组，设 $y_1 = U_C$，则 $\begin{cases}\frac{dy_1}{dt} = y_2 \\ \frac{d^2y}{dt^2} = -\frac{RC}{LC}\frac{dy_1}{dt} - \frac{1}{LC}y_1(t) + \frac{1}{LC}\end{cases}$

程序代码如下：

```
function yp = ex6_17_1(t,y)
```

```
%EX6_17_1 一阶微分方程组
global RC;    %声明全局变量
global LC;
yp=[y(2);-RC/LC*y(2)-1/LC*y(1)+1/LC];
```

程序分析：

全局变量需要在使用的函数中再次声明，子函数“ex6_17_1”可以在“ex6_17.m”文件中的任意位置。

习　题

1. 选择题

（1）在多个句柄对象中，句柄是 1 的应该是________对象。

A. 根对象　　B. 坐标轴　　C. 窗口　　D. 屏幕

（2）运行以下命令，正确的说法是________。

```
>> h_a=axes('position',[0.1,0.1,0.5,0.5])
```

A. 在窗口中位置为（0.1，0.1）处创建坐标轴

B. 在窗口中位置为（0.1，0.5）处创建坐标轴

C. 在窗口中位置为窗口横坐标的 1/10 处创建坐标轴

D. 在窗口中创建宽度为 0.5 的坐标轴

（3）在窗口中创建两个坐标轴，运行以下命令，正确的说法是________。

```
>> plot(x,sin(x))
>> plot(x,cos(x))
```

A. 分别在两个坐标轴中绘制正弦和余弦曲线

B. 显示为当前坐标轴中余弦曲线

C. 当前没有被鼠标点击过的坐标轴，因此不在坐标轴中绘制曲线

D. 另外创建两个坐标轴绘制正弦和余弦曲线

（4）运行以下命令，则实现的功能是________。

```
>> h_l=line(x,y);
>> set(get(h_l,'parent'),'color','y')
```

A. 获取图形窗口的颜色属性

B. 设置图形窗口的颜色属性

C. 获取坐标轴的颜色属性

D. 设置坐标轴的颜色属性

（5）________对象有 OpeningFcn 函数。

A. pushbutton　　B. axes　　C. figure　　D. root

（6）一组________控件使用 Button Group 作为容器后，每次只能选中一个。

A. pushbutton 和 Toggle Button　　B. Radio Button 和 Check Box

C. pushbutton 和 Radio Button　　D. Radio Button 和 Toggle Button

（7）滚动条的 max=30，min=20，SliderStep=[0.1 0.2]，则________。

A. 单击一次右端箭头则 value 是 25　　B. 单击一次右端箭头则 value 增加 1

C. 单击一次滚动条则 value 增加 2　　D. 单击一次滚动条则 value 改变 1

（8）灰度图像文件保存时________。

A. 使用一个三维矩阵和一个二维矩阵　　B. 使用两个二维矩阵

C. 使用一个三维矩阵　　D. 使用一个二维矩阵

(9) 保存 AVI 文件的 MATLAB Movie 是________。

A. 字符串　　B. 矩阵　　C. 结构体　　D. 句柄

(10) 对象的擦除属性 EraseMode 中，能实现将对象运动轨迹显示出来是________方式。

A. xor　　B. background　　C. none　　D. normal

2. 使用句柄对象创建坐标轴并绘制 $y=e^{-x}\sin(x)$ 曲线，如图 6-33 所示。

3. 创建用户界面，使用两个滚动条输入电流和电阻，并使用两个文本框显示滚动条的值，单击按钮在文本框中显示计算出的电压。

4. 创建一个菜单，要求菜单名为 options，两个下拉菜单 grid 和 box；grid 的两个下拉菜单分别有 grid on 和 grid off，box 的两个下拉菜单分别有 box on 和 box off 子菜单项。

5. 创建用户界面，使用列表框输入颜色，使用两个单选按钮选择正弦或余弦，单击按钮在坐标轴中绘制曲线，运行界面如图 6-34 所示。

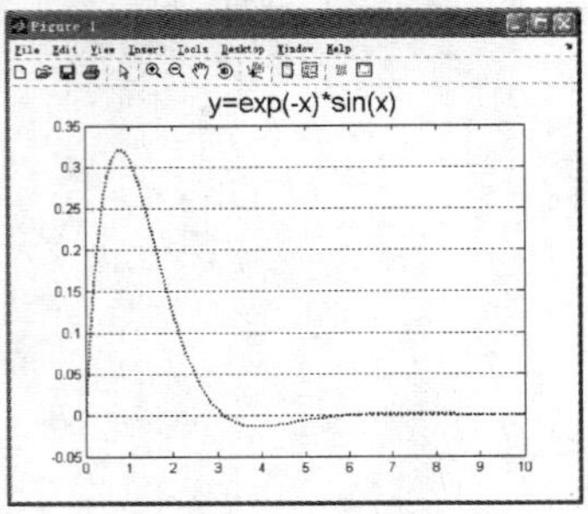

图 6-33　显示图形

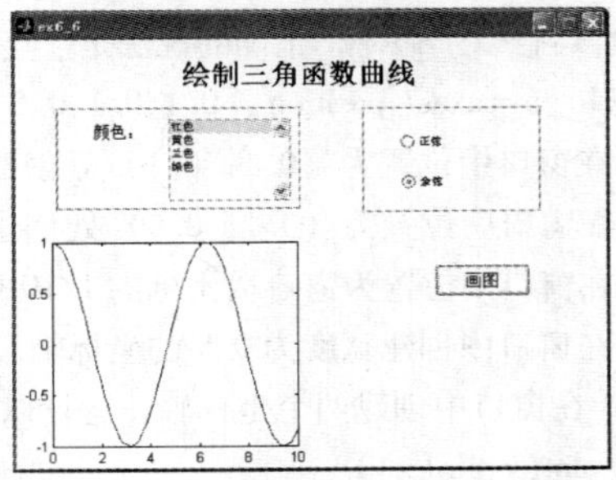

图 6-34　运行界面

6. 使用输入对话框输入一个正弦信号的幅值和相角，默认值为 1 和 0，并使用消息框重新显示输入的幅值和相角值。

7. 使用打开文件对话框显示 *.m 文件，并获取文件名和路径。

8. 读取一个 .jpg 图像，查看其图像信息并写入一个 .bmp 图像文件中，查看其图像信息的不同。

9. 读取一个 .jpg 图像，将图形数据乘 2，并显示两个图像的不同。

10. 读取一个 .wav 声音文件，将数组扩大 3 倍，查看数据尺寸并播放声音。

11. 以电影方式设计一个动画图形，动画地绘制正弦曲线。

12. 以对象方式创建一个动画图形，在红色的正弦曲线上一个蓝色球沿曲线运动。

第7章 Simulink 仿真环境

系统仿真的通俗说法就是模拟实验，Simulink 是 MATLAB 的仿真工具箱，是快速、准确地仿真工具。MATLAB R2010a 使用的是 Simulink 7.3 版，Simulink 支持线性、非线性以及混合系统，也支持连续、离散和混合系统，还支持多种采样频率的系统。

本章主要介绍使用 Simulink 建立系统模型，并实现系统的仿真和分析。

7.1 Simulink 的概述

1. Simulink 的特点

1）设计简单，系统结构使用框图绘制，以绘制模型化的图形代替程序输入，以鼠标操作代替编程。

2）分析直观，用户不需要考虑系统模块内部，只要考虑系统中各模块的输入、输出。

3）仿真快速、准确，智能化地建立各环节的方程，自动地在给定精度要求下以最快速度仿真，还可以交互式地进行仿真。

2. Simulink 的典型模型结构

Simulink 的模型是由模块和连接构成的。

Simulink 的典型模型通常由三部分组成，分别是输入、状态和输出模块，如图 7-1 所示。输入模块提供信号源，包括信号源、信号发生器和用户自定义信号等；状态模块是被模拟的系统，是系统建模的核心；输出模块是信号显示模块，包括图形、数据和文件等。

图 7-1　模型结构

每个系统的模型不一定要包括三个部分，也可以只包括两个或一个部分。

3. Simulink 的文件

Simulink 保存的模型文件是 . mdl 文件，. mdl 模型文件是结构化的 ASCII 文件，描述了模型的关键字和各种参数，可以使用文字处理软件打开和修改 . mdl 文件。

4. Simulink 的帮助

在 MATLAB 帮助浏览器窗口的 Contents 和 Demos 选项卡中，都有专门针对 Simulink 的帮助信息。尤其是在 Demos 中可以查看各种复杂的仿真例题演示。

例如，在 MATLAB 命令窗口输入“ >> demo simulink”，就看到打开的 Demo 窗口，选择一个模型单击打开，可以查看文字说明并通过单击“Open this model”超链接来打开相应的 . mdl 模型文件。

7.2 Simulink 的工作环境

在 MATLAB 的命令窗口输入“simu－link”，或单击工具栏中的图标，就可以打开 Simulink 模块库浏览器（Simulink Library Browser）窗口，如图 7-2 所示。

模块库浏览器窗口分为左、右两栏，左侧以树状结构列出的是模块库和工具箱，右侧列出的是左侧所选模块库中所有的子模块库，每个模块的功能说明在说明栏中显示；单击右栏中子模块库名前面的 ⊞ 或双击子模块库名就打开子模块库查看其中的模块；在搜索栏中还可以通过输入名称来查找相应的模块。

图 7-2　模块库浏览器

7.2.1 一个简单的 Simulink 实例

下面介绍一个简单的实例，演示模型建立的步骤。

【例 7-1】 将一个阶跃输入信号送到积分环节，并将积分后的信号送到示波器显示。

1. 创建空白模型

单击工具栏上的图标或选择菜单“File”→“New”→“Model”，就可创建默认名为“untitled”的空白模型。

2. 添加模块

典型模型由输入、状态和输出模块组成，输入模块一般在输入信号源子模块库(Source）中，在图 7-2 中单击该子模块库，将阶跃信号（Step）拖放到空白模型窗口中；状态是积分环节，因此在连续系统子模型库（Continuous）中，选择积分模块（Integrator）拖放到模型窗口；输出模块是示波器，在接收模块库（Sinks）中选择示波器模块（Scope）拖放到模型窗口中。

3. 添加连接

将独立的模块添加信号线连接起来，将鼠标放在 Step 模块的输出端，当光标变为十字符时，按住鼠标左键拖向 Integrator 模块的输入端，同样将 Integrator 的输出端与 Scope 的输入端连接，连接后的模型如图 7-3 所示。

4. 仿真

开始仿真，单击图 7-3 中模型窗口工具栏中的图标▶，或者选择菜单“Simulation”→“Start”，开始仿真。然后双击模型窗口中的“Scope”模块，则出现示波器显示屏，单击示波器工具栏上的按钮来自动调节刻度，可以看到黄色的斜坡曲线，如图 7-4 所示，Simulink 默认的仿真时间是 10s。

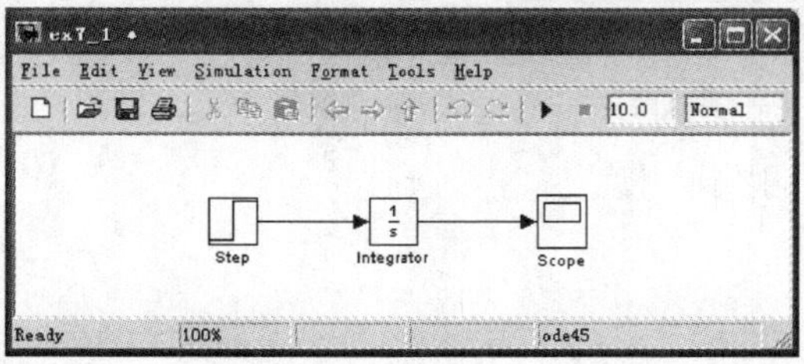

图 7-3　模型显示

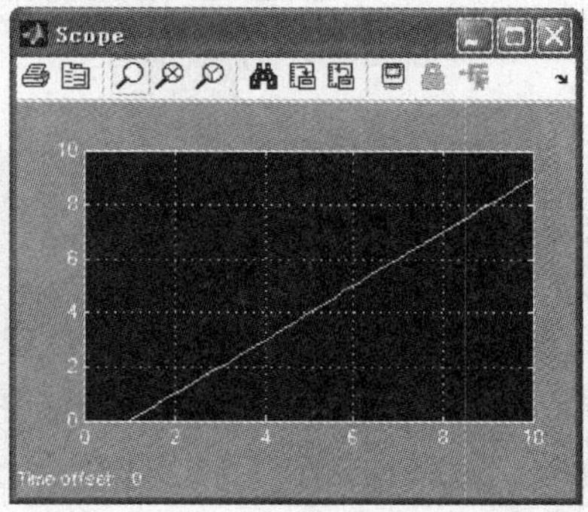

图 7-4　示波器显示

5. 保存模型

单击工具栏的图标，将该模型保存为“ex7 _ 1. mdl”文件。

可以看出 Simulink 创建模型是非常简便的，通过鼠标的拖动就可以将各模块连接起来构成模型，仿真运行快速准确，仿真结果在示波器上查看起来直观。

7.2.2 Simulink 的模型窗口

Simulink 模型的创建和打开有多种方法，可以在前面出现的多个窗口中实现。

1）在 MATLAB 环境中创建和打开，选择 MATLAB 的菜单“File”→“New”→“Model”，或“File”→“Open”。

2）在图 7-2 的 Simulink 模块库浏览器窗口，选择菜单“File”→“New”→“Model”，或“File”→“Open”菜单。

3）在图 7-3 的 Simulink 模型窗口选择菜单“File”→“New”→“Model”，或“File”→“Open”菜单。

Simulink 模型的创建和仿真都是在模型窗口中进行的，模型窗口包括菜单、工具栏、模型设计区和状态栏，如图 7-5 所示为模型窗口。

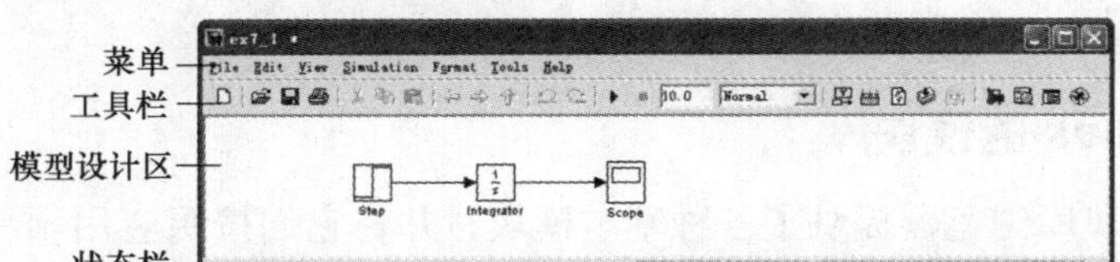

图 7-5　模型窗口

模型窗口中的模型设计区用来创建和修改模型：

■ 工具栏如图 7-6 所示，包含了常用的工具。

■ 状态栏用来显示系统仿真的状态，“Ready”表示模型已准备就绪，“100%”表示编辑窗模型的显示比例，“ode45”表示仿真所选用的积分变换算法，在仿真过程中，状态栏还会出现动态信息。

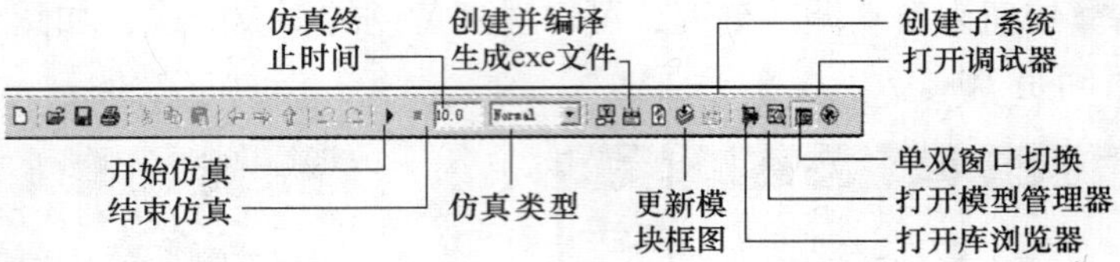

图 7-6 工具栏

7.2.3 Simulink 的工作原理

Simulink 的仿真过程虽然不需要用户了解模块内部的编程，但应了解 Simulink 仿真的工作原理。仿真包括以下几个步骤：

1. 模型编译

Simulink 引擎调用模型编译器，将模型编译成可执行的形式。

编译器主要完成的功能有：对模块参数进行评估以确定它们的实际值，确定信号属性，传递信号属性并检查每个模块是否能接收输入端的信号、优化模块、展平模型的继承关系、确定模块运行的优先级和确定模块的采样时间等。

2. 连接

分配和初始化存储空间，按执行次序排列的方法创建运行列表，以便定位和存储每个模块的状态和当前值输出。

3. 仿真执行

从仿真的开始时间到终止时间，每隔一个时间点就按顺序计算系统的状态和当前值输出。

仿真执行包括两个阶段：

1）初始化阶段，只执行一次，用于初始化系统的状态和输出。

2）迭代阶段，每隔一个时间步就重复执行一次，用于计算并更新模型新的输入、状态和输出。每个仿真步都做如下操作：按照模块的排列顺序，更新模型中所有模块的输出；更新模型中所有模块的状态；根据用户的设置决定是否检测模块连续状态中的不连续性；计算下一个时间步的时间。

7.2.4 Simulink 的模块库

Simulink 的模块库浏览器提供了各种基本模块，并将它们按照应用领域和功能进行分类以方便用户查找。

Simulink 的基本模块包括多个子模块库，如图 7-7 所示。

■ 通用模块库（Commonly Used Blocks）
■ 连续系统库（Continuous）
■ 非线性系统库（Discontinuities）
■ 离散系统库（Discrete）
■ 接收模块库（Sinks）
■ 输入信号源库（Sources）
■ 数学运算库（Math Operations）
■ 逻辑和位运算库（Logic and Bit Operations）
■ 端口与子系统库（Ports & Subsystems）
■ 用户定义函数库（User - Defined Functions）
■ 附加增减和离散模块库（Additional Math & Discrete）

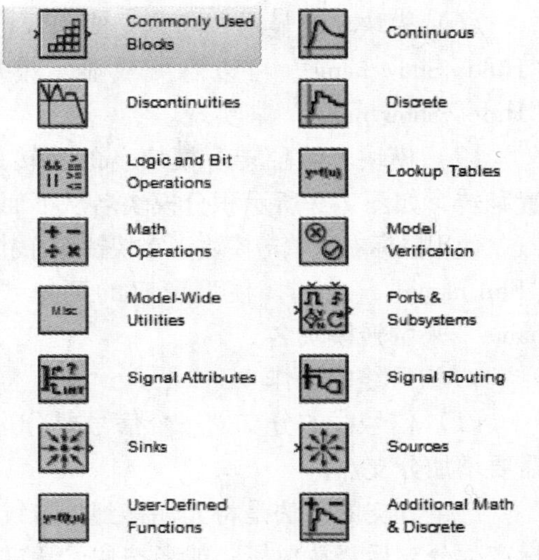

图 7-7　子模块库

7.3 建立模型

7.3.1 创建模型

创建模型就是将模块和信号线连接起来构成模型，信号线是用来连接模块并传送信号的。

1. 模块的操作

将模块添加到模型窗口后，单击选中模块时四角处会出现小黑块编辑框，这时就可以对模块进行操作。

（1）改变大小　用鼠标拖动编辑框来改变模块的大小。

（2）移动　使用鼠标拖动模块可以将模块移到同一个模型的另一位置；当模块移动时，与之相连的连线也随之移动。在不同模型窗口之间移动模块时应同时按下 Shift 键。

（3）复制　在同一个模型窗口中复制模块，在选定模块的同时按住 Ctrl 键，将对象拖动到另一位置；在不同模型窗口中复制模块，只要将对象拖动到另一模型窗口即可；也可以使用“Copy”和“Paste”来实现。

（4）模块的翻转　默认状态下的模块总是输入端在左，输出端在右，有时需要翻转模块，如图 7-8 中示波器模块旋转 90°。

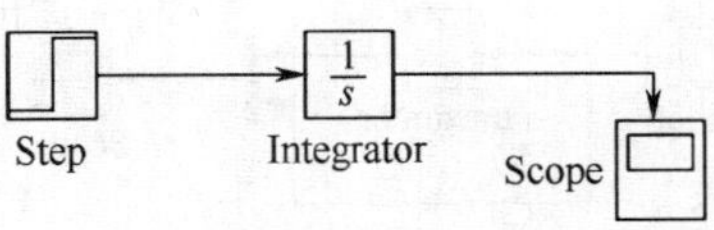

图 7-8　翻转示波器模块

翻转模块可以使用鼠标右键单击模块，在快捷菜单中选择“Format”→“Flip Block”将模块旋转 180°；选择“Format”→“Rotate Block”将模块旋转 90°；也可以选择模型窗口菜单“Format”→“Flip Block”或选择“Rotate Block”。

如果一次翻转不能达到要求，可以多次翻转来实现。

（5）修改模块名　单击模块下面或旁边的模块名，出现虚线编辑框就可对模块名进行修改。

（6）模块名的显示和隐藏 使用鼠标右键单击模块，在快捷菜单中选择“Format”→“Hide /Show name”可以隐藏或显示模块名，也可以选择模型窗口的菜单“Format”→“Hide /Show name”来实现。

（7）模块名的翻转 模块名的翻转是指将模块名的位置翻转，如图 7-9 所示积分模块名从下面翻转到上面。

使用鼠标右键单击模块，在快捷菜单中选择“Format”→“Flip name”，或选择模型窗口的菜单“Format”→“Flip name”来翻转模块名。

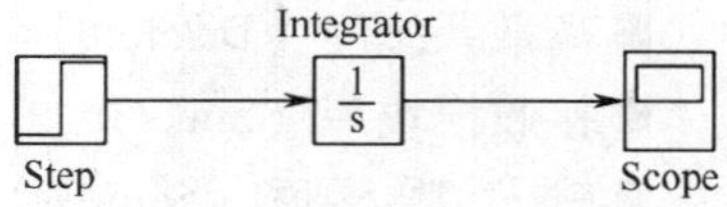

图 7-9 积分模块名翻转

2. 信号线的操作

（1）信号线的分支 一个信号要分送到不同模块，需要将一条信号线分成多条，因此需要增加分支点。

产生分支的方法是将光标移到信号线的分支点上，按鼠标右键光标变为十字符，拖动鼠标产生分支后释放鼠标；或者按住 Ctrl 键，同时按下鼠标左键拖动鼠标产生分支释放鼠标。

（2）信号线的折线 产生折线的方法是将光标移到信号线的折点处，按 Shift 键的同时按下鼠标左键，当光标变成小圆圈时，用鼠标拖动折线上的小圆圈形成折线。

（3）信号线的文本注释 双击需要添加文本注释的信号线，则出现一个空的文字填写框用于输入信号线文本；单击需要修改的文本注释，出现虚线编辑框即可修改文本；单击文本注释，出现编辑框后，就可以移动文本。

（4）信号线与模块分离 将鼠标光标放在要分离的模块上，按住 Shift 键时将模块拖离信号线。

【例 7-2】 将例 7-1 的阶跃输入信号积分后的信号和阶跃信号都送到示波器进行比较。

将阶跃信号（Step）、积分环节和示波器拖放到模型窗口中后，因为需要将两个信号都送到示波器，因此需要添加一个复路器 Mux，复路器 Mux 在“Signal Routing”子模块库中。

连接各模块，阶跃信号需要送到两个模块，因此要产生分支信号，在各信号线上添加文本，绘制的模型如图 7-10a 所示，仿真运行后波形在示波器中的显示如图 7-10b 所示。黄色曲线是积分后的斜坡信号，粉红曲线是阶跃信号的直接输出。

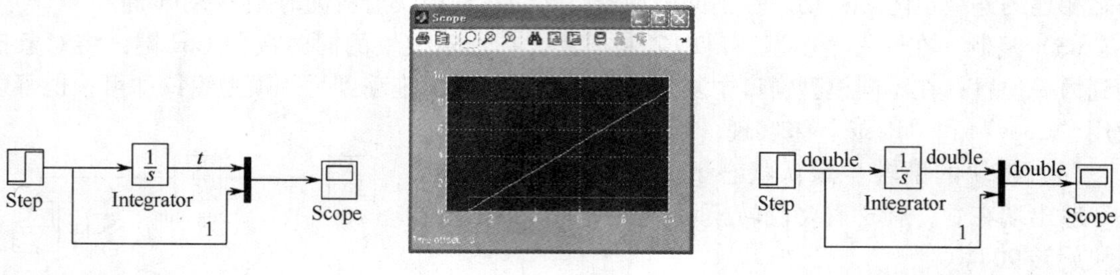

a) 模型结构　　b) 示波器　　c) 显示数据类型的模型结构

图 7-10 模型结构和示波器

3. 模型的文本注释

在模型窗口需要添加文本注释的位置，双击鼠标就会出现编辑框，在编辑框中输入文字注释。

4. 模块支持的数据类型

选择菜单“Format”→“Port/Singal Displays…”→“Port Data Types”，则显示出每个模块支持的数据类型。例如，在图 7-10c 中各模块的输入、输出数据类型都是 double 型。

7.3.2 仿真参数的设置

在模型仿真运行过程中，Simulink 按默认的仿真参数仿真，但不同的系统有不同的仿真要求，因此需要对仿真参数进行设置。在模型窗口选择菜单“Simulation”→“Configuration parameters…”或直接按快捷键“Ctrl + E”，则会打开参数设置对话框，如图 7-11 所示。包括仿真器参数（Solver）、工作空间数据输入/输出（Data Import/Outport）、优化设置（Optimization）、诊断参数（Diagnostics）、硬件实现（Hardware Implementation）、模型引用（Model Referencing）和实时工作间（Real - Time Workshop）等设置。

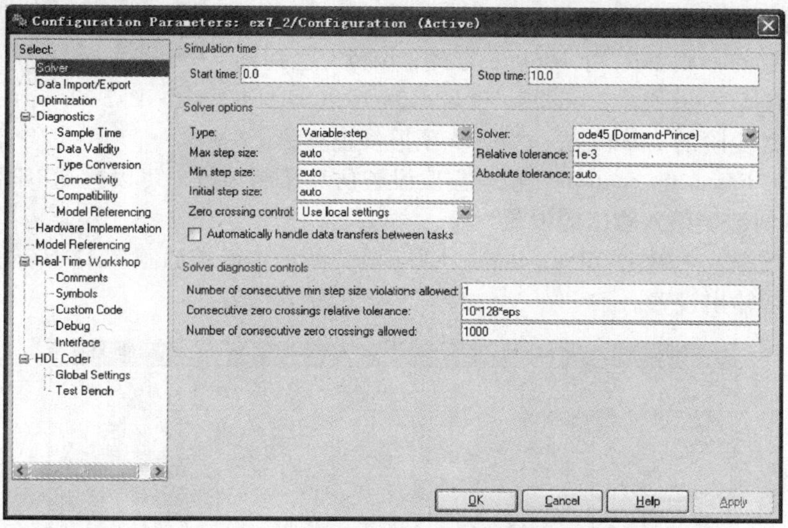

图 7-11 Solver 参数设置

1. 仿真器参数设置

仿真器参数设置（Solver）主要包括仿真时间（Simulation time）和仿真步长模式（Solver options）设置。

（1）仿真时间

仿真的起始时间（Start time）：默认为 0，单位为 s。

仿真的结束时间（Stop time）：默认为 10，单位为 s。注意，仿真时间是计算机的定时时间而不是实际时间。

（2）仿真步长模式 仿真的过程一般是求解微分方程组，“Solve options”的内容是针对解微分方程组的设置。

“Type”是设置求解的类型，“Variable - step”表示仿真步长是变化的，“Fixed - step”表示固定步长。采用变步长解法时，通过指定容许误差限和过零检测，当误差超过误差限时自动修正步长，容许误差限的大小决定了求解的精度。有以下设置：

■ “Max step size”：设置最大步长，默认为 auto，最大步长 =（Stop time − Start time）/50。

■ “Min step size”：设置最小步长，默认为 auto。

■ “Initial step size”：设置初始步长，默认为 auto。

■ “Relative tolerance”：设置相对容许误差限。

■ “Absolute tolerance”：设置绝对容许误差限。

例如，将“Stop time”设置为 20，“Relative tolerance”设置为 1e − 1，仿真例 7-2 则示波器的显示如图 7-12 所示。

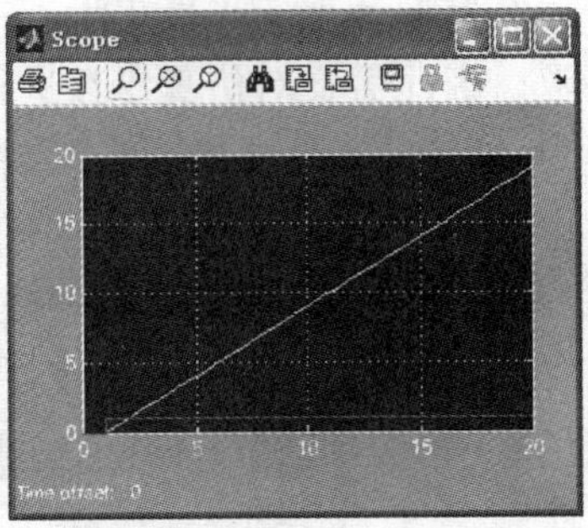

图 7-12　示波器显示

“Solver”：设置仿真解法的具体算法类型。变步长的算法有 discrete、ode45、ode23、ode113、ode15s、ode23s、ode23t 和 ode23tb，默认使用 ode45；定步长的算法有 discrete、ode5、ode4、ode3、ode2 和 ode1。这些算法中 ode45 为四/五阶龙格库塔法适用于大多数连续或离散系统；如果模型全部是离散的，则都采用 discrete 方式；ode23 达到同样精度时比 ode45 的步长小；ode23s 和 ode15s 可以解 Stiff 方程；ode113 是变阶的 Adams 法，为多步预报校正算法。

（3）Solver diagnostic controls　根据需要设置仿真诊断参数，可以达到不同的输出效果。

2. 工作空间数据输入输出的设置

工作空间数据输入输出（Data Import/Outport）的设置面板如图 7-13 所示，用于工作空间数据的输入、输出设置。

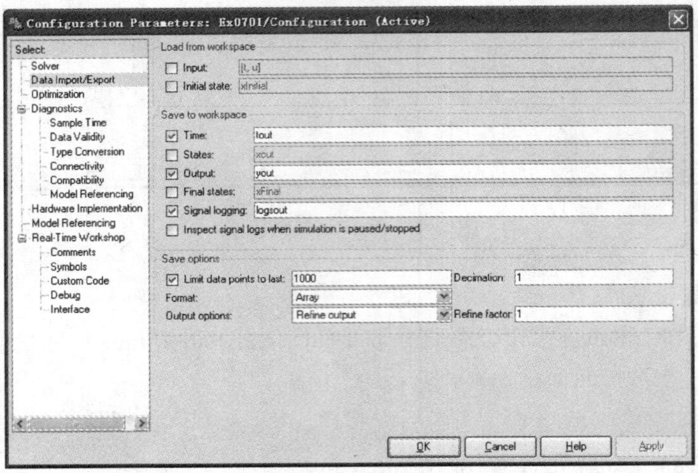

图 7-13　Data Import/Outport 参数设置

（1）从工作空间装载数据（Load from workspace）　“Input”栏是从工作空间输入变量到模型的输入端口，例如，［t，y］中的 y 送到输入端口，如果还有输入端口可以再增加列变量。

“Initial state”栏是将工作空间中的 xInitial 变量作为模型所有内状态变量的初始值。

（2）保存数据到工作空间（Save to workspace）　“Time”栏的默认变量 tout，“States”栏的默认变量 xout，“Output”栏的默认变量 yout，“Final state”栏的默认变量是 xFinal。

（3）变量保存设置（Save options）　Save options 必须与 Save to workspace 配合使用。

■“Limit data points to last”栏用来设定保存变量接收的数据长度，默认值为 1000，如果输入数据长度超过设定值，则历史数据就被清除。

■“Format”栏用来设置保存数据的三种格式：包括数组、结构数组、带时间量的结构数组。

7.3.3　常用模块的设置

在创建模型时，每个模块的参数可以直接使用默认设置，如果需要修改参数则要打开模块的参数对话框。

打开参数设置对话框的方法有：

■双击模块。

■或者用鼠标右键单击模块，在快捷菜单中选择“Block Parameters…”，各模块的参数对话框最上面都显示了模块的功能。

1. 正弦信号模块

Sine Wave 模块用来提供正弦信号（Sine Wave），在“Sources”子模块库中，模块参数对话框如图 7-14 所示。主要参数有：

■Time：时间范围，有两个选择“Use simulation time”和“Use external signal”，可以使用仿真时间或用其他信号为时间范围。

■Amplitude、Bias、Frequency 和 Phrase：分别是正弦幅值、幅值偏移量、正弦频率和初始相角。

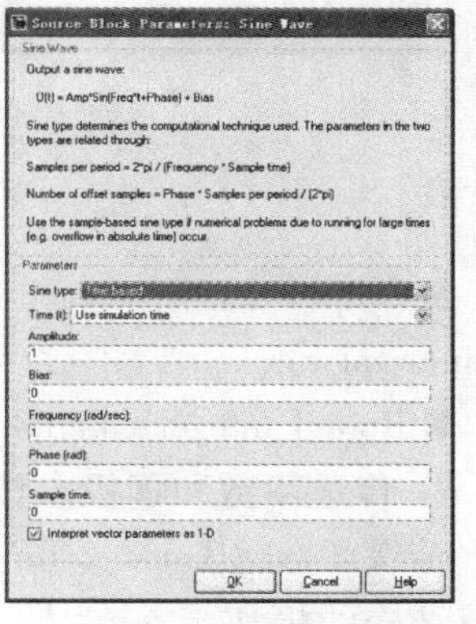

图 7-14　正弦信号模块的参数

2. 从工作空间获取数据和从文件获取数据

从工作空间获取数据（From workspace）和从文件获取数据（From file）分别是从工作空间和 MAT 文件输入数据，都在“Sources”子模块库中，其模块参数对话框分别如图 7-15a 和图 7-15b 所示。主要参数分别有：

■Data：设置工作空间的变量名，默认为 simin。

■File name：设置文件名，默认为 untitled. mat。

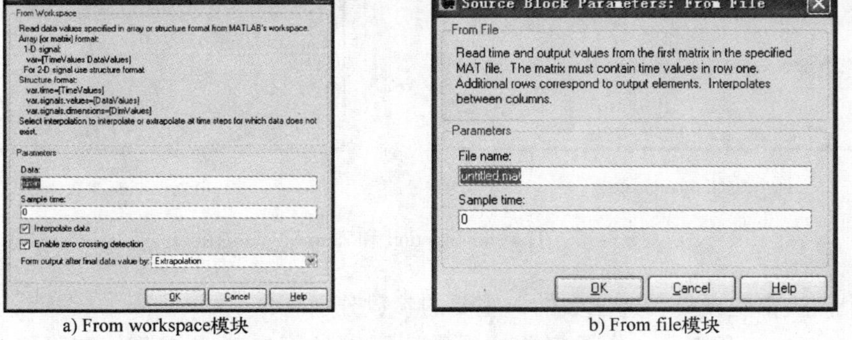

a) From workspace模块　　　　b) From file模块

图 7-15　模型框图和示波器显示

3. 求和模块

求和模块（Sum）用来计算信号的和，它在“Math Operations”子模块库中。模块参数对话框如图 7-16 所示有两个选项卡：“Main”设置主要参数，“Signal Data Type”设置信号的数据类型。主要参数有：

■ Icon shape：图标形状，可以设置为“Round”圆形和“Rectangle”方形。

■ List of signs：信号极性列表，“+”表示信号求和，“-”表示信号求差。

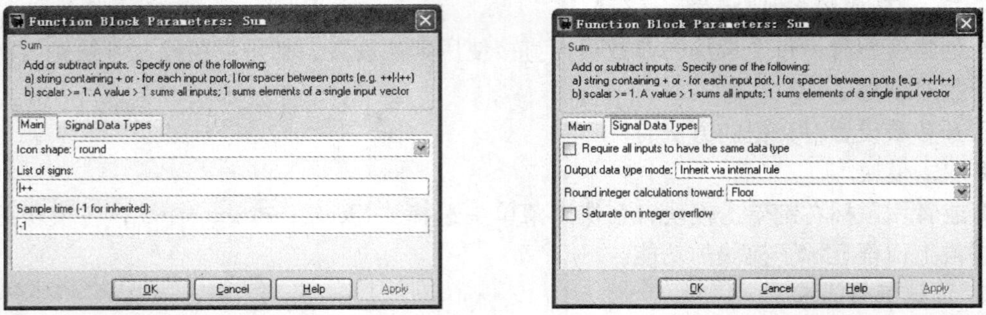

a) Main选项卡　　b) Signal Data Type选项卡

图 7-16　Main 和 Signal Data Type 选项卡

■ Output data type mode：输出信号数据类型，可以选择各种数据类型，默认为“Inherit via internal rule”。

■ Round integer calculations toward：取整方向，可以选择数值取整的函数。

4. 传递函数和零极点传递函数

传递函数（Transfer function）和零极点传递函数（Zero - Pole）模块都是用来构成连续系统结构的模块，它在“Continuous”子模块库中。其模块参数对话框分别如图 7-17a、b 所示。

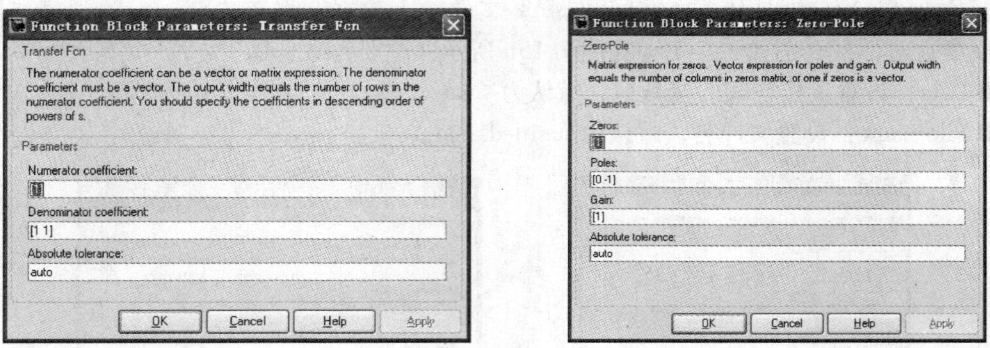

a) Transfer function 参数　　b) Zero-Pole 参数

图 7-17　Transfer function 和 Zero - Pole 参数

这两个模块都是设置传递函数的，主要的参数分别有：

■ Numerator coefficient：分子多项式系数，可以是行向量或矩阵，按降幂排列默认为[1]。

■ Denominator coefficient：分母多项式系数，是行向量或矩阵，按降幂排列，默认为［1 1］。

■ Zeros、Poles：分别是零点和极点，为行向量，每个元素都是一个零点或极点。

■ Gain：增益，默认为［1］。

【例 7-3】 创建一个单位负反馈的二阶系统，输入为阶跃信号，将输出送到示波器显示。

将 Step 阶跃信号、Sum 求和模块、Zero－Pole 零极点传递函数和 Scope 示波器拖放到模型窗口中；然后连接信号线，构成反馈回路。

设置模块的参数，将 Step 的 “Step time” 设置为 “0”；Sum 的 “List of signs” 设置为 “| + -”；将 Zero－Pole 模块的 “Zeros” 设置为 “［］”，“Poles” 设置为 “［0 －2］”，“Gain” 设置为 “10”，则模型框图如图 7-18a 所示，示波器显示如图 7-18b 所示。

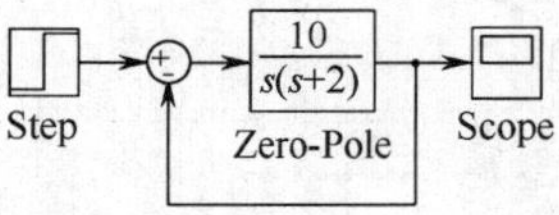

a) 模型框图

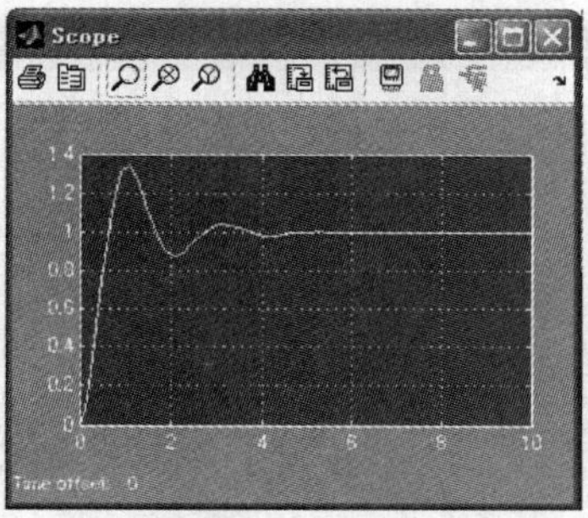

b) 示波器显示

图 7-18 模型框图和示波器显示

5. 零阶保持器

零阶保持器（Zero－Order Hold）模块实现以指定采样频率采样和保持的输入信号，它在 “Discrete” 子模块库中。其模块参数对话框如图 7-19 所示。

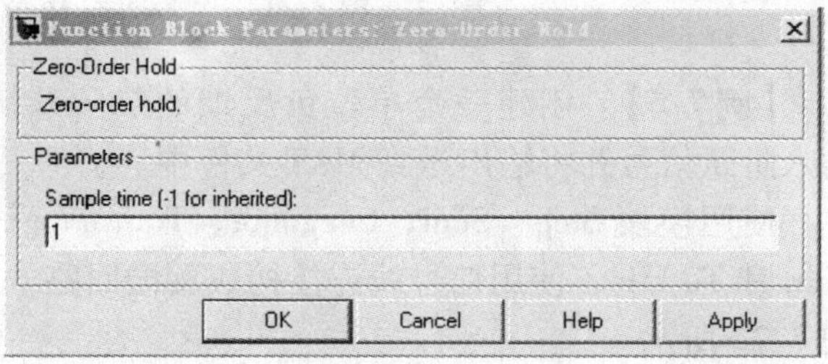

图 7-19 Zero－Order Hold 模块参数

图中 “Sample time” 为设置采样周期，默认为 1。

【例 7-4】 创建一个模型，对输入的正弦信号进行采样保持并将输出送到示波器中。

模型创建如图 7-20a 所示，Zero－Order Hold 模块的采样周期为 1，单击开始仿真按钮，在示波器中的现实如图 7-20b 所示。

6. 输出到文件和输出到工作空间

输出到文件（To File）和输出到工作空间（To Workspace）分别是将信号输出到 MAT 文件和工作空间，都在 “Sinks” 子模块库中。其模块参数对话框分别如图 7-21a、b 所示。

常用参数有：

■ Variable name：To File 和 To Workspace 模块的输出变量名。

■ Filename：To File 模块的输出 MAT 文件名，默认为 “untitled. mat”。

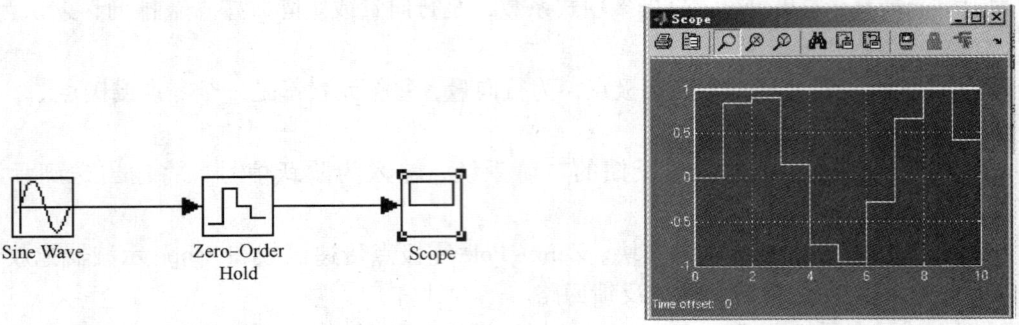

a) 采样保持正弦信号图　　b) 示波器显示图

图 7-20　采样保持正弦信号图及示波器显示图

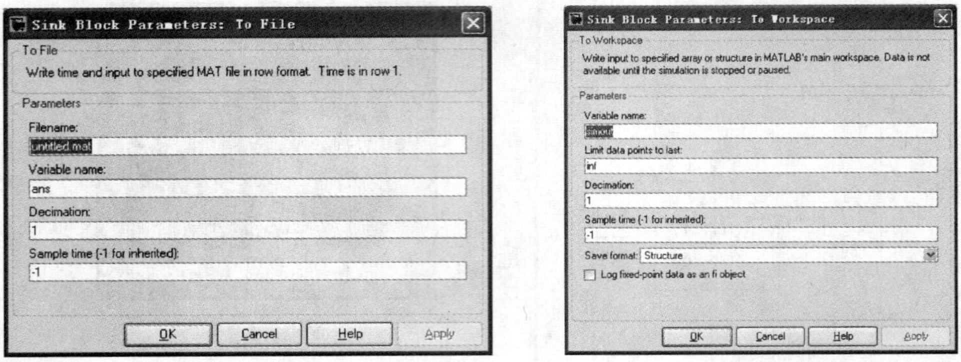

a) To File模块参数　　b) To Workspace模块参数

图 7-21　To File 和 To Workspace 模块参数

【例 7-5】 创建一个单位负反馈的二阶系统，输入阶跃信号并将输出送到 MAT 文件中。

使用模块 Step、Sum、Integrator、Transfer Fcn、Gain 和 To File，使用信号线连接构成反馈回路，如图 7-22 所示。

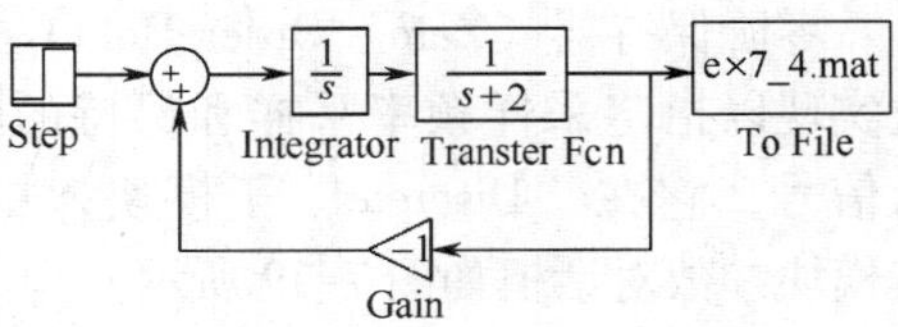

图 7-22　模型框图

设置模块的参数，将“Sources”子模块库中的 Step 模块的“Step time”设置为“0”；将“Math Operations”子模块库中的 Gain 模块的“Gain”参数设置为 -1；将 Transfer Fcn 模块的“Denominator coefficient”参数设置为 [1 2]，将 To File 模块的“Filename”设置为 ex7_4. mat，“Variable name”设置为 y，则模型框图如图 7-22 所示。仿真运行完后，仿真数据输出到 ex7_5. mat 文件。

在命令窗口输入命令查看 ex7_5. mat 文件：

```
>> load ex7_5     %装载 MAT 文件
>> size(y)
ans =
    2     57
```

7. 示波器

示波器（Scope）模块用来接收信号并显示信号的波形曲线，该模块在 Sinks 子模块库中。双击示波器模块时会出现示波器窗口，工具栏如图 7-23 所示，工具栏中最常用的是按钮，可以自动显示合适的 Y 坐标刻度。

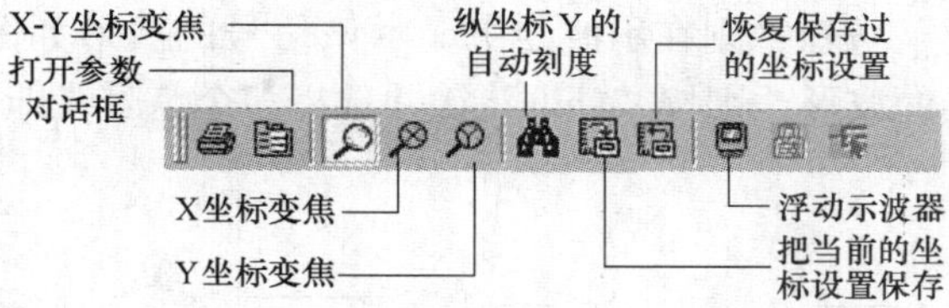

图 7-23　工具栏

单击工具栏的按钮可以显示参数设置对话框，如图 7-24 所示。参数对话框有两个选项卡“General”（见图 7-24a）和“Data history”（见图 7-24b）。

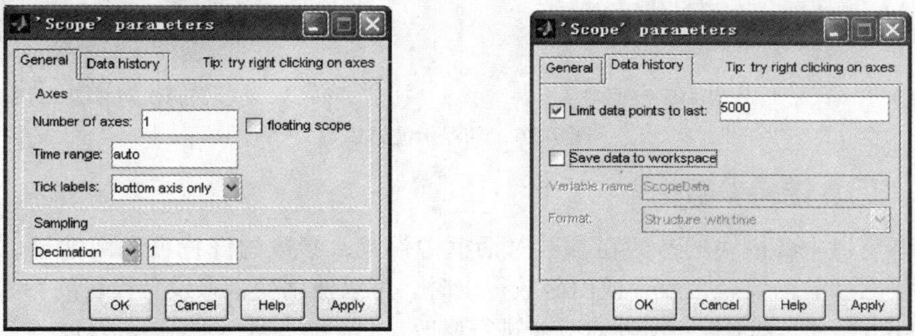

a) 示波器的General参数　　b) 示波器的Data history参数

图 7-24　示波器的 General 和 Data history 参数

示波器的主要参数有：

■ Number of axes：示波器的输入端口个数，默认值为 1 表示只有一个输入。

■ Time range：设置显示信号范围，默认 auto 为仿真时间范围，如果信号实际持续时间超过该范围，则超出范围的信号在示波器中不显示。

■ Limit data points to last：表示缓冲区接收数据的长度，默认为 5000。示波器的缓冲区可接收 30 个信号，数据长度为 5000，如果数据长度超出，则最早的历史数据会被清除。

■ Save data to workspace：把示波器缓冲区中保存的数据以矩阵或结构数组的形式送到工作空间，在下面两栏设置变量名“Variable name”和数据类型“Format”。

另外，还可以设置示波器的坐标属性，用鼠标右键单击示波器的坐标，在快捷菜单中选择“Axes properties”，就会出现 Y 坐标设置对话框，如图 7-25所示。“Y－min”和“Y－max”用来设置 Y 坐标的上下限，“Title”用来设置坐标的文字标注。

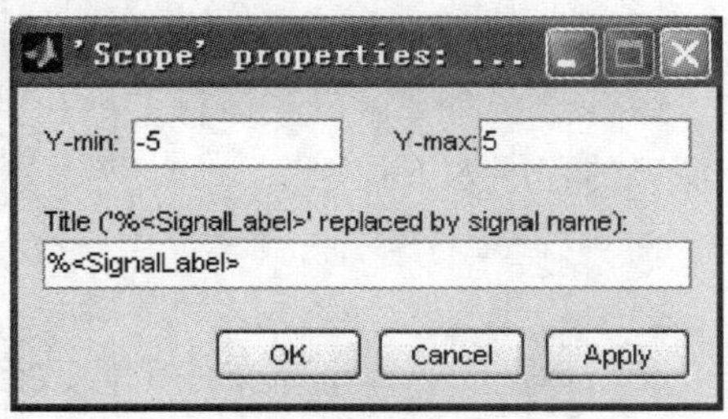

图 7-25　示波器坐标设置

在图 7-23 的工具栏中的按钮是悬浮示波器，当单击该按钮时该示波器就被设置为悬浮示波器。悬浮示波器是不带输入端口的，它可以在仿真过程中显示任何一个被鼠标选中的信号线的信号。例如，在上例中添加示波器，双击示波器打开示波器窗口，并单击工具栏的按钮，则示波器的输入端口就不见了，模型结构图如图 7-26a所示；然后用鼠标单击示波器坐标窗口，则坐标轴框为蓝色框；在模型结构图中用鼠标选中需要显示的信号线，如图 7-26a 所示，在积分环节前的信号线被选中，单击“开始仿真”按钮，则在示波器中显示该信号的波形如图 7-26b 所示。如果需要同时显示多个信号线的波形，则按“shift”键并选择多个信号线即可。

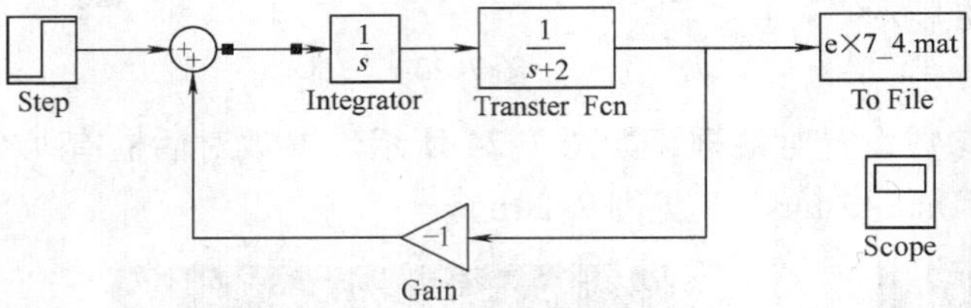

a) 添加悬浮示波器

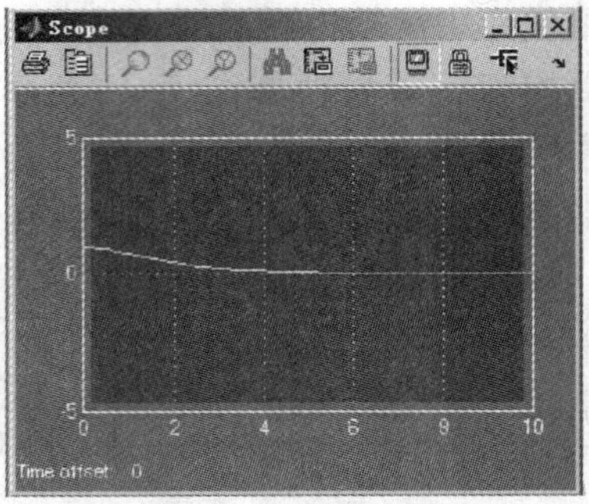

b) 悬浮示波器显示波形

图 7-26 悬浮示波器窗口

7.3.4 仿真结构参数化

在模型窗口中各模块的参数在参数对话框中设置，参数的设置可以用常量也可以用变量，当模块的参数需要经常改变或由函数得出时，可以使用变量来设置模块的参数，然后通过 MATLAB 的工作空间或 M 文件对变量进行修改。

【例 7-5 续】 将单位负反馈二阶系统的参数使用变量表示，变量的值存放在“ex7 _ 4 _ 1. m”文件中。

模型中的模块参数使用变量表示，Transfer Fcn 模块的“Denominator coefficient”参数设置为［T1 T2］，Gain 模块的“Gain”参数设置为 K，修改的模型框图如图 7-27 所示。

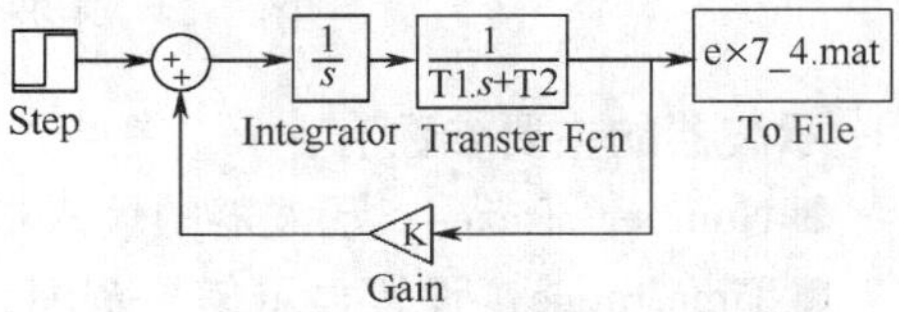

图 7-27 模型框图

模块参数的三个变量在“ex7 _ 4 _ 1. m”文件中设置，则文件内容如下：

```
%ex7_4_1 设置参数 T1,T2,K
T1 =1;
T2 =2;
K = -1;
```

运行时在命令窗口先运行“ex7 _ 4 _ 1. m”文件，然后再运行“ex7 _ 4. mdl”文件，命令窗口的程序如下：

```
>> ex7_4_1
>> ex7_4
```

在“ex7 _ 4 _ 1. m”文件中修改各参数变量，就可以修改模型参数的值，使用起来很灵活。

7.3.5 使用命令创建和运行 Simulink 模型

Simulink 模型不仅可以在模型窗口中通过鼠标拖拽来创建，也可以在命令窗口中使用命令进行创建和运行。

1. 使用命令创建 Simulink 模型

（1）模型函数　各模型函数的命令格式如下：

new _ system('newmodel',option)　　　　%创建新模型
load _ system('model')　　　　%装载模型
open _ system('model')　　　　%显示模型
save _ system('model',文件名)　　　　%保存模型
close _ system('model',option)　　　　%关闭模型

说明：

■ new _ system 和 load _ system 函数用来在 MATLAB 的工作空间创建一个 Simulink 模型，但这个模型不能自动显示出来，称为逻辑模型，必须用 open _ system 函数打开逻辑模型，在 Simulink 模型窗口中显示。

■ new _ system 函数的 option 选项有'Library'和'Model'两种，分别用来创建模型或库，可以省略，省略时默认为'Model'。

■ close _ system 函数用来关闭已经打开的模型，关闭模型时如果模型未存盘则会出现警告对话框；如果 option 为 1，则强制退出该模型，丢失未保存的信息。

（2）模块和信号线函数　add _ block 和 delete _ block 函数分别用来在模型中添加模块和删除模块，命令格式如下：

add _ block('源模块名','属性名 1',属性值 1,'属性名 2',属性值 2,…)
delete _ block('模块名')

说明：'源模块名'为包含全路径的模块名，格式是'模块库名/子模块名'，Simulink 自带的模块为内在模块，模块库为'built - in'，例如示波器模块为'built - in/Scope'。

add _ line 和 delete _ line 函数分别用来在模型中添加信号线和删除信号线，命令格式如下：

add _ line('模块名','起始模块名/输出端口号', '终止模块名/输入端口号')
add _ line('模块名',m)　　　　%添加转折信号线
delete _ line('模块名','起始模块名/输出端口号', '终止模块名/输入端口号')

说明：'模块名'为在模型窗口中的模块名；**m** 为有两列元素的矩阵，每行给出一个转折点的横纵坐标，用来绘制转折信号线。

（3）设置属性　set _ param 函数可以用来设置模型和模块的参数，命令格式如下：

set _ param('对象名','参数名 1',参数值 1,'参数名 2',参数值 2,…)

说明：对象名可以是模型名，或包含全路径的模块名；属性名可以参考各模块的参数设置窗口中的参数名，一般属性名中没有空格，例如，Sum 模块参数设置窗口中的“List of signs”参数，其参数名为“Listofsigns”。

【例 7-6】　使用命令创建一个反馈系统的 Simulink 模型，其显示的模型如图 7-28 所示。

```
%创建新模型
>> new _ system('ex7 _ 5')
>> open _ system('ex7 _ 5') %创建模型
>> set _ param('ex7 _ 5','location',[100,100,500,400])
%设置模型窗口大小
%添加模块
>> add _ block('built - in/Sine Wave','ex7 _ 5/sin','position',[40,80,80,120])
>> add _ block('built - in/Sum','ex7 _ 5/sum','position',[120,80,150,110])
>> add _ block('built - in/Zero - Pole','ex7 _ 5/fcn','position',[200,80,260,120])
```

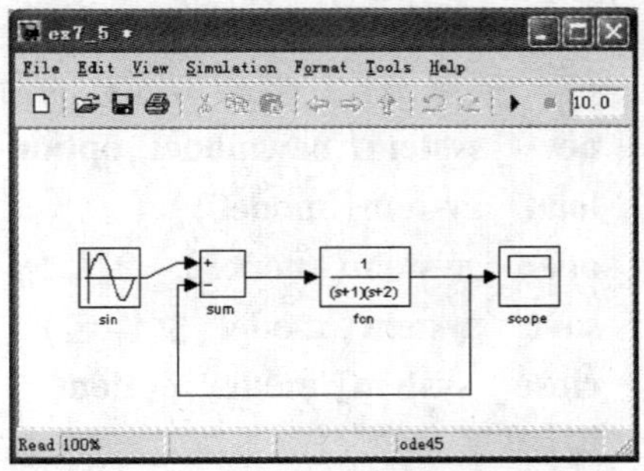

图 7-28 模型显示

```
>> add_block('built-in/scope','ex7_5/scope','position',
[320,80,360,120])
%设置模块参数
>> set_param('ex7_5/sin','Amplitude','10')
>> set_param('ex7_5/fcn','Zeros','[]','Poles','[-1 -2]')
>> set_param('ex7_5/sum','Listofsigns','+-')
%添加信号线
>> add_line('ex7_5','sin/1','sum/1')
>> add_line('ex7_5','sum/1','fcn/1')
>> add_line('ex7_5','fcn/1','scope/1')
%添加有 4 个转折点的信号线
>> add_line('ex7_5',[300,100;300,180;105,180;115,105])
>> save_system('ex7_5','ex7_5')
```

程序分析：

每个模块的位置都需要使用 position 属性来设置；用 add_line 添加有转折点的信号线时，转折点由两列数据表示，横纵坐标按照信号方向的顺序设置转折点，靠近 sum 端口 2 的信号线自动与 sum 模块的端口连接。

2. 使用命令运行仿真

启动模型的仿真可以使用 sim 函数来完成，使用 simset 函数可以设置仿真参数，这样模型中的模块参数和仿真参数就可以随机地设置和修改，命令格式如下：

[t,x,y] = sim('model',timespan,options,ut) **%利用输入参数进行仿真**

说明：

■ 'model'为模型名，其余参数都可以省略。

■ timespan 是仿真时间区间，可以使用［t0，tf］设置仿真起始时间和终止时间，如果是标量则指终止时间。

■ options 参数为模型仿真的相关参数，包括仿真参数和求解器的属性。

■ ut 为模型的外部输入向量。

■ **t** 为仿真时间列向量，**x** 为状态变量构成的矩阵，**y** 为输出信号构成的矩阵，每列对应一路输出信号。

【例 7-6 续】 使用命令来运行仿真模型，则输出波形显示如图 7-29 所示。

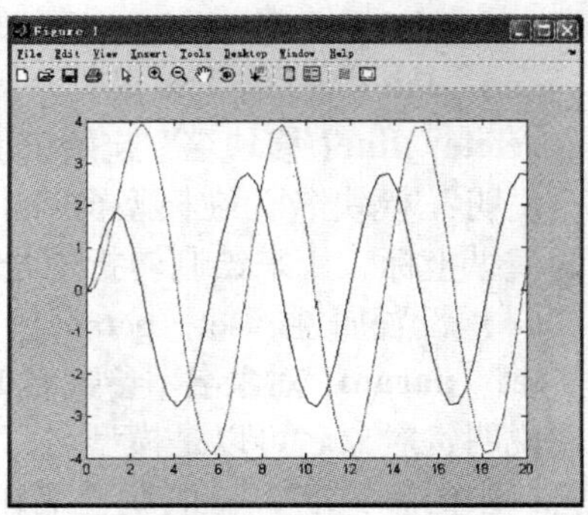

图 7-29 输出波形显示

```
>> [t,x] = sim('ex7_5',[0 20]);        %运行仿真
>> plot(t,x)
```

程序分析：

运行时间为 0～20s，sim 的 options 参数可以使用 simset 函数设置。

7.4 Simulink 的应用实例

Simulink 有多个标准模块库，并有很多扩展模块库用于各个专业领域，在电路、电子和控制系统等方面都应用广泛。下面介绍几个不同方面的仿真实例。

7.4.1 Simulink 在电工基础中的应用实例

Simulink 的专用 SimPowerSystems 模块库可以提供电路仿真的各种模块，包括电阻、电容和电感以及电源等模块。

【例 7-7】 根据电路桥电路创建一个 Simulink 模型，求电路中的电流，电路桥电路如图 7-30 所示。已知电阻 $R=5\Omega$，$R_a=25\Omega$，$R_b=100\Omega$，$R_c=125\Omega$，$R_d=100\Omega$，$R_e=37.5\Omega$，求当直流电源为 40V 时电路中的电流。

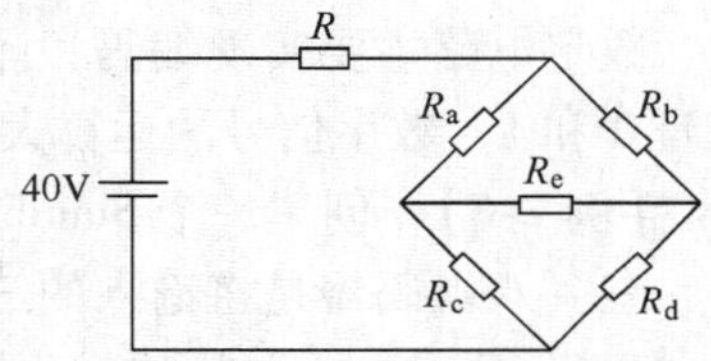

图 7-30 电路桥电路

创建该模型需要使用多个模块，各模块的名称以及参数设置表如表 7-1 所示，其中 Elements 和 Measurement 子模块库都在 SimPowerSystems 模块库中。

表 7-1 各模块的名称以及参数设置表

子模块库	模 块	模块名	参 数 名	参数值	备 注
Electrical Sources	DC Voltage Source	U = 100V	amplitude(V)	100	电源电压值
Elements	Series RLC branch	R	Branch type	R	支路类型
			Resistance(Ohms)	5	电阻值
	Series RLC branch	Ra	Branch type	R	支路类型
			Resistance(Ohms)	100	电阻值
	Series RLC branch	Rb	Branch type	R	支路类型
			Resistance(Ohms)	125	电阻值
	Series RLC branch	Rc	Branch type	R	支路类型
			Resistance(Ohms)	40	电阻值
	Series RLC branch	Rd	Branch type	R	支路类型
			Resistance(Ohms)	37. 5	电阻值
	Series RLC branch	Re	Branch type	R	支路类型
			Resistance(Ohms)	25	电阻值
Measurement	Current Measurement	Current			电流表
Sinks	Display	Display			显示输出值
SimPowerSystems	Powergui	Powergui			

说明：各模块参数如果是默认值则不列出。

将各模块添加到模型窗口，并使用信号线连接起来，创建的模型结构图如图 7-31 所示。

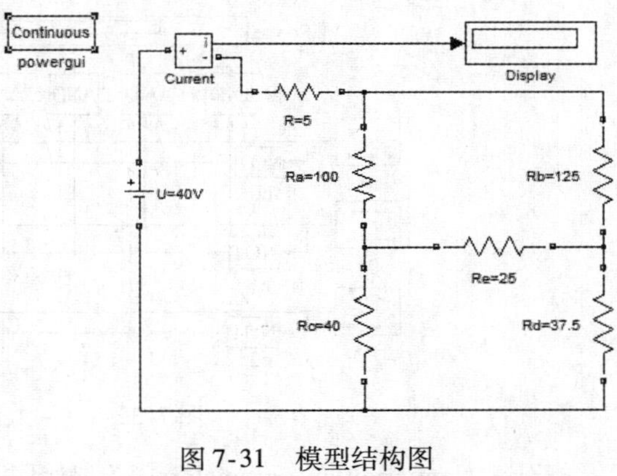

图 7-31 模型结构图

启动仿真，命令窗口出现警告提示信息：

Warning: The model 'ex7 _6' does not have continuous states, hence using the solver 'VariableStepDiscrete' instead of solver 'ode45'. ……

Warning: Using a default value of 0. 2 for maximum step size. ……

打开“Configuration parameters…”对话框修改仿真参数，因为这个电路只有电阻没有过渡过程因此没有连续状态，将“Solver：”栏的“ode45”改为“discrete”，将“Max step size：”栏的“auto”改为 0. 2，然后启动仿真，则“Display”模块显示电流为 1. 25A。

7.4.2 Simulink 在数字电路中的应用实例

数字电路主要实现编码、译码、加法、比较和多路开关等功能，数字电路中都使用数字信号 0 和 1，数字信号的运算大多使用逻辑运算而没有过渡状态。

【例 7-8】 创建一个 Simulink 模型实现三－八译码器的仿真。

三－八译码器是将输入的三个数字信号 000 ~ 111，译码生成 0 ~ 7 的数字。输入信号使用“Pulse Generator”模块产生脉冲，8 个译码后生成的脉冲信号都用“Scope”模块显示波形，各模块的参数设置和功能表如表 7-2 所示，各模块参数如果是默认值则不列出。

表 7-2 各模块的参数设置和功能表

<table>
<tr><th>子模块库</th><th>模块</th><th>模块名</th><th>参数名</th><th>参数值</th><th>备注</th></tr>
<tr><td rowspan="7">Sources</td><td rowspan="7">Pulse Generator</td><td rowspan="4">p1，p2，p3</td><td>Pulse type</td><td>Sample based</td><td>脉冲类型</td></tr>
<tr><td>Period</td><td>2</td><td>脉冲周期</td></tr>
<tr><td>Pulse width</td><td>1</td><td>脉冲宽度</td></tr>
<tr><td>Phase delay</td><td>1</td><td>相位延迟</td></tr>
<tr><td>p1</td><td>Sample time</td><td>1</td><td>采样时间</td></tr>
<tr><td>p2</td><td>Sample time</td><td>2</td><td>采样时间</td></tr>
<tr><td>p3</td><td>Sample time</td><td>4</td><td>采样时间</td></tr>
<tr><td rowspan="3">Logic and Bit Operation</td><td rowspan="3">Logical Operator</td><td rowspan="2">x0 ~ x7
8 个模块</td><td>Operator</td><td>AND</td><td>逻辑运算类型</td></tr>
<tr><td>Number of input ports</td><td>3</td><td>输入端口数</td></tr>
<tr><td>n0，n1，n2</td><td>Operator</td><td>NOT</td><td>逻辑运算类型</td></tr>
<tr><td rowspan="2">Sinks</td><td rowspan="2">Scope</td><td>Scope</td><td>Number of axes</td><td>8</td><td>坐标个数</td></tr>
<tr><td>Scope1</td><td>Number of axes</td><td>3</td><td>坐标个数</td></tr>
</table>

将模块添加到模型窗口，并使用信号线连接起来，创建的三－八译码器模型结构图如图 7-32 所示。

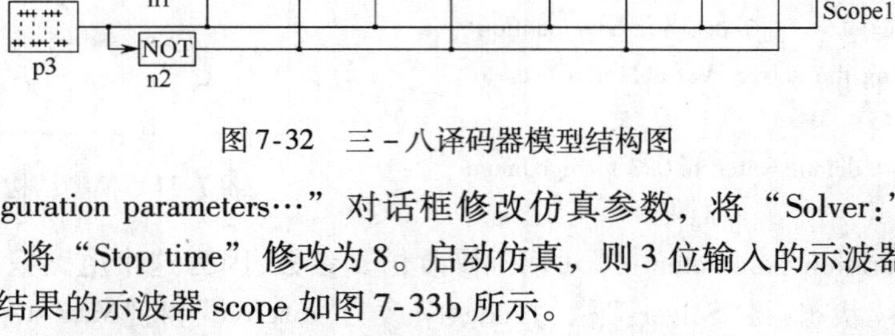

图 7-32 三－八译码器模型结构图

打开“Configuration parameters…”对话框修改仿真参数，将“Solver:”栏的“ode45”改为“discrete”，将“Stop time”修改为 8。启动仿真，则 3 位输入的示波器显示如图 7-33a 所示，显示译码结果的示波器 scope 如图 7-33b 所示。

可以看到由图 7-33a 中的三个输入脉冲信号生成的图 7-33b 的 8 个译码数据，第一秒输入 000 则 x0 输出为 1，第二秒输入 001 则 x1 输出 1……

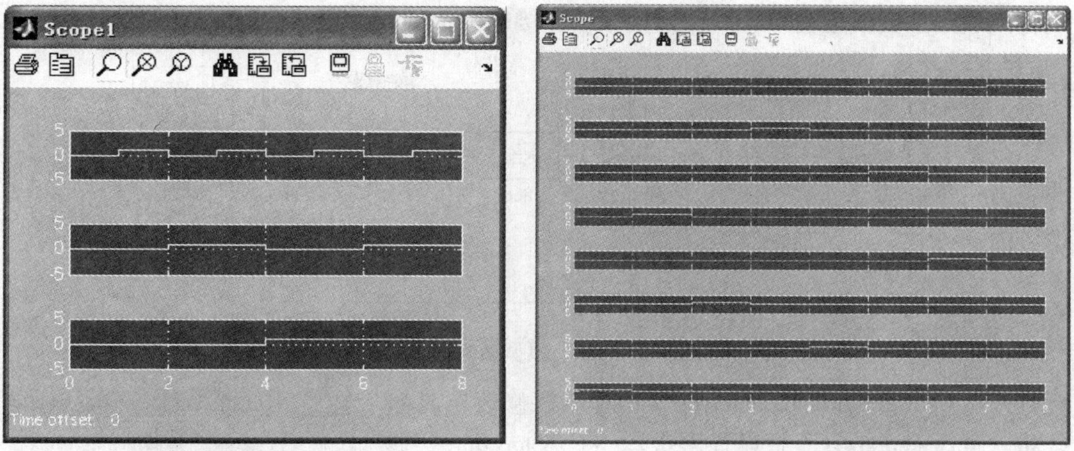

a) 输入脉冲序列scope1显示　　b) 译码结果scope1显示

图 7-33　输入脉冲序列 scope1 和译码结果 scope 显示

7.4.3 Simulink 在控制系统中的应用实例

Simulink 工具箱提供了各种控制系统的模块，控制系统既包含连续环节也包含离散环节，有时不同的离散环节还具有多个采样速率。Simulink 提供了快速、便捷的建模和仿真方法，可以方便地查看系统的响应，并实现系统的分析和设计。

【例 7-9】 创建一个 Simulink 模型使用 PID 控制器控制三阶系统，查看其输出响应。

PID 控制器是传统的控制器，将 P、I 和 D 输出进行相加，本系统使用“Continuous”子模块库中的多个模块，各模块的参数设置和功能表如表 7-3 所示，各模块参数如果是默认值则不列出。

表 7-3　各模块的参数设置和功能表

子模块库	模块	模块名	参数名	参数值	备注
Sources	Step	Step	Step time	0	阶跃上升时间
Math Operations	Sum	Sum1	List of signs	| + -	符号（输入和反馈信号运算）
		Sum2	List of signs	| + + +	符号（PID 三个信号运算）
			Icon shape	rectangle	图标形状
	Gain	kp	Gain	7.5	增益
		ki	Gain	1	增益
		kd	Gain	14.25	增益
Continuous	Integrator	I			积分
	Derivative	D			微分
	Transfer Fcn	Fcn1	Denominator	[5 1]	分母系数
		Fcn2	Denominator	[2 1]	分母系数
		Fcn3	Denominator	[10 1]	分母系数
Sinks	Scope	Scope			示波器
	To workspace	yout	Variable name	yout	变量名

将模块添加到模型窗口，并使用信号线连接起来，创建的模型结构图如图 7-34 所示。

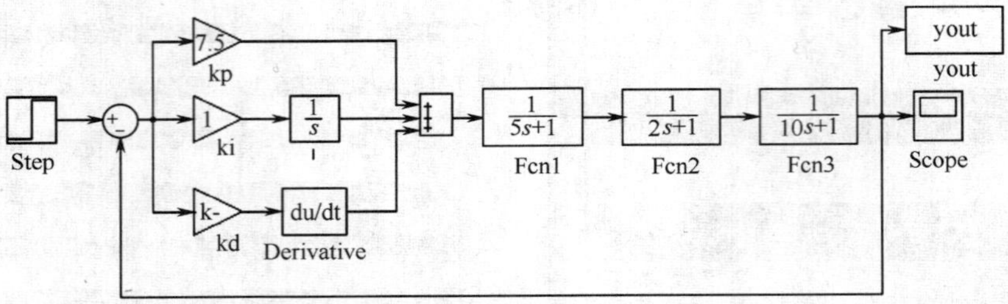

图 7-34 模型结构图

打开“Configuration parameters…”对话框修改仿真参数，将“Max step size:”栏设置为0.2，将“Stop time”修改为60，将“Relative tolerance:”设置为 1e－5。启动仿真，双击示波器并单击工具栏的按钮，示波器显示输出如图 7-35 所示。

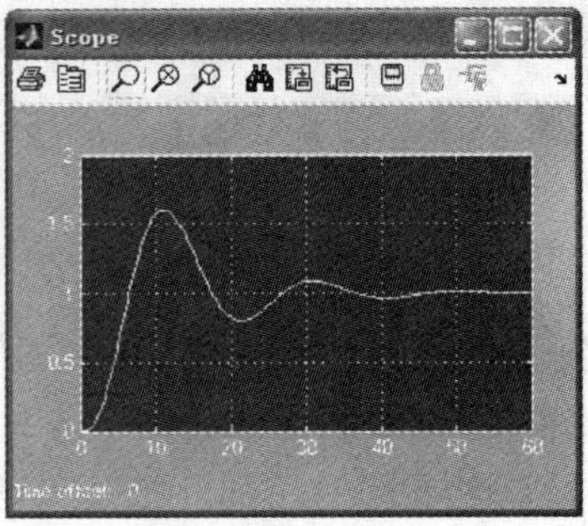

图 7-35 示波器显示输出

yout 变量送到工作空间中，在命令窗口中查看变量 yout:

```
>> fieldnames(yout)
ans =
      'time'
      'signals'
      'blockName'
>> yout.signals
ans =
          values:[307x1double]
    dimensions:1
           label:''
>> plot(tout,yout.signals.values)
```

yout 是结构体变量，yout.signals.values 是输出响应，plot 函数绘制的波形与图 7-35 相同。

7.5 模型的调试

Simulink 模型在仿真的过程中也可能出现错误，因此 MATLAB R2010a 提供了专门的调试器，可以对模型仿真过程中的状态、输入和输出进行检查和跟踪。

7.5.1 Simulink 调试器

在模型窗口中选择菜单“Tools”→“Simulink Debugger”，或单击工具栏中的按钮，Simulink 的调试器窗口就会出现如图 7-36 所示的调试器窗口。

1. 调试器窗口的选项卡

调试器窗口各选项卡的功能如下：

■“Break Points”：用于设置断点，使仿真运行到断点就停止。

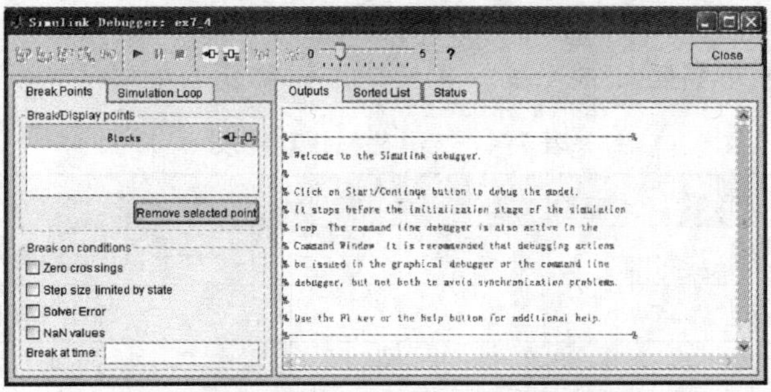

图 7-36　Simulink 的调试器窗口

■“Simulation Loop”：包含 Method、Breakpoints 和 ID 三列内容，用于显示各仿真步以及正在运行的相关信息。

■“Outputs”：用于显示调试结果，包括调试命令提示、当前运行模块的输入、输出和模块的状态。

■“Sorted List”：用于显示被调试的模块列表，该列表按模块执行的顺序排列。

■“Status”：用于显示调试器各种选项设置的值以及其他状态信息。

例如，单击工具栏 ▶ 按钮启动调试例 7-9，则调试器窗口显示如图 7-37a 所示。在“Outputs”选项卡有两个“warning”，根据警告提示打开“Configuration parameters…”对话框，在“Optimization”选项卡中将“Signal storage reuse”和“Block reduction”选择去掉，然后再启动调试，就没有“warning”了；“Sorted List”选项卡中按列表形式显示了被调试的模块如图 7-37b 所示，可以看到按照模块运行的顺序从上到下排列。“Status”选项卡显示了调试器各选项的值。

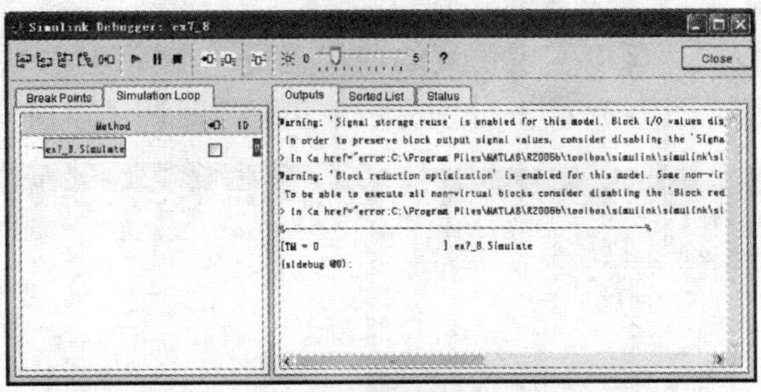

a) Outputs选项卡

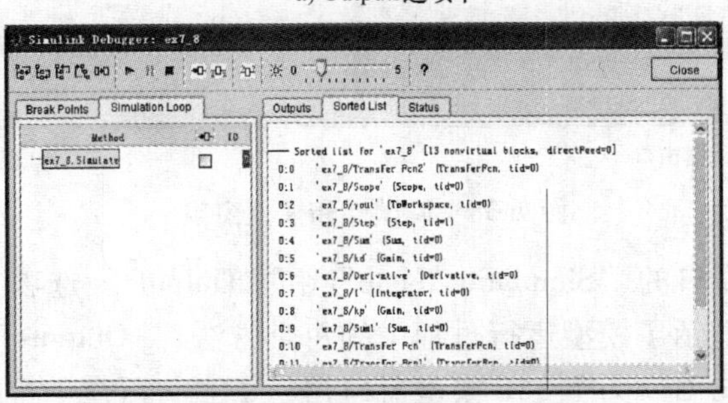

b) Sorted List选项卡

图 7-37　Outputs 和 Sorted List 选项卡

2. 工具栏

调试器窗口工具栏的各按钮很重要，工具栏按钮功能表如表 7-4 所示。

表 7-4 工具栏按钮功能表

工具栏按钮	功能
	进入当前方法
	跳过当前方法
	跳出当前方法
	在下一个仿真时间步跳转到第一个方法
	跳转到下一个模块
	开始或继续调试
	暂停仿真
	停止仿真
	在模块前设置断点
	当选中的模块被执行时显示其输入输出
	显示选中模块的当前输入输出
	动画模式调试

7.5.2 在调试器窗口中调试模型

在调试器窗口中可以通过工具栏中的按钮使用单步运行、设置断点等多种方法调试。

1. 单步运行

在工具栏中单击按钮，可以实现仿真的单步运行，在模型窗口中每个正在运行的模块都会用粉红色的箭头指示。图 7-38a、b 分别显示单步运行时调试器窗口和模型窗口。

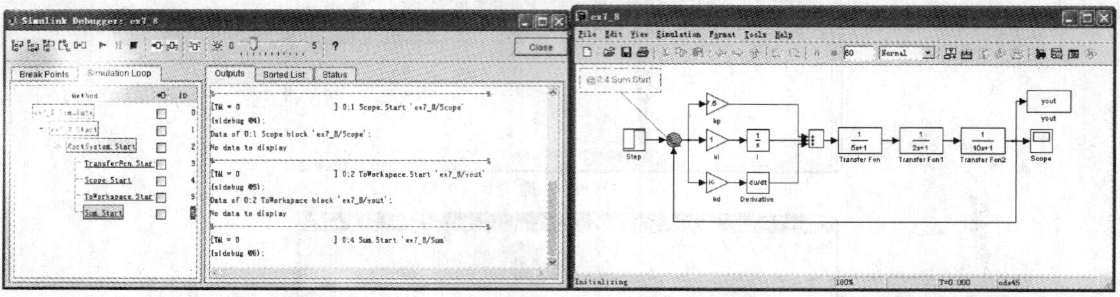

a) 调试器窗口　　b) 模型窗口

图 7-38 调试器和模型窗口

图 7-38a 是调试器窗口的“Simulation Loop”和“Outputs”选项卡的显示，“Simulation Loop”选项卡中按顺序显示了模型运行过程中的每个方法；“Outputs”选项卡显示了每步的运行模块、时间和输入输出。图 7-38b 模型窗口指示了当前正在运行的是“Sum”模块。

单击工具栏中的按钮可以查看选中模块的当前信息；工具栏中的、、和按钮，分别用来控制仿真停止的位置；单击按钮会动画显示各模块按顺序运行的过程。

2. 设置断点

仿真运行也可以设置断点，当仿真遇到断点时仿真就停止，用户可以通过调试器窗口查看信息。调试器可以有两种断点，分别是无条件断点和有条件断点。

(1) 无条件断点　无条件断点是仿真运行到该断点就会无条件地停止。在调试器窗口中设置无条件断点的方法有两种：

■ 一种方法是先选择需要设置断点的模块，然后单击工具栏中的按钮，则在该模块前设置了断点。

■ 另一种方法是在“Simulation Loop”选项卡的“Method”列表中，将需要设置断点的“Method”对应的列选择框选中。

(2) 有条件断点　有条件断点是当仿真过程满足某特定条件时仿真停止在该断点，断点的条件有 4 种，在“Break Points”选项卡的“Break on conditions”框中设定了当下列 4 种情况发生时进入断点：

■ Zero crossings：当检测到非采样零穿越现象时。

■ Step size limited by state：当使用变步长算法，模型状态限制了步长时。

■ Solver Error：当出现算法错误时。

■ NaN values：当系统发生溢出时。

(3) 在某个仿真时刻设置断点　只要在“Break Points”选项卡的“Break at time：”栏中输入设置断点的时间，则仿真过程就会在该时刻到时停止仿真。

(4) 取消断点　在“Break Points”选项卡中将需要取消的断点选中，单击“Remove select point”按钮；或在“Simulation Loop”选项卡中将列选择框改为不选中就可以取消该断点。

7.6 子系统与封装

当系统模型结构较复杂时，为了使整个模型结构和层次清晰易读，可以通过将大系统划分成多个子系统的方法，子系统类似于编程语言中的子函数，可以使模型的结构显得更简洁。封装子系统可以使模块只对外提供接口而屏蔽子系统内部的结构。

根据以下原则创建子系统模块：

(1) 按照功能创建子系统模块，将相关的模块集成在一起。

(2) 按照模型结构创建子系统模块，使模型层次分明结构简单。

7.6.1 创建子系统

创建子系统有两种方法，一种是在模型中新建，另一种是在已有的子系统基础上添加模块创建新的子系统。

1. 在模型中新建子系统

在模型中新建子系统的步骤如下：

1) 将模型中需要创建成子系统的模块都选中。

2) 选择菜单“Edit”→“Create subsystem”，将选中的模块用“Subsystem”模块代替。

3) 修改子系统名，新建的子系统名默认为“Subsystem”。

4）修改输入输出端口名，新建子系统中的输入端口默认名为“In1”、“In2”…，输出端口名为“Out1”、“Out2”…，可以修改端口名称。

【例 7-10】 将例 7-9 的 Simulink 模型中的 PID 控制器创建为子系统。

先将“ex7_ 8. mdl”文件另存为“ex7_9. mdl”文件；在模型窗口中，用鼠标拖出虚线框将比例、积分和微分模块都框住；选择菜单“Edit” → “Create subsystem”创建子系统“Subsystem”，则模型结构如图 7-39a 所示。

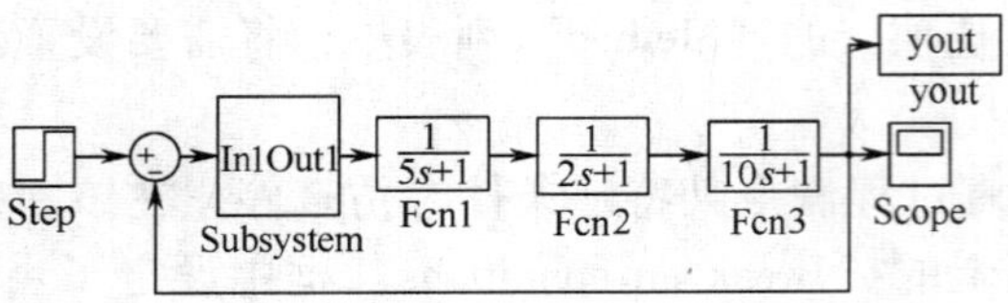

a) 模型结构图

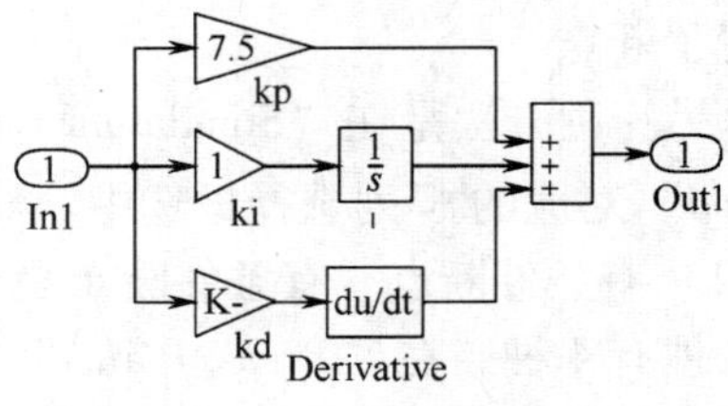

b) Subsystem模型结构图

图 7-39 系统和 Subsystem 模型结构图

双击“Subsystem”子系统，则会出现“Subsystem”模型窗口，如图 7-39b 所示，可以看到子系统模型除了刚才虚线框住的模块之外，还自动添加了一个“In1”和一个“Out1”模块，“In1”是输入端口模块作为子系统的输入端口，“Out1”是输出端口模块是子系统的输出端口。

在图 7-39a 的模型窗口中启动仿真，可以看到示波器的显示与例 7-9 中的相同。

2. 在已有的子系统基础上创建

在已有子系统基础上创建子系统的步骤如下：

1）将已有的子系统复制到新的模型窗口中。

2）双击子系统打开其模型窗口，添加或编辑模块，修改子系统名。

3）将子系统与其他模块连接。

例如，将图 7-39b 中的子系统的模块参数修改，或添加其他模块，并修改子系统名就创建了新的子系统。

7.6.2 封装子系统

子系统虽然使整个模型结构简洁，但在设置参数时需要打开每个模块分别设置仍然比较繁琐，而没有基于整个子系统的独立操作界面，因此封装子系统为子系统定制统一的参数设置对话框和图标，避免用户无意中修改某个模块的参数。

1. 封装子系统的步骤

1）选择需要封装的子系统并双击打开，将需要设置的模块参数设置为变量。

2）选择菜单“Edit” → “Mask subsystem”，打开封装对话框，设置“Icon”、“Parameters”、“Initialization”和“Documentation”等各种参数。

3）保存设置。

2. 封装对话框

在封装对话框中设置封装子系统的外观、输入参数、初始值和文字说明，封装对话框中有“Icon”、“Parameters”、“Initialization”和“Documentation”4 个选项卡。

【例 7-11】 将例 7-10 的 Simulink 模型中 PID 控制器进行封装，在封装子系统的参数对话框中输入比例系数、积分系数和微分系数。

先打开图 7-39b 中的子系统，将 kp、ki 和 kd 模块的 “Gain” 参数分别设置为变量 kp、ki 和 kd，则子系统模型结构如图 7-40 所示。

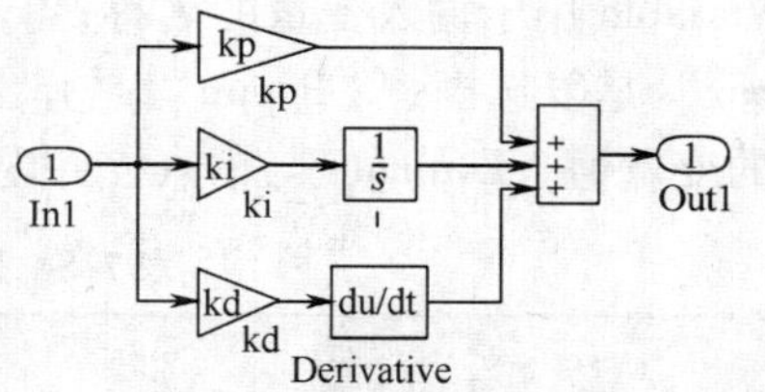

图 7-40 子系统模型结构

选择菜单 “Edit” → “Mask subsystem…”，打开封装对话框。

（1）Icon 选项卡 Icon 选项卡用于设定封装模块的名字和外观，如图 7-41 所示。

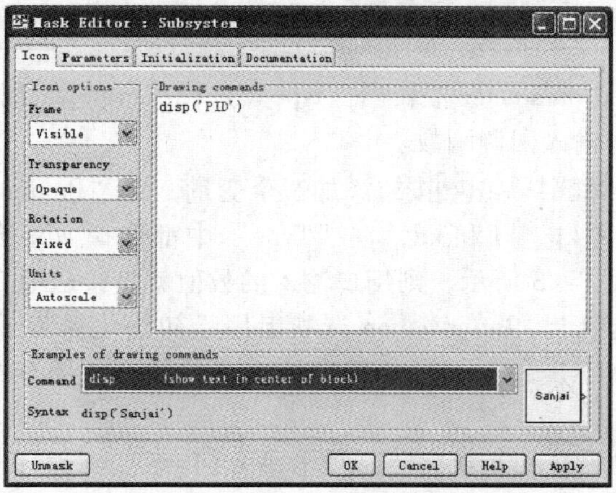

图 7-41 Icon 选项卡

■ Drawing commands 栏：用来在封装模块表面创建用户图标，可以在图标中显示文本、图像、曲线或传递函数等，在 “Examples of drawing commands” 框的 “Command” 下拉列表中可以看到每种命令的格式、举例和命令运行的结果。常用的命令 port_ label 是标注端口和文字，disp 是显示变量和文字，plot 是画曲线，image 是显示图形。

■ Icon Options 栏：用于设置封装模块的外观。其中 Frame 用来显示封装模块的外框线；Transparency 用来设置封装模块的输入输出端口说明；Rotation 用于翻转封装模块；Units 用于设置画图时的坐标系选项。

■ Examples of drawing commands 栏：用来给子系统添加文字，在框中的 “Command” 的下拉列表中选择 “disp” 命令如图 7-41 所示。在 “Drawing commands” 栏中输入命令：

```
disp('PID')
```

在模型窗口中其模型结构图如图 7-42 所示。

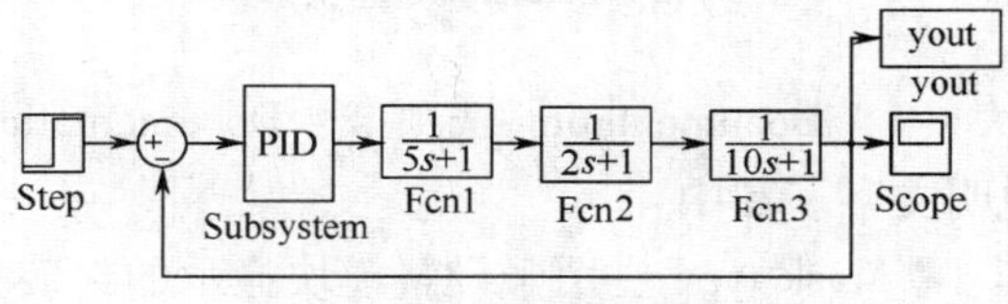

图 7-42 模型结构图

（2）Parameters 选项卡 Parameters 选项卡用于输入变量名称和相应的提示。

■ 按钮：Add 、Delete 、Move up 和 Move down 分别用于添加、删除、上移和下移输入变量。

■ Dialog Parameters 框：Prompt 用于输入变量的含义，其内容会显示在输入提示中；

Variable 用于输入变量的名称；Type 用于选择输入控件，其中“Edit”是文本框，“Checkbox”是复选框，“Popup”是弹出式菜单；Evaluate 用于配合“type”的不同选项提供不同的变量值。Evaluate 与输入控件内容的对应关系表如表 7-5 所示。

表 7-5　Evaluate 与输入控件内容的对应关系表

Evaluate / type	on	off
Edit	变量值就是输入值	将输入的内容作为字符串
Checkbox	变量值是 1 和 0	变量值是 on 或 off
Popup	变量值是将选择菜单项的序号，例如，选择第一项则变量值为 1	变量值是将选择菜单项的内容，是字符串

■ Options for selected parameter 框：当“type”选择“Popup”时需要在此输入下拉菜单项；Dialog Callback 用于输入回调函数。

在 Dialog Parameters 框中单击按钮添加三个变量，在“Prompt”中输入文字提示，在“Variable”中输入变量名 kp、ki 和 kd，在“Type”中都选择 edit 则变量使用文本框输入，Evaluate 选中打勾，如图 7-43 所示，则用户输入的数值就直接送给三个变量。

（3）Initialization 选项卡　Initialization 选项卡用于初始化封装子系统，在“Initialization commands”中输入 MATLAB 命令，当装载模块、开始仿真或更新模块框图时运行初始化命令。

如图 7-44 所示，在“Initialization”选项卡中分别给变量 kp、ki 和 kd 赋初值。

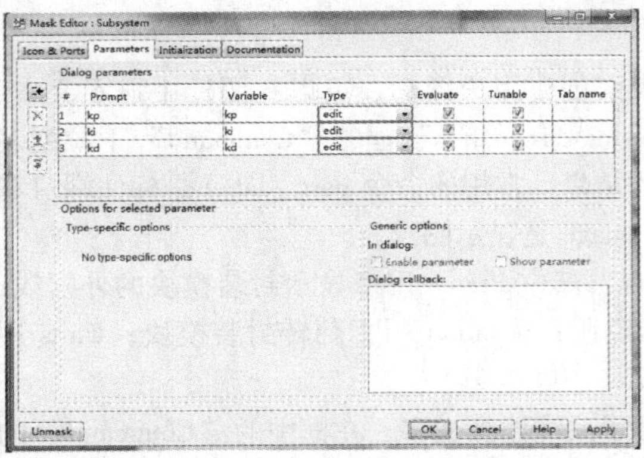

图 7-43　Parameters 选项卡

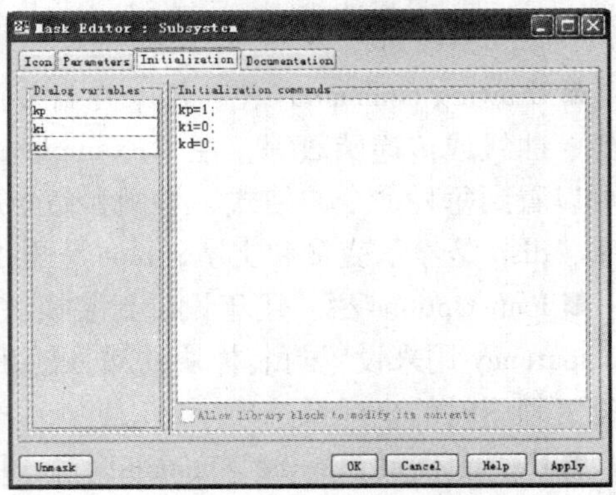

图 7-44　Initialization 选项卡

（4）Documentation 选项卡　Documentation 选项卡用于编写与该封装模块对应的 Help 和说明文字。其中：

■ Mask type 栏用于设置模块显示的封装类型。

■ Mask Description 栏用于输入描述文本。

■ Mask help 栏用于输入帮助文本，当封装子系统参数设置对话框中单击“Help”按钮时出现的文本。

在“Documentation”选项卡中设置参数对话框显示的文本。

（5）按钮　封装对话框中的“Apply”和“Ok”按钮用于将修改的设置保存；“Unmask”按钮用于将封装撤销。

子系统封装完了，当单击该封装子系统时就出现如图 7-45 所示的参数设置对话框，在图 7-45 中输入 kp、ki 和 kd 参数就可以修改子系统的参数。

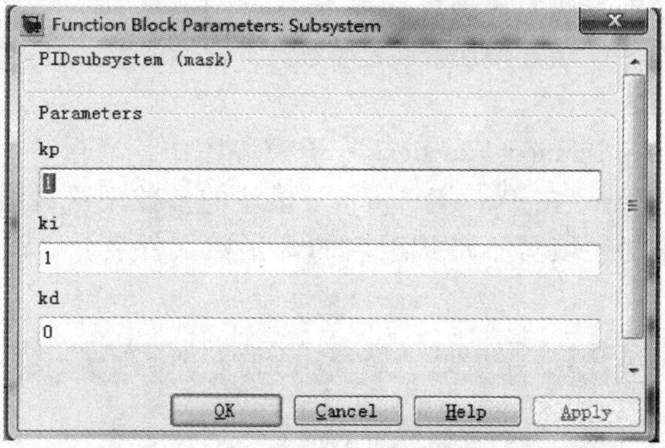

图 7-45　参数对话框

7.6.3　定义自己的模块库

当用户创建了多个封装子系统后，为了对创建的封装子系统进行管理，可以定义自己的模块库，将封装子系统分类放置在模块库中。

创建模块库的方法是在 Simulink 环境中，选择菜单“File”→“New”→“Library”，则会出现空白的模块库窗口，将模块复制到模块库窗口中，如图 7-46所示，并将模块库保存为 . mdl 文件。

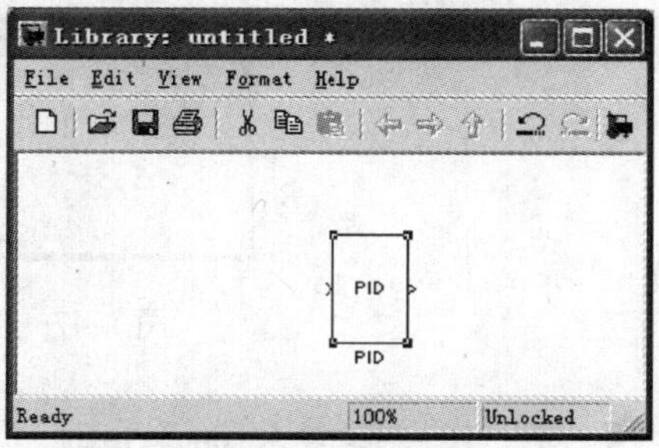

图 7-46　新的模块库

创建好模块库后，如果需要使用该模块，则只要打开该模块库文件，就可以将该模块复制到其他模型中使用了。

7.7　S 函数的设计与应用

S 函数（System Function）是系统函数，是用户自己创建 Simulink 模块所必需的特殊调用格式的函数文件。

7.7.1　S 函数简介

S 函数可以使用 MATLAB、C、C ++ 、Ada 或 Fortran 语言来编写，用于描述连续、离散和混合系统，可以说几乎所有的 Simulink 模型都可以用 S 函数描述。S 函数一旦嵌入位于 Simulink 标准模块库中的 S – Function 框架模块中，就可以与 Simulink 方程解法器进行交互。

1. S 函数的作用

使用 S 函数的作用如下：

1）使用多种语言生成用户自己的新的通用性 Simulink 模块。

2）将自己的算法生成 S 函数。

3）将用属性方程描述的系统构建成一个 S 函数模块。

4）构建用于图形动画表现的 S 函数。

5）生成某硬件装置的 S 函数模块。

2. S 函数模块

S 函数模块在“User - Defined Functions”子模块库中，通过“S - Function”模块创建包含 S 函数的 Simulink 模型。在“S - Function”模块的参数设置对话框如图 7-47 所示，在“S - Function name:”中必须填写不带扩展名的 S 函数文件名，“S - Function parameters:”中填写模块的参数。

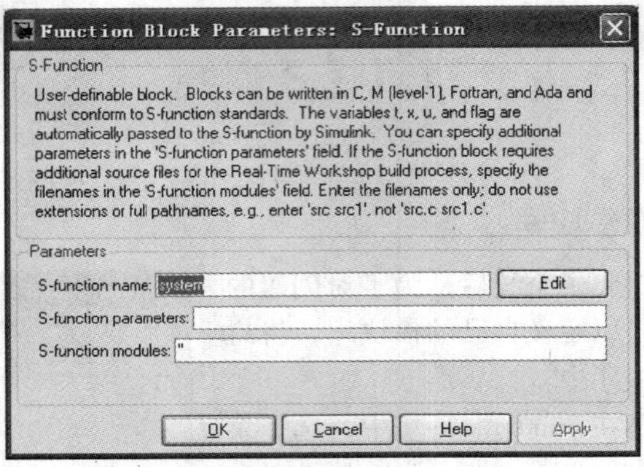

图 7-47 “S - Function”参数设置对话框

7.7.2 S 函数的工作原理

1. Simulink 模块的输入、输出关系

每个 Simulink 模块都是由三个基本元素组成：即输入向量 u、状态向量 x 和输出向量 y，输出向量 y 是输入和采样时间的函数，它们的函数关系如下：

$$\begin{cases} y = f_0(t,u,x) & & \text{输出} \\ \dot{x}_c = f_d(t,x,u) & \text{其中 } x = x_c + x_d & \text{微分} \\ x_{d_{k+1}} = f_u(t,x,u) & & \text{更新} \end{cases}$$

Simulink 在仿真时将这些方程对应为不同的仿真阶段，分别是计算模块的输出、更新模块的离散状态和计算连续状态的微分，在仿真开始和结束时，还包括初始化和结束任务两个阶段。在每个阶段，Simulink 都重复地对模型进行调用。

2. S 函数模块的调用方法

一个 S 函数具有一系列不同的调用方法，在模型仿真的不同阶段，Simulink 会对模型中 S 函数模块选择适当的方法来实现调用。在 Simulink 调用 S 函数的过程中要完成初始化和计算下一个采样点的工作。

（1）初始化工作　在进入仿真循环之前，Simulink 首先初始化 S 函数，主要完成的功能有：

■ 初始化包含 S 函数信息的仿真结构 SimStruct。

■ 设置输入输出端口的数目和维数。

■ 设置模块的采样时间。

■ 分配内存和 sizes 数组。

（2）下一个采样点的计算　如果模型使用变步长解法器，则需要在当前仿真步就确定下一个采样点的时刻，即下一个时间步长。

计算当前仿真步的输出，此调用结束后，所有模块的输出端口值对当前的仿真步有效，还包括更新当前时间步所有模块的离散状态，对连续或非采样过零点模块还有积分计算。

7.7.3 M 文件 S 函数的模板格式

MATLAB R2010a 提供了 M 文件 S 函数的标准模板，使开发的 S 函数可靠性显著提高。

1. M 文件 S 函数的格式

每个 M 文件 S 函数都有一套固定调用变量的规则，这些 M 文件构成了 S 函数的子程序。创建 S 函数较简便的方法是按照 MATLAB 提供的参考模板来编写。每个 M 文件 S 函数都包含一个如下格式的 M 函数：

```
[sys,x0,str,ts] = f(t,x,u,flag,p1,p2,…)
```

说明：

■ f：S 函数的名称。

■ t：当前仿真时间。

■ x：S 函数模块的状态向量。

■ u：S 函数模块的输入。

■ flag：标志 S 函数当前所处的仿真阶段，以便执行相应的子函数。

■ p1，p2，…：S 函数模块的参数。

■ ts：返回两列矩阵包括采样时间和偏置值；不同的采样时刻设置方法对应不同的矩阵值；[0 0] 表示 S 函数在每一个时间步都运行，[-1 0] 表示 S 函数模块与和它相连的模块以相同的速率运行，[2 0] 表示可变步长，[0.25 0.1] 表示从 0.1s 开始每隔 0.25s 运行一次，多维矩阵表示 S 函数执行多个任务，而每个任务运行的速率不同。

■ sys：返回仿真结果，不同的 flag 返回值也不同。

■ x0：返回初始状态值。

■ str：保留参数。

在模型仿真过程中，Simulink 重复调用 f，根据 Simulink 所处的仿真阶段为 flag 参量传递不同的值，并为 sys 变量指定不同的角色。flag 标志 f 函数要执行的任务，以便 Simulink 调用相应的子函数。

2. flag 值对应的 S 函数方法

用 MATLAB 语言编写的 S 函数 M 文件只需要根据每个 flag 值调用对应的 S 函数方法就行了。在各个仿真阶段对应要执行的 S 函数方法和相应的 flag 参数表如表 7-6 所示。

表 7-6 各个仿真阶段要执行的S函数方法和相应的 flag 参数表

flag 参数值	S 函数方法	仿真阶段以及方法
0	mdlInitializeSizes	初始化，定义S函数模块的基本特性，包括采样时间、连续或离散状态的初始条件和 Sizes 数组
4	mdlGetTimeOfNextVarHit	计算下一个采样点的绝对时间，该方法只有在 mdlInitializeSizes 说明了一个可变的离散采样时间时可用
3	mdlOutputs	计算输出向量
2	mdlUpdate	更新离散状态向量
1	mdlDerivatives	计算微分向量
9	mdlTerminate	结束仿真

3. S 函数的标准模板程序

S 函数 M 文件形式的标准模板程序是一个格式特殊的 M 文件，名为"sfuntmpl. m"，存放在"…MATLAB \ R2010a \ toolbox \ simulink \ blocks"目录下，用户可以根据该模板进行修改，在此为了理解方便添加了注释，黑体的程序行一般都不能修改，其余程序可以根据用户自己的模块参数修改，该文件的程序如下：

```
function [sys,x0,str,ts] = sfuntmpl(t,x,u,flag)
% 函数名 sfuntmpl 用户需要修改为自己定义的函数名
% 输出参数的个数和顺序不能改变
% 输入参数的前四个的个数和顺序不能改变,后面增加输入参数

% 根据表 7-6 中 flag 参数值与 S 函数方法的对应关系调用子函数,如果模块不使用变步长采
% 样时 case 4 不需要
switch flag,
  case 0,
    [sys,x0,str,ts] = mdlInitializeSizes;
  case 1,
    sys = mdlDerivatives(t,x,u);
  case 2,
    sys = mdlUpdate(t,x,u);
  case 3,
    sys = mdlOutputs(t,x,u);
  case 4,
    sys = mdlGetTimeOfNextVarHit(t,x,u);
  case 9,
    sys = mdlTerminate(t,x,u);
  otherwise
    error(['Unhandled flag =', num2str(flag)]);
end
% ==================================================================
% mdlInitializeSizes
% Return the sizes, initial conditions, and sample times for the S-function.
```

```
% =============================================================
function[ sys,x0,str,ts] = mdlInitializeSizes
% 初始化子函数,返回规范格式的 Sizes
sizes = simsizes;                  % 调用 simsizes 函数
sizes. NumContStates = 0;          % 模块的连续变量的个数
sizes. NumDiscStates = 0;          % 模块的离散变量的个数
sizes. NumOutputs = 0;             % % 模块的输出变量的个数
sizes. NumInputs = 0;              % 模块的输入变量的个数
sizes. DirFeedthrough = 1;         % 模块的直通前向通道数,默认值为 1
sizes. NumSampleTimes = 1;         % 模块的采样周期个数,默认值为 1
sys  =  simsizes( sizes) ;         % 给 sys 赋值

x0 = [ ];                          % 向模块赋初值,默认值为[ ]
str = [ ];                         % 特殊保留变量
ts = [0 0];                              % 采样时间和偏移量,默认值为[0 0]
% =============================================================
% mdlDerivatives
% Return the derivatives for the continuous states.
% =============================================================
function sys = mdlDerivatives(t,x,u)
sys  = [ ];                        % 将计算的微分向量赋值给 sys,默认值为[ ]
% =============================================================
% mdlUpdate
% Handle discrete state updates, sample time hits, and major time step
% requirements.
% =============================================================
function sys = mdlUpdate(t,x,u)
sys  = [ ];                        % 将计算的离散状态向量赋值给 sys,默认值为[ ]
% =============================================================
% mdlOutputs
% Return the block outputs.
% =============================================================
function sys = mdlOutputs(t,x,u)
sys  = [ ];                        % 将计算的模块输出向量赋值给 sys,默认值为[ ]
% =============================================================
% mdlGetTimeOfNextVarHit
% Return the time of the next hit for this block. Note that the result is
% absolute time. Note that this function is only used when you specify a
% variable discrete - time sample time[ -2 0] in the sample time array in
% mdlInitializeSizes.
% =============================================================
function sys = mdlGetTimeOfNextVarHit(t,x,u)
% 仅在变步长时使用
```

```
sampleTime = 1;                 % 当前时刻 1 秒后再调用模块
sys = t + sampleTime;           % 将计算的下一采样时刻赋给 sys
% ==================================================================
% mdlTerminate
% Perform any end of simulation tasks.
% ==================================================================
function sys = mdlTerminate(t,x,u)
sys = [];
```

7.7.4 创建 S 函数

1. M 文件 S 函数的开发步骤

开发 M 文件 S 函数按以下步骤执行：

1）对 MATLAB 提供的标准模板程序进行适当的修改，生成用户自己的 S 函数。

2）把自己的 S 函数嵌入 Simulink 提供的 S 函数标准库模块中，生成自己的 S 函数模块。

3）对自己的 S 函数模块进行封装，这一步不是必须的。

2. 创建 S 函数

【例 7-12】 创建 Simulink 模型，输入阶跃信号分别经过“State - Space”模块和用户创建的 S 函数模块，送到示波器比较两个模块的输出信号是否相同，模型结构图如图 7-48 所示。

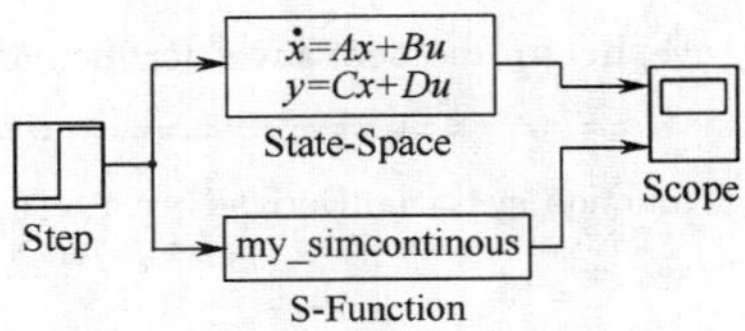

图 7-48 模型结构图

编写 S 函数“my_ simcontinous”创建一个连续线性系统的模型，系统的状态方程如下：

$$\begin{cases}\dot{x} = Ax + Bu \\ y = Cx + Du\end{cases}，其中 A = \begin{bmatrix} 0 & 1 \\ -1 & 1.414 \end{bmatrix}，B = \begin{bmatrix} 0 \\ 1 \end{bmatrix}，C = [1 \quad 0]，D = 0。$$

（1）生成 S 函数 根据 MATLAB 的标准模板程序生成 S 函数，程序如下：

```
function[sys,x0,str,ts] = my_simcontinous(t,x,u,flag)
% 定义连续系统的 S 函数
A = [0  1; -1   -1.414];
B = [0;1];
C = [1  0];
D = 0;
switch flag,
  case 0,
    [sys,x0,str,ts] = mdlInitializeSizes(A,B,C,D);  %初始化
  case 1,
    sys = mdlDerivatives(t,x,u,A,B,C,D);            %计算连续系统状态向量
  case 2,
    sys = mdlUpdate(t,x,u);
  case 3,
    sys = mdlOutputs(t,x,u,A,B,C,D);                %计算系统输出
  case 4,
```

```
        sys = mdlGetTimeOfNextVarHit(t,x,u);
    case 9,
        sys = mdlTerminate(t,x,u);
    otherwise
        error(['Unhandled flag = ',num2str(flag)]);
end
% ===================================================================
function[sys,x0,str,ts] = mdlInitializeSizes(A,B,C,D)
%初始化
sizes = simsizes;
sizes.NumContStates = 2;                              %设置连续变量的个数
sizes.NumDiscStates = 0;
sizes.NumOutputs = 1;                                 %设置输出变量的个数
sizes.NumInputs = 1;                                  %设置输入变量的个数
sizes.DirFeedthrough = 1;
sizes.NumSampleTimes = 1;
sys = simsizes(sizes);

x0 = [0;0];                                             %设置为零初始状态
str = [];
ts = [0  0];
% ===================================================================
function sys = mdlDerivatives(t,x,u,A,B,C,D)
% 计算连续状态变量
sys  =  A * x + B * u;
% ===================================================================
function sys = mdlUpdate(t,x,u)
sys  =  [];
% ===================================================================
function sys = mdlOutputs(t,x,u,A,B,C,D)
% 计算系统输出
sys  =  C * x + D * u;
% ===================================================================
function sys = mdlGetTimeOfNextVarHit(t,x,u)
sampleTime = 1;                             % Example, set the next hit to be one second later.
sys  =  t  +  sampleTime;
% ===================================================================
function sys = mdlTerminate(t,x,u)
sys = [];
```

保存该 M 文件为“my_ simcontinous. m”，文件名必须与函数名相同，文件必须在 MATALB 的搜索路径或当前路径中。

（2）创建 S – Function 模块　创建空白的 Simulink 模型，将“User – Defined Functions”子模块库→“S – Function”模块添加到模型中，打开模块参数设置对话框，在“S – Function name:”中填写“my_ simcontinous”，就可以将编写的 S 函数添加到模型中。

然后添加“Step”、“State – Space”和“Scope”模块，设置各模块的参数，将“State –

Space” 的 A、B、C 和 D 参数设置得与“my _ simcontinous”模块参数一样。

启动仿真，查看“Scope”模块的波形显示，如图 7-49所示，两个坐标轴的波形相同。

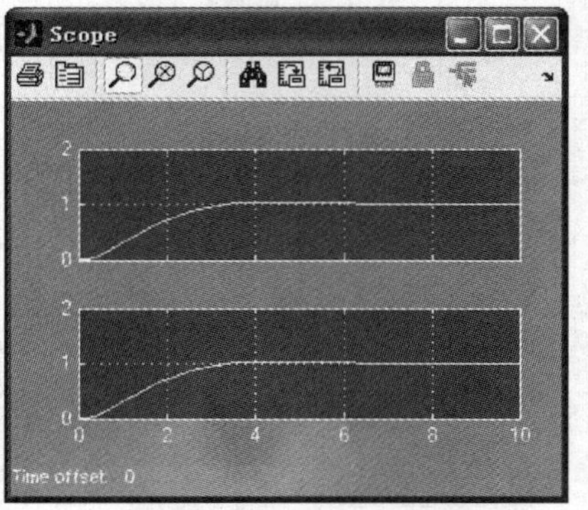

图 7-49 示波器显示

7.8 综合实例介绍

【例 7-13】 使用 Simulink 模型创建一个包含连续环节和离散环节的混合系统，输入信号为连续的单位阶跃信号，被控对象为连续环节，系统中有一个反馈环，反馈环引入了零阶保持器，当系统中离散采样时间改变时，对系统的输出响应和控制信号进行观察。

1. 创建系统

选择一个“Step”模块、两个“Transfer Fcn”模块、两个“Sum”模块、一个“Gain”模块和一个“Scope”模块，离散环节在“Discrete”子模块库中，选择一个“Discrete Transfer Fcn”和一个“Zero - Order Hold”模块。

2. 连接模块

连接各模块构成闭环系统，系统的模型结构如图 7-50 所示。

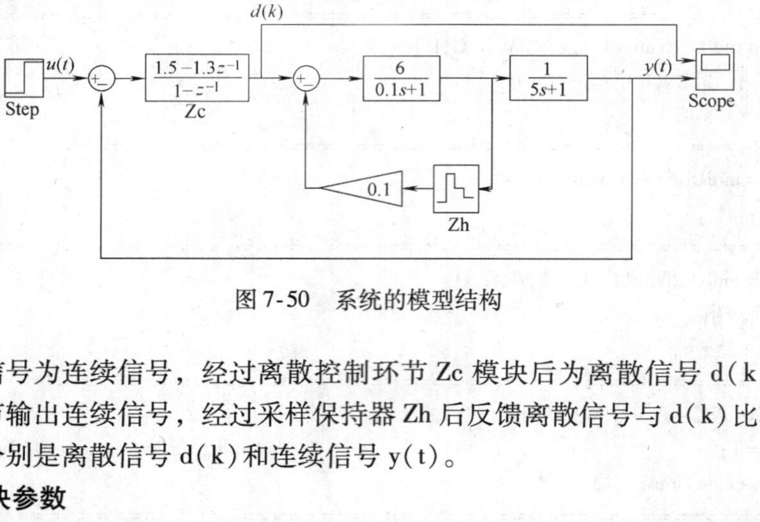

图 7-50 系统的模型结构

输入阶跃信号为连续信号，经过离散控制环节 Zc 模块后为离散信号 d(k)，d(k)经过连续的控制环节输出连续信号，经过采样保持器 Zh 后反馈离散信号与 d(k)比较。示波器显示两个窗口，分别是离散信号 d(k)和连续信号 y(t)。

3. 设置模块参数

在图中设置各模块的参数，其中离散环节 Zc 和 Zh 都有采样时间（Sample time）需要设置，设置选中菜单“Format”→“Sample time colors”，则运行时分别用绿色和红色显示不同采样时间的信号和模块。对于混合系统，仿真参数设置中仍然使用仿真算法为“Ode45”和步长使用变步长进行仿真。

当零阶保持器 Zh 的“Sample time”参数为 1 时，修改离散控制环节 Zc 模块的“Sample time”参数分别为 0.1、0.5 和 1，查看示波器的波形变化，示波器的波形显示如图 7-51 所示。

图 7-51a 中 Zc 模块的“Sample time”参数为 0.1 时输出的波形，系统稳定性较好；图 b

中 Zc 模块的“Sample time”为 0.5 时，系统稳定性较差；图 c 中 Zc 模块的“Sample time”为 1 时，系统不稳定。

从图 7-51 中可以看出，离散系统的输出响应不仅与系统结构有关，还与采样时间有关，采样时间发生变化则系统输出也会发生变化。

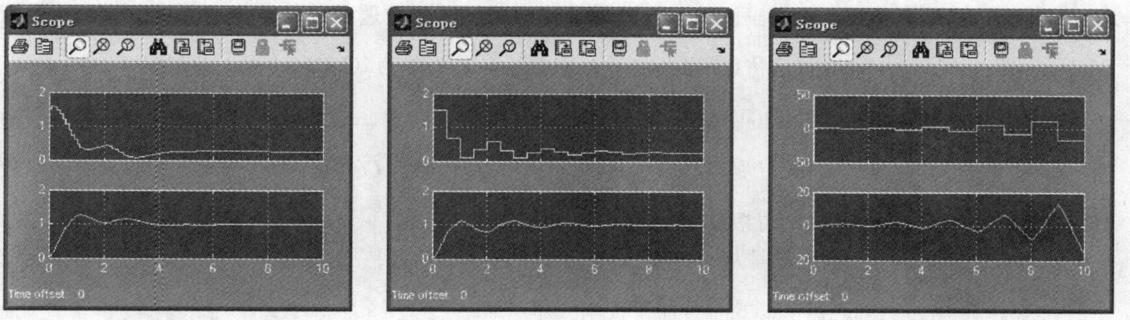

a) Zc 的“Sample time”为 0.1　　b) Zc 的“Sample time”为 0.5　　c) Zc 的“Sample time”为 1

图 7-51　Zc 的“Sample time”不同时的输出

习　　题

1. 选择题

（1）关于 Simulink 模型 .mdl 文件，下面说法不正确的是________。

A. mdl 文件是 ASCII 文件

B. mdl 文件可以在 M 文件编辑器窗口中查看

C. mdl 文件可以在模型窗口中查看

D. mdl 文件中的模型可以在图像编辑器中查看

（2）在一个模型窗口上按住一个模块并同时按 Shift 键移动到另一个模型窗口，则________。

A. 在两个模型窗口都有这个模块

B. 在后一个窗口有这个模块

C. 在前一个窗口有这个模块

D. 在两个窗口都有模块并添加连线

（3）模块名的修改是________。

A. 在参数设置对话框中实现

B. 在模块旁双击鼠标后出现的编辑框中实现

C. 在模块的下面或旁边的编辑框中

D. 在模块的属性窗口中设置

（4）运行以下命令，则实现的功能是________。

```
>> add_line ('exe1', [300, 0; 300, 80; 150, 80])
```

A. 添加一条直线

B. 添加一条有一个转折的折线

C. 添加一条有两个转折的折线

D. 添加一条从左到右的折线

（5）仿真参数设置中，slover 的默认设置是________。

A. ode45　　B. ode23　　C. ode15　　D. ode4

2. 创建一个简单的正弦输入信号和示波器构成的模型，修改正弦信号幅值为 10、频率为 100Hz，查看示波器的变化。

3. 创建一个仿真系统，用示波器同时显示以下两个信号：$\int u\mathrm{d}t = \sin t$ 和 $u = 2.5\sin(t - \pi/4)$ 。

4. 创建一个仿真系统，输入信号为 MATLAB 工作空间的正弦信号变量，积分后送到“exe7_4. mat”文件。

5. 创建一个仿真系统，输入阶跃信号经过单位反馈系统将信号送到示波器，系统开环传递函数为 $G(s) = \dfrac{1}{(s+1)(s^2+5s+5)}$，修改仿真参数 solver 为 ode23、Stop time 为 20 和 Max step size 为 0. 5。

6. 使用命令创建题 2 的 Simulink 模型。

7. 创建一个具有延迟环节 $\mathrm{e}^{-\tau s}$ 的单位反馈系统，开环传递函数为 $G(s) = \dfrac{1}{20s+1}\mathrm{e}^{-\tau s}$，当输入阶跃信号时，查看延迟环节的时间参数 τ 对系统输出响应的影响。

8. 封装一个子系统，系统方程为 $y = a\sin(bx)\mathrm{e}^{-cx}$，其中 x 为输入，y 为输出，通过对话框输入 a、b、c 参数的值。

9. 将题 8 的子系统命名为“exe7_ 9”，并将该子系统模块添加到用户自己的模块库中。

10. 已知双输入双输出系统的状态方程如下：

$$\begin{cases} \dot{x} = Ax + Bu \\ y = Cx + Du \end{cases}$$

其中

$$A = \begin{bmatrix} 2.25 & -5 & -1.25 & -0.5 \\ 2.25 & -4.25 & -1.25 & -0.25 \\ 0.25 & -0.5 & -1.25 & -1 \\ 1.25 & -1.75 & 0.75 & -0.25 \end{bmatrix},\ B = \begin{bmatrix} 4 & 6 \\ 2 & 4 \\ 2 & 2 \\ 0 & 2 \end{bmatrix},\ C = \begin{bmatrix} 0 & 0 & 0 & 0 \\ 0 & 2 & 0 & 2 \end{bmatrix},\ D = \begin{bmatrix} 0 & 0 \\ 0 & 0 \end{bmatrix}$$

编写 S 函数创建模型。

第8章 线性控制系统的分析

对于控制界来说，MATLAB 的推出具有划时代的意义，它强大的矩阵运算、图形可视化功能和 Simulink 仿真工具，使其成为控制界最流行和最广泛使用的系统分析和设计工具。MATLAB R2010a 采用了 Control System Toolbox，其中包含了大量的函数，为控制系统的分析和设计提供了有力的工具。

本章主要介绍线性控制系统模型的创建，使用时域、频域和根轨迹法对系统的稳定性、稳态误差和暂态性能等进行分析。

8.1 控制系统的数学模型

对控制系统进行运算和仿真之前必须先建立控制系统的数学模型。

8.1.1 创建系统的模型并相互转换

控制系统的数学模型有很多种形式，各有其特点和适用场合，下面主要介绍线性定常时不变(LTI)系统的三种数学模型，分别是传递函数模型(tf)、零极点增益模型(zpk)和状态方程模型(ss)，这三种模型可以相互转换。

1. 传递函数模型

连续系统和离散系统的传递函数分别表示为

$$G(s)=\frac{b_1s^m+b_2s^{m-1}+\cdots+b_ms+b_{m+1}}{s^n+a_1s^{n-1}s+\cdots+a_{n-1}s+a_n} \qquad G(z)=\frac{b_1z^m+b_2z^{m-1}+\cdots+b_mz+b_{m+1}}{z^n+a_1z^{n-1}+\cdots+a_{n-1}z+a_n}$$

MATLAB 使用 tf 函数来创建传递函数模型，命令格式如下：

sys = tf(num,den,Ts) %由分子分母得出传递函数

sys = tf(num,den,Ts,'Property1',v1,'Porperty2',v2,…) %创建传递函数并设置属性

说明：

■ num 和 den 分别是分子和分母系数，对于单输入单输出系统（SISO）则都是行向量，对于多输入多输出系统（MIMO）则是矩阵。

■ Ts 是采样周期，为标量，当系统是连续系统时 Ts 省略，否则是离散系统，当Ts = -1时则采样周期为不确定。

■ 'Property1'是传递函数的属性，v1 是属性值，可省略。

■ sys 是系统模型，是 TF object 类型。

在数字信号处理（DSP）中，离散系统的脉冲传递函数习惯写成 z^{-1}的有理式，使用 filt 函数按照 DSP 格式创建离散传递函数，命令格式如下：

sys = filt（num，den，Ts） %由分子分母得出传递函数

说明：Ts 是采样周期，可省略，省略时取默认值和 Ts = -1 时一样。

【例 8-1】 创建连续二阶系统和离散系统的传递函数，已知传递函数模型分别为 $G(s)=\dfrac{5}{s^2+2s+2}$、$G(s)=\dfrac{5}{s^2+2s+2}e^{-2s}$和 $G(z)=\dfrac{0.5z}{z^2-1.5z+0.5}$。

```
>> num1 = 5;
>> den1 = [1 2 2];
>> sys1 = tf(num1,den1)                     %创建传递函数
Transfer function:
    5
-------------
s^2 + 2s + 2
>> sys1t = tf(num1,den1,'inputdelay',2)     %创建带延迟环节的传递函数
Transfer function:
                        5
exp( -2 * s) *    -------------
                   s^2 + 2s + 2
>> num2 = [0.5 0];
>> den2 = [1  -1.5 0.5];
>> sys2 = tf(num2,den2, -1)                 %创建脉冲传递函数
Transfer function:
      0.5z
------------------
z^2 - 1.5z + 0.5
Sampling time: unspecified
>> sys2d = filt(num2,den2)                  %按 DSP 格式创建
Transfer function:
         0.5
----------------------
1 - 1.5z^-1 + 0.5z^-2
```

```
Sampling time：unspecified
```

程序分析：

可以看到在工作空间中，sys1、sys1t、sys2 和 sys2d 都是类型为 tf 的传递函数对象。

2. 零极点增益模型

连续系统和离散系统的零极点增益模型分别为

$$G(s)=K\frac{(s-z_1)(s-z_2)\cdots(s-z_m)}{(s-p_1)(s-p_2)\cdots(s-p_n)} \qquad G(z)=K\frac{(z-z_1)(z-z_2)\cdots(z-z_m)}{(z-p_1)(z-p_2)\cdots(z-p_n)}$$

MATLAB 使用 zpk 函数来创建，命令格式如下：

```
G = zpk(z,p,k,Ts)                                  %由零点、极点和增益创建模型
G = zpk(z,p,k,'Property1',v1,'Porperty2',v2,…)    %创建模型并设置属性
```

说明：z 为零点列向量；p 为极点列向量；k 为增益；Ts 是采样周期，省略时为连续系统。

3. 状态方程模型

连续系统和离散系统的状态方程模型分别为：

$$\begin{cases}\dot{x}=\boldsymbol{A}x+\boldsymbol{B}u\\ y=\boldsymbol{C}x+\boldsymbol{D}u\end{cases} \qquad \begin{cases}x(k+1)=\boldsymbol{A}x(k)+\boldsymbol{B}u(k)\\ y(k+1)=\boldsymbol{C}x(k)+\boldsymbol{D}u(k)\end{cases}$$

其中 $\boldsymbol{A}$、$\boldsymbol{B}$、$\boldsymbol{C}$ 和 $\boldsymbol{D}$ 都是矩阵，MATLAB 使用 ss 函数来创建实数或复数的状态方程模型，命令格式如下：

```
G = ss(a,b,c,d,Ts)                                  %由 a、b、c、d 参数创建模型
G = ss(a,b,c,d,Ts,'Property1',v1,'Porperty2',v2,…) %创建模型并设置属性
```

说明：对于含有 N 个状态，Y 个输出和 U 个输入的模型，a 是 N×N 的矩阵，b 是 N×U 的矩阵，c 是 Y×N 的矩阵，d 是 Y×U 的矩阵；Ts 是采样周期，省略时为连续系统。

MATLAB 还提供了 dss 函数来创建状态方程模型，其模型表达式为：

$$\begin{cases}\boldsymbol{E}\dot{x}=\boldsymbol{A}x+\boldsymbol{B}u\\ y=\boldsymbol{C}x+\boldsymbol{D}u\end{cases}$$

其中 $\boldsymbol{E}$ 必须是非奇异阵，命令格式如下：

```
G = dss(a,b,c,d,e,Ts)                     %由 a、b、c、d、e 参数获得状态方程模型
```

【例 8-2】 创建连续的二阶系统 $\ddot{y}+2\dot{y}+2y=5u$ 的状态方程模型。

令$\begin{cases}x_1=y\\ x_2=\dot{y}\end{cases}$，则$\begin{cases}\dot{x}_1=y\\ \dot{x}_2=-2y-2\dot{y}+5u\end{cases}$

因此$\begin{bmatrix}\dot{x}_1\\ \dot{x}_2\end{bmatrix}=\begin{bmatrix}0 & 1\\ -2 & -2\end{bmatrix}\begin{bmatrix}x_1\\ x_2\end{bmatrix}+\begin{bmatrix}0\\ 5\end{bmatrix}u$，$y=[1\quad 0]x$，对应于$\begin{cases}\dot{x}=\boldsymbol{A}x+\boldsymbol{B}u\\ y=\boldsymbol{C}x+\boldsymbol{D}u\end{cases}$编写的程序如下：

```
>> a = [0 1; -2 -2];
>> b = [0;5];
>> c = [1 0];
>> d = 0;
>> syss = ss(a,b,c,d)                              %创建状态方程模型
a =
              x1      x2
        x1     0       1
        x2    -2      -2
```

```
b =
            u1
    x1      0
    x2      5

c =
            x1      x2
    y1      1       0

d =
            u1
    y1      0
Continuous-time model.
```

程序分析：

可以看到在工作空间中，syss 是类型为 ss 的模型对象。

4. 模型的转换

传递函数、零极点增益和状态方程三种模型可以方便地相互转换，MATLAB R2010a 提供了 ss2tf、ss2zp、tf2zp、zp2ss 和 zp2tf 函数实现模型的转换。另外，tf、zpk 和 ss 函数也可以直接实现模型的转换。三种模型的转换关系图如图 8-1 所示。

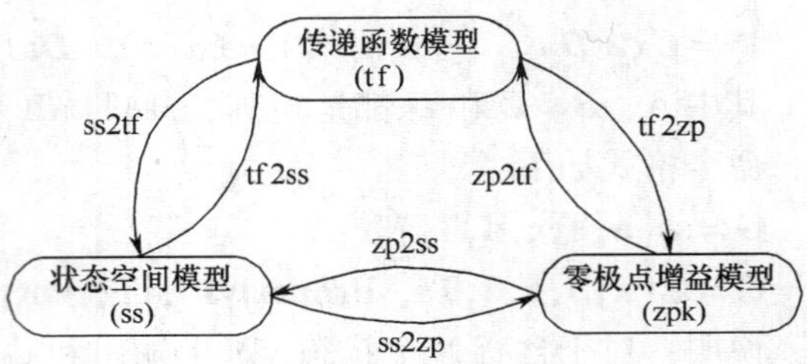

图 8-1　三种模型的转换关系图

【例 8-3】 创建连续系统的零极点增益模型，并转换为传递函数和状态空间模型，零极点增益模型为 $G(s)=\dfrac{2(s+0.5)}{(s+0.1+j)(s+0.1-j)}$。

```
>> z = -0.5;
>> p = [-0.1+j -0.1-j];
>> k = 2;
>> G = zpk(z,p,k)                         %创建 zpk 模型
Zero/pole/gain:
     2(s+0.5)
------------------
(s^2+0.2s+1.01)
>> [num,den] = zp2tf(z,p,k);
>> G11 = tf(num,den)                      %转换为传递函数模型
Transfer function:
     2s+1
------------------
s^2+0.2s+1.01
>> G12 = tf(G)                            %生成传递函数模型
Transfer function:
     2s+1
------------------
```

```
s^2 +0.2s +1.01
>> G2 = ss(G)                                    %生成状态空间模型
a =
              x1          x2
      x1    -0.1           1
      x2      -1        -0.1
b =
              u1
      x1       0
      x2   2.076
c =
              x1          x2
      y1  0.3854      0.9636
d =
              u1
      y1       0
```

程序分析：

使用 tf、ss 和 zpk 函数时，函数的输入和输出参数都直接是模型；使用 zp2tf、zp2ss 等转换函数时，函数的输入和输出参数都是模型的结构参数，是 double 型变量。使用“whos”命令可以查看各模型的类型和占用字节，模型的类型为“tf”。

```
>> whos                                          %查看变量类型
Continuous - time model.
  Name        Size        Bytes       Class       Attributes
  G           1×1         2001        zpk
  G11         1×1         1867        tf
  G12         1×1         1867        tf
  G2          1×1         1741        ss
  den         1×3         24          double
  k           1×1         8           double
  num         1×3         24          double
  p           1×2         32          double      complex
  z           1×1         8           double
```

5. 连续系统与离散系统模型的转换

MATLAB 控制工具箱提供了 c2d、d2c 和 d2d 函数实现连续系统和离散系统的相互转换。转换函数的命令格式和功能表如表 8-1 所示。

表 8-1　转换函数的命令格式和功能表

函数命令	功能说明
sysd = c2d（sysc，Ts，method）	将连续系统转换为离散系统，method 为转换方法，包括：zoh（默认零阶保持器）、foh（一阶保持器）、tustin（双线性变换）、prewarp（频率预修正双线性变换）和 mached（零极点匹配）
sysc = d2c（sysd，method）	将离散系统转换为连续系统，method 为转换方法，比 c2d 少 foh 方法
sysd2 = d2d（sysd1，Ts2）	将离散系统转换为离散系统，先把 sysd1 按零阶保持器转换为连续系统，然后再用 Ts2 和零阶保持器将其转换为 sysd2

【例 8-4】 将连续系统转换为离散系统，然后再转换为另一采样频率的离散系统，连续系统的传递函数为 $G=\frac{1}{s^2+4s+5}e^{-0.3s}$。

```
>> num1 = 1;
>> den1 = [1  4  5];
>> sys1 = tf(num1,den1,'inputdelay',0.3)          %创建传递函数
Transfer function:
                  1
exp(-0.3*s) * -------------
              s^2 + 4s + 5
>> sysd1 = c2d(sys1,0.1,'foh')                    %采样周期为0.1一阶保持方式的离散系统
Transfer function:
        0.001509 z^2 + 0.005464 z + 0.001235
z^(-3) * ------------------------------------
            z^2 - 1.629 z + 0.6703
Sampling time: 0.1
>> sysd2 = d2d(sysd1,0.5)                         %采样周期为0.5零阶保持方式的离散系统
Transfer function:
0.02256 z^2 + 0.06932 z + 0.006046
-------------------------------------
    z^3 - 0.6457 z^2 + 0.1353z
Sampling time:0.5
```

程序分析：

当采样周期为 0.5s 时，0.3s 的延迟环节就不能表示出来了。

8.1.2 系统的模型参数

对于系统模型，MATLAB R2010a 提供了很多函数可以检测模型的特性，获得不同模型的参数，并可以使用 get 和 set 函数获取和设置模型的属性，这样就可以灵活方便地操作模型。

1. 检测模型的特性

MATLAB 提供了多个模型特性检测函数，常用的函数命令格式和功能表如表 8-2 所示。

表 8-2 常用的函数命令格式和功能表

函数命令	功能说明
class (sys)	显示 LTI 模型的类型，可以是'tf'、'ss'、'zpk'和'frd'
hasdelay (sys)	LTI 模型是否有时间延迟，是则返回 1，否则返回 0
isct (sys)	LTI 模型是否为连续，是则返回 1，否则返回 0
isdt (sys)	LTI 模型是否为离散，是则返回 1，否则返回 0
isempty (sys)	LTI 模型是否为空，是则返回 1，否则返回 0
isproper (sys)	LTI 模型是否适当，是否正则，是则返回 1，否则返回 0
issiso (sys)	LTI 模型是否为单输入单输出 (SISO)，是则返回 1，否则返回 0

2. 获取模型的参数

（1）获取模型参数的函数　由 tf、ss 和 zpk 函数产生的数据类型分别是模型类型 tf，ss 和 zpk。如果要获取参数，可以使用取结构体字段的方法，格式为“结构体．字段”。

另外，MATLAB 还提供了 tfdata、zpkdata 和 ssdata、dssdata 函数分别用来获取传递函数模型、零极点增益模型和状态方程模型的参数。tfdata 函数可以获取系统模型的分子、分母和采样周期；zpkdata 函数可以获取系统模型的零点 z、极点 p 和增益 k；ssdata 和 dssdata 函数可以分别获取系统模型的状态空间参数。

【例 8-5】 创建系统模型并获取模型参数。

```
>> G = tf(1,[1 2 3])
  Transfer function:
       1
  -------------
  s^2 + 2s + 3
>> n1 = G.num                          % n1 为 cell 类型
n1 =
       [1x3   double]
>> num = n1{1}
num =
       0      0      1
>> [n,d,T] = tfdata(G)                 % 使用 tfdata 函数取模型参数
n =
       [1x3   double]
d =
       [1x3   double]
T =
       0
>> num = n{1}
num =
       0      0      1
```

（2）获取模型尺寸的函数　ndims 函数可以获取 LTI 系统模型的维数，命令格式如下：

n = ndims(sys)　　　　　　　　**%获取模型的维数**

size 函数可以获取 LTI 模型的输入/输出数、各维的长度、传递函数模型、零极点增益模型和状态方程模型的阶数和 frd 模型的频率数，其命令格式如下：

d = size(sys,n)　　　　　　　　**%获取模型的参数**

d = size(sys,'order')　　　　　　**%获取模型的阶数**

说明：n 可省略，当 n 省略时，d 为模型输入输出数［Y，U］；当 n = 1 时，d 为模型输出数；当 n = 2 时，d 为模型输入数；当 n = 2 + k 时，d 为 LTI 阵列的第 k 维阵列的长度。

【例 8-6】 创建离散系统的零极点模型，并检测模型的参数，离散系统的零极点模型为

$$G=\begin{bmatrix}\dfrac{1}{z-1}\\ \dfrac{2\ (z+0.5)}{(z-2)\ (z-3)}\end{bmatrix}$$。

```
>>z = {[]; -0.5};
>>p = {1;[2,3]};
>>k = [1;2];
>>sysd1 = zpk(z,p,k, -1)
Zero/pole/gain from input to output...
           1
  #1:  -------
        (z-1)
         2(z+0.5)
  #2:  ------------
       (z-2)(z-3)
Sampling time: unspecified
>>sysd2 = tf(sysd1)                    %转换为传递函数
Transfer function from input to output...
         1
  #1:  ------------
         z-1
           2z+1
  #2:  ------------
        z^2-5z+6
Sampling time: unspecified
>>class(sysd2)                         %模型类型
ans =
tf
>>[num,den] = tfdata(sysd2)            %获取模型参数
num =
    [1x2 double]
    [1x3 double]
den =
    [1x2 double]
    [1x3 double]
>>isct(sysd1)                          %判断是否为连续系统
ans =
    0
>>isproper(sysd2)                      %判断是否合适
ans =
    1
>>d = size(sysd1)                      %获取系统的输入输出个数
d =
    2      1
```

程序分析：

离散系统有两个输入一个输出，因此其传递函数模型的参数 num 和 den 是元胞数组，使用 num{1} 可以获得其参数内容。

3. 使用 get 和 set 函数

模型对象的属性可以在创建时使用 tf、zpk 和 ss 函数设置，也可以使用 set 函数设置，使用 get 函数来获取。

（1）set 函数　set 函数的命令格式如下：

set(sys,'property1',value1,'property2',value2,…)　　　%设置系统属性

说明：'property1'为属性名，value1 为属性值，'property1'和 value1 必须是成对的属性名和属性值，可以省略，都省略时则显示模型的所有属性名。

（2）get 函数　get 函数的命令格式如下：

value = get(sys,'property')　　　%获取当前系统的属性

说明：当'property'省略时，value 是包含所有属性名和属性值的结构体。

【例 8-6 续】　获取例 8-6 中离散系统的属性，并修改其属性。

```
>> pro1 = get(sysd1)                                   %获得零极点模型的所有属性
pro1 =
                    z: {2x1 cell}
                    p: {2x1 cell}
                    k: [2x1 double]
              ioDelay: [2x1 double]
        DisplayFormat: 'roots'
             Variable: 'z'
                   Ts: -1
           InputDelay: 0
          OutputDelay: [2x1 double]
            InputName: {''}
           OutputName: {2x1 cell}
           InputGroup: [1x1 struct]
          OutputGroup: [1x1 struct]
                 Name: ''
                Notes: {}
             UserData: []
>> set(sysd1,'z',{[];[]})               %设置模型的零点属性
>> sysd1
Zero/pole/gain from input to output...
          1
 #1:   -------
        (z-1)
            2
 #2:   ---------------
        (z-2)(z-3)
Sampling time: unspecified
```

8.1.3　系统模型的连接和简化

控制系统的 LTI 模型通过串联环节、并联环节和反馈环节连接构成了复杂的系统结构，

MATLAB R2010a 提供了多种计算模型连接的函数。

1. 串联环节

以串联方式连接的模型结构图如图 8-2 所示，可以使用 series 函数计算串联环节，命令格式如下：

G = series(G1,G2,outputs1,inputs1)　　　　　　　%计算串联模型

说明：G_1 和 G_2 为串联的模块，必须都是连续系统或采样周期相同的离散系统；outputs1 和 inputs1 分别是串联模块 G_1 的输出和 G_2 的输入，当 G_1 的输出端口数和 G_2 的输入端口数相同时可省略，当省略时 G_1 与 G_2 端口正好对应连接。

串联环节的运算也可以直接使用 $G = G_1 * G_2$。

2. 并联环节

以并联方式连接的模型结构图如图 8-3 所示，可以使用 parallel 函数计算并联环节，命令格式如下：

G = parallel(G1,G2,in1,in2,out1,out2)　　　　　　%计算并联模型

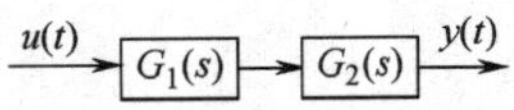

图 8-2　以串联方式连接的模型结构图

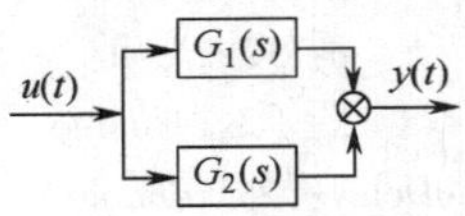

图 8-3　以并联方式连接的模型结构图

说明：G_1 和 G_2 模块必须都是连续系统或采样周期相同的离散系统；in1 和 in2 分别是并联模块 G_1 和 G_2 的输入端口，out1 和 out2 分别是并联模块 G_1 和 G_2 的输出端口，都可省略，当省略时 G_1 与 G_2 端口数相同正好对应连接。

并联环节的运算也可以直接使用 $G = G_1 + G_2$。

3. 反馈环节

以反馈方式连接的模型结构图如图 8-4 所示，可以使用 feedback 函数计算并联模型，命令格式如下：

G = feedback(G1,G2,feedin,feedout,sign)　　　　　　%计算反馈模型

说明：G_1 和 G_2 模型必须都是连续系统或采样周期相同的离散系统；sign 表示反馈符号，当 sign 省略或 = -1 时为负反馈；feedin 和 feedout 分别是 G_2 的输入端口和 G_1 的输出端口，可省略，当省略时 G_1 与 G_2 端口正好对应连接。

【例 8-7】 根据图 8-5 所示的模型结构框图，化简并计算模型的传递函数，各传递函数为 $G_1 = \dfrac{1}{R_1}$，$G_2 = \dfrac{1}{G_1 s}$，$G_3 = \dfrac{1}{R_2 C_2 s + 1}$，$C_4 = G_2 s$，$G_5 = R_2 C_2 s + 1$，其中 $R_1 = 1$，$R_2 = 2$，$C_1 = 3$，$C_2 = 4$。

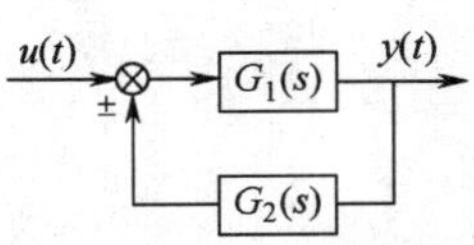

图 8-4　以反馈方式连接的模型结构图

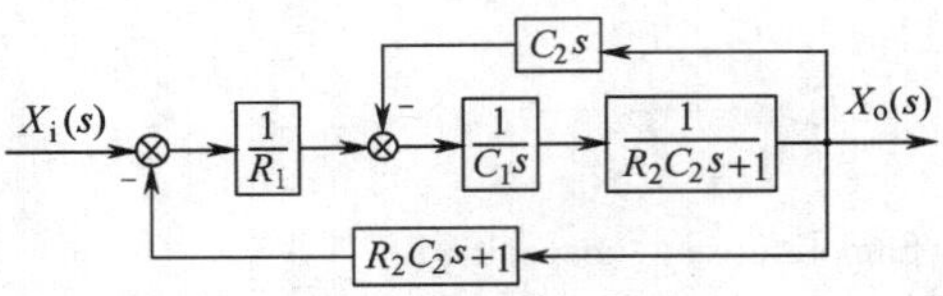

图 8-5　模型结构框图

```
>> r1 = 1;r2 = 2;c1 = 3;c2 = 4;
>> G1 = r1;
```

```
>> G2 = tf(1,[c1 0]);
>> G3 = tf(1,[c2 * r2 1]);
>> G4 = tf([c2 0],1);
>> G5 = tf([r2 * c2 1],1);                    %计算串联环节
>> G23 = series(G2,G3)
Transfer function:
      1
------------
24 s^2 + 3s
>> G234 = feedback(G23,G4)                    %计算反馈环节
Transfer function:
      1
------------
24 s^2 + 7s
>> G1234 = series(G1,G234);                   %计算串联环节
>> G = feedback(G1234,G5)                     %计算反馈环节
Transfer function:
       1
---------------
24 s^2 + 15s + 1
```

如果在进行串联、并联和反馈连接的模块时，不是都用同一种描述方式，而是有的用传递函数，有的用状态空间或零极点增益描述，进行合并后总系统的模型描述方式按照以下顺序来确定：

状态空间描述法→零极点增益描述法→传递函数描述法。

4. 复杂模型的连接

当遇到复杂的模型结构中有相互连接交叉的环节时，获取系统的状态空间模型可以通过5个步骤来实现：

1）对框图中的每个环节进行编号并建立它们的对象模型，环节是指一条单独的通路。

2）建立无连接的状态空间模型，使用 append 函数实现，append 的命令格式如下：

G = append(G1,G2,G3,...)

3）写出系统的联接矩阵 **Q**。**Q** 的第一列是各环节的编号，其后各列是与该环节连接的输入通路编号，如果是负连接则加负号。

4）列出系统总的输入和输出端的编号，使用 inputs 列出输入端编号，outputs 列出输出端的编号。

5）使用 connect 函数生成组合后系统的状态空间模型，connect 函数的命令格式为

Sys = connect(G,Q,inputs,outputs)

【例 8-8】 根据图 8-6 所示的模型结构框图计算模型的总传递函数，其中 $R_1=1$，$R_2=2$，$C_1=3$，$C_2=4$。

1）对系统框图中的每个环节进行编号，如图 8-6 所示，有 8 条通路即 8 个环节，写出每个环节的传递函数模型：

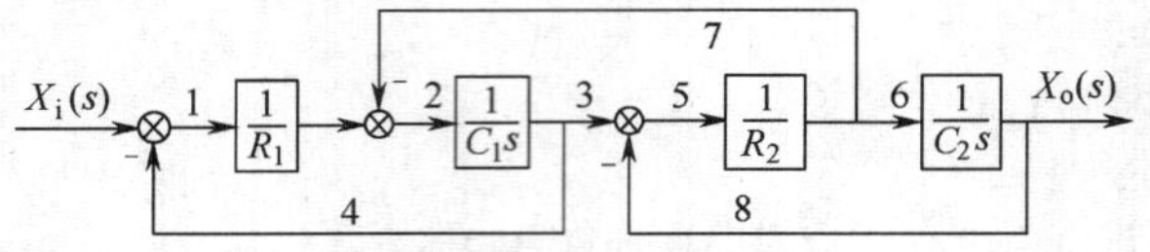

图 8-6 模型结构框图

```
>> r1 = 1;r2 = 2;c1 = 3;c2 = 4;
>> G1 = r1;
>> G2 = tf(1,[c1 0]);
>> G3 = 1;
>> G4 = -1;
>> G5 = 1/r2;
>> G6 = tf(1,[c2 0]);
>> G7 = -1;
>> G8 = -1;
```

程序分析：

3 号通路是分离点与汇合点之间的连线，该通路不能合并，传递函数是 1。

2）建立无连接的状态空间模型：

```
>> G = append(G1,G2,G3,G4,G5,G6,G7,G8)
Transfer function from input 1 to output...
  #1:  1
  #2:  0
  #3:  0
  #4:  0
  #5:  0
  #6:  0
  #7:  0
  #8:  0
......
```

程序分析：

将每个模块用 append 函数放在一个系统矩阵中，可以看到 G 模块存放了 8 个模块的传递函数，为了节省篇幅只列出了一个环节。

3）写出系统的联接矩阵 **Q**：

```
>> Q = [1 4 0            % 通路 1 的输入是通路 4
2 1 7                    % 通路 2 的输入是通路 1 和 7
3 2 0
4 2 0
5 3 8
6 5 0
7 5 0
8 6 0];
```

程序分析：

Q 矩阵的第一列从 1 到 8 表示通路号；后两列是每条通路的输入通路号，共三列是因为每条通路最多只有两个输入，没有的补 0；4 号、7 号和 8 号通道的负连接由于负号写在传

递函数 G_4、G_7 和 G_8 中，因此连接不需要用负号。

4）列出系统总的输入和输出端的编号：

```
>> inputs = 1;
>> outputs = 6;
```

程序分析：

总输入是 1 号通路，输出是 6 号通路。

5）使用 connect 函数生成组合后系统的状态空间模型：

```
>> Sys = connect(G,Q,inputs,outputs)
Transfer function:
        0.04167
-------------------------
s^2 + 0.625s + 0.04167
```

程序分析：

该模型与例 8-7 的模型是相同的，例 8-7 中的模型是经过了模块的合并得出的。

8.1.4 将 Simulink 模型结构图转化为系统模型

在 Simulink 环境中可以方便地通过鼠标的拖动建立模型，通过函数命令将 Simulink 模型转化为数学模型是获得系统模型的捷径，MATLAB 提供了 linmod 和 linmod2 函数命令将 Simulink 模型转换为数学模型。

【例 8-9】 根据图 8-7 的模型结构框图在 Simulink 环境中创建系统模型，使用函数命令转化为传递函数。

必须注意在 Simulink 模型中，输入和输出模块必须使用“In1”和“Out1”。

G_1、G_2、G_3 和 G_4 模块的参数使用变量 r_1、r_2、c_1 和 c_2。Simulink 模型结构图如图 8-7 所示，将 Simulink 模型保存为文件“ex8_9. mdl”。

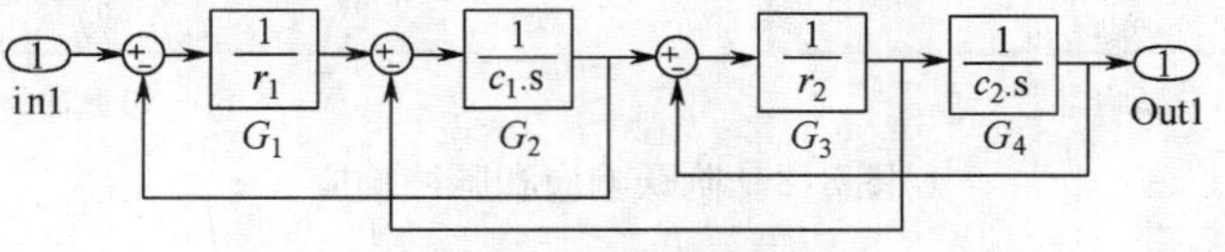

图 8-7　Simlink 模型结构图

在命令窗口中使用转换函数命令 linmod 将模型转换为数学模型，命令如下：

```
>> r1 = 1;r2 = 2;c1 = 3;c2 = 4;
>> [A,B,C,D] = linmod('ex8_9');              %将 mdl 模型转换为状态空间模型
>> [num,den] = ss2tf(A,B,C,D);
>> sys = tf(num,den)
 Transfer function:
       0.04167
-------------------------
s^2 + 0.625s + 0.04167
```

程序分析：

该模型的传递函数与例 8-8 的完全相同，可以看出使用 Simulink 获得系统数学模型的方法简单方便。

8.2 时域分析的 MATLAB 实现

时域分析是控制系统中最基本的问题，时域分析是分析在典型输入信号作用下，系统在时间域的暂态和稳态响应。

8.2.1 使用拉普拉斯变换和逆变换计算时域响应

时域响应可以通过典型输入信号和系统的模型结构计算得出，其关系表达式为

$$C(s)=R(s)*\varphi(s)$$
$$c(t)=L^{-1}(C(s))$$

在 MATLAB 中需要使用符号表达式来表示 $C(s)$，由 ilaplace 函数得出 $C(s)$ 的拉普拉斯逆变换 $c(t)$。

【例 8-10】 使用拉普拉斯变换和逆变换计算输入信号为阶跃信号和脉冲信号的系统输出响应，已知系统的传递函数为 $\varphi(s)=\dfrac{1}{0.5s^2+s+1}$，阶跃响应和脉冲响应如图 8-8a、b 所示。

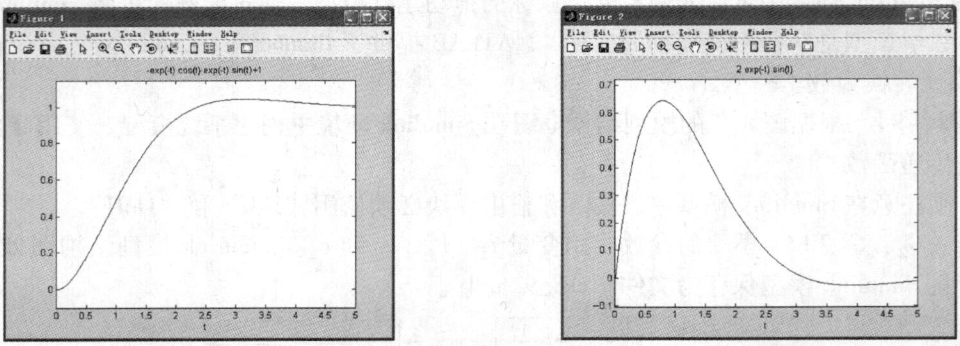

a) 阶跃响应　　b) 脉冲响应

图 8-8　阶跃响应和脉冲响应

```
>> syms st;
>> rs = laplace(heaviside(t));                %阶跃信号
>> fs = 1/(0.5 * s^2 + s + 1);
>> cs = rs * fs;
>> ct = ilaplace(cs)                          %阶跃响应表达式
ct =
- exp( - t) * cos(t) - exp( - t) * sin(t) + 1
>> figure(1);ezplot(ct,[0 5])
>> ft = ilaplace(fs)                          %脉冲响应表达式
ft =
2 * exp( - t) * sin(t)
>> figure(2);ezplot(ft,[0 5])
```

8.2.2 线性系统的时域分析

根据自动控制原理，系统的输出响应由零输入响应和零状态响应组成。零状态响应是当

系统的初始状态为零时，系统的输出由输入信号产生的响应；零输入响应是当输入为零时由系统储能产生的响应。时域分析需要绘制各种典型输入信号时系统的输出响应曲线。

1. 阶跃响应

系统的阶跃响应由阶跃输入信号产生，可以使用 step 函数命令绘制，命令格式如下：

```
step(G, T)                    %绘制系统 G 的阶跃响应曲线
[y,t,x] = step(G, T)          %得出系统 G 的阶跃响应数据
```

说明：G 为系统模型，可以是传递函数、状态方程和零极点增益形式，也可以同时绘制多个系统，多个系统模型直接用逗号隔开；T 表示时间范围，可以是向量，也可以是一个标量表示从 0 ~ T，也可省略，省略时为自动时间范围；y 为时间响应；t 为时间向量；x 为状态变量响应，t 和 x 可省略。

2. 脉冲响应

系统的脉冲响应使用 impulse 函数命令绘制，命令格式与 step 函数相同。

【例 8-11】 使用 step 和 impulse 函数绘制系统的阶跃响应和脉冲响应，已知系统的传递函数为 $\varphi(s)=\dfrac{1}{0.5s^2+s+1}$，阶跃响应和脉冲响应如图 8-9 所示。

```
>> num = 1;
>> den = [0.5 1 1];
>> G = tf(num,den)
Transfer function:
      1
-------------
0.5s^2 + s + 1
>> subplot(211);
>> step(G)                      %绘制阶跃响应
>> subplot(212);
>> impulse(G)                   %绘制脉冲响应
```

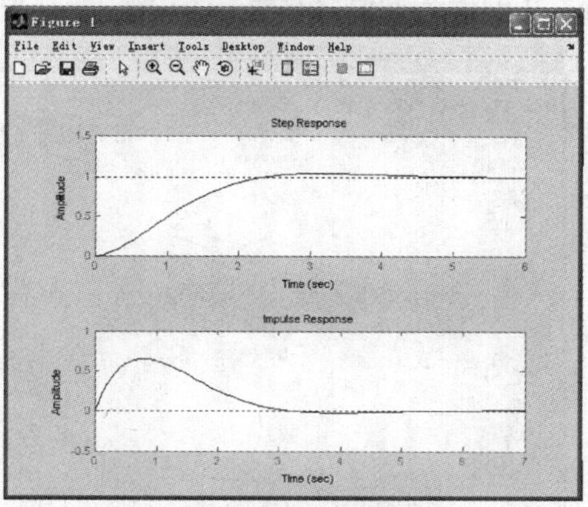

图 8-9　阶跃响应和脉冲响应

如果要获得阶跃响应的数据，则可以使用：

```
>> [y,t,x] = step(G,5);
```

程序分析：

得出 x 是空矩阵，t 和 y 是阶跃响应的横坐标和纵坐标，可以使用 plot 命令绘制。

3. 斜坡响应和加速度响应

系统的斜坡响应和加速度响应在 MATLAB 中没有专门的函数，因此斜坡响应和加速度响应可以由阶跃响应来获得：

斜坡响应 = 阶跃响应 * 1/s

加速度响应 = 阶跃响应 * 1/s^2

【例 8-12】 使用 step 函数绘制斜坡响应和加速度响应，系统的传递函数为 $\varphi(s)=\dfrac{1}{0.5s^2+s+1}$，绘制的斜坡响应和加速度响应如图 8-10 所示。

```
>> G1 = tf(1,[0.5 1 1 0])
```

```
>> subplot(211);step(G1)            %绘制斜坡响应
>> title('斜坡响应')
>> G2 = tf(1,[0.5 1 1 0 0])
>> subplot(212);step(G2)            %绘制加速度响应
>> title('加速度响应')
```

4. 任意输入响应

连续系统对任意输入的响应用 lsim 函数来实现，命令格式如下：

lsim(G,U,T)　　　　　　　%绘制系统 G 的任意响应曲线

[y,t,x] = lsim(G,U,T)　　　%得出系统 G 的任意响应数据

说明：U 为输入序列，每一列对应一个输入；参数 T、t 和 x 都可以省略。

【例 8-13】 使用 lsim 函数绘制正弦响应曲线，系统的传递函数为 $G(s)=\frac{1}{2s+1}$，绘制的正弦响应如图8-11所示。

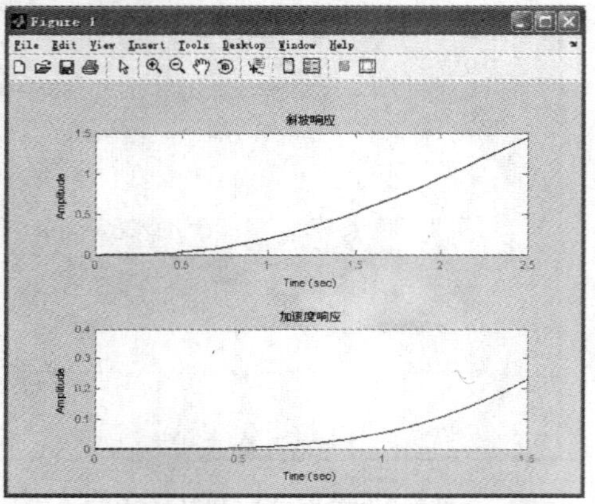

图 8-10　斜坡响应和加速度响应

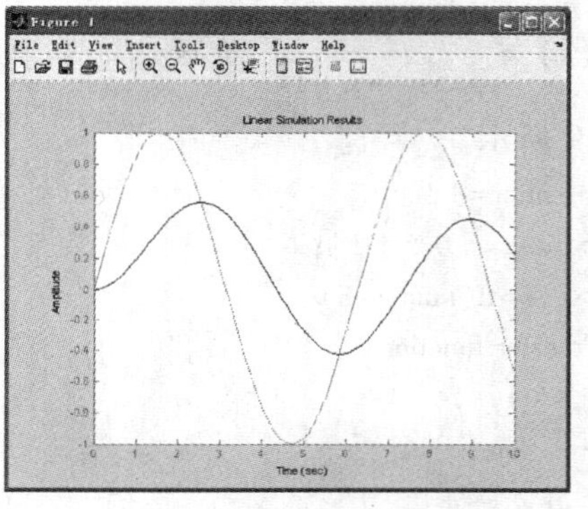

图 8-11　正弦响应

```
>> t = 0:0.1:10;
>> u = sin(t);
>> G = tf(1,[2 1])
Transfer function:
   1
-------
 2s + 1
>> lsim(G,u,t)                    %正弦响应
```

5. 零输入响应

零输入响应是指系统的输入信号为零时，由系统的初始状态产生的响应，MATLAB 提供了 initial 函数来实现，其命令格式如下：

initial(G,x0, T)　　　　　　%绘制系统 G 的零输入响应曲线

[y,t,x] = initial(G,x0, T)　　%得出系统 G 的零输入响应的数据

说明：G 必须是状态空间模型；x0 是初始条件，x0 与状态的个数相同。

【例 8-14】 使用 initial 函数绘制零输入响应曲线，系统的初始状态为[1 2]，系统的传

递函数为 $G(s)=\dfrac{10}{s^2+5s+1}$，绘制的零输入响应如图 8-12 所示。

```
>> G = tf(10,[1 5 1]);
>> SS = ss(G);
>> x0 = [1 2];
>> initial(SS,x0)
```

程序分析：

可以看到零输入响应随着时间 t 的增大，逐渐趋向 0。

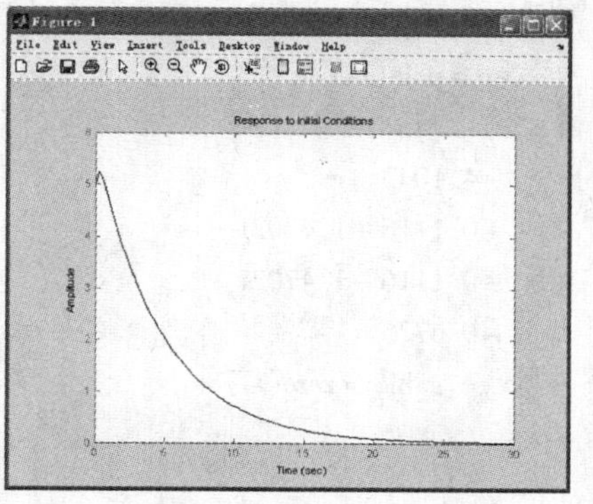

图 8-12　零输入响应

6. 离散系统响应

对于离散系统的输出响应，MATLAB 提供了与连续系统相应的函数命令，函数名前加“d”表示离散的意思，离散系统的函数表如表 8-3 所示。

表 8-3　离散系统的函数表

函数命令	功能说明
dstep（a，b，c，d）或 dstep（num，den）	离散系统的阶跃响应
dimpulse（a，b，c，d）或 dimpulse（num，den）	离散系统的脉冲响应
dlsim（a，b，c，d，U）或 dlsim（num，den，U）	离散系统的任意输入响应
dinitial（a，b，c，d，x0）或 dlsim（num，den，x0）	离散系统的零输入响应

8.2.3 线性系统的结构参数与时域性能指标

1. 线性系统的结构参数

线性系统的结构参数决定了系统的时域响应。

（1）pole 和 zero　pole 和 zero 函数分别计算系统模型的极点和零点，命令格式如下：

```
p = pole(G)            %获得系统 G 的极点
z = zero(G)            %得出系统 G 的零点
[z,gain] = zero(G)     %获得系统 G 的零点和增益
```

说明：G 是系统模型只能是 SISO 系统，可以是传递函数、状态方程、零极点增益形式；pole 获得的极点当有重根时只计算一次根。

（2）pzmap　pzmap 可以计算系统模型的零极点，并绘制零极点分布图，图中“×”表示极点，“o”表示零点，命令格式如下：

```
pzmap(G)               %绘制系统的零极点分布图
[p,z] = pzmap(G)       %获得系统的零极点值
```

【例 8-15】　获得系统的零极点值，并绘制其零极点图，系统的传递函数为 $G(s)=\dfrac{10(s+5)}{s^4+5s^3+6s^2+11s+6}$，显示的零极点分布图如图8-13 所示。

```
>> num = [10 10*5];
>> den = [1 5 6 11 6];
```

```
>> G = tf(num,den);
>> p = pole(G)                        % 获得极点
p =
   -4.1043
   -0.1116 + 1.4702i
   -0.1116 - 1.4702i
   -0.6725
>> [z,gain] = zero(G)                 % 获取零点和增益
z =
   -5
gain =
   10
>> pzmap(G);grid                      % 绘制零极点分布图
```

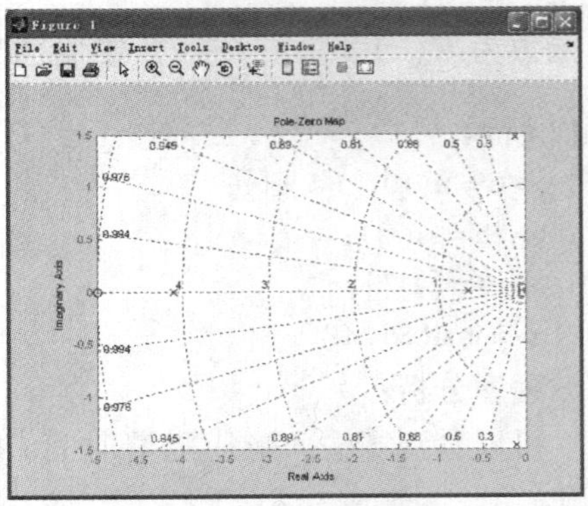

图 8-13 零极点分布图

程序分析：

可以看到系统有 4 个极点和一个零点；使用 grid 命令可以在零极点图中添加网格，网格是以原点为中心以阻尼系数 ζ 为刻度绘制的。

(3) damp damp 函数可以计算系统模型的阻尼系数 ζ、固有频率 ω_n 和极点 p，其命令格式如下：

[ω_n,zeta,p] = damp(G)　　　% 获得 G 的阻尼系数、固有频率和极点

说明：p 是极点，与 pole 获得的极点相同但顺序可能不同，p 可以省略。

反过来，MATLAB 也提供了 ord2 函数可以根据阻尼系数 ζ 和固有频率 ω_n，生成连续的二阶系统，其命令格式如下：

[num,den] = ord2(w_n,z)　　　% 根据 w_n 和 z 生成传递函数

[A,B,C,D] = ord2(w_n,z)　　　% 根据 w_n 和 z 生成状态空间模型

说明：z 和 ω_n 都必须是标量。

(4) sgrid sgrid 命令可以产生阻尼系数和固有频率的 s 平面网格，用于在零极点图或根轨迹图中，其命令格式如下：

sgrid(z,w_n)　　　% 绘制 s 平面网格并指定 z 和 w_n

说明：绘制的网格阻尼系数范围是 0 ~ 1，步长为 0.1，固有频率为 0 ~ 10rad/s，步长为 1rad/s；参数 z 和 ω_n 可以省略。

【例 8-16】 获得系统的阻尼系数和固有频率，并绘制其 s 平面网格，系统的传递函数为 $G(s)=\dfrac{1}{s^2+1.414s+1}$，s 平面的零极点分别图如图 8-14 所示。

```
>> num = [1];
>> den = [1 1.414 1];
>> G = tf(num,den);
>> [wn,z,p] = damp(G)                 % 获取阻尼系数和固有频率
wn =
        1
        1
z =
    0.7070
```

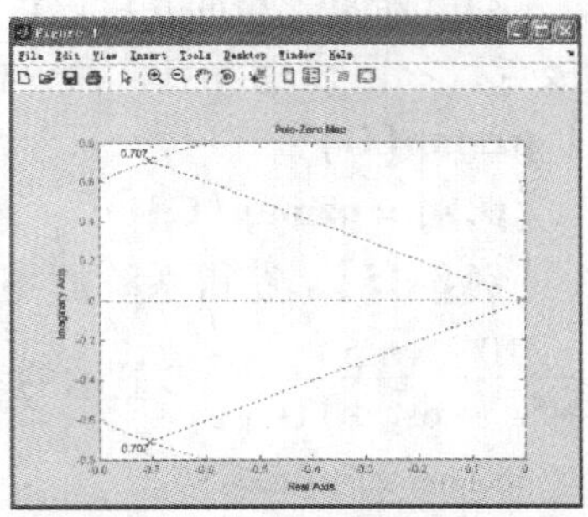

图 8-14 s 平面的零极点分布图

```
    0.7070
p =
   -0.7070 + 0.7072i
   -0.7070 - 0.7072i
>> pzmap(G);sgrid(z,wn)
```

可以使用 ord2 函数获得连续二阶系统的分母多项式：

```
>> [num,den] = ord2(wn(1),z(1))
num =
    1
den =
    1.0000    1.4140    1.0000
```

程序分析：

num 分子都为 1，den 根据 z 和 wn 得出；图中的两个极点都显示了其阻尼系数。

2. 时域分析的性能指标

在自动控制原理中，时域分析常用的系统性能指标有超调量 σ_p、上升时间 t_r、峰值时间 t_p 和过渡时间 t_s，通过性能指标来分析系统暂态性能的稳定性。

二阶系统闭环传递函数为 $\Phi(s)=\dfrac{\omega_n^{\ 2}}{s^2+2\zeta\omega_n s+\omega_n^{\ 2}}$，则欠阻尼时的性能指标如下：

超调量为 $\sigma_p=e^{-\frac{\zeta\pi}{\sqrt{1-\zeta^2}}}\times 100\%$；

上升时间为 $t_r=\dfrac{\pi-\arccos\zeta}{\omega_n\sqrt{1-\zeta^2}}$；

峰值时间为 $t_p=\dfrac{\pi}{\sqrt{1-\zeta^2}}$；

过渡时间为 $t_s=\dfrac{3}{\zeta\omega_n}\quad \Delta=0.05$

$$t_s=\frac{4}{\zeta\omega_n}\quad \Delta=0.02$$

【例 8-17】 根据二阶系统的传递函数获得阻尼系数和固有频率，并计算其各项性能指标，系统传递函数为 $G(s)=\dfrac{16}{s^2+3s+16}$。

```
>> G = tf(16,[1 3 16]);
>> [w,z] = damp(G);                          %获取阻尼系数和固有频率
>> wn = w(1)
wn =
    4
>> zeta = z(1)
zeta =
    0.3750
>> detap = exp( - pi * zeta/sqrt(1 - zeta^2)) * 100      %计算超调量
detap =
   28.0597
```

```
>> tr = (pi - acos(zeta))/(wn * sqrt(1 - zeta^2))          %计算上升时间
tr =
    0.5273
>> tp = pi/(wn * sqrt(1 - zeta^2))                          %计算峰值时间
tp =
    0.8472
>> ts1 = 3/(zeta * wn)                                      %计算过渡时间
ts1 =
    2
>> ts2 = 4/(zeta * wn)
ts2 =
    2.6667
```

程序分析:

由 damp 获取的阻尼系数和固有频率都是向量；如果已知性能指标来计算阻尼系数和固有频率，可以使用解方程的方法来实现。

系统的时域性能指标的获得还可以通过图形工具 LTI Viewer 实现，在后面的 8.8.1 小节中介绍。

8.3 频域分析的 MATLAB 实现

在自动控制原理中，频域特性是当正弦信号输入时，线性系统的稳态输出分量与输入信号的复数比，包括幅频特性和相频特性。频域分析需要绘制 Bode 图、Nyquist 曲线和 Nichols 图。

8.3.1 线性系统的频域分析

1. 线性系统的幅频特性和相频特性

线性系统的频域响应可以写成 $G(\mathrm{j}\omega) = |G(\mathrm{j}\omega)|\mathrm{e}^{\mathrm{j}\varphi(\omega)} = A(\omega)\mathrm{e}^{\mathrm{j}\varphi(\omega)}$，$A(\omega)$ 为幅频特性，$\varphi(\omega)$ 为相频特性。MATLAB 提供了 freqresp 函数可以计算频率特性，其命令格式如下:

Gw = freqresp(G,w)　　　　%计算 w 处系统 G 的频率特性

说明：当 w 是标量时 Gw 是由实部和虚部组成的频率特性值；当 w 是向量时，Gw 是三维数组，最后一维是频率。

【例 8-18】 根据系统的传递函数计算幅频特性和相频特性曲线，已知系统传递函数为 $G(s) = \dfrac{10}{5s+1}$。

```
>> G = tf(10,[5 1]);
>> w = 1;
>> Gw = freqresp(G,w)
Gw =
   0.3846 - 1.9231i
>> Aw = abs(Gw)                  %计算幅频特性
```

```
Aw =
  1.9612
>> Fw = angle(Gw)              %计算相频特性
Fw =
  -1.3734
```

2. nyquist 曲线

nyquist 曲线是幅相频率特性曲线，MATLAB 使用 nyquist 命令绘制 ω 从 $-\infty \sim \infty$ 的 nyquist 曲线，其命令格式如下：

```
nyquist(G,ω)                                    %绘制系统 G 的 nyquist 曲线
nyquist(G1,'plotstyle1',G2,'plotstyle2',…ω)     %绘制多个系统 nyquist 曲线
[Re,Im,ω] = nyquist(G)                          %得出实部、虚部和频率
[Re,Im] = nyquist(G,ω)                          %得出 ω 处的实部和虚部
```

说明：G 为系统的模型，可以是连续的或离散的 SISO 或 MIMO 系统；G_1、G_2 是多个系统；'plotstyle1'是曲线绘制的线型；ω 是频率，可以是某个频率点也可以是频率范围，ω 可以省略；Re 为实部，Im 为虚部。

【例 8-19】 根据传递函数绘制三个系统的 nyquist 曲线，已知三个系统的传递函数分别为 $G_1(s)=\dfrac{10}{s(s+1)(5s+1)}$、$G_2(s)=\dfrac{10}{s(5s+1)}$和 $G_3(s)=\dfrac{10}{5s+1}$，显示的三个系统的 nyquist 曲线如图 8-15 所示。

```
>> G1 = tf(10,conv([1 1],[5 1 0]));
>> G2 = tf(10,[5 1 0]);
>> G3 = tf(10,[5 1]);
%绘制三个系统的 nyquist 曲线
>> nyquist(G1,'r',G2,'b',G3,'k')
```

程序分析：

系统自动使用不同颜色绘制三个系统的 nyquist 曲线，含有积分环节的从无穷远处开始，G_1 曲线包围（-1，j0）点因此是不稳定系统。

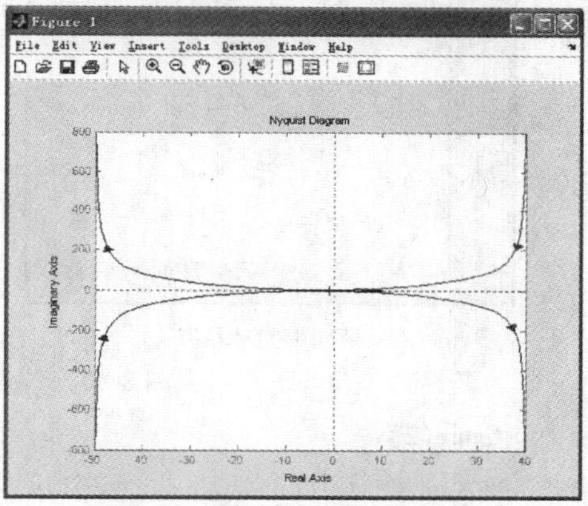

图 8-15 三个系统的 nyquist 曲线

3. bode 图

MATLAB 提供 bode 命令可以轻松绘制对数幅相频率特性曲线 bode 图，其命令格式如下：

```
bode(G,w)                                    %绘制系统 G 的 bode 图
bode(G1,'plotstyle1',G2,'plotstyle2',…w)     %绘制多个系统 bode 图
[mag,pha] = bode(G,w)                        %得出 w 处的幅值和相位角
[mag,pha,w] = bode(G)                        %得出幅值、相位角和频率
```

说明：mag 为幅值，pha 为相位角。

MATLAB 还提供了 bodemag 命令可以只绘制对数幅频特性曲线，其命令格式与 bode 相同。

【例 8-20】 根据传递函数绘制系统的 bode 图和对数幅频特性曲线，已知系统的传递函数为 $G(s)=\dfrac{10}{s(s+1)(5s+1)}$，绘制系统的 bode 图和对数幅频特性曲线如图 8-16 所示。

```
>> G = tf(10,conv([1 1],[5 1 0]));
>> subplot(1,2,1);
>> bode(G)                  %绘制系统的 bode 图
>> subplot(1,2,2);
>> bodemag(G)               %绘制对数幅频特性曲线
```

程序分析：

bode 图绘制的是精确曲线而不是渐近线。

4. nichols 图

nichols 图是将对数幅频和对数相频特性绘制在一个图中，MATLAB 提供了 nichols 命令来绘制，并提供了 ngrid 命令在 nichols 图中添加等 M 线和等 α 线的网格。nichols 命令的格式与 bode 相同。

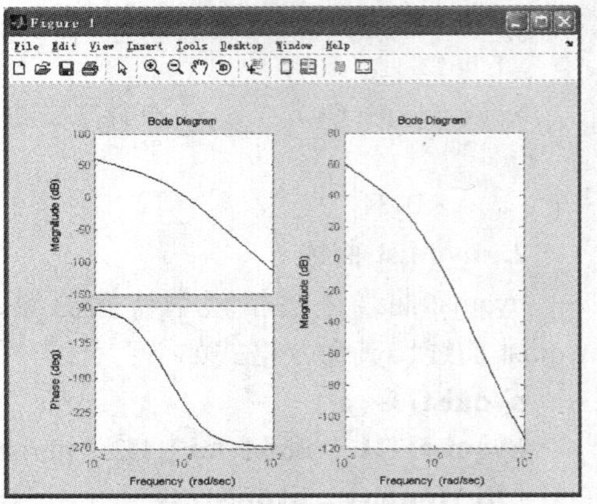

图 8-16 系统的 bode 图和对数幅频特性曲线

【例 8-20 续】 绘制例 8-20 中系统的 nichols 图并添加等 M 线和等 α 线的网格，绘制的等 M 圆和等 α 线和 nichols 图如图 8-17 所示，图 8-17a 为空白的等 M 线和等 α 线的网格，图 8-17b 为 nichols 图。

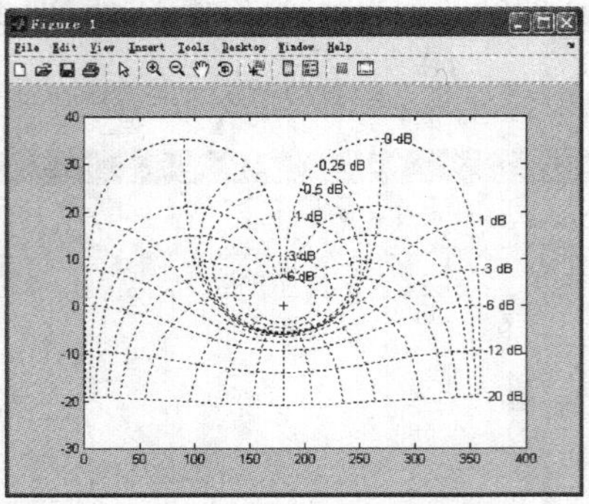

a) 等M圆和等α线图

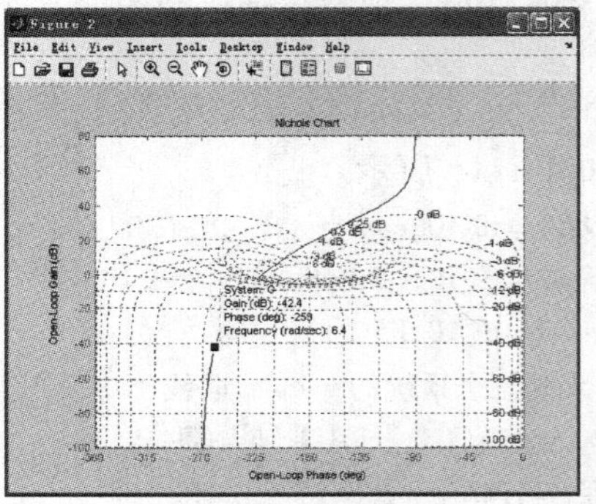

b) 系统的nichols图

图 8-17 等 M 圆和等 α 线和 nichols 图

```
>> figure(2)
>> ngrid('new')              %空白的等 M 线和等 α 线
>> figure(3)
>> nichols(G)
```

程序分析：

在图中用鼠标单击图形中的某点，就可以看到其相关的幅频和相频数据。

8.3.2 频域分析性能指标

频域分析的性能指标主要有开环频率特性的相角域度 γ、穿越频率 ω_c 和幅值域度 h，闭环频率特性的谐振峰值 M_r 和带宽频率 ω_b。

1. 开环频率特性的相角域度和幅值域度

MATLAB 提供了得出幅值裕度和相角裕度的命令 margin，其命令格式如下：

```
margin(G)                         %绘制 bode 图并标出幅值裕度和相角裕度
[Gm,Pm,Wcg,Wcp] = margin(G)       %得出幅值裕度和相角裕度和相应的频率
```

说明：Gm 为幅值裕度 = 20lgh，是以 db 为单位，Wcg 为幅值裕度对应的频率即 ωg；Pm 为相角裕度 $\gamma = 180° - \phi(\omega_c)$，是以角度为单位的，Wcp 为相角裕度对应的频率即穿越频率。如果 Wcg 或 Wcp 为 nan 为 Inf，则对应的 Gm 或 Pm 为无穷大。

margin 可以用于连续和离散系统，当有多个穿越频率 ω_c 或 ωg，Wcp 和 Wcg 取最小的。

【例 8-21】 绘制开环系统的 bode 图并显示性能指标，已知系统的传递函数为 $G(s) = \dfrac{10}{s(s+1)(5s+1)}$，系统的 bode 图如图 8-18 所示。

```
>> G = tf(10,conv([1 1],[5 1 0]));
>> margin(G)                       % 绘制 bode 图
Warning: The closed - loop system is unstable.
>> [Gm,Pm,Wcg,Wcp] = margin(G)
Gm =
    0.1200
Pm =
   -38.7743
Wcg =
    0.4472
Wcp =
    1.1395
```

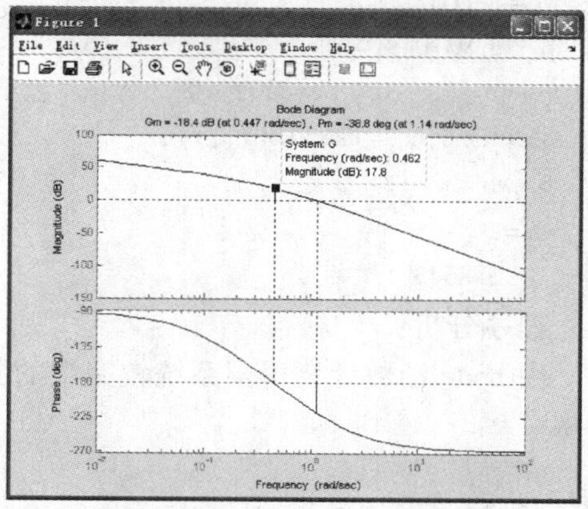

图 8-18 系统的 bode 图

程序分析：

margin 命令的提示信息说明该系统为不稳定系统，Pm 是负数也说明系统不稳定；在图 8-18 中可以使用鼠标单击曲线上任意点查看当前的频率和性能指标。

2. 计算闭环频率特性的性能指标

闭环频率特性的性能指标有谐振峰值 M_r、谐振频率 ω_r 和带宽频率 ω_b，谐振峰值是幅频特性最大值与零频幅值之比，即 $M_r = M_m/M_0$；带宽频率是闭环频率特性的幅值 M_m 降到零频幅值 M_0 的 0.707（或由零频幅值下降了 3dB）时的频率。

MATLAB 没有提供专门计算闭环频率特性性能指标的函数，可以直接计算也可以使用 LTI Viewer 来得出。

【例 8-22】 计算单位反馈系统闭环频率特性的性能指标谐振峰值 M_r、谐振频率 ω_r 和带宽频率 ω_b，已知系统的开环传递函数为 $G(s) = \dfrac{10}{s^2+3s+10}$。

```
>> G = tf(10,[1 3 10]);
>> FG = feedback(G,1)              % 单位反馈系统闭环传递函数
Transfer function:
     10
-------------
s^2 + 3s + 20
>> [m,p,w] = bode(FG);
>> [Mm,r] = max(m(1,:));
>> [M0,I0] = nyquist(FG,0)         % 计算零频幅值
M0 =
```

```
    0.5000
I0 =
     0
>> Mr = Mm/M0                          %计算谐振峰值
Mr =
    1.5818
>> wr = w(r)                           %计算谐振频率
wr =
    3.9370
>> wt = (m - 0.707 * M0) < 0;
>> [temp,n] = max(wt(1,:));
>> wb = w(n)                           %计算带宽频率
wb =
    5.8543
```

程序分析:

由 bode 函数计算得出系统较完整的频率特性曲线，可以找出幅频特性的最大值和带宽频率。

8.4 根轨迹分析的 MATLAB 实现

控制系统的根轨迹是指系统增益 k 变化时闭环极点随着变化的轨迹，根轨迹可以用来分析系统的暂态和稳态性能。

8.4.1 线性系统的根轨迹分析

系统的闭环特征方程可以写成 $1+kG(s)=0$，闭环特征根反映了系统的稳定性。

1. 绘制根轨迹

MATLAB R2010a 提供了绘制根轨迹的 rlocus 函数，命令格式如下:

```
rlocus(G)                    %绘制根轨迹
[r,k] = rlocus(G)            %得出系统 G 的闭环极点 r 和增益 k
r = rlocus(G,k)              %根据 k 得出系统 G 的闭环极点
```

说明: G 是 SISO 系统，只能是传递函数模型，可以同时绘制多个系统，不同的系统模型用逗号隔开。

sgrid 命令也可以在根轨迹中绘制系统的主导极点的等 ζ 线和等 ω_n 线。

【例 8-23】 分别绘制不同系统的根轨迹，如图8-19 所示。已知系统开环传递函数为 $G_1(s)=\dfrac{k}{s(s+4)(s+2-4j)(s+2+4j)}$，$G_2$ 的传递函数是将 G_1 的分子增加零点 -5。

```
>> num = 1;
>>       den = [conv([1,4],conv([1 -2 +4i],[1 -2 -4i])),0];
>> G1 = tf(num,den)
Transfer function:
     1
```

```
--------------------
s^4 + 4s^2 + 80s
>> G2 = tf([1 5],den);
>> rlocus(G1,G2)                    %绘制根轨迹
>> sgrid(0.7,10)                    %绘制ζ=0.7 和ωn=10 线
```

程序分析：

图中蓝色和绿色分别绘制系统 G_1 和 G_2 的根轨迹，G_2 增加了零点，有一个闭合的根轨迹；在图中用鼠标单击根轨迹上的任意点，可以看到对应的增益和闭环根。

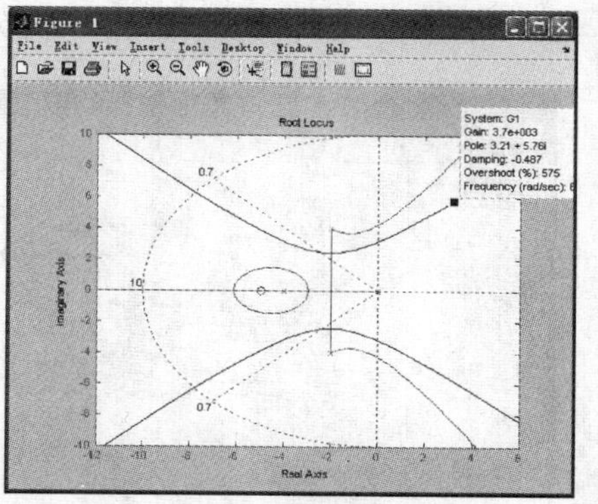

图 8-19　两个系统的根轨迹图

2. 得出给定根的根轨迹增益

rlocfind 函数可以获得根轨迹上给定根的增益和闭环根，其命令格式如下：

[k,p] = rlocfind(G)　　　　　　　　　　%得出根轨迹上某点的闭环极点和 k

[k,p] =　rlocfind(G,p)　　　　　　　　　%根据 p 得出系统 G 的 k

说明：G 是开环系统模型，可以是传递函数、零极点形式和状态空间模型，可以是连续或离散系统；函数运行后在根轨迹图形窗口中显示十字光标，当用户选择根轨迹上某点单击鼠标时，获得相应的增益 k 和闭环极点 p。

【例 8-23 续】　在图 8-19 的根轨迹中获取给定根的增益和闭环极点，在窗口中单击后显示如图 8-20 所示的根轨迹图，在程序中增加如下命令：

```
>> [k,p] = rlocfind(G1)
k =
    1.0420e+003
p =
    3.9167 + 4.7378i
    3.9167 - 4.7378i
   -3.9167 + 3.4977i
   -3.9167 - 3.4977i
```

程序分析：

在 G_1 根轨迹上单击鼠标获得 4 个闭环根，在图中显示为红色“×”。

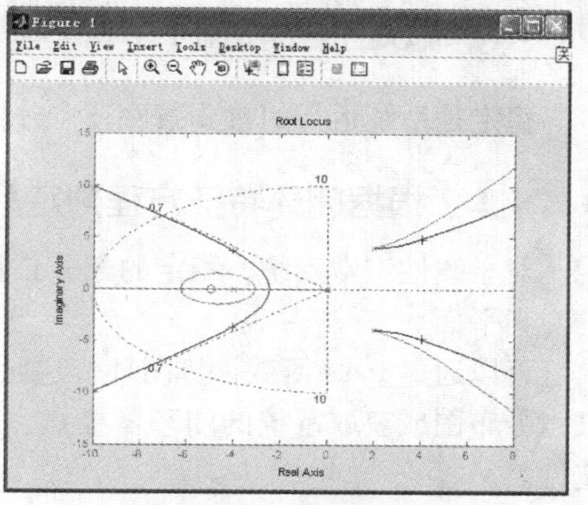

图 8-20　根轨迹图

8.4.2 根轨迹设计工具

MATLAB 控制工具箱还提供了根轨迹设计器，根轨迹设计器是一个分析系统根轨迹的图形界面，使用 rltool 命令打开该界面，命令格式如下：

rltool(G)　　　　　　　　%打开系统 G 的根轨迹设计器

说明：G 是系统开环模型，可以省略，省略时打开空白的根轨迹设计器。

例如，在根轨迹设计器中打开例 8-23 的 G_1 系统，使用命令如下：

>> rltool(G1)

则出现了如图 8-21a 所示的“Control and Estimation Tools Manager”窗口，以及如图

8-21b 所示的“SISO Design”窗口显示系统 G_1 的根轨迹图。

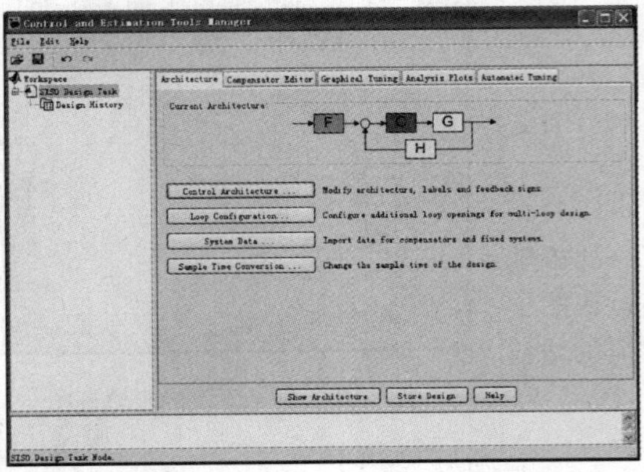

a) Control and Estimation Tools Manager窗口

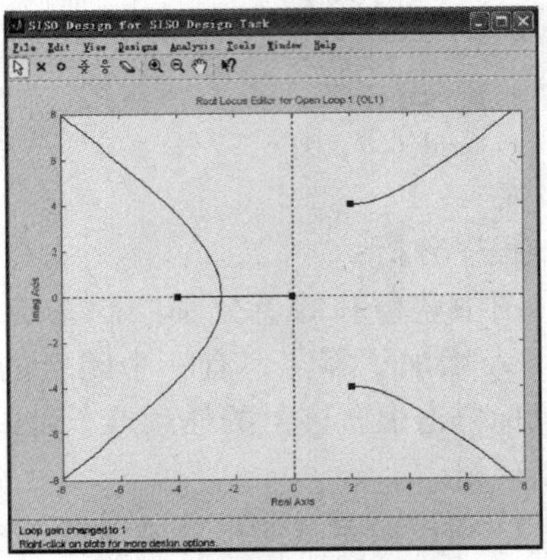

b) SISO Design窗口

图 8-21 Control and Estimation Tools Manager 和 SISO Design 窗口

在图 8-21b 的根轨迹设计器中，可以用鼠标拖动各零极点，查看零极点位置改变时根轨迹的变化，在坐标轴下面显示鼠标所在位置的零极点值；也可以使用工具栏中的按钮来添加零极点，×添加实数极点，○添加实数零点，添加一对共轭极点，添加一对共轭零点，删除零极点。

8.5 稳定性分析的 MATLAB 实现

稳定是系统运行的首要条件，在分析系统性能之前首先要判断系统的稳定性。

8.5.1 根据闭环特征方程判定系统稳定性

对于线性定常系统，稳定的充分必要条件是系统特征方程的根即闭环极点，都在 s 平面的左半平面。

可以通过 roots 函数计算闭环传递函数分母的根，也可以使用 pzmap 显示系统的闭环零极点分布图或获取系统的闭环零极点，查看是否在 s 平面的左半平面，从而判断系统的稳定性。

【例 8-24】 使用 roots 和 pzmap 函数计算系统的特征根并判断系统稳定性，已知系统的闭环传递函数为 $G(s)=\dfrac{1}{s^5+12s^4+4s^3+8s^2+5s+1}$，绘制的零极点图如图 8-22 所示。

```
>> num = 1;
>> den = [1 12 4 8 5 1];
>> p = roots(den)                    %计算特征根
p =
   -11.6260
     0.1360 + 0.8289i
     0.1360 - 0.8289i
    -0.3230 + 0.1325i
```

```
    -0.3230 -0.1325i
>> if real(p) <0
     disp 'The system is steady. '
else
     disp 'The system is not steady. '
end
>> pzmap(num,den)
```

运行结果：

```
The system is not steady.
```

程序分析：

从以上分析可以直接看出特征方程有两个根位于 s 的右半平面，因此系统不稳定。

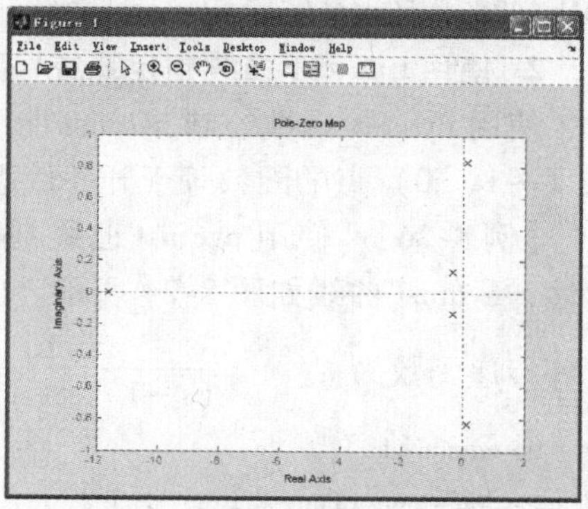

图 8-22　零极点图

8.5.2 用频率特性法判定系统稳定性

根据系统的开环传递函数，用频率特性法可以使用 nyquist 曲线和 bode 图来判定系统的稳定性。

1. 使用 bode 图判定系统稳定性

在 bode 图上判定系统稳定性可以针对开环 SISO 的连续或离散系统进行，稳定判据是在 bode 图上查看在 Lg(ω) > 0 的范围内相频特性没有穿越 -180° 线，即 γ > 0 时系统稳定。使用 margin 函数来获取频域特性指标，判定系统的稳定性。

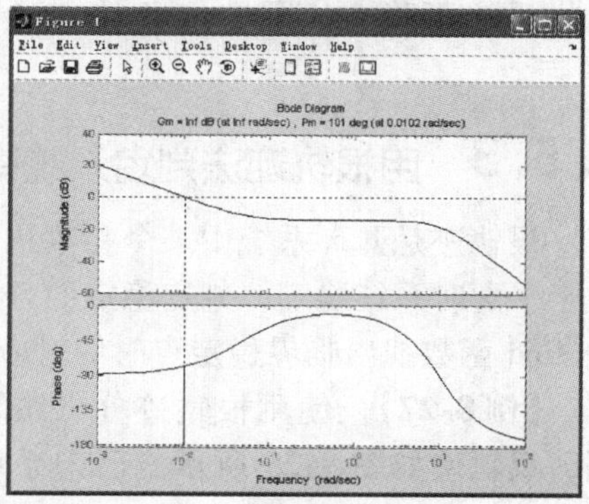

图 8-23　bode 图

【例 8-25】　在 bode 图上判定系统的稳定性，bode 图如图 8-23 所示。已知系统的开环传递函数为 $G(s)=\dfrac{20s+1}{s(s^2+16s+100)}$。

```
>> num = [20 1];
>> den = [1 16 100 0];
>> G = tf(num,den);
>> margin(G)                         %绘制 bode 图
>> [Gm,Pm,Wcg,Wcp] = margin(G)
Gm =
     Inf
Pm =
     101.4434
Wcg =
     Inf
Wcp =
     0.0102
```

程序分析：

在图 8-23 中可以看到在 Lg(ω) > 0 的范围内相频特性没有穿越 -180° 线，γ =

101.4434，因此系统稳定，而且稳定性较好。

2. 使用 nyquist 曲线判定系统稳定性

使用 nyquist 函数绘制 nyquist 曲线，稳定判据是开环的 nyquist 曲线在复平面上逆时针包围（-1，j0）点的圈数等于开环传递函数极点在 s 平面的右半平面的极点数，则系统稳定。

【例 8-26】 使用 nyquist 曲线判定系统的稳定性，nyquist 曲线如图 8-24 所示。已知系统的开环传递函数为 $G(s)=\dfrac{10}{(s+1)(s+2)(s-2)}$。

```
>> num = [10];
>> den = conv(conv([1  1],[1 2]),[1 -2]);
>> G = tf(num,den);
>> nyquist(G)                          % 绘制 nyquist 曲线
```

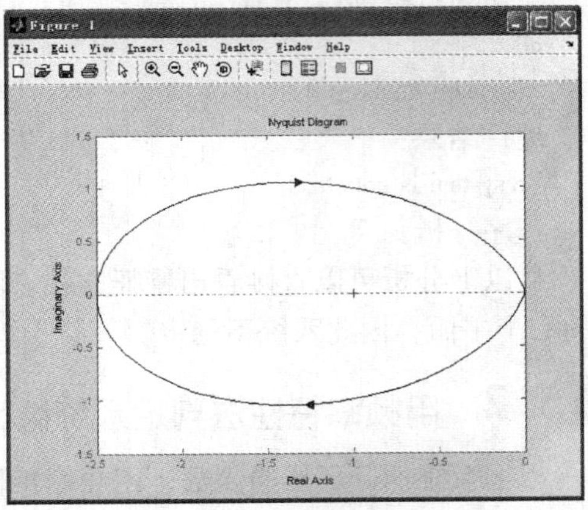

图 8-24 nyquist 曲线

程序分析：

在图 8-24 中开环 s 平面的右半平面的极点有一个，nyquist 曲线顺时针包围了(-1,j0)一周，因此系统不稳定，图中红色的“+”是(-1,j0)点。

8.5.3 用根轨迹法判定系统稳定性

根轨迹是开环系统中某个参数从 0 ~ ∞ 变化时，闭环根的移动轨迹，根轨迹在 s 平面的左半平面时系统稳定。判定稳定的方法是先用 rlocus 函数绘制系统的闭环根轨迹，然后使用 rlocfind 函数找出临界稳定点时的对应参数值。

【例 8-27】 使用根轨迹分析系统稳定时 k 的范围，根轨迹如图 8-25 所示。已知系统的开环传递函数为 $G(s)=\dfrac{k}{s(0.5s+1)(s+1)}$。

```
>> num = [1];
>> den = [conv([0.5 1],[1 1]),0];
>> G = tf(num,den);
>> rlocus(G)                    %绘制根轨迹
>> [k,poles] = rlocfind(G)      %得出临界稳定点
k =
     2.9742
poles =
   -2.9953
   -0.0024 + 1.4092i
   -0.0024 - 1.4092i
```

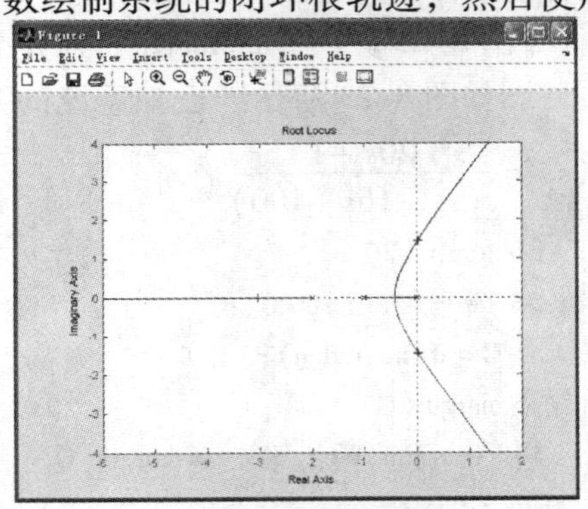

图 8-25 根轨迹图

程序分析：

在图 8-25 中的根轨迹曲线上，用鼠标可以得出临界稳定时 $k=2.9742$，所以在 $0<k<2.9742$ 范围内系统稳定。使用 rlocfind 函数时鼠标往往不能准确单击到临界点，可以使用图

8-25 窗口工具栏的🔍按钮（Zoom In）进行放大后，再运行 rlocfind 函数用鼠标单击；还可以使用 rlocfind 函数来得出分离点的 k 值：

```
>> [k,poles] = rlocfind(G)                    %得出分离点的 k
k =
    0.1925
poles =
    -2.1547
    -0.4226 + 0.0000i
    -0.4226 - 0.0000i
```

因此，可以得出在 $0<k<0.1925$ 范围内，系统单调衰减；当 $0.1925<k<2.9742$ 范围时系统衰减振荡；当 $k>2.9742$ 时系统振荡发散，不稳定。

8.6 稳态误差分析的 MATLAB 实现

稳态误差是系统稳定误差的终值，稳态误差可表示为 $e_{ss}=\lim\limits_{t\to\infty}e(t)$，在自动控制原理中使用位置误差系数 k_p、速度误差系数 k_v 和加速度误差系数 k_a 来计算稳态误差，$k_p=\lim\limits_{s\to 0}G(s)=\lim\limits_{s\to 0}\frac{k}{s^v}$，$k_v=\lim\limits_{s\to 0}sG(s)$，$k_a=\lim\limits_{s\to 0}s^2G(s)$。

MATLAB 没有提供专门的计算函数，可以使用求极限的 limit 函数来计算稳态误差。

【例 8-28】 计算系统的位置误差系数 k_p、速度误差系数 k_v 和加速度误差系数 k_a。已知系统的开环传递函数为 $G(s)=\frac{10}{s(0.5s+1)(s+1)}$。

```
>> syms s G
>> G = 10/(s*(0.5*s+1)*(s+1))
>> kp = limit(G,s,0,'right')             %计算位置误差系数
kp =
Inf
>> kv = limit(s*G,s,0,'right')           %计算速度误差系数
kv =
10
>> ka = limit(s^2*G,s,0,'right')         %计算加速度误差系数
ka =
0
```

程序分析：

在 limit 函数中必须使用'right'，否则当左右极限不同时 kp 计算的就是 NAN，可以看出 kp 为∞，kv 为 10，ka 为 0。

8.7 状态分析的 MATLAB 实现

状态空间模型是现代控制理论的基础，使用状态空间模型来描述系统，既可以描述线性

系统，也可以描述非线性和时变系统。

8.7.1 状态空间的线性变换

对于一个给定的控制系统，根据状态变量选取的不同，可以得出不同的状态空间表达式。

1. 状态模型转换

系统从坐标系 x 变换到坐标 $\tilde{x}(x=p\tilde{x})$ 即由（A，B，C，D）转换为($\tilde{A}$，$\tilde{B}$，$\tilde{C}$，$\tilde{D}$)则称为系统进行 P 变换。两个坐标系的转换关系为

$$\begin{cases}\tilde{A}=P^{-1}AP\\ \tilde{B}=P^{-1}B\\ \tilde{C}=CP\end{cases}$$

可以使用 MATLAB 提供的 ss2ss 函数进行模型转换，其命令格式如下：

sysT = ss2ss(sys, T) **%坐标变换 $\tilde{x}=Tx$**

说明：

sys 是变换前的，sysT 是变换后的状态空间模型，因此对于 P 变换，使用 ss2ss 函数时，$T=P^{-1}$，即 T = inv(P)。

2. 特征值和特征向量

MATLAB 提供了专门计算特征值和特征向量的函数 eig，其命令格式如下：

[V,D] = eig(A) **%计算矩阵 A 的特征值和特征向量**

说明：

V 是所有特征向量为列向量并排成的矩阵，**D** 是所有特征值为对角线元素的对角线矩阵。

3. 约当标准型

当矩阵 **A** 有重特征值时，存在的线性变换矩阵 **P**，使 $\mathbf{J}=\mathbf{P}^{-1}\mathbf{AP}$，则 J 就是约当（Jordan）标准型。eig 函数不能计算广义特征向量，因此使用 Jordan 函数可以计算广义向量和约当矩阵，其命令格式如下：

[V,J] = jordan(A) **%求矩阵 A 的约当标准形**

说明：

V 是使约当标准型满足 $\mathbf{J}=\mathbf{V}^{-1}\mathbf{AV}$ 的非奇异矩阵，广义特征向量为列向量并排成的矩阵；**J** 是矩阵 **A** 的约当标准型矩阵。

【例 8-29】 已知控制系统状态空间表达式如下，将该表达式转化为约当标准型。

$$\dot{\boldsymbol{x}}=\begin{bmatrix}0&1&0\\0&0&1\\-1&-3&-3\end{bmatrix}x+\begin{bmatrix}0\\0\\1\end{bmatrix}u$$

$$\boldsymbol{y}=[1\quad 1\quad 0]\boldsymbol{x}$$

```
>> A = [0 1 0; 0 0 1; -1 -3 -3];
>> B = [0; 0; 1];
>> C = [1 1 0];
```

```
>> D = 0;
>> sys1 = ss (A, B, C, D);                    % 建立状态空间模型
>> [P, J] = jordan (A)                        % 求矩阵 A 的广义特征向量矩阵和约当标准型
P =
      1          1          1
     -1          0          0
      1         -1          0
J =
     -1          1          0
      0         -1          1
      0          0         -1
>> sysJ = ss2ss (sys1, inv (P))               % 状态空间模型变换
a =
              x1        x2        x3
      x1      -1         1         0
      x2       0        -1         1
      x3       0         0        -1

b =
              u1
      x1       0
      x2      -1
      x3       1
c =
              x1        x2        x3
      y1       0         1         1
d =
              u1
      y1       0
Continuous - time model.
```

程序分析：

J 是约当标准型，***P*** 是转换矩阵；sys***J*** 状态空间模型的参数满足：a = inv(P) * A * P，b = inv(P) * B，c = C * P。

4. 传递矩阵

控制系统的传递矩阵 $G(s)$ 描述了系统输入向量 $U(s)$ 与输出向量 $Y(s)$ 之间的传递关系。传递矩阵的计算公式为

$$G(s) = \frac{Y(s)}{U(s)} = G(s\lambda - A)^{-1}B + D$$

【例 8-30】 已知控制系统状态空间表达式如下，计算系统的传递矩阵 $G(s)$。

$$\dot{x} = \begin{bmatrix} 0 & 1 & 0 \\ 0 & 0 & 1 \\ 2 & 3 & 0 \end{bmatrix} x + \begin{bmatrix} 1 & 0 \\ 0 & -1 \\ 0 & 1 \end{bmatrix} u$$

$$\boldsymbol{y}=\begin{bmatrix}-2 & -1 & 1\\ 2 & 1 & -1\end{bmatrix}x+\begin{bmatrix}0 & 1\\ 1 & 0\end{bmatrix}u$$

```
>> A = [0 1 0;0 0 1;2 3 0];
>> B = [1 0;0 -1;0 1];
>> C = [ -2 -1 1;2 1 -1];
>> D = [0 1;1 0];
>> E = eye(3)                                 %产生对角阵
E =
     1     0     0
     0     1     0
     0     0     1
>> syms s;
>> G = C * inv(s * E - A) * B + D;            %计算传递矩阵
>> G = simple(G)                              %化简符号矩阵
G =
[      -2/(s+1),(s+3)/(s+1)]
[(s+3)/(s+1),      -2/(s+1)]
```

8.7.2 状态转移矩阵

系统的状态转移矩阵 $\boldsymbol{\Phi}(t)$ 又称为矩阵指数函数，其表达式为

$$\boldsymbol{\Phi}(t)=\mathrm{e}^{At}=L^{-1}[(s\lambda-A)^{-1}]=\lambda+At+\frac{1}{2!}A^2t^2+\cdots+\frac{1}{k!}A^kt^k+\cdots$$

计算矩阵指数 e^{At} 的值可以直接采用基本矩阵函数 expm。

【例 8-31】 已知控制系统状态空间表达式为

$\dot{\boldsymbol{x}}=\begin{bmatrix}0 & 1 & 0\\ 0 & 0 & 1\\ 2 & -5 & 4\end{bmatrix}x$，求控制系统的状态转移矩阵 $\boldsymbol{\Phi}(t)$，并计算当 $t=0.3$ 时 $\boldsymbol{\Phi}(t)$ 的值。

```
>> A = [0 1 0;0 0 1;2 -5 4];
>> syms t;
>> eAt = expm(A * t)                          %计算状态转移矩阵
eAt =
[ -2 * t * exp(t) + exp(2 * t), -2 * exp(2 * t) + 2 * exp(t) + 3 * t * exp(t), exp(2 * t) - exp(t) - t * exp(t)]
[2 * exp(2 * t) - 2 * exp(t) - 2 * t * exp(t), 5 * exp(t) + 3 * t * exp(t) - 4 * exp(2 * t), 2 * exp(2 * t) - 2
* exp(t) - t * exp(t)]
[ -2 * t * exp(t) + 4 * exp(2 * t) - 4 * exp(t), -8 * exp(2 * t) + 8 * exp(t) + 3 * t * exp(t), -3 * exp(t) + 4 *
exp(2 * t) - t * exp(t)]
>> t = 0.3;
>> eAt1 = subs(eAt,t)                         %计算当 t = 0.3 时的矩阵指数
eAt1 =
    1.0122      0.2704      0.0673
    0.1346      0.6757      0.5396
    1.0791     -2.5632      2.8339
```

8.7.3 线性系统的能控性和能观性

状态能控性和能观性是线性系统的重要结构性质，往往是确定最优系统是否有解的先决条件。MATLAB 提供了判定能控性矩阵函数 ctrb。

1. 状态能控性

系统完全能控的充要条件是：

rand[Qc] = rank[B　AB　…　A^{N-1}B] = n

MATLAB 提供的 ctrb 函数可以计算能控性矩阵，ctrb 函数既适用于连续系统也适用于离散系统。其命令格式如下：

Qc = ctrb(A,B)　　　　　　　　**%由 A,B 矩阵计算能控性矩阵**

Qc = ctrb(sys)　　　　　　　　**%由给定状态空间系统模型计算能控性矩阵**

【例 8-32】　已知控制系统状态空间表达式如下，判定系统的能控性。

$$\dot{x}=\begin{bmatrix}1&3&2\\0&2&0\\0&1&3\end{bmatrix}x+\begin{bmatrix}2&1\\1&1\\-1&-1\end{bmatrix}u$$

```
>> A = [1 3 2;0 2 0;0 1 3];
>> B = [2 1;1 1; -1 -1];
>> Qc = ctrb(A,B)                                %产生能控性矩阵
Qc =
     2      1      3      2      5      4
     1      1      2      2      4      4
    -1     -1     -2     -2     -4     -4
>> n = size(A)
n =
   3    3
>> r = rank(Qc)                                  %计算能控性矩阵的秩
r =
   2
>> if r = = n(1)                                 %判定是否能控
disp('The system is controlled')
else
disp('The system is not controlled')
end
The system is not controlled
```

程序分析：

通过判断系统的能控性矩阵的秩，得出系统不可控。

2. 状态能观性

系统完全能观的充要条件是：

$$\text{rand}[Qc]=\text{rank}\begin{bmatrix}C\\CA\\\vdots\\CA^{N-1}\end{bmatrix}=n$$

MATLAB 提供的 obsv 函数可以计算能观性矩阵，其命令格式如下：

Qc = obsv(A,B) **%由 A、B 矩阵计算能观性矩阵**

Qc = obsv(sys) **%由给定状态空间系统模型计算能观性矩阵**

通过 obsv 得出能观性矩阵 Qc，计算 Qc 的秩，并判定其是否能观。

8.7.4 状态反馈极点配置

极点配置是一种重要的反馈控制系统设计，MATLAB 提供了为 SISO 系统状态反馈极点配置函数 acker 和 MIMO 系统状态反馈极点配置函数 place。

1. 单输入单输出状态反馈极点配置

单输入单输出系统状态反馈极点配置函数 acker，其命令格式如下：

K = acker(A,b,p) **%计算基于极点配置的状态反馈矩阵**

说明：

A 和 **b** 分别为单输入系统的系统矩阵和输入矩阵；p 为给定的期望闭环极点；输出 **K** 为状态反馈矩阵。

【例 8-33】 已知控制系统状态空间表达式如下，求状态反馈矩阵 **K** 使系统闭环极点为 $-1 \pm 2j$。

$$\dot{x} = \begin{bmatrix} -1 & -2 \\ -1 & 3 \end{bmatrix} x + \begin{bmatrix} 2 \\ 1 \end{bmatrix} u$$

```
>> A = [-1  -2; -1 3];
>> p = [-1 +2j  -1 -2j];
>> K = acker(A,b,p)                    %计算极点配置的状态反馈矩阵
K =
    -2.3333          8.6667
>> A_c = A - b * K
A_c =
     3.6667      -19.3333
     1.3333       -5.6667
>> sys = ss(A_c,b,[],[])               %建立闭环系统的状态方程


a =
                x1          x2
   x1        3.667      -19.33
   x2        1.333      -5.667


b =
          u1
    x1     2
    x2     1


c =
    Empty matrix: 0 - by - 2
```

```
d =
    Empty matrix: 0 - by - 1
```

2. 多输入多输出系统状态反馈极点配置

由于多输入多输出系统极点配置问题求的状态反馈矩阵可能不唯一，MATLAB 提供的 place 函数是使闭环特征值对系统矩阵 **A** 和输入矩阵 **B** 的扰动敏感性最小的方法。place 函数的命令格式如下：

K = place(A,B,p)

说明：

p 为给定的期望闭环极点；输出 **K** 为求得的状态反馈矩阵。

8.8 线性定常系统分析与设计的图形工具

MATLAB R2010a 还提供了分析、设计线性定常系统的图形工具，可以对系统进行综合地分析或设计。

8.8.1 线性定常系统仿真图形工具 LTI Viewer

LTI Viewer 是线性定常系统仿真的图形工具，可以方便地获得系统的各种时域响应和频率特性等曲线，并可以得到系统的性能指标。

直接在 MATLAB 的命令窗口中输入“ltiview”，可以打开 LTI Viewer 图形工具，出现如图 8-26 所示的空白界面。ltiview 的命令格式如下：

```
ltiview               %打开空白的 LTI Viewer
ltiview(G)            %打开 LTI Viewer 显示系统 G
ltiview(G1,G2,…)      %在 LTI Viewer 显示多个系统
```

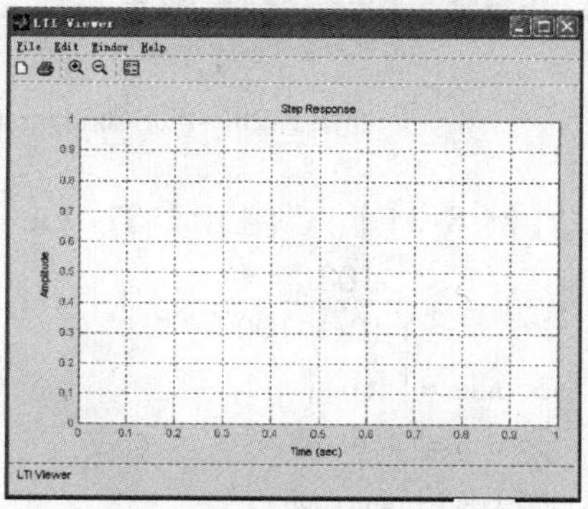

图 8-26 空白的 LTI Viever 图形工具

选择菜单“File”→“Import…”，则出现如图 8-27a 所示的“Import system data”窗口，可以通过工作空间或 MAT 文件来输入系统模型；选择菜单“Edit”→“View Preferences…”，打开如图 8-27b 所示的“LTI Viewer Preferences”窗口，可以设置界面的各属性。

在“Edit”菜单中选择“Plot Configurations…”，则打开“Plot Configurations”窗口，如图 8-28a 所示，在该窗口中可以设置显示的图形名称和个数；在“Edit”菜单中选择“Line Styles…”，则打开了如图 8-28b 所示的“Line Styles”窗口，在图中可以设置线型、颜色和标记点类型；在 Edit 菜单中选择“LTI Viewer Preferences”，出现如图 8-28c 所示的“LTI Viewer Preferences”窗口，设置窗口的各种属性。

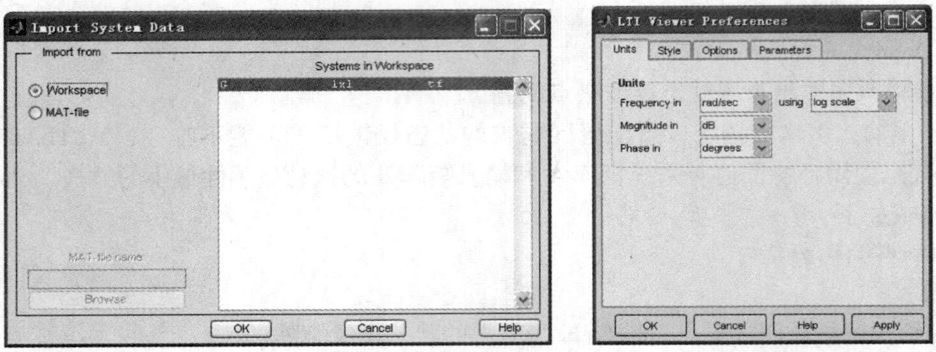

a) Import system data窗口　　b) LTI Viewer Preferences窗口

图 8-27　Import system data 和 LTI Viewer Preferences 窗口

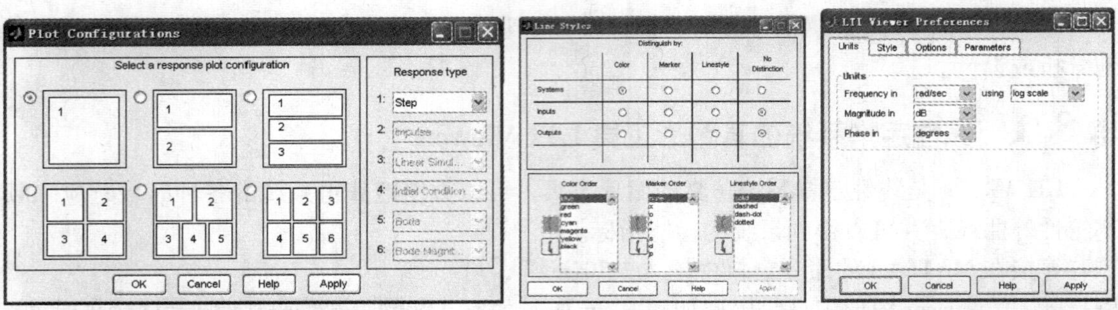

a) Plot Configurations窗口　　b) Line Styles窗口　　c) LTI Viewer Preferences窗口

图 8-28　Plot Configurations、Line Styles 和 LTI Viewer Preferences 窗口

【例 8-34】 使用 LTI Viewer 图形工具分析系统，已知系统的传递函数为$G(s)=\dfrac{100}{s^2+10s+100}$。

```
>> num = [100];
>> den = [1 10 100];
>> G = tf(num,den);
>> ltiview(G)
```

运行程序则打开 LTI Viewer 图形工具窗口，并出现系统 G 的阶跃响应，选择菜单“Edit”→“Plot Configurations…”，选择两个图形窗口分别是“Step”和“Pole/Zero”，在“Step Response”图形中使用鼠标右键，在出现的快捷菜单中选择“Characteristics”的所有下拉菜单项，则时域性能指标都在曲线中标注出来了，如图 8-29 所示。

在“Step Response”曲线中，超调量为 16.3%，过渡时间为 0.808，上升时间为 0.164；在下面的“Pole - Zero Map”图形中，单击极点得出阻尼系数为 0.5，极点为 -5 +8.66i。

使用 LTI Viewer 图形工具，可以快速、准确地获取系统的性能指标，并可以观察系统的各种曲线。

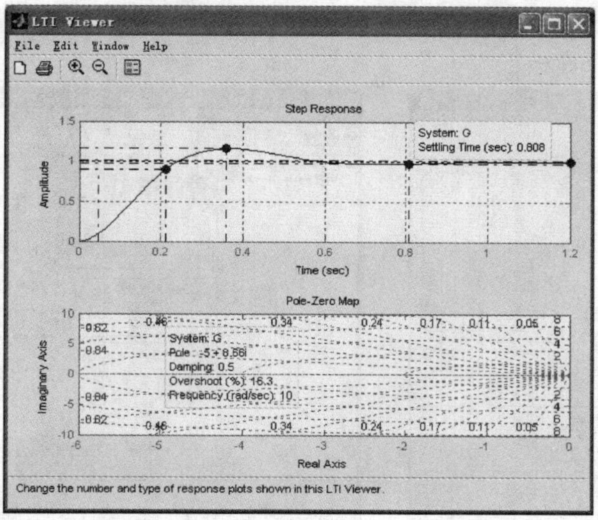

图 8-29　系统 G 的 LTI Viewer 图形工具窗口

8.8.2 SISO 设计工具 sisotool

MATLAB 提供了对 SISO 系统的图形设计工具 sisotool，使用 sisotool 命令就可以打开 SISO 设计工具窗口，其命令格式如下：

sisotool(views,G,C,H,F)　　　　　　　　**%打开 SISO 设计工具**

说明：

■ views 是指定 SISO 设计工具窗口的初始显示图形，可以是一个或多个图形，'rlocus'是根轨迹图，'bode'是开环系统的 bode 图，'nichols'是 nichols 图，'filter'是 F 的 bode 图和从 F 输入到 G 输出的闭环响应，views 参数可以省略，省略时指所有图形都显示。

■ G 是前向通道的系统模型，可以是传递函数、零极点形式和状态空间模型。

■ C 是前向通道中串联的补偿器模型。

■ H 是反馈通道的模型。

■ F 是预滤器的模型；这些参数都可以省略，省略时显示空白界面。

在命令窗口中输入“sisotool”命令就可以打开 SISO 设计工具窗口。图 8-30 显示了两个图形窗口，图 8-30a 是“SISO Design for SISO Design Task”窗口，图 8-30b 是“Control and Estimation Tools Manager”窗口。

1.“SISO Design for SISO Design Task”窗口

“SISO Design for SISO Design Task”窗口可以显示系统的各种分析曲线，使用工具栏中的×、○、、、按钮来增加或减少零极点；选择“Analysis”菜单的下拉菜单可以显示各种波形曲线。

2.“Control and Estimation Tools Manager”窗口

使用“Control and Estimation Tools Manager”窗口可以设计系统模型，实现的功能有下面几个：

1）画出根轨迹和开环系统波特图。

2）在系统前向通道中增加串联补偿器 C。

3）指定了 G 和 H 就构成反馈结构的系统。

图 8-30b 中有 5 个面板：

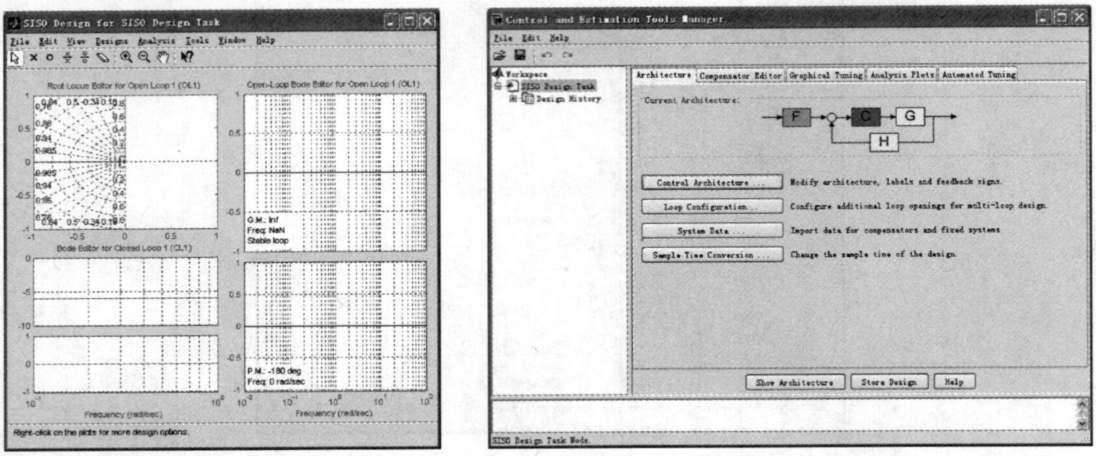

a) SISO Design for SISO Design Task窗口　　b) Control and Estimation Tools Manager窗口

图 8-30　SISO Design for SISO Design Task 和 Control and Estimation Tools Manager 窗口

■ "Architecture" 修改系统的结构。

■ "Compensator Editor" 增加和修改增益和零极点。

■ "Graphical Tuning" 修改曲线类型。

■ "Analysis Plots" 同时有 6 个曲线进行分析。

■ "Automated Tuning" 中选择不同的算法的补偿器 C。

【例 8-34 续】 使用 SISO 设计工具窗口分析系统。

```
>> sisotool(G)
```

则在 "SISO Design for SISO Design Task" 窗口中显示了根轨迹和 bode 图，用鼠标单击曲线上的点，在另一图形中都显示其对应的点，如图 8-31 所示。

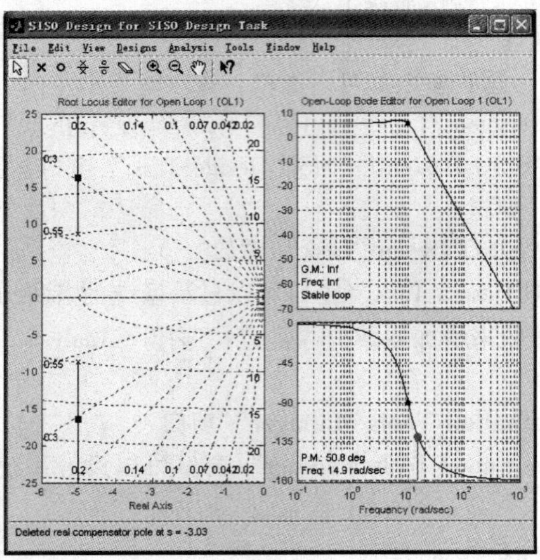

图 8-31　"SISO Design for SISO Design Task" 窗口

8.9 综合实例介绍

【例 8-35】　使用超前校正环节来校正系统。已知系统的开环传递函数为 $G(s)=\dfrac{2}{s(1+0.25s)(1+0.1s)}$，要求校正后系统的速度误差系数小于10，相角域度为45°。

超前校正的步骤如下：

1）根据速度误差系数计算 k。

2）根据校正后系统相角域度 $\gamma'=45°$ 和未校正系统相角域度 γ，计算出 $\varphi_m=\gamma'-\gamma+\Delta$。

3）然后计算 $a=\dfrac{1+\sin\varphi_m}{1-\sin\varphi_m}$。

4）在未校正系统上测出幅值为 $-10\lg a$ 处的频率就是校正后系统的剪切频率 ω_m。

5）求出 $T=\dfrac{1}{\omega_m\sqrt{a}}$，最后得出校正装置的传递函数为 $aG_c(s)=\dfrac{1+aTs}{1+Ts}$。

校正装置及校正前后系统的 bode 图如图 8-32 所示。

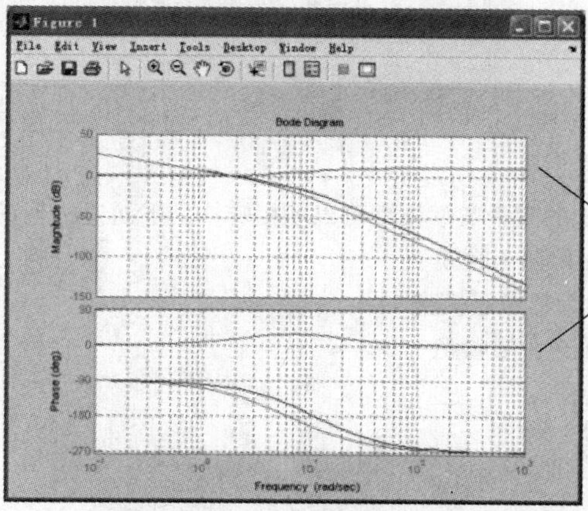

图 8-32　校正装置及校正前后系统的 bode 图

```
>> num1 = 2;
>> den1 = [conv([0.25 1],[0.1 1]),0];
>> G1 = tf(num1,den1)
>> kc = 10/2;
>> pm = 45;
>> [mag1,pha1,w1] = bode(G1 * kc);
>> Mag1 = 20 * log10(mag1);
>> [Gm1,Pm1,Wcg1,Wcp1] = margin(G1 * kc);           %计算未校正系统的相角域度
>> phi = (pm - Pm1 + 10) * pi/180;                 %校正装置的相角域度加10°余量
>> alpha = (1 + sin(phi))/(1 - sin(phi));
>> lm = -10 * log10(alpha);
>> wcg = spline(Mag1,w1,lm)                         %插值运算得出穿越频率
wcg =
    7.1010
>> T = 1/wcg/sqrt(alpha);
```

```
>> Tz = alpha * T;
>> Gc = tf([Tz 1],[T 1])                              %校正装置
Transfer function:
0.2499 s + 1
---------------
0.07936 s + 1
>> G = Gc * G1                                        %校正后系统
Transfer function:
                 0.4998 s + 2
-----------------------------------------------
0.001984 s^4 + 0.05278 s^3 + 0.4294 s^2 + s
>> bode(G,G1,Gc)                                      %显示三个 bode 图
```

程序分析：

使用 spline 三次样条插值函数，在未校正系统的对数幅频特性曲线上，找出幅值为 $-10\lg a$ 对应的频率；在图 8-32 中红色曲线为校正装置，超前校正使用超前角来增加相角域度，提高系统的稳定性。

习　题

1. 选择题

(1) 线性定常时不变（LTI）系统的三种数学模型可以互相转换，下面说法不正确的是________。

A. ss2tf 是将状态空间模型转换为传递函数模型

B. ss2zpk 是将状态空间模型转换为零极点模型

C. zp2tf 是将零极点模型转换为传递函数模型

(2) 运行下面的命令，则 G 的类型是________。

>> G = tf（1，[1 1]）

A. double　　B. string　　C. tf　　D. sym

(3) 在 MATLAB 中没有专门的斜坡响应函数，因此斜坡响应________。

A. 斜坡响应 = 阶跃响应 $* s^2$　　B. 斜坡响应 = 脉冲响应 $* s^2$

C. 斜坡响应 = 阶跃响应 $* s^{-1}$　　D. 斜坡响应 = 脉冲响应 $* s$

(4) 已知系统的传递函数 G，使用________函数不能获取系统的极点信息。

A. pzmap　　B. damp　　C. pole　　D. roots

(5) 使用以下命令创建开环传递函数 $G(s)=\dfrac{10}{s(s+1)}$：

>> syms s G

>> G = 10/（s*（s+1））

则计算其位置误差系数 k_p 的语句为________

A. kp = limit（G，s，0）　　B. kp = limit（G*s，s，0）

C. kp = limit（G，s，0，'left'）　　D. kp = limit（G，s，0，'right'）

2. 已知传递函数$\dfrac{s^2+2s+3}{s^4+2s^3+5s^2+10s+1}$，分别转换为零极点表达式和状态空间模型，并采用部分分式表达式表示。

3. 已知传递函数$\dfrac{s+5}{s^3+6s^2+5s+1}$，获取其模型类型，判断是否为 SISO 并使用双线性变换法转换为脉冲

传递函数。

4. 根据系统框图得出系统总传递函数，模型结构图如图 8-33 所示，其中 $G_1(s)=\frac{1}{s^2+2s+5}$，$G_2(s)=\frac{1}{s+1}$，$G_3(s)=\frac{1}{s+5}$，$G_4(s)=\frac{1}{s^2+s+1}$。

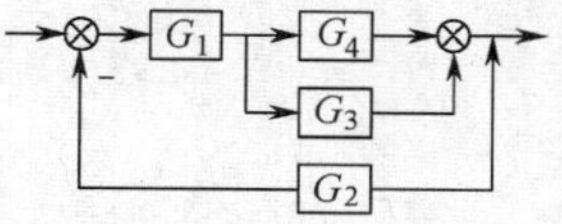

图 8-33　模型结构图

5. 使用 Simulink 创建第 4 题的系统模型，并使用命令获得其传递函数。

6. 已知系统的传递函数为 $G(s)=\frac{1}{s^2+2s+5}$，计算系统的阻尼系数。当系统的阻尼系数为 0.1、0.3、0.5 时绘制系统的阶跃响应。

7. 已知系统的传递函数为 $G(s)=\frac{1}{s^2+2s+5}$，计算其时域性能指标超调量 σ_p、峰值时间 t_p、过渡时间 t_s。

8. 已知开环传递函数 $\frac{10}{1+0.1s}$、$\frac{10}{s(1+0.1s)}$、$\frac{10}{(1+0.5s)(1+0.1s)}$，在同一图中画出 bode 图。

9. 已知系统开环传递函数为 $\frac{7}{s\ (1+0.087s)}$，计算系统的频域特性指标，并判断系统的稳定性。

10. 已知系统的开环传递函数为 $\frac{10}{(1+0.5s)(1+0.1s)}$，绘制系统 ω 在 0 ~ 2π 范围的 nichols 曲线，并绘制其等 M 线和等 α 线图。

11. 已知单位反馈系统的开环传递函数为 $\frac{10}{s(1+0.1s)}$，计算谐振峰值 M_r、谐振频率 ω_r 和带宽频率 ω_b。

12. 已知传递函数为 $\frac{k}{s(1+0.05s)(1+0.1s)}$，画出根轨迹图并计算 $k=10$ 时的闭环极点和临界稳定时的 k 值。

13. 已知传递函数为 $\frac{25}{s(1+0.2s)(1+10s)}$，计算系统的误差系数 k_p、k_v 和 k_a。

14. 使用根轨迹设计器观察并分析 $\frac{100}{s(1+0.02s)(1+0.5s)}$ 系统。

15. 使用 LTI Viewer 观察线性定常系统 $\frac{100}{s^2+20s+100}$ 的时域性能指标。

第2篇

MATLAB实训

第 1 章　MATLAB R2010a 概述实训

1.1　实验 1　熟悉 MATLAB R2010a 的开发环境

知识要点：

- 熟悉 MATLAB R2010a 的开发环境，掌握常用菜单的使用方法。
- 熟悉 MATLAB 工作界面的多个常用窗口，包括命令窗口、历史命令窗口、当前工作目录窗口、工作空间浏览器窗口、变量编辑窗口和 M 文件编辑/调试窗口等。
- 了解 MATLAB 的命令格式。

1. MATLAB 的启动

单击 Windows 的“开始”菜单，选择“程序”→“MATLAB”→“R2010a”→“MATLAB R2010a”来启动，也可以在安装 MATLAB R2010a 后，在桌面上单击图标，则 MATLAB R2010a 的工作环境如图S1-1所示。

2. MATLAB 的窗口布局

（1）使命令窗口独立　在图 S1-1 中 MATLAB 开发环境由多个窗口组成，选择菜单“Desktop”→“Undock Command Window”，或是单击“Command Window”窗口右上角的按钮，会将 Command Window 独立于 MATLAB 工作环境，在单独的命令窗口中单击可使其恢复到原位置。

（2）创建不同的新文件　分别选择菜单“File”→“New”的两个下拉菜单项“Script”和“Figure”，查看打开的两个窗口。

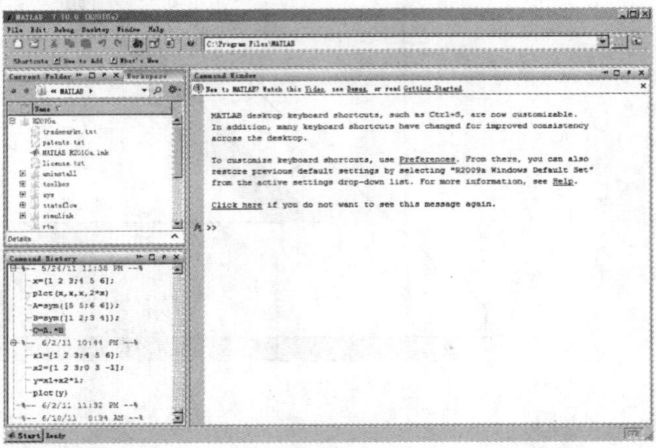

图 S1-1　MATLAB R2010a 工作环境

在两个打开的窗口中选择菜单“File”→“Save as…”，分别将空白文件保存为 . m 和

. fig 文件，并在资源管理器中查看文件类型。

3. 使用命令窗口

命令窗口如图 S1-2 所示，在命令窗口（Command Window）中输入：

```
>> a=[1 2;3 4]
a =
     1     2
     3     4
>> b=1/3
b =
    0.3333
>> c=a*b
c =
    0.3333    0.6667
    1.0000    1.3333
>> d='hello'
d =
    hello
>> e=d+1
e =
    105    102    109    109    112
```

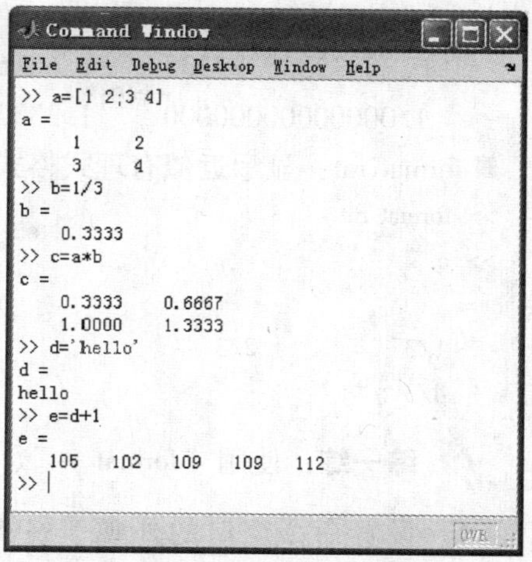

图 S1-2 命令窗口

（1）使用标点符号来修改命令行

■ % 添加注释

```
>> c=a+b          %c 为矩阵 a+b 的和
```

■；不显示计算结果

```
>> a= [1 2; 3 4];
```

■，用作数组元素的分隔

```
>> a=[1,2;3,4]
a =
     1     2
     3     4
```

（2）使用操作键

■ ↑：向前调回已输入过的命令行；

■ ↓：向后调回已输入过的命令行；

■ Esc：清除当前行的全部内容。

练一练：使用“Page Up”、“Page Down”、“Home”键查看命令窗口的命令。

（3）使用 Format 设置数值的显示格式

- format long：显示 15 位长格式

```
>> format long
>> c
```

```
c =
     0.33333333333333     0.66666666666667
     1.00000000000000     1.33333333333333
```

■ format rat：显示近似有理式格式

```
>> format rat
>> c
c =
     1/3          2/3
     4/3
```

练一练：使用“format +”、“format short g”和“format loose”命令查看变量 c。

（4）设置命令窗口的外观　在 MATLAB 的界面选择菜单“File”→“Preferences”，则会出现参数设置对话框，如图 S1-3 所示。

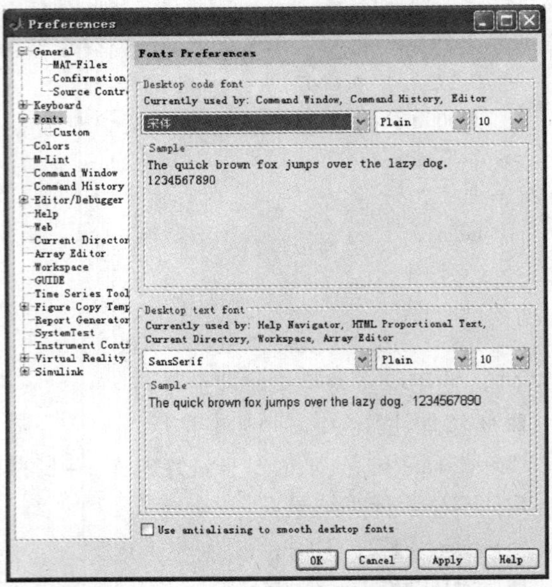

图 S1-3　参数设置对话框

选择对话框左栏的“Fonts”→“Custom”可以设置各窗口的字体，将“Commond Window”字体设置为“宋体”；

单击对话框左栏的“Command Window”项，设置“Numeric Format”栏为“format short”和设置“Numeric display”栏为“compact”来修改数据的显示格式。

（5）使用控制命令

```
>> clc          %清空命令窗口的显示内容
>> beep         %发出 beep 的声音
```

练一练：在“Preferences”对话框中选择对话框左栏的“Colors”修改字符的颜色，将“Strings”设置为灰色，“Errors”设置为黑色。

4. 历史命令窗口

历史命令窗口（Command History）在 MATLAB 界面的左下侧，在历史命令窗口中可以看到本次启动 MATLAB 的时间和已经输入的命令，如图 S1-4a 所示。

（1）创建 M 文件　在历史命令窗口中选择前 5 行命令，单击鼠标右键出现快捷菜单“Create M－File”，则出现 M 文件编辑/调试器窗口，窗口中已有所选择的命令行，在文件中添加前两行注释：

```
%sy1_1
%基本操作
```

保存该 M 文件命名为“sy1_1. m”，如图 S1-4b 所示。

（2）创建快捷方式　选择两行命令：

```
>> format long
```

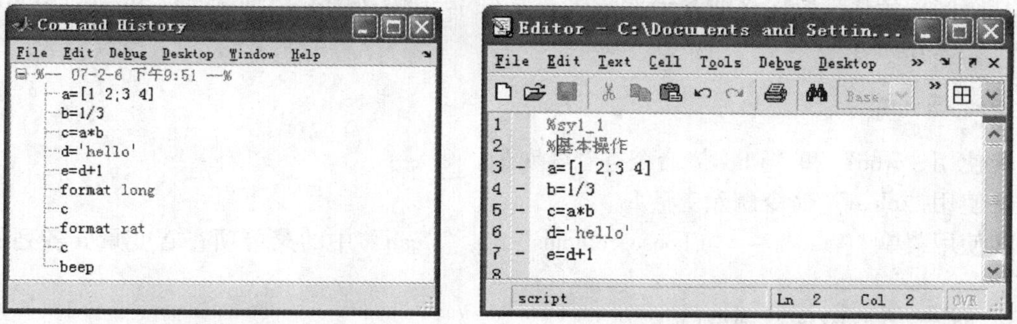

a) 历史命令窗口　　b) sy1_1.m文件

图 S1-4　历史命令窗口和 M 文件

>> c

单击鼠标右键出现快捷菜单选择“Create Shortcut”，则会出现“Shortcut Editor”对话框，如图 S1-5 所示。在“Label”框中输入快捷方式的名称“flong”，单击“Save”按钮；则在 MATLAB R2010a 的桌面工具栏就会出现快捷方式，单击该快捷方式则运行这两行命令。

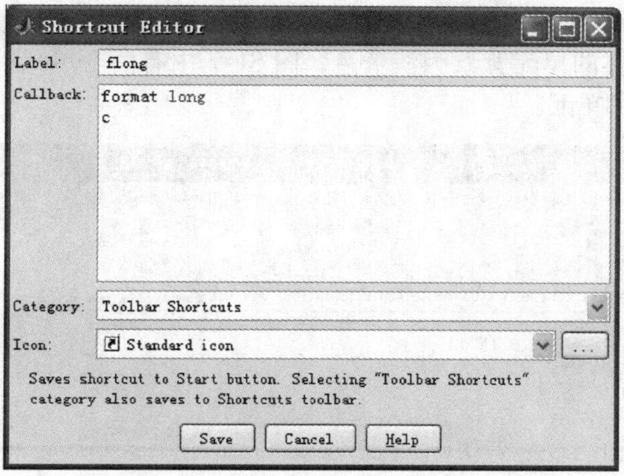

图 S1-5　Shortcut Editor 对话框

5. 工作空间窗口

工作空间窗口（Workspace）在 MATLAB 界面的左上侧，显示了创建的 5 个变量，可以看到各变量的名称、值和类型。

（1）创建新变量　单击工作空间窗口工具栏的按钮，或选择菜单“File”→“New”→“Variable”，在工作空间中就创建了一个新变量，默认名为“unnamed”，图 S1-6 所示为工作空间窗口。

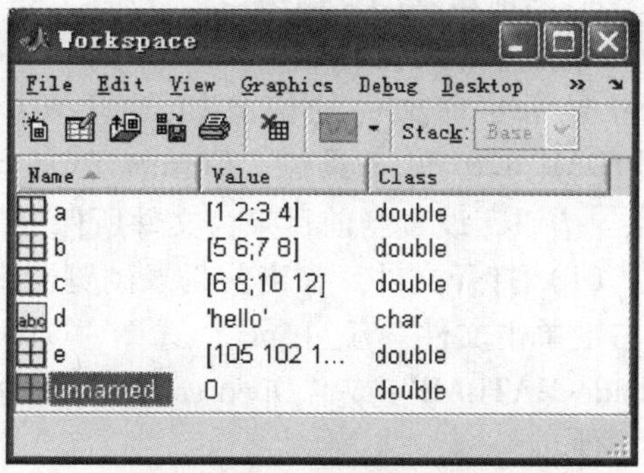

图 S1-6　工作空间窗口

（2）保存变量　变量保存在 MAT 文件中，

在工作空间中选择需要保存的 5 个变量名，然后单击按钮，出现“Save to MAT - File:”对话框，保存为 MAT 文件“sy1_1. mat”。

练一练：

■ 使用“who”和“whos”命令查看各变量。

■ 使用“clear”命令删除变量 b。

■ 使用菜单“View”→“Choose columns”→“Mean”中的菜单项查看变量 a 各列的平均值。

6. M 文件编辑/调试器窗口

M 文件编辑/调试器窗口（Editor/Debugger）用来编辑和运行 M 文件。

（1）创建空白的 M 文件　单击 MATLAB 界面工具栏上的图标或选择菜单“File”→“New”→“M - file”，就创建了一个空白的 M 文件，在图 S1-4a 所示的历史命令窗口中选择两行命令“a = [1 2; 3 4]”和“b = 1/3”，保存文件时默认文件名为“untitled”。

（2）创建单元　单元（Cell）是一小段需要反复测试的程序，在 M 文件编辑/调试器窗口单击工具栏的来创建单元。

在“a = [1 2; 3 4]”和“b = 1/3”命令前都加上“%%”，则图 S1-7 所示为 M 文件编辑/调试器窗口。

可以看到光标所在的单元背景为淡黄色，图 S1-7 中有两个单元；单击“Ctrl + Enter”键可以运行光标所在的单元。

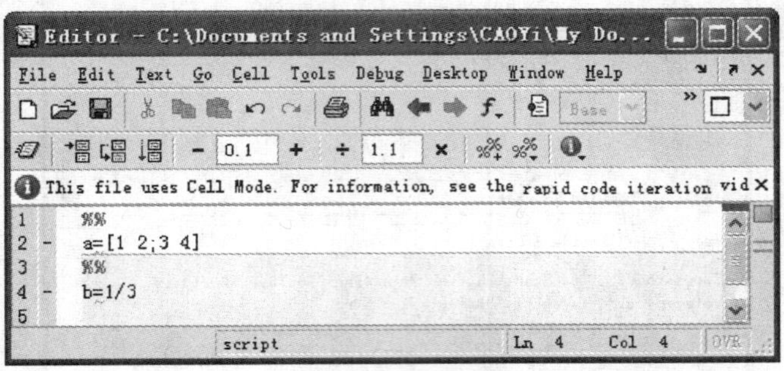

图 S1-7　M 文件编辑/调试器窗口

7. 当前目录浏览器窗口

当前目录浏览器窗口（Current Directory Browser）显示当前文件的信息如图 S1-8 所示，单击 MATLAB R2010a 工具栏“Current Directory:”右侧的按钮，设置当前目录为文件所保存的目录。

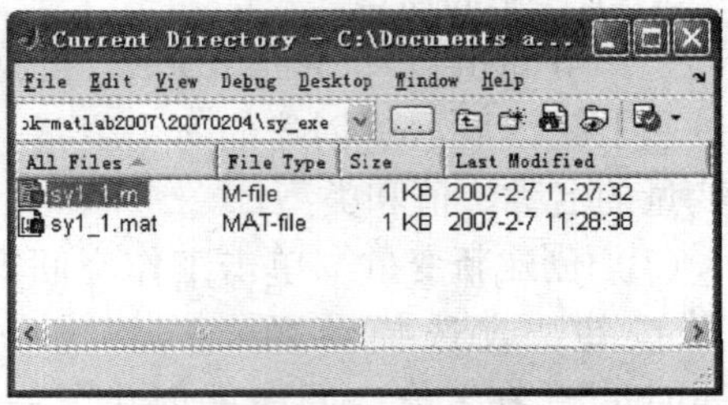

图 S1-8　当前目录浏览器窗口

（1）打开文件　在当前目录浏览器窗口中用鼠标右键单击文件“sy1_1. m”，选择“Open”、“Open outside MATLAB”或“Open as text”菜单项都能打开文件。

同样，用鼠标右键单击文件“sy1_1. mat”，选择“Import Data…”菜单项将 MAT 文件装载到工作空间中。

（2）运行 M 文件　用鼠标右键单击“sy1_ 1. m”文件，在快捷菜单中选择“Run”运行该文件，而 MAT 文件则不能运行。

（3）查找文件　在当前目录浏览器中查找文件的方法是，用鼠标右键单击图 S1-8 选择“Find Files”，则出现如图 S1-9 所示的查找文件对话框，在图的“Find files containing text:”栏中输入“1_1”，单击“Find”按钮进行查找。

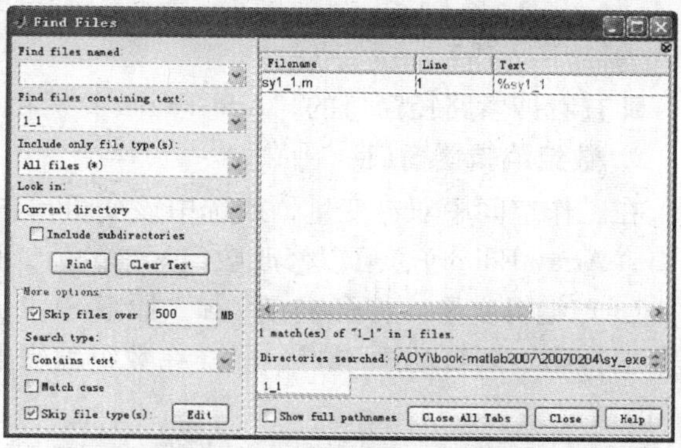

图 S1-9　文件管理对话框

练一练：

■ 使用 what，dir，which 命令查看当前目录信息。

■ 使用 type 命令查看“sy1_1. m”文件的内容。

8. 修改搜索路径

在 S1-8 图中将当前路径修改为“C:\Program Files\MATLAB R2010a\work”后，在命令窗口中输入：

```
>> sy1_1
??? Undefined function or variable 'sy1_1'.
```

说明找不到该文件，因此需要修改搜索路径（Set Path），将“sy1_1. m”文件所在路径添加到搜索路径中。

单击 MATLAB 桌面的菜单“File”→“Set Path”，打开设置路径对话框，如图 S1-10 所示，使用“Add with Subfolders…”按钮将用户目录添加进去，单击“Save”按钮保存路径，然后在命令窗口中输入：

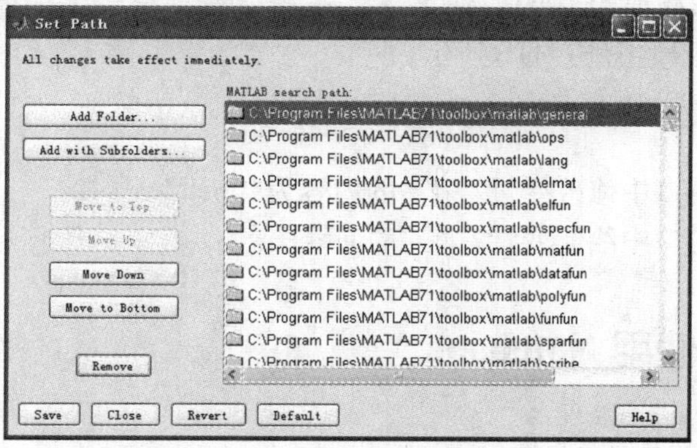

图 S1-10　修改搜索路径对话框

```
>> sy1_1
```

■ 则可以运行“sy1_1. m”文件并显示结果。使用“Add Folder. . .”按钮将上一级目录加入后，在命令窗口中运行“sy1_1”，使用“Move to Bottom”、“Move Up”、“Move Down”

按钮修改搜索路径，并查看其变化。

练一练：

■ 查看搜索路径窗口的“Add Folder…”和“Add with Subfolders…”按钮的不同。

9. 数组编辑器窗口

在工作空间中双击变量，或选中该变量单击工具栏的按钮，都可以打开数组编辑器窗口（Array Editor），可以修改数组元素的值，也可以修改变量的行列数。

（1）编辑变量　打开变量“a”如图 S1-11a 所示，在图中添加第一行第三列为“6”，则第二行第三列自动添“0”。同样在数组编辑器窗口中，可以删除数组元素和修改数组元素值。

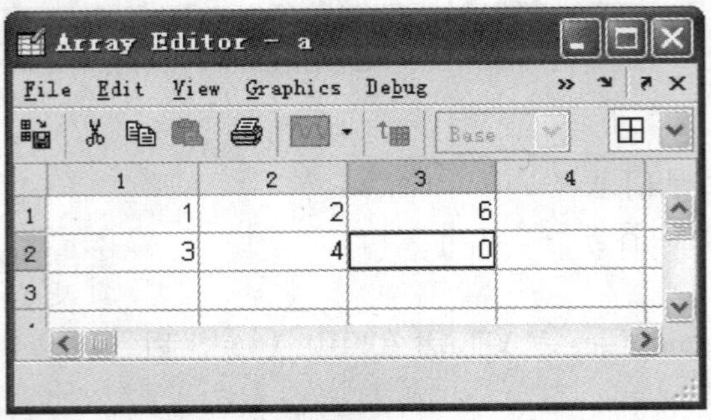

a) 数组编辑器窗口

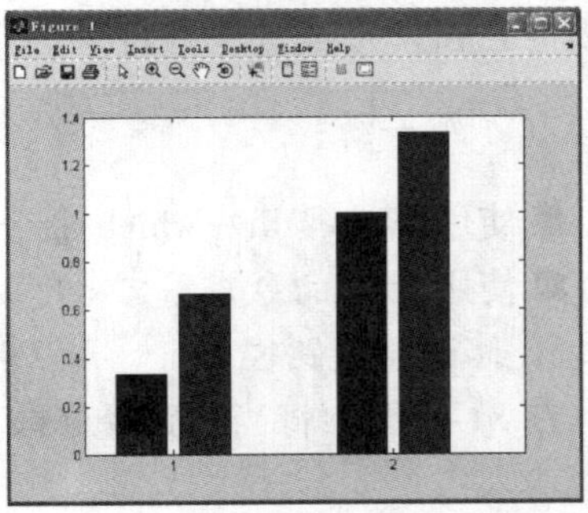

b) 条形图

图 S1-11　数组编辑器窗口和条形图

（2）数据绘图

方法一：使用菜单，在工作空间浏览器窗口和数组编辑器窗口中都可以选择“Graphics”菜单，在下拉选项中选择“Plot all Columns”；

方法二：使用工具栏，在工作空间浏览器窗口和数组编辑器窗口工具栏中都可以选择按钮，在选项中选择要绘制的曲线名称。选择变量“b”单击按钮选择下拉选项“bar”，所绘制的条形图如图 S1-11b 所示。

练一练：

■ 在数组编辑器窗口中修改变量“d”的内容为“hell”。

■ 在数组编辑器窗口中绘制变量“e”的曲线图。

1.2　实验 2　使用 Notebook

知识要点：

➢ 学会安装 Notebook。

➢ 学会运用 Notebook 菜单查看和运行 MATLAB 命令。

1. 安装 Notebook

启动 MATLAB R2010a 后，在命令窗口中安装 Notebook：

```
>> notebook -setup
Welcome to the utility for setting up the MATLAB Notebook
for interfacing MATLAB to Microsoft Word
Setup complete
```

2. 在 Word 中显示 MATLAB 命令

启动 Word，选择 Word 窗口的菜单“文件”→“新建”，在“新建文档”栏选择“本机上的模板...”则出现如图 S1-12 所示的模板对话框，选择“m-book.dot”图标，单击“确定”按钮，打开空白文件。

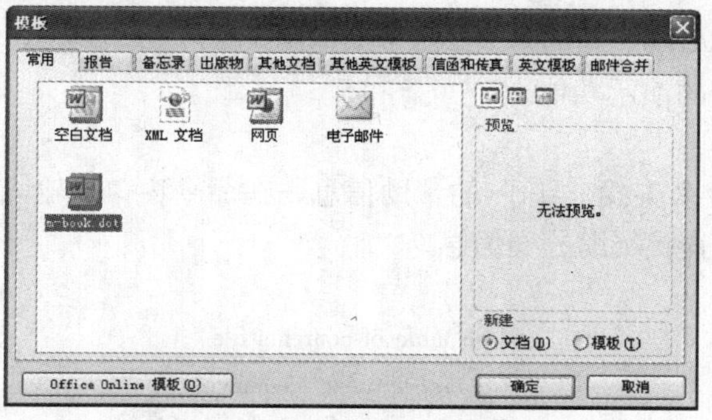

图 S1-12 模板对话框

将实验 1 中的 MATLAB 命令复制到 Word 文档中显示如下：

```
a=[1 2;3 4]
b=1/3
c=a*b
d='hello'
e=d+1
```

将文件保存为“shiyan2_1.doc”文件。

选择 1、2 行命令，然后选择菜单“Notebook”→“Define Input Cell”定义输入单元；选择后 3 行命令，选择菜单“Notebook”→“Evaluate Cell”，直接定义输入单元并运行显示输出单元，显示如下：

```
a=[1 2;3 4]
b=1/3
c=a*b
d='hello'
e=d+1

c =
    0.3333    0.6667
    1.0000    1.3333
d =
hello
e =
  105   102   109   109   112
```

在 Word 中显示有两个输入单元和一个输出单元，都使用灰色的“[ ]”括起来。

练一练：删除所有的输出单元。

1.3 实验 3 使用 MATLAB 的“帮助”

知识要点：

➢学会使用 MATLAB 的“帮助”查找帮助信息。

➢熟悉“Demos”的演示功能。

1. 使用帮助命令

使用“help”命令来查找“sin”的帮助信息，在命令窗口中输入以下命令：

```
>> help          % 查找帮助分类信息
HELP topics:
Documents\MATLAB          - (No table of contents file)
matlab\general            - General purpose commands.
matlab\ops                - Operators and special characters.
matlab\lang               - Programming language constructs.
matlab\elmat              - Elementary matrices and matrix manipulation.
matlab\randfun            - Random matrices and random streams.
matlab\elfun              - Elementary math functions.
matlab\specfun            - Specialized math functions.
matlab\matfun             - Matrix functions - numerical linear algebra.
matlab\datafun            - Data analysis and Fourier transforms.
matlab\polyfun            - Interpolation and polynomials.
……
```

单击其中的任意一个分类名，都会进入各类分支，单击“matlab \ elmat”则会出现：

```
Elementary math functions.
  Trigonometric.
    sin                   - Sine.
    sind                  - Sine of argument in degrees.
    sinh                  - Hyperbolic sine.
    asin                  - Inverse sine.
    ……
```

单击“sin”则会出现“sin”函数的帮助信息：

```
SIN    Sine of argument in radians.
    SIN(X) is the sine of the elements of X.
    See also asin, sind.
    Overloaded functions or methods (ones with the same name in other directories)
       help distributed/sin.m
       help sym/sin.m
```

Reference page in Help browser

doc sin

也可以在命令窗口中直接输入“help sin” 来查找。

练一练：使用 lookfor 命令查找“sin” 和“sy1_ 1” 的帮助信息。

2. 使用帮助导航/浏览器窗口

当单击工具栏的 ? 图标或选择菜单“Desktop” → “Help”，或选择菜单“Help” 下拉菜单项都能出现帮助导航/浏览器窗口，如图 S1-13a 所示。

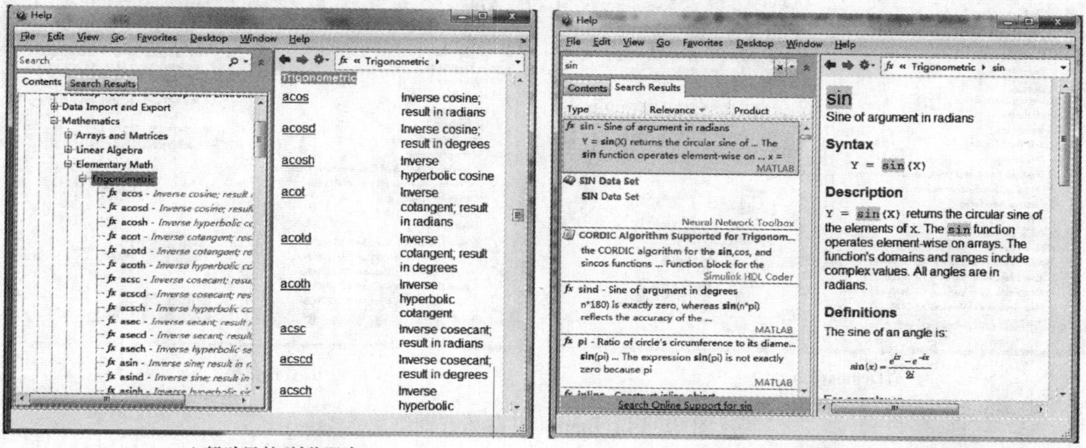

a) 帮助导航/浏览器窗口　　b) 查询结果

图 S1-13　帮助导航/浏览器窗口和查询结果

若需要查找 MATLAB 的内部函数“sin”，则有几种方法：

■ 通过“Contents 选项” 查找：

在“Contents 选项” 窗口中的左侧选择“MATLAB”→“Functions”→“Mathematics”→“Elementary Math”→“Trigonometric”，便在帮助界面右侧的帮助浏览器中，显示出相应函数内容。

■ 通过“Search Results” 面板查找：

单击“Search Results” 面板通过关键词来查找全文中与之匹配的章节条目，在空白栏中输入需要查找的关键词“sin”，单击回车键会列出包含“sin” 的所有条目。

练一练：使用帮助导航/浏览器窗口的“Search Results” 面板查找“log10” 的信息。

3. 使用 Demos

MATLAB 提供的 Demos 是非常有用的，在 MATLAB 界面单击菜单“Help” → “Demos” 命令或在 MATLAB 命令窗口中运行“demo” 命令，也可以在帮助导航/浏览器窗口中，选择“MATLAB” → “Demos” 选项窗口来打开，如图 S1-14a 所示。

查找绘制二维曲线的演示，可以在 Demos 窗口中选择“MATLAB” → “Demos” → “Graphics” → “2 - D Plots”，查看绘制二维曲线的信息，如图 S1-14b 所示；也可以在命令窗口中直接输入：

```
>> demo matlab graphics
```

然后再选择“2 – D Plots”分类查看。

在图 S1-14b 窗口右侧中单击上面的“2 – D Plots”按钮，可以查看相应的 M 文件程序代码，如果单击“Run in the Command Window”按钮，就在命令窗口中运行该 M 文件，则命令窗口显示的运行结果如下：

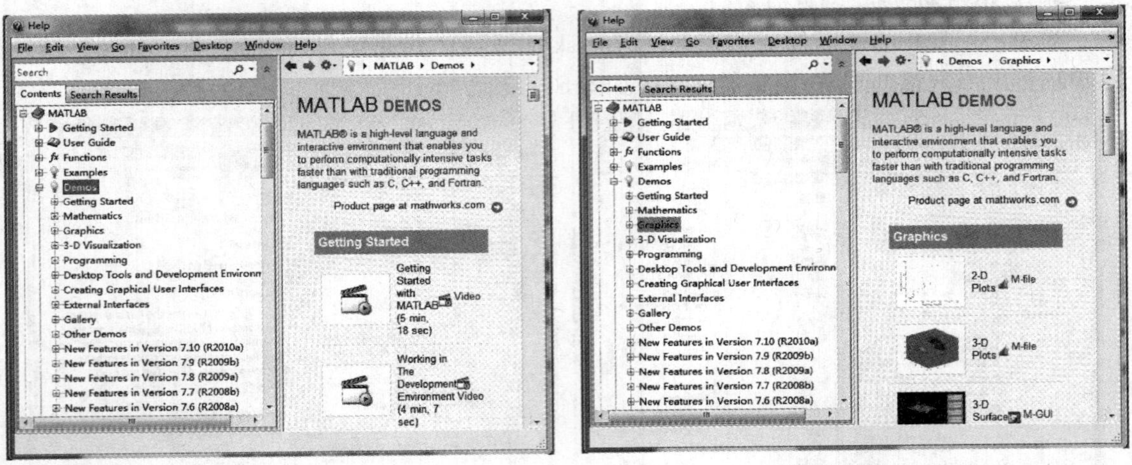

a) Demos窗口 b) 查询结果

图 S1-14 Demos 窗口和查询结果

```
Click Next to continue or Stop to end                    graf2d. m (1/7)
----------------------------------------------------------------
XY PLOTS IN MATLAB.
Here are some examples of 2 – D line plots in MATLAB.
----------------------------------------------------------------
```

单击“Next”时就在命令窗口中运行一个实例，继续单击“Next”运行下一个实例，单击“Stop”结束。

在 Demos 选项窗口打开“MATLAB”→“Demos”→“Getting Started”→“Getting Started with MATLAB”，在右侧单击“Run this demo”超链接，就会打开“Internet Explorer”中的 HTML 文件“desktop. html”，运行该 Demo，如图 S1-15 所示。

练一练：在 Demos 窗口中查看“Mathematics”→“Basic Matrix Operations”中的实例演示。

4. 使用 mathworks 网站资源

MathWorks 公司在中国的主网页为 www. mathworks. cn，近年来该网站对学习 MATLAB 软件的用户提供了最新的资源，从该网站可以看到学习视频、文本资料并可以免费试用最新的软件。

在 IE 浏览器输入 www. mathworks. cn，在首页进入“产品和服务”，可以看到 MATLAB 在各方面的工具，选择“MATLAB 产品家族”中的“MATLAB”可以打开相应的页面，选择“MATLAB 入门”视频观看，并可以观看“产品概览”、“算法开发”等视频。

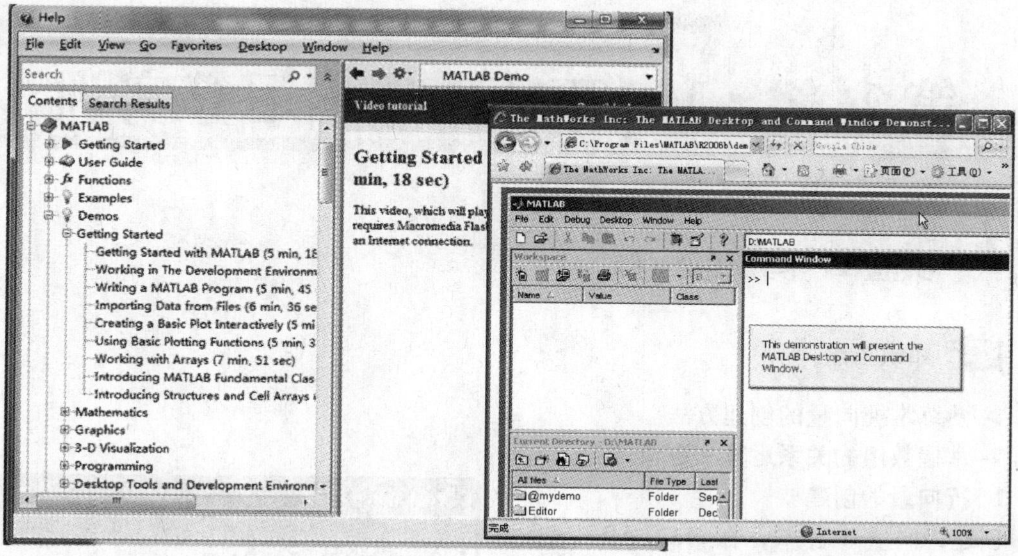

图 S1-15　Demos 运行窗口

1.4 自我练习

1）在命令窗口中输入以下命令并使用 who 和 whos 命令查看变量信息，在数组编辑器窗口中查看变量内容，并用 format 将 x 和 y 显示为指数形式。

```
>> x =0 :2 :10
>> y = sqrt(x)
```

2）在命令窗口中输入以下命令，将两个变量保存到 exe1. mat 文件中，并将两行命令保存为 exe1. m 文件，使用 which 命令查看文件信息，将 exe1. m 文件设置到搜索路径后，在命令窗口中运行 exe1 文件。

```
>>a = [1 2 ;3 4]
>>b = [1 1;2 2]
```

3）在 Help 窗口图 S1-13 的右侧选择“Release Notes”查看“Highlights of R2010a”。

第 2 章　MATLAB 基本运算实训

2.1 实验 1　向量的运算

知识要点：

➢ 熟练掌握向量的创建方法。

➢ 掌握数组的关系运算和逻辑运算。

1. 行向量的创建

创建行向量 t1 和 t2，在 MATLAB 中创建行向量可以使用“from：step：to”方式以及 linspace 和 logspace 函数：

```
>> t1 = 0:0.2:10;
>> t2 = linspace(0,20,50);
```

在 workspace 窗口中查看 t1 和 t2 变量，如图 S2-1 所示。

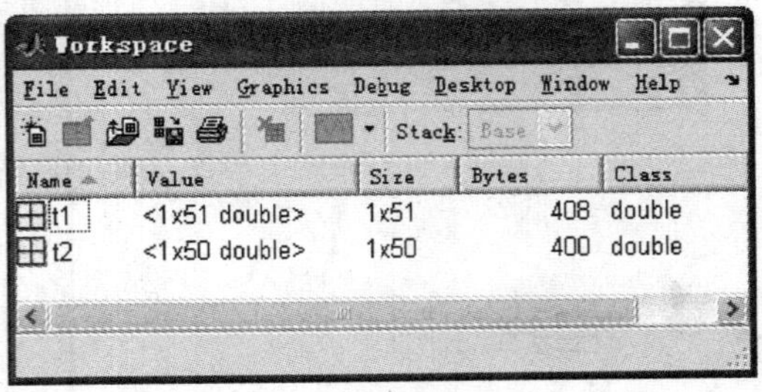

图 S2-1　工作空间

练一练：使用 logspace 函数创建行向量。

2. 行向量的计算

计算函数 $f(t)=20e^{-0.5}t\sin(2t)$，两个行向量的数组元素乘法必须使用 .* 符号：

```
>> ft1 = 20.*exp(-0.5*t1).*sin(2*t1);
```

3. 关系运算

根据条件 f(t) >0，得出 f(t)：

```
>> ff = ft1 > 0
ff =
   Columns 1 through 14
     0     1     1     1     1     1     1     1     0     0     0     0     0     0
   Columns 15 through 28
     0     0     1     1     1     1     1     1     1     1     0     0     0     0
   Columns 29 through 42
     0     0     0     0     1     1     1     1     1     1     1     1     0     0
   Columns 43 through 51
     0     0     0     0     0     0     1     1     1
>> ft = ft1.*ff;
```

在 workspace 窗口中分别选择 ff、ft1 和 ft 变量，可以看到变量 ff 是 logical 型，只占 51 个字节。

练一练: 单击工具栏的按钮查看 ft1 和 ft 的曲线图。

4. 逻辑运算

根据 t 在 0 ~ π 和 2 ~ 3π 范围的条件,得出 f(t):

```
>> tt = (t1 < = pi) | ((t1 > = 2 * pi)&(t1 < = 3 * pi))
tt =
  Columns 1 through 14
    1    1    1    1    1    1    1    1    1    1    1    1    1    1
  Columns 15 through 28
    1    1    0    0    0    0    0    0    0    0    0    0    0    0
  Columns 29 through 42
    0    0    0    0    1    1    1    1    1    1    1    1    1    1
  Columns 43 through 51
    1    1    1    1    1    1    0    0    0
>> ft = ft1. * tt;
```

在 workspace 窗口中分别选择查看 tt 和 ft 变量的数据类型和存储空间。

2.2 实验 2 矩阵和数组的运算

知识要点:

➤ 熟悉矩阵和数组的算术运算,了解矩阵和数组运算的不同。

➤ 掌握由矩阵生成子矩阵和复数矩阵的方法。

1. 创建矩阵

创建魔方阵 a 和对角阵 b:

```
>> a = magic(4)
a =
   16    2    3   13
    5   11   10    8
    9    7    6   12
    4   14   15    1
>> b = eye(3)
b =
    1    0    0
    0    1    0
    0    0    1
```

练一练: 创建随机阵。

2. 生成子矩阵块

产生子矩阵块可以使用全下标方式、单下标方式和逻辑索引方式来实现。生成 a 矩阵 3 × 3 的子矩阵块:

```
>> c = a(1:3,1:3)                  %全下标方式
```

```
c =
    16     2     3
    5     11    10
    9      7     6
>> c = a([1:3;5:7;9:11])'              %单下标方式
c =
    16     2     3
    5     11    10
    9      7     6
>> x1 = logical([1 1 1]);              %逻辑索引方式
>> x2 = logical([1 1 1]);
>> a(x1,x2)
ans =
    16     2     3
    5     11    10
    9      7     6
```

3. 矩阵的函数运算

计算矩阵 a、b 和 c 的行列式、逆阵并进行最大值的统计：

```
>> det(a)                              %计算矩阵的行列式
ans =
    0
>> rot90(b)                            %矩阵旋转
ans =
    0     0     1
    0     1     0
    1     0     0
>> inv(c)                              %计算矩阵的逆阵
ans =
     0.0294    -0.0662     0.0956
    -0.4412    -0.5074     1.0662
     0.4706     0.6912    -1.2206
>> inv(b)
ans =
    1     0     0
    0     1     0
    0     0     1
>> max(a)                              %统计最大值
ans =
    16    14    15    13
```

练一练：查看矩阵 c 的上三角阵。

4. 矩阵和数组的算术运算

矩阵与数组的算术运算的主要区别是矩阵运算是矩阵的线性代数运算，而数组运算是元素的运算。计算矩阵 b 和 c 的 * 、/、^和 . * 、/、.^，以及比较 exp 和 expm 函数：

矩阵运算：

```
>> b * c
ans =
    16      2      3
    5      11     10
    9       7      6
>> b/c
ans =
    0.0294    -0.0662    0.0956
   -0.4412    -0.5074    1.0662
    0.4706     0.6912   -1.2206
>> c^2
ans =
    293     75     86
    225    201    185
    233    137    133
>> exp(b)
ans =
    2.7183    1.0000    1.0000
    1.0000    2.7183    1.0000
    1.0000    1.0000    2.7183
```

数组运算：

```
>> b. * c
ans =
    16     0     0
    0     11     0
    0      0     6
>> b./c
ans =
    0.0625       0         0
       0     0.0909        0
       0         0    0.1667
>> c.^2
ans =
    256      4      9
    25     121    100
    81      49     36
>> expm (b)
ans =
    2.7183        0         0
       0     2.7183         0
       0         0     2.7183
```

练一练：使用 pow2 函数计算矩阵 c 的幂。

5. 复数矩阵

由两个尺寸相同的矩阵 b 和 c 生成复数矩阵 c，查看其模和转置：

```
>> d = b + c * i
d =
   1.0000 +16.0000i          0 + 2.0000i          0 + 3.0000i
        0 + 5.0000i     1.0000 +11.0000i          0 +10.0000i
        0 + 9.0000i          0 + 7.0000i     1.0000 + 6.0000i
>> abs(d)            %模运算
ans =
   16.0312          2.0000          3.0000
    5.0000         11.0454         10.0000
    9.0000          7.0000          6.0828
>> d'                %共轭转置
ans =
   1.0000 -16.0000i          0 - 5.0000i          0 - 9.0000i
        0 - 2.0000i     1.0000 -11.0000i          0 - 7.0000i
        0 - 3.0000i          0 -10.0000i     1.0000 - 6.0000i
>> d.'               %非共轭转置
ans =
   1.0000 +16.0000i          0 + 5.0000i          0 + 9.0000i
        0 + 2.0000i     1.0000 +11.0000i          0 + 7.0000i
        0 + 3.0000i          0 +10.0000i     1.0000 + 6.0000i
```

练一练：查看复数 d 的实部和角度。

2.3 实验3 字符串和日期型数组的操作

知识要点：

- 掌握字符数组的创建、运算和显示。
- 对日期和时间变量能按不同格式显示。

1. 字符串合并

将字符串 s1 和 s2 合并成一个长字符串：

```
>> s1 = 's^2'
s1 =
s^2
>> s2 = 's + 1';
>> ss = strcat(s1,'+',s2)                    %合并字符串
ss =
s^2 + s + 1
```

在 workspace 窗口中查看字符串占用的字节数。

2. 执行字符串

字符串可以用 eval 函数执行：

```
>> s = 5
s =
     5
>> eval (ss)                                 %执行字符串
ans =
     31
```

3. 将字符串逆序排列

```
>> s2 = 'hello';
>> n = length(s2)                            %计算字符串的长度
n =
     5
>> ss2 = [s2(n),s2(n-1),s2(n-2),s2(n-3),s2(n-4)]      %将字符串逆序排列
ss2 =
olleh
```

练一练：使用 str2num 函数转换字符串'15'，查看结果。

4. 字符串与数值的转换

```
>> abs(s2)                                   %将字符串转换为 ASCII 码数值
ans =
     104     101     108     108     111
```

5. 将日期以不同格式显示

日期可以使用日期字符串、连续的日期数值和日期向量三种格式显示：

```
>> d = datestr ('5/1/2007')                    %将日期以字符串显示
d =
01 - May - 2007
>> d1 = datenum (d)                            %将日期以数值格式显示
d1 =
      733163
>> p = ['This year is ', num2str (year (d))]
p =
This year is 2007
```

练一练：将日期以向量格式显示。

2.4 实验 4 多项式的运算

知识要点：

➢ 掌握运用函数对多项式进行各种不同的运算。

➢ 能够实现多项式的插值和拟合。

1. 计算多项式的乘积

计算两个多项式 p1 和 p2 的乘积 $p=(s+1)(s^2+4s+5)$：

```
>> p1 = [1 1];
>> p2 = [1 4 5];
>> p = conv(p1,p2)
p =
    1     5     9     5
```

2. 计算多项式的根并进行部分分式展开

计算多项式 $p2=s^2+4s+5$ 的根：

```
>> pp = roots(p2)
pp =
   -2.0000 + 1.0000i
   -2.0000 - 1.0000i
```

将多项式$\dfrac{s+1}{s^2+4s+5}$进行部分分式展开：

```
>> [rr,pr,kr] = residue(p1,p2)                 %将多项式部分分式展开
rr =
  0.5000 + 0.5000i
  0.5000 - 0.5000i
pr =
```

```
  -2.0000 + 1.0000i
  -2.0000 - 1.0000i
kr =
     []
```

练一练：根据部分分式参数 rr、pr、kr 计算多项式表达式。

3. 计算多项式的微分

计算多项式 $p = s^3 + 5s^2 + 9s + 5$ 的微分：

```
>> pd = polyder(p)
pd =
    3    10    9
>> polyval(p,3)                              % 计算当变量为 3 时多项式的值
ans =
   104
```

练一练：计算多项式 p 的积分。

4. 多项式的拟合

已知多项式 $G(x) = x^4 - 5x^3 - 17x^2 + 129x - 180$，$x$ 在［0 20］范围，将多项式的值加上偏差构成向量 $y1$，对 $y1$ 进行拟合：

```
>> G = [1 -5 -17 129 -180];
>> x = 0:20;
>> y = polyval(G,x);
>> y0 = 0.1 * randn(1,21);      % 产生 21 个元素的行向量
>> y1 = y + y0
y1 =
1.0e+005 *
Columns 1 through 6
 -0.0018    -0.0007    -0.0001     0.0000    -0.0000     0.0004
Columns 7 through 12
  0.0020     0.0058     0.0130     0.0252     0.0441     0.0717
Columns 13 through 18
  0.1102     0.1620     0.2299     0.3168     0.4259     0.5606
Columns 19 through 21
  0.7245     0.9216     1.1560
>> G1 = polyfit(x,y1,4)
G1 =
   1.0000    -4.9989  -17.0146 129.0654 -180.0290
```

拟合的多项式表达式为：$G_1(x) = x^4 - 4.9989x^3 - 17.0146x^2 + 129.0654x - 180.029$，与 G 很近似。

5. 多项式的插值

对多项式 y 和 y1 分别在 5.5 处进行一维插值计算：

```
>> s = interp1(x,y,5.5)
s =
    119
>> s1 = interp1(x,y1,5.5)
s1 =
    119.5187
```

练一练：在 workspace 中单击工具栏的按钮查看 y 和 y1 的曲线。

2.5 实验 5 元胞数组和结构体

知识要点：

- 能够创建元胞数组和结构体。
- 了解元胞数组和结构体元素的操作和运算。

1. 创建结构体

创建一个结构体表示三个学生的成绩：

```
>> student(1) = struct('name','John','Id','20030115','scores',[85,96,74,82,68])
student =
    name: 'John'
      Id: '20030115'
  scores: [85 96 74 82 68]
>> student(2) = struct('name','Rose','Id','20030102','scores',[95,93,84,72,88]);
>> student(3) = struct('name','Billy','Id','20030117','scores',[72,83,78,80,83])
student =
1x3 struct array with fields:
  name
  Id
  Scores
```

练一练：使用 struct 函数创建结构体。

2. 显示结构体内容

显示 scores 字段的内容并计算平均成绩：

```
>> all_s = [student(1).scores;student(2).scores; student(3).scores]
all_s =
    85    96    74    82    68
    95    93    84    72    88
    72    83    78    80    83
>> average_s = mean(all_s)
average_s =
    84.0000    90.6667    78.6667    78.0000    79.6667
```

3. 修改结构体元素内容

使用 setfield 函数修改结构体元素内容或直接修改元素内容，将 student(2) 的第二个成绩修改为 73：

```
>> student = setfield(student,{2},'scores',{2},73)      %使用 setfield 函数修改
student =
1x3 struct array with fields:
    name
    Id
    scores
>> student(2).scores(2) =73;                             %直接修改
>> student(2)
ans =
    name: 'Rose'
    Id: '20030102'
scores: [95 73 84 72 88]
```

4. 将结构体转换为元胞数组

```
>> student_cell = struct2cell(student)                   %将结构体转换为元胞数组
student_cell(:,:,1) =
    'John'
    '20030115'
    [1x5 double]
student_cell(:,:,2) =
    'Rose'
    '20030102'
    [1x5 double]
student_cell(:,:,3) =
    'Billy'
    '20030117'
    [1x5 double]
```

练一练：使用 getfield 函数获取元素内容。

5. 创建元胞数组

将平均成绩放在元胞数组中，使用三种方法创建元胞数组：

```
>> average = {'平均成绩',average_scores}                  %直接创建
average =
    '平均成绩'    [1x5 double]
>> average(1) = {'平均成绩'}                              %使用元胞创建
average =
    '平均成绩'    [1x5 double]
>> average(2) = {average_scores}
average =
    '平均成绩'    [1x5 double]
```

```
>> average{1} ='平均成绩';                    % 由各元胞内容创建
>> average{2} = average_scores
```

2.6 自我练习

1）将实验 2 中的魔方阵 a 按照列降序排列，并计算其平均值。

2）将实验 3 中的字符串 s1 = ' s^2 '，s2 = ' s + 1 '进行比较，并将 s1 和 s2 构成一个矩阵，然后将该矩阵中的字符' s '替换成' x '。

3）根据实验 4 的 $p=(s+1)(s^2+4s+5)$，计算 $p(x)=0$ 时的根，并计算 $p(x)$ 除以（$s+1$）的结果。

第 3 章　数据的可视化实训

3.1 实验 1　绘制二维曲线并标注文字

知识要点：

➢ 熟练掌握最基本的二维绘图函数 plot。
➢ 掌握在图形中添加文字等修饰。
➢ 掌握 MATLAB R2010a 图形窗口的功能。

1. 使用 plot 函数绘制曲线

在同一图形窗口分别绘制 $y_1 = 0.01t^2$、$y_2 = e^{-t}\sin(2t)$ 两条函数曲线，t 的范围是 0 ~ 10，并绘制了 y2 的最大值水平线，如图 S3-1 所示。

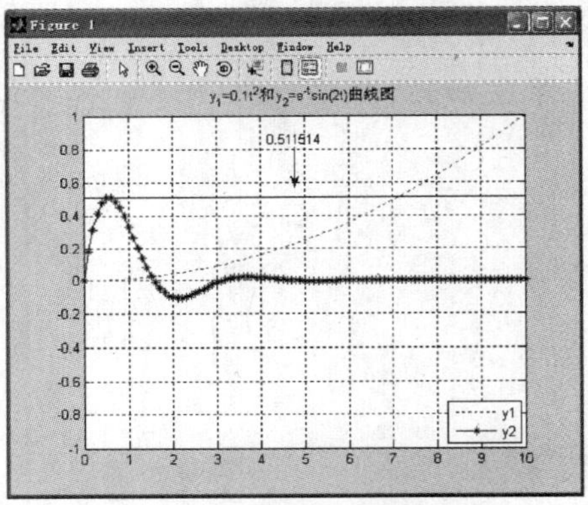

图 S3-1　绘制的曲线图

```
>> t=0:0.1:10;
>> y1=0.01*t.^2;
>> y2=exp(-t).*sin(2*t);
>> plot(t,y1,'r:')
>> hold on
>> plot(t,y2,'b-*')
>> y2max=max(y2)
>> plot([0,10],[y2max,y2max])          %绘制最大值水平线
```

练一练：

■ 使用 plot（t，y1，t，y2）绘制 y1 和 y2 曲线。
■ 使用双纵坐标 plotyy（t，y1，t，y2）绘制 y1 和 y2 曲线。

2. 设置坐标轴和分隔线

给图形添加分隔线，并设置坐标轴范围：

```
>> grid on
>> axis([0,10,-1,1])
```

3. 添加图形文字标注

添加图形标题和图例，如图 S3-1 所示。

```
>> title('y_{1}=0.1t^{2}和y_{2}=e^{-t}sin(2t)曲线图')
>> legend('y1','y2',4)
>> annotation('textarrow',[0.5,0.5],[(2-y2max)/2+0.1,(2-y2max)/2],'string',y2max)
```

练一练：

■ 添加纵横坐标文字标注。

■ 在文字标注中使用希腊字母和数学符号。

■ 使用 annotation 函数添加线、箭头和椭圆。

4. 使用鼠标获取图形中的数据

使用鼠标获取图中两条曲线交点的数据：

```
>> [x,y] = ginput(1)
x =
    1.5092
y =
    0.0293
```

运行时图形中鼠标光标变为十字叉，移动鼠标到两条曲线交点的位置，单击鼠标则运行结束，将该点的纵横坐标数据保存到变量 x 和 y 中。

5. 使用图形窗口

在图形窗口中选择“View”菜单，将所有的下拉菜单项全部选中，则出现如图 S3-2 所示的图形窗口，则所有工具栏和面板都陈列其中。

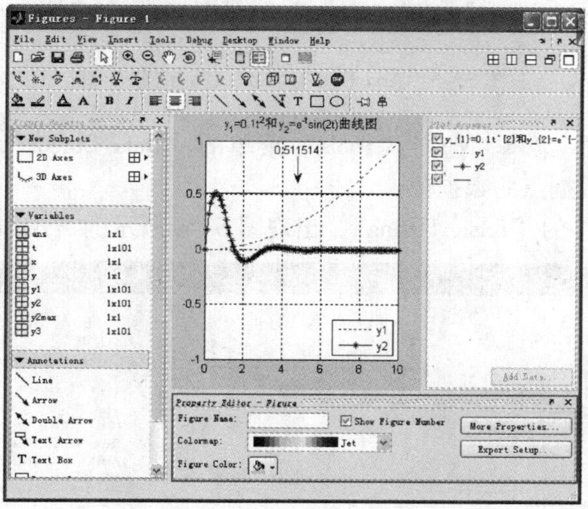

图 S3-2 图形窗口

（1）添加曲线 左侧图形面板的“Variables”栏中显示工作空间中的所有变量，双击任何变量名，则在右边的图形中就添加了该变量的曲线。

（2）添加标注 图形面板左下侧的“annotation”栏可以在图形中添加标注元素，单击任意元素则右侧图形中鼠标图标变为十字光标，拖动鼠标添加标注。

（3）修改图形 在图形中用鼠标单击任意对象，则该对象被选中时，下面的属性编辑器面板（Property Editor）对应为该对象的属性设置，可以设置对象的各种属性。在“Property Editor”中修改曲线 y2 的“Marker”属性为“+”。

(4) 隐藏曲线 在右侧绘图浏览器面板（Plot Browser）中可以对图形窗口中的各曲线进行隐藏和删除，选择任意曲线对象单击右键，在快捷菜单中选择“Hide”，则该曲线就被隐藏。

(5) 添加子图 在左侧图形面板的“New subplots”栏中可以添加二维或三维子图，单击“2D Axes”或“3D Axes”后面的田▸按钮可以选择多个子图。

单击“2D Axes”后面的田▸选择两行一列的子图排列，在新添加的子图中单击鼠标右键，选择“Add data”菜单项时出现如图 S3-3a 所示的“Add Data to Axes”对话框，设置“Y Data Source”为变量“t”，并设置“Plot Type”属性为“Bar”，则子图显示如图 S3-3b 所示。

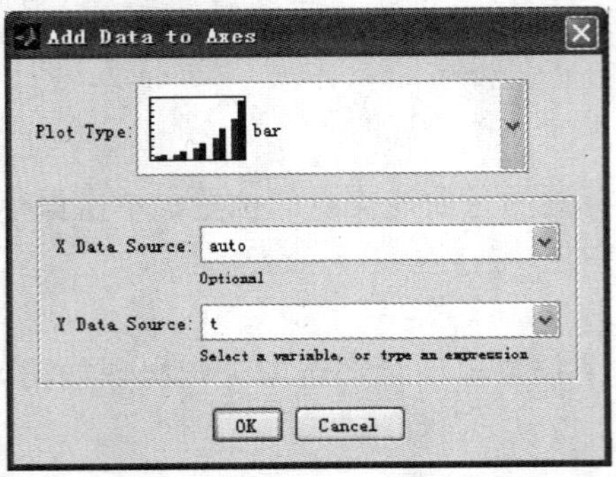

a) Add Data to Axex对话框

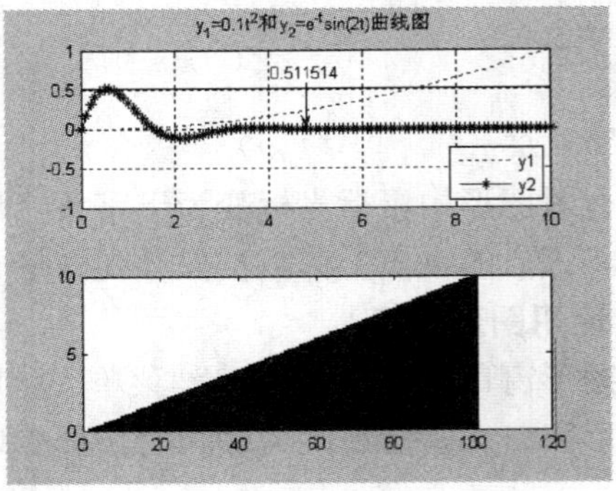

b) 子图

图 S3-3 Add Data to Axes 对话框和子图

(6) 使用“Tools”菜单 选择“Tools”菜单的“Data Cursor”，移动鼠标到图形中，单击鼠标可以查看各数据点的数据值。

选择“Tools”菜单的“Basic Fitting”，出现图 S3-4 所示的“Basic Fitting”对话框，单

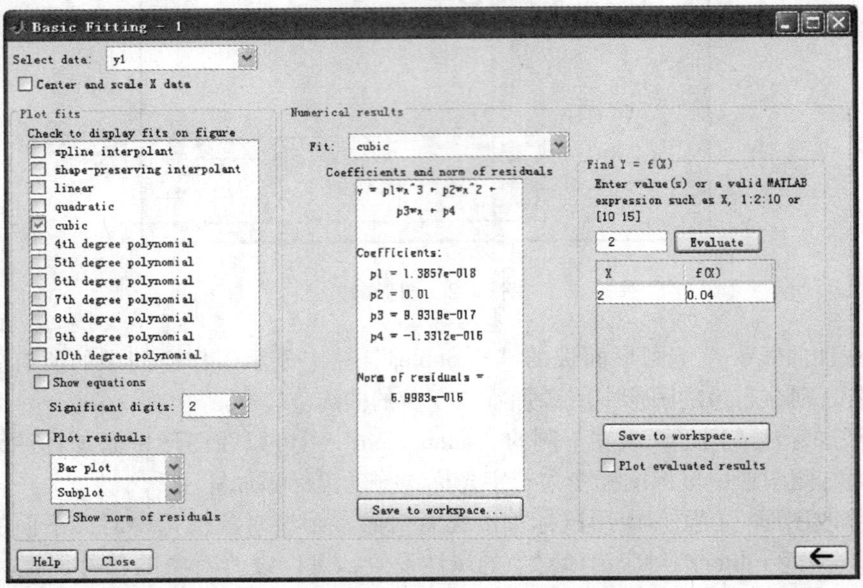

图 S3-4 “Basic Fitting”对话框

击[→]按钮，在左栏“Plot fits”中选择“cubic”复选框，则在“Numerical results”栏中立即显示出拟合多项式的参数，在右侧的“Find Y = f(x)”栏中输入自变量 x 的值，单击“Evaluate”按钮，则得出拟合后多项式计算的结果。

练一练：

■ 在图形窗口中隐藏 y1 曲线。

■ 在图形窗口中使用“Insert”菜单或“annotation”栏两种方法来添加“Arrow”。

■ 使用“Tools”菜单的“Basic Fitting”实现“5th degree polynomial”方法的拟合。

3.2 实验 2 在同一窗口中绘制多条曲线

知识要点：

➢ 熟练掌握在多个子图中绘制曲线。

➢ 了解不同图形文件的转存。

1. 第一个子图绘制圆形

将图形窗口分成三个子图，在第一个子图中绘制圆，并显示为圆形，如图 S3-5 所示。

```
>> t=0:0.1:2*pi;
>> subplot(3,1,1)
>> plot(sin(t),cos(t))
>> axis equal
```

练一练：

■ 将 subplot 命令改为“subplot 311”。

■ 使用 axis off、axis image 和 axis tight 等命令，查看图形的不同显示。

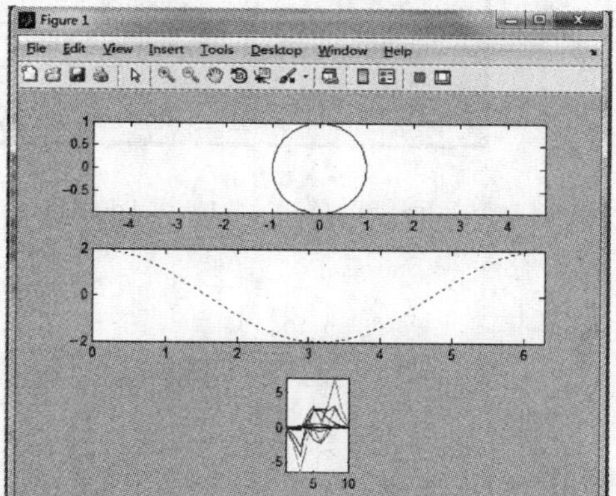

图 S3-5 图形窗口

2. 第二个子图绘制复数数组的图形

在第二个子图中绘制复数组的图形，以实部为横坐标以虚部为纵坐标：

```
>> z=t+2*cos(t) *i;
>> subplot(3,1,2)
>> plot(z,'r:')
>> axis([0 2*pi -2 2])
```

3. 第三个子图绘制矩阵的图形

在第三个子图中绘制矩阵的图形，产生 10 * 10 的 y 方阵，绘制的每条曲线对应矩阵的一列：

```
>> subplot(3,1,3)
>> y=peaks(10);
>> plot(y);
>> axis image
```

练一练：将坐标框设置为开启形式。

4. 保存图形文件

将图形 . fig 文件保存为其他图像文件格式，选择“File”菜单→“Export Setup. . . ”，则出现“Export Setup”对话框，如图 S3-6 所示。

单击右侧的“Export. . . ”按钮，在出现的“另存为”对话框中设置保存的文件格式为“ex3_2. jpg”，并单击“保存”按钮，则将图形保存为 . jpg 文件，这样就可以脱离 MATLAB 查看图形。

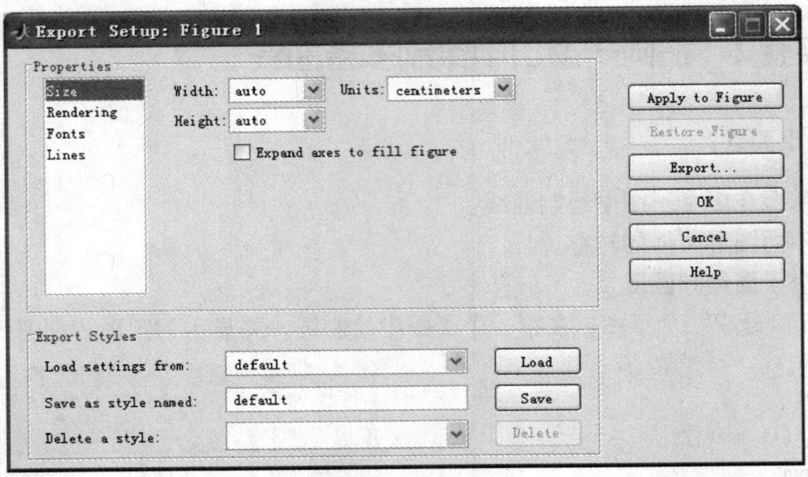

图 S3-6 导出设置对话框

3.3 实验 3 绘制特殊图形

知识要点：

- 掌握特殊图形的绘制。
- 了解图形窗口工具栏的使用。

1. 使用极坐标绘制螺旋线

在图形窗口 1 中使用极坐标来绘制螺旋线，极坐标是根据相角和离原点的距离绘制图形的，相角以弧度为单位。图形窗口如图 S3-7a 所示。

```
>> figure(1)
>> t=0:0.1:8*pi;
>> polar(t,t)
```

练一练：修改 t 的范围，查看图形的变化。

2. 绘制离散数据的火柴杆图

在图形窗口 2 中绘制离散数据的火柴杆图，火柴杆图只绘制数据点，中间的其他数据则没有，图形窗口如图 S3-7b 所示。

```
>> figure(2)
>> t=0:0.5:20;
>> y=exp(-0.1*t).*sin(t);
>> stem(t,y)
```

练一练：使用阶梯图来绘制离散数据。

3. 绘制向量的罗盘图

在图形窗口 3 中绘制向量的罗盘图，罗盘图是以实部为横坐标虚部为纵坐标绘制的，图形窗口如图 S3-7c 所示。

```
>> figure(3)
>> thera=[0 pi/6 pi/4 pi/3 pi/2 pi pi*2/3];
>> rho=[1 10 5 15 20 25 15];
>> z=rho.*exp(i*thera);
>> compass(z)
```

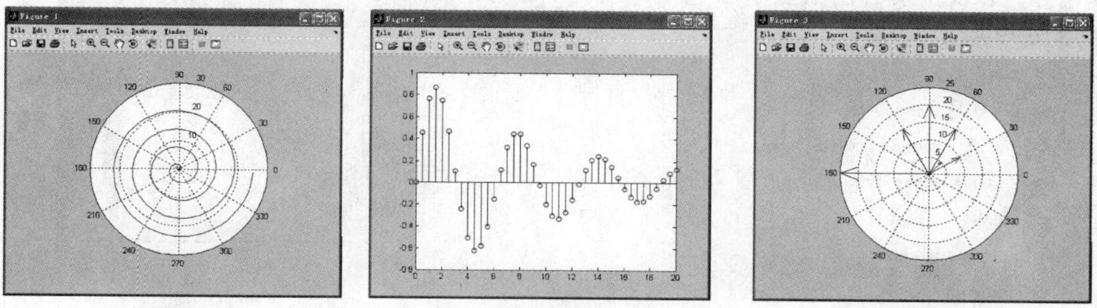

a) 螺旋线　　b) 火柴杆图　　c) 罗盘图

图 S3-7　螺旋线、火柴杆图和罗盘图

练一练：使用羽毛图来绘制向量。

4. 使用绘图编辑工具栏

在罗盘图“Figure 3”的图形窗口中选择菜单“View”→“Plot Editor Toolbar”，则添加了绘图编辑工具栏。

在工具栏中单击 (Insert Text Arrow)，在图中添加箭头和文字“π/4”；单击工具栏中的 (Pin to Axes) 或选择菜单“Tools”→“Pin to Axes”，在图中单击箭头将箭头锚定，以后改变图形大小时该箭头都不会移动了。

3.4 实验 4　绘制三维图形

知识要点：

➢ 掌握绘制三维曲线图、三维网线图和三维表面图的方法。

➢ 学会三维图形的视角和色彩等设置。

1. 绘制三维饼形图

饼形图用来显示向量中各元素所占和的百分比，三维饼形图更具有立体感。绘制 x = [1 2 3 1]的三维饼形图，计算出最大的一块并分离，如图 S3-8 所示。

```
>> x = [1 2 3 1];
>> [xmax,n] = max(x);            %计算出最大的块
>> explode = zeros(1,4);
>> explode(n) = 1;               %将最大块分离
>> pie3(x,explode)
```

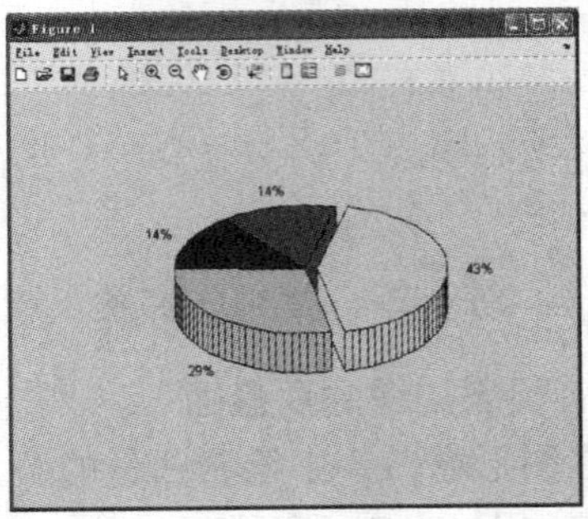

图 S3-8 三维饼形图

练一练：在图中添加每块的文字注释。

2. 使用三维网线图绘制平面

使用三维表面图绘制平面的矩形网格，Z 坐标都相等，并设置索引色图显示颜色条，绘制的图形如图 S3-9 所示。

```
>> x = -5:0.5:5;
>> y = 0:0.5:4;
>> [X,Y] = meshgrid(x,y);
>> Z = 5 * ones(size(X));
>> mesh(X,Y,Z)
>> colormap('hot')
>> colorbar
```

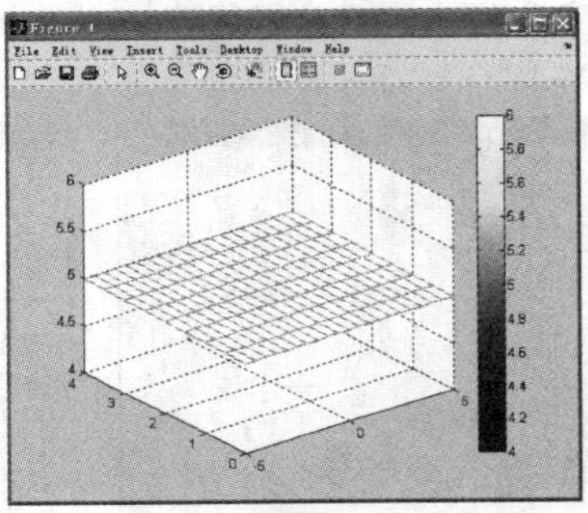

图 S3-9 平面图

练一练：修改 colormap 的索引色图。

3. 绘制三维表面图

用三维表面图绘制 $z = 5x^2 - y^2$，surfc 用来绘制三维表面图并加等高线，如图 S3-10 所示。

```
>> x = -4:4;
>> [X,Y] = meshgrid(x);
>> Z = 5 * X.^2 - Y.^2;
>> surfc(X,Y,Z)
>> view([0,90])
```

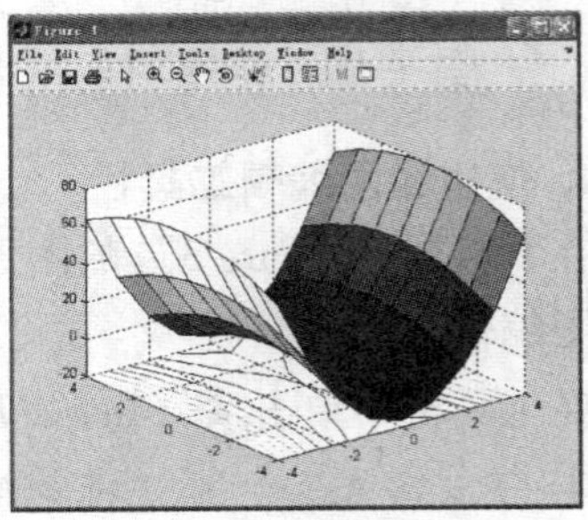

图 S3-10 三维表面图

练一练：

■ 使用 surfl 来绘制三维表面图。

■ 修改视角查看三维表面图的不同显示。

4. 使用图形窗口设置属性

(1) 使用照相工具栏 在图形窗口中选择菜单“View”→“Camera Toolbar”可以添加照相工具栏，选择工具栏中的各按钮可以方便地对三维图形进行旋转、改变大小、改变光照等。

单击（Orbit Camera）后选择三维表面图，就可以全方位地旋转三维图形；单击（Orbit Scene Light）后选择三维表面图，就可以旋转场景的灯光；单击（Move Camera Forward/Back）就可以推进或后退镜头。

（2）修改索引色图　在图形窗口中选择菜单“View”→“Property Editor”可以打开属性编辑器，修改“colormap”改变索引色图为“Lines”，查看图形表面的显示。

练一练：

■ 使用照相工具栏中的其他按钮来改变三维表面图的不同显示。

■ 修改不同的索引色图，查看三维表面图的不同显示。

3.5 自我练习

1）使用 plot 函数分别绘制矩阵 $\boldsymbol{A}=\begin{bmatrix}1&2&3&4\\1&0&1&0\\1&2&2&3\end{bmatrix}$、$\boldsymbol{A}'$、$\boldsymbol{A}$（:，2）和 $\boldsymbol{A}$（1，:）的数据图形。

2）在同一图形窗口中绘制函数 $y=\sqrt{2}\mathrm{e}^{-t}\sin(2\pi t+\pi/4)$ 及其包络线图形，t 的范围为 0～2，绘制的曲线如图 S3-11 所示。

3）绘制实验 4 中 $z=5x^2-y^2$ 的三维曲线图。

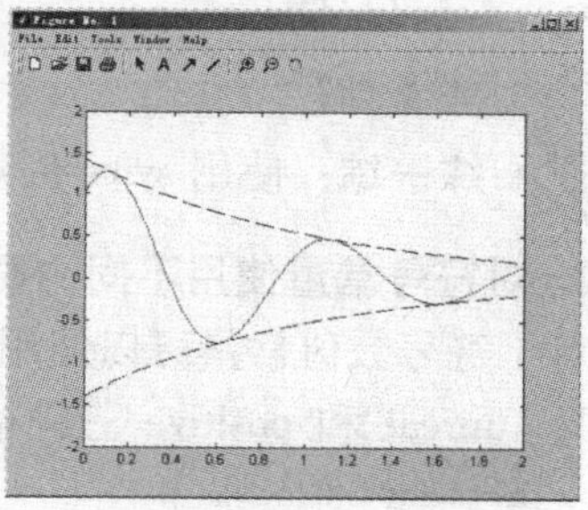

图 S3-11　运行界面

第 4 章　符号运算实训

4.1　实验 1　符号表达式的创建和算术运算

知识要点：

➢ 熟练掌握符号对象的创建，符号对象包括符号常量、符号变量、符号表达式和符号矩阵。

➢ 掌握符号表达式的算术运算。

➢ 了解数值型、有理数型和 VPA 型三种不同类型的转换。

1. 创建符号常量和变量

使用 sym 函数创建符号数值常量 1/3 和字符串常量' thera '：

```
>> a = sym(1/3);
>> b = sym('thera')
```

练一练： 使用 syms 创建符号变量 a 和 b。

2. 对符号常量使用不同的显示

对于符号数值常量可以使用' d '、' f '、' e '或' r '共 4 种格式显示，符号字符串常量则使用' real '、' unreal '和' positive '三种格式显示：

```
>> a = sym(1/3,'f')
a =
6004799503160661/18014398509481984
>> a = sym('1/3','f')                %字符串'1/3'不能使用数值显示
??? Error using ==> sym.sym
Second argument f not recognized.
>> a1 = sym(1/3,'r')
a1 =
1/3
>> b = sym('thera','real')           %显示符号字符常量
b =
thera
>> b1 = sym('thera','positive')
b1 =
thera
```

练一练：

■ 使用' e '和' d '格式显示 1/3。

■ 使用 imag 函数查看 b 和 b1 的实部和虚部。

3. 不同类型对象的转换

符号工具箱有数值型、有理数型和 VPA 型算术运算方式，将符号对象 a、a1 和 b、b1 转换为数值型和 VPA 型：

```
>> da = double(a)          %转换为数值
da =
    0.3333
>> da1 = double(a1);
>> va = vpa(a,15)          %转换为 VPA 型
va =
.333333333333333
>> va1 = vpa(a1,15)
va1 =
.333333333333333
>> db = double(b)
??? Error using  = = >  sym. double
DOUBLE cannot convert the input expression into a double array.
If the input expression contains a symbolic variable, use the VPA function instead.
>> vb = vpa(b,20)
vb =
thera
```

符号字符变量 b 为' thera '，不能转换为 double 型，如果是' 1/3 '则可以。

练一练：

■ 在工作空间中查看 da、da1 和 va、va1 占用的内存空间。
■ 使用 digits 命令控制精度。
■ 在命令窗口输入以下命令，并查看结果。

```
>> f = sym('1/3')
>> double(f)
```

4. 创建符号矩阵

由符号变量 a、a1 和 b、b1 生成 2×2 的符号矩阵，并进行矩阵的运算：

```
>> d = [a a1;b b1]
d =
[ '1.5555555555555 ' * 2^( -2), 1/3]
[                 thera,        thera]
>> dt = triu(d)
dt =
[ '1.5555555555555 ' * 2^( -2), 1/3]
[                    0,         thera]
>> dc = cos(d)
dc =
[ cos(6004799503160661/18014398509481984),     cos(1/3)]
```

```
[                 cos(thera),            cos(thera)]
```

可以看到由符号对象生成的也是符号对象，符号对象的运算与数值基本一致。

4.2 实验 2 符号表达式的运算

知识要点：

- 熟练掌握多项式符号表达式的化简。
- 掌握自由变量的获取。
- 学会使用符号函数计算器。

1. 创建符号表达式

创建两个符号表达式 $f=x^3+5x^2+7x+3$ 和 $g=\dfrac{2u}{u+v}$：

```
>> syms x u v
>> f = x^3 + 5 * x^2 + 7 * x + 3;
>> g = 2 * u/(u + v);
```

2. 化简符号表达式

化简是符号工具箱强大的功能，将符号表达式化简成合并同类项、因式分解和嵌套形式：

```
>> fh = horner(f)              %化简为嵌套形式
fh =
3 + (7 + (5 + x) * x) * x
>> ff = factor(f)              %化简为因式分解形式
ff =
(x + 3) * (x + 1)^2
>> fs = simple(f)              %得出最简单的表达式
fs =
(x + 3) * (x + 1)^2
```

练一练：

■ 使用 simple 函数时等式左边没有输出变量，查看运行后的显示。

■ 将符号表达式 ff 显示为排版形式。

3. 确定符号自由变量

符号表达式中如果有多个符号变量，则运算时必须确定符号自由变量，使用 findsym 函数获得表达式 g 的符号自由变量：

```
>> var = findsym(g,2)
var =
v,u
>> v1 = var(1)
v1 =
v
```

4. 复合函数

计算函数 f 和 g 的复合函数：

```
>> fg = compose(f,g)                          %计算 f(g(u,v))
fg =
8 * u^3/(u + v)^3 + 20 * u^2/(u + v)^2 + 14 * u/(u + v) + 3
>> gf = compose(g,f)                          %以默认符号自由变量 v 计算 g(f(x))
gf =
2 * u/(u + x^3 + 5 * x^2 + 7 * x + 3)
>> gf1 = compose(g,f,var(3),'x')              %以 u 为符号变量计算 g(f(x))
gf =
2 * (x^3 + 5 * x^2 + 7 * x + 3)/(x^3 + 5 * x^2 + 7 * x + 3 + v)
>> gf2 = compose(g,f,'t')                     %计算 g(f(t))
gf =
2 * u/(u + t^3 + 5 * t^2 + 7 * t + 3)
```

练一练：

- 查看 var（2）的值。
- 计算 f(g（u，v）)，将 v 替换为 t。
- 将 fg 表达式中的（u + v）替换为 T。
- 将 f 表达式中的 x 替换为 2。

5. 使用符号函数计算器

符号函数计算器是可视化的计算工具，可以实现符号表达式的多种计算功能。在命令窗口中输入“ >> funtool”，则就出现了两个图形窗口（Figure 1、Figure 2）和一个函数运算控制窗口（Figure 3）。

在 Figure 3 窗口中单击“Demo”按钮查看当“f = 1”和“g = x”时的各典型运算；在 Figure 3 窗口的 f 栏输入“x^3 + 5 * x^2 + 7 * x + 3”，则立即在图 Figure 1 中显示了 f 表达式的曲线，在 g 栏输入“2 * u/(u + v)”则出错，因为符号函数计算器只能用于一个变量的符号表达式；将 g 栏中改为“2 * u/(u + 1)”，则 Figure 2 窗口中显示出 g 的曲线，如图 S4-1 所示。

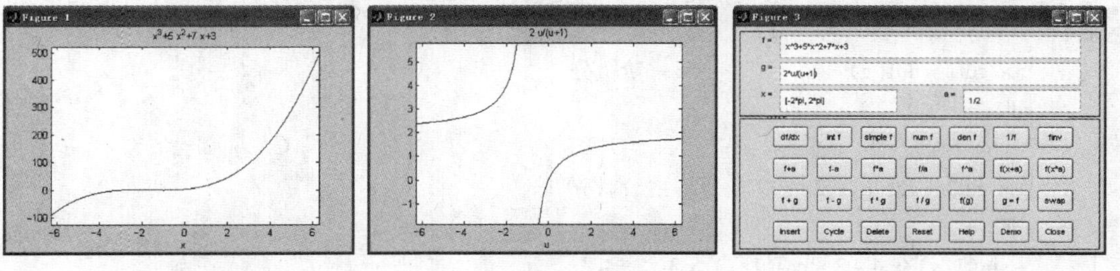

图 S4-1　符号函数计算器的三个窗口

练一练：

■ 在 Figure 3 窗口中修改 x 的范围为［-10，10］。

■ 在 Figure 3 窗口中单击第一行、第二行和第三行的各按钮，查看 f、g 表达式和 Figure 1、Figure 2 窗口的曲线变化。

4.3 实验 3 符号表达式的微积分和积分变换

知识要点：

➢ 掌握运用符号表达式实现极限的运算。
➢ 掌握微积分运算。
➢ 掌握 Fourier 变换、Laplace 变换和 Z 变换等积分变换。

1. 创建符号表达式

创建两个符号表达式 $f=(x^2+y^2)^{xy}$ 和 $g=\sin\left(\frac{1}{x}\right)$：

```
>> syms x y t a
>> f = (x^2 + y^2)^(x * y);
>> g = (sin(1/x));
```

2. 计算极限

计算符号表达式 f 当 x→1、y→1 和 x→0、y→0 时的极限：

```
>> fxy = limit(limit(f,'y',1),'x',1)
fxy =
2
>> fxy0 = limit(f)
fxy0 =
1
```

极限 limit 只能对一个符号变量设置范围，因此需要嵌套计算，默认 x→0 和 y→0。

3. 计算微积分

符号表达式的微分运算要注意确定自由符号变量，积分运算则要确定积分的上下限：

```
>> gdf1 = diff(g)              %一阶微分
gdf1 =
-cos(1/x)/x^2
>> gdf2 = diff(g,x,2)          %二阶微分
gdf2 =
-sin(1/x)/x^4 + 2 * cos(1/x)/x^3
>> gint = int(g)               %不定积分
gint =
sin(1/x) * x - cosint(1/x)
>> gint1 = int(g,1,pi)         %x 在[0  pi]的定积分
```

```
gint1 =
sin(1/pi) * pi - cosint(1/pi) - sin(1) + cosint(1)
```

其中 cosint 是 cos 的积分函数，cosint(x) = Gamma + log(x) + int((cos(t) - 1)/t, t, 0, x)。

练一练：计算符号表达式 f 的一阶微分和二阶微分。

4. 计算级数求和

使用 symsum 函数来实现符号表达式 g 的前十项和：

```
>> gsum = symsum(g,1,10)
gsum =
sin(1) + sin(1/2) + sin(1/3) + sin(1/4) + sin(1/5) + sin(1/6) + sin(1/7) + sin(1/8) + sin(1/9) + sin
(1/10)
```

练一练：使用 taylor 函数对 g 进行展开。

5. 计算积分变换

创建三个符号表达式 $p = e^{-x^2}$、$q = \sin(at)$ 和 $g = \sin x$，分别对符号表达式 g、p、q 进行 Fourier 变换和 Laplace 变换：

```
>> syms x y t a
>> p = exp( - x^2);
>> q = sin(a * t);
>> g = sin(x);
>> pf = fourier(p)              % fourier 变换
pf =
pi^(1/2)/exp(w^2/4)
>> qf = fourier(q)              % fourier 变换
qf =
pi * (dirac (a + w) - dirac(a - w) * i)
>> ql = laplace(q)              % laplace 变换
ql =
a/(s^2 + a^2)
>> gl = laplace(g)              % laplac 变换
gl =
1/(s^2 + 1)
```

4.4 实验 4　符号方程的求解

知识要点：

➢ 掌握解方程和微分方程。

➢ 学会使用符号工具箱的可视化界面，主要是符号函数计算器和泰勒级数计算器。

1. 解符号方程

使用 solve 可以解一个方程或方程组，求解 $\sin(\frac{1}{x})$ 和方程组 $\begin{cases} x+y+z=10 \\ x-2y+z=0 \\ 2x-y=-4 \end{cases}$：

```
>> syms x y z
>> eqn1 = 'sin(1/x) = 1'
>> eqn21 = 'x + y + z = 10';
>> eqn22 = 'x - 2 * y + z';
>> eqn23 = '2 * x - y = -4';
>> x1 = solve(eqn1)                          %解方程
x1 =
2/pi
>> [x2,y2,z2] = solve(eqn21,eqn22,eqn23)%解方程组
x2 =
-1/3
y2 =
10/3
z2 =
7
```

sin（1/x）=1 的方程解是周期解，有无穷多个，solve 函数只列出 0 附近的一个解。

练一练：将解方程组的输出变量［x2，y2，z2］改为一个变量 z，查看结果。

2. 解微分方程

微分方程的求解需要注意初始值的设定，使用 dsolve 函数得出的可以是特解或通解，下面解 $\frac{dy}{dx}=5$ 和 $\frac{d^2y}{dx^2}-\frac{dy}{dx}=1$，$y_0=1$，$y_1=0$：

```
>> y1 = dsolve('Dy = 5')                                   %解一阶微分方程
y1 =
5 * t + C1
>> y21 = dsolve('D2y - Dy = 1')                            %解二阶微分方程通解
y21 =
exp(t) * C1 - t + C2
>> y22 = dsolve('D2y - Dy = 1','y(0) = 1','y(1) = 0')      %解二阶微分方程特解
y22 =
1 - t
```

练一练：给一阶微分方程设定初始条件 $y_0=1$，求特解。

4.5 自我练习

1. 创建符号表达式 $G=\frac{2}{s^2+2s+1}$，使用排版形式显示，并进行部分分式展开。
2. 使用泰勒级数计算器窗口对实验 3 中的 $g=\sin x$ 进行级数逼近。
3. 解微分方程$\frac{\mathrm{d}^2y}{\mathrm{d}t^2}-\frac{\mathrm{d}y}{\mathrm{d}t}+y=1$，$y_0=0$，$y_1=0$。

第 5 章　程序设计和 M 文件实训

5.1 实验 1　使用函数调用并调试程序

知识要点：

➢ 熟练掌握 M 函数文件的编写。
➢ 熟练掌握主函数与子函数的调用。
➢ 熟练运用 M 文件编辑/调试窗口中的调试程序方法。

1. 打开 M 文件编辑/调试器窗口

MATLAB 的 M 文件是通过 M 文件编辑/调试器窗口（Editor/Debugger）来创建的。单击 MATLAB 桌面上的图标，或者单击菜单“File”→“New”→“M – File”，打开一个空白的 M 文件编辑器窗口。

图 S5-1 为 M 文件编辑/调试器窗口：

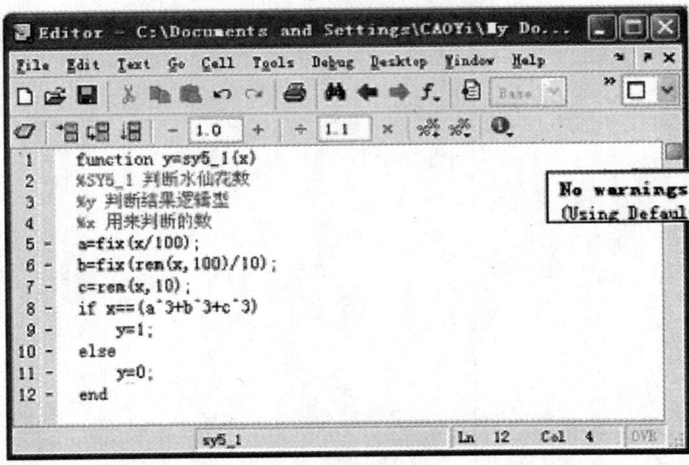

图 S5-1　M 文件编辑/调试器窗口

■ 左边框是行号，如果程序出错可根据出错提示中的行号查找出错语句。

■ 左边框的“ – ”处可以设置断点，有“ – ”的行都可以设置断点，单击“ – ”就出现圆点，单击鼠标右键可以设置条件断点。

■ 右边框是程序的提示，将鼠标放置其上可以看到相应的提示和警告信息，有红色、黄色或绿色三种，红色表示警告或出错。图 S5-1 中显示为绿色表示无警告和出错。

2. 编写 M 函数文件

编写程序判断输入参数是否是“水仙花数”，“水仙花数”是一个三位数，各位数的立方和等于该数本身，如果是“水仙花数”则函数输出 1，否则输出 0。编写 M 函数程序如下：

```
function y = sy5_1_1(x)
% sy5_1_1 判断是否水仙花数
% y 判断结果,是则 y = 1,否则 y = 0
a = fix(x/100);
b = fix(rem(x,100)/10);
c = rem(x,10);
if x = = (a^3 + b^3 + c^3)
    y = 1;
else
    y = 0;
end
```

将函数文件保存为“sy5_1_1. m”，在命令窗口中调用该函数：

```
>> y = sy5_1_1(455)
y =
    0
```

练一练：

■ 使用“Text”菜单的“Comment”菜单项添加注释语句。

■ 使用“Text”菜单的“Increase Indent”增加语句的缩进。

3. 添加主函数

添加一个主函数当满足“水仙花数”条件时显示“YES”否则显示“NO”。在“sy5_1_1. m”文件的最上面添加主函数：

```
function sy5_1(x)
%SY5_1 判断水仙花数
if x > 100
    y = sy5_1_1(x)
else
    return
end
if y = = 1
    disp('YES')
else
    disp('NO')
end
```

“水仙花数”必须是三位数，因此为了减少不必要的运算，对于不是三位数的就终止程序。

将函数文件另存为“sy5_1. m”。

练一练：将程序中的“return”改为 break 或 continue，查看运行的结果。

4. 调试程序

（1）单步运行　使用菜单“Debug”→“Step”（快捷键 F10）在主函数中单步运行，绿色箭头所在的行为当前行，这时 MATLAB 处于中断状态，将鼠标放在变量上查看变量的当前值，命令窗口提示符为“K >>”，可以输入变量或表达式查看。

（2）单步运行进函数　选择菜单“Debug”→“Step In”可以一步步运行，到调用函数的语句后则进入子函数“sy5_1_1”单步运行，如果想从子函数出来则使用“Debug”→“Step Out”菜单项。

（3）设置断点

■ 设断点的最简单方法就是直接在某行语句前左边框单击一下，出现红色的圆点时就设置了断点，或选择菜单“Debug”→“Set/Clear Breakpoint”（快捷键 F12），在“sy5_1_1”函数中的“if x = = （a^3 + b^3 + c^3）”行设置断点。

■ 在断点上设置条件断点的方法是单击鼠标右键，在快捷菜单中可以选择“Set/Modify Conditional Breakpoint...”，在出现的对话框中设置条件，该行前面会出现黄色圆点，在“sy5_ 1”函数的“if y = =1”行设置条件断点，条件为 y = =1。

设置完断点后，就可以直接选择菜单“Debug”→“Continue”（快捷键 F5），在各断点之间运行。如果在快捷菜单中选择“Disable Breakpoint”，则该断点无效，该行前面会出现圆点加个叉。

（4）单元调试　使用“Cell”菜单可以将大的程序分块调试，在子函数“sy5_1_1”中，将程序分成两个单元，在需要分成单元处添加符号“%%”和标题，并给第一个单元添加一个赋值语句“x =153”，程序如下：

```
function y = sy5_1_1(x)
%% 取各位数
x = 153;
a = fix(x/100)
b = fix(rem(x,100)/10)
c = rem(x,10)
%% 计算立方和
if x = = (a^3 + b^3 + c^3)
    y = 1;
else
    y = 0;
end
```

■ 将光标放置在第一个单元，则该单元区背景变为黄色，在菜单中选择“Evaluate Current Cell”或工具栏中单击，则在命令窗口就可以查看 a、b、c 的值。

■ 在 x 变量上放置光标并将工具栏的文本框 - 1.0 + 分别修改为“100”、“10”和“1”，单击“+”可以看到 x 每加 100、10 和 1 的运行结果。

■ 在菜单中选择“Evaluate Current Cell and Advance”或工具栏中单击，则运行当前单元并将变量传给下一单元，单击运行第二个单元并在命令窗口中显示结果。

5.2 实验 2 使用 M 脚本和 M 函数文件

知识要点：

➤ 熟练掌握分支结构、循环结构和错误结构。
➤ 掌握函数调用时参数的传递。
➤ 了解剖析程序的方法。

1. 创建 M 脚本文件

使用 for 循环结构，建立如下的矩阵：

$$\boldsymbol{y}=\begin{pmatrix}0 & 1 & 2 & 3 & \cdots & n\\ 0 & 0 & 1 & 2 & \cdots & n-1\\ 0 & 0 & 0 & 1 & \cdots & n-2\\ \vdots & \vdots & \vdots & \vdots & & \vdots\\ 0 & 0 & 0 & 0 & \cdots & 0\end{pmatrix}$$

创建 M 脚本文件“sy5_2_1. m”建立 6×6 的矩阵，编制如下程序：

```
clear;
n=6;
y=zeros(n);
for m=1:n-1
    for mn=(m+1):n
        y(m,mn)=mn-1;
    end
end
y
```

练一练：

■ 单步运行，查看变量 n、m 和 mn 的值的变化。
■ 运行结束查看工作空间中的变量值。

2. 使用 while 循环结构

将 for 循环结构改为 while 循环结构，需要修改循环结束条件：

```
n=6;
y=zeros(n);
m=1;
while m<n
    mn=m+1;
    while mn<=n
        y(m,mn)=mn-1;
        mn=mn+1;
    end
    m=m+1;
```

```
end
y
```

3. 使用 M 函数文件

将脚本文件增加函数声明行，修改为函数文件并保存为“sy5_2_2. m”，将矩阵的尺寸 n 作为输入参数，程序如下：

```
function y = sy5_2_2(n)
y = zeros(n);
for m = 1:n - 1
    for mn = (m + 1):n
        y(m,mn) = mn - 1;
    end
end
```

练一练：在命令窗口中调用 sy5_2_2 函数并设置断点，在中断时查看函数工作空间，当运行结束后再查看 MATLAB 工作空间。

4. 生成 P 码文件

将 M 函数文件和 M 脚本文件生成 P 码文件：

```
>> pcode sy5_2_1
>> pcode sy5_2_2
```

5. 输入输出参数个数

（1）使用 varargin 和 varargout 函数　使用 varargin 和 varargout 函数实现 sy5_2_3 函数无输入参数时输出长度为 6 的矩阵，输入一个以上参数时立即结束程序，在 sy5_2_3 中修改程序如下：

```
function varargout = sy5_2_3(varargin)
if length(varargin) = =0
    n =6;
elseif length(varargin) >0
    varargout{1} =0;
    return
end
y = zeros(n);
for m = 1:n - 1
    for mn = (m + 1):n;
        y(m,mn) = mn - 1;
    end
end
varargout{1} = y;
```

在命令窗口中输入命令调用 sy5_2_3 函数，查看运行结果：

```
>> y = sy5_2_3()
>> y = sy5_2_3(2,3)
```

（2）使用 nargin 函数　使用 nargin 函数实现 sy5_2_2 函数当无输入参数时输出长度为 6

的矩阵，在文件 function y = sy5_2_2 的下面添加下面的程序：

```
if nargin = =0
    n =6;
end
```

在命令窗口中调用函数：

```
>> y = sy5_2_2( )
y =
     0     1     2     3     4     5
     0     0     2     3     4     5
     0     0     0     3     4     5
     0     0     0     0     4     5
     0     0     0     0     0     5
     0     0     0     0     0     0
>> y = sy5_2_2(2)
y =
     0     1
     0     0
```

练一练：如果输入“y = sy5_2_2(2，1)”时，运行结果会如何？

5.3 实验 3 使用函数句柄进行数值分析

知识要点：

➢掌握创建匿名函数和函数句柄的方法。
➢掌握函数曲线的绘制。
➢了解数值分析的常用方法。

1. 创建匿名函数

已知函数 $f(t) = (\sin^2 t)\ e^{0.1t} - 0.5|t|$，创建匿名函数，并查看波形如图 S5-2 所示。

```
>> f1 =@(t)(sin(t)^2 * exp(0.1 * t) -0.5 * abs(t))
>> functions(f1)            %查看函数句柄信息
ans =
        function:@(t)(sin(t)^2 * exp(0.1 * t) -0.5 * abs(t))'
            type: 'anonymous'
            file: ''
       workspace: {[1x1 struct]}
>> fplot(f1,[0,20])
```

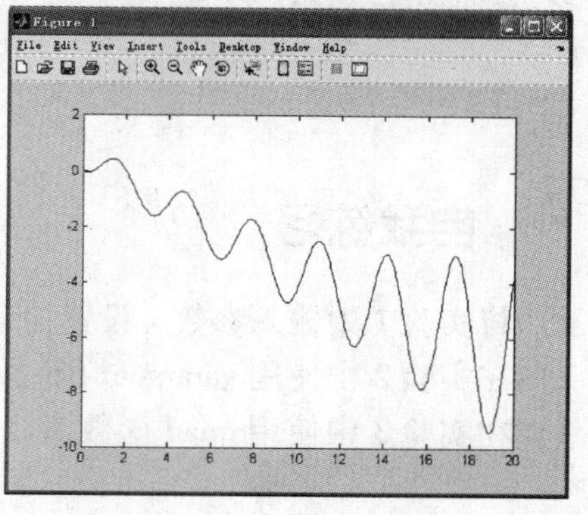

图 S5-2 函数曲线

练一练：使用 ezplot 命令绘制函数

曲线。

2. 创建函数句柄

创建函数 sy5_3 并保存为“sy5_3. m”文件:

```
function y = sy5_3(t)
% SY5_3 y = sin(t).^2. * exp(0.1 * t) - 0.5 * abs(t)
y = sin(t).^2. * exp(0.1 * t) - 0.5 * abs(t);
```

创建函数句柄并调用函数:

```
>> f2 = @ sy5_3;
>> t=0:10;
>> y = f2(t)
y =
Columns 1 through 9
    0 0.2825  0.0099   -1.4731   -1.1456   -0.9839   -2.8577   -2.6308   -1.8216
Columns 10 through 11
 -4.0823      -4.1955
```

练一练: 使用 feval 命令调用函数。

3. 求函数的过零点

使用 fzero 函数求函数的过零点:

```
>> x0 = fzero(f1,[0,5])              % 在 0 ~5 范围内的过零点
x0 =
     0
>> x1 = fzero(f1,[1,5])              % 在 1 ~5 范围内的过零点
x1 =
    2.0074
```

练一练: 运行“x0 = fzero(f1, [1, 20])”命令并查看结果。

4. 求数值积分

使用 quad 函数计算函数在 [0, 10] 范围的数值积分:

```
>> q = quad(f2,0,10)
q =
  -17.0288
```

5.4 自我练习

1) 将实验 1 中输入参数 x 设置为全局变量,使用主函数调用判断水仙花数。

2) 在实验 2 中使用 varargout 函数编程实现当输出参数大于 1 时,立即结束程序。

3) 在实验 3 中使用 quad 函数对 f1 计算数值积分结果怎样,应如何修改?

第 6 章　MATLAB 高级图形设计实训

6.1　实验 1　创建多控件的用户界面

知识要点：

➢ 熟练掌握 GUI 环境的使用。
➢ 掌握控件的属性设置。
➢ 掌握 M 回调函数的编写。

1. 打开 GUI 界面

在 MATLAB 主界面选择菜单“File”→“New”→“GUI”，或直接在命令窗口输入“Guide”命令都可以打开 GUIDE 快速开始界面。GUIDE 快速开始界面有“Create New GUI”和“Open Existing GUI”两个面板。

如果选择“Create New GUI”则创建新的 GUI 界面。有 4 个选项：“Blank GUI（Default）”是空白的界面，“GUI with Uicontrols”是创建带控件的界面如图 S6-1 所示，“GUI with Axes and Menu”是创建带坐标轴和菜单的界面，“Model Question Dialog”是创建提问框。如果选择“Open Existing GUI”面板，则是打开已经创建的 GUI 界面。

2. 创建界面

（1）放置控件　创建一个空白的界面后，在图 S6-2 左栏的控件面板中单击选择“Push Button”控件，然后在设计界面中当光标变成十字形时拖动鼠标放置控件“pushbutton1”。

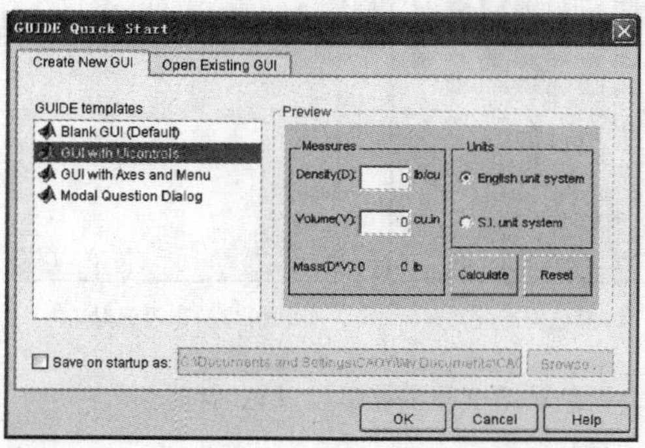

图 S6-1　GUIDE 快速开始界面

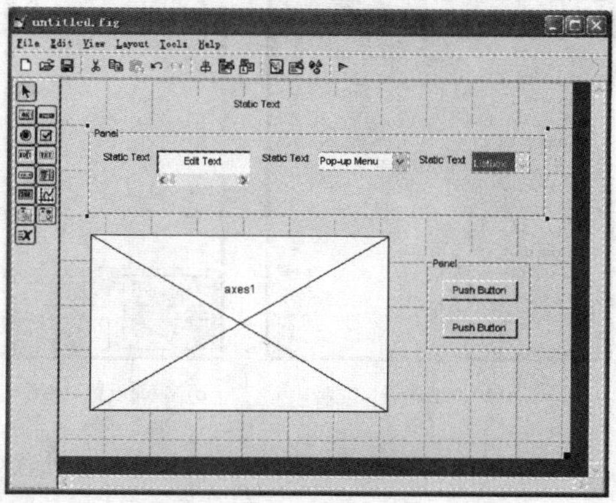

图 S6-2　GUI 界面窗口

用鼠标右键单击该按钮，在快捷菜单中选择“Duplicate”菜单项就可以复制生成另一个按钮“pushbutton2”，两个控件的大多数属性都是相同的。

当单击控件时控件四周出现选中框，可以移动控件或改变控件的大小，窗口右下角出现选中标记，使用鼠标可以改变窗口的大小。

在图 S6-2 的 GUI 界面窗口中放置两个按钮、两个面板控件、4 个静态文本框、一个文本框、一个滚动条、一个弹出式菜单、一个列表框和一个坐标轴，图中面板和窗口是选中状态。

（2）设置控件属性　控件的属性在“Property Inspector”中设置。打开 Property Inspector 面板的方法有：

■ 双击控件。

■ 用鼠标右键单击控件在出现的快捷菜单中选择“Property Inspector”。

■ 选中控件后再选择菜单“View”→“Property Inspector”。

■ 在工具栏中单击按钮都可以打开属性编辑器，图 S6-3a 是窗口对象的属性编辑器。

属性编辑器的最上面显示对象名称，图 S6-3a 中显示为“figure（Untitled）”，右栏为属性值，在属性值栏可以设置和修改属性。

■ 如果属性名前有⊞，则设置属性需要单击⊞打开折叠项，如图 S6-3a 的“Color”项。

■ 单击右栏属性值中的图标，可以打开数值设置对话框，如图 S6-3b 的“Value”属性。

■ 单击属性值中的图标，可以打开颜色对话框设置颜色，如图 S6-3c 的“Color”属性。

■ 单击属性值中的图标，可以打开字符串设置对话框，如图 S6-3d“String”属性。

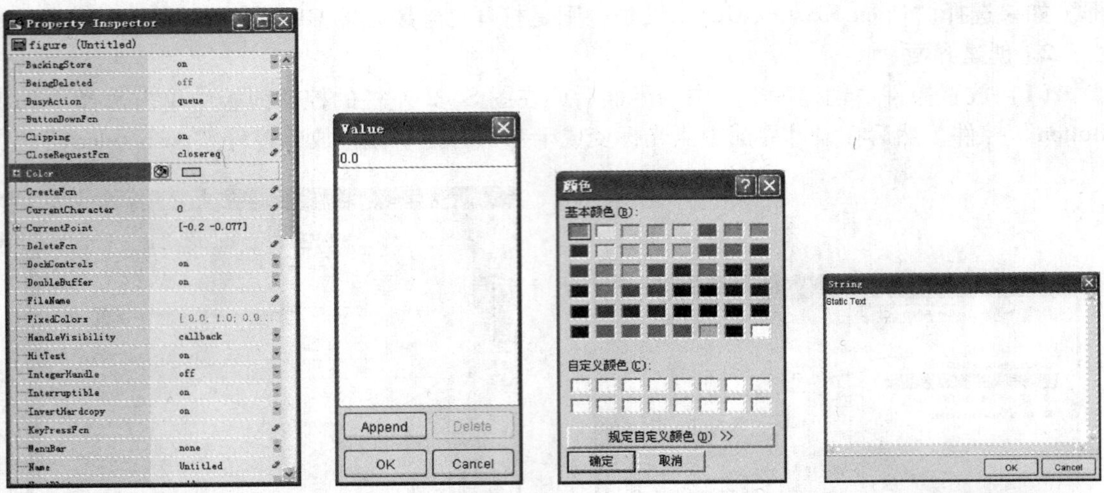

a) 属性编辑器　b) Value设置对话框　c) 颜色对话框　d) 字符串设置对话框

图 S6-3　属性编辑器、Value 设置对话框、颜色对话框和字符串设置对话框

界面中各控件的属性表如表 S6-1 所示。

（3）对象浏览器窗口　设置完对象后可以在对象浏览器窗口中查看所有的对象。打开对象浏览器窗口的方法有：

表 S6-1 控件属性表

控件类型	Tag 属性	属性名	属性值	控件类型	Tag 属性	属性名	属性值
Static Text	text1	string	绘制正弦离散图形	Popupmenu	popupmenu1	string	阶梯图 | 火柴杆图
		fontsize	20	Edit	edit1	string	
		fontweight	bold	Pushbutton	pushbutton1	string	画图
	text2	string	数据范围：			fontsize	12
	text3	string	曲线类型：		pushbutton2	string	关闭
	text4	string	颜色：			fontsize	12
	text2，text3，text4	fontsize	10	Listbox	listbox1	string	红色 | 黄色 | 蓝色 | 绿色
Slider	slider1	max	100	Panel	uipanel1	title	''
Axes	axes1	visible	off		uipanel2	title	''

■ 选择工具栏的 按钮。

■ 选择菜单“View”→“Object Browser”。

■ 单击鼠标右键在快捷菜单中选择“Object Browser”。

对象浏览器窗口如图 S6-4 所示，可以看到每个对象的名称和类型，面板“uipanel”内的控件包含在面板内。在该窗口中单击对象则在设计界面就选中该对象，双击对象则打开属性编辑器。

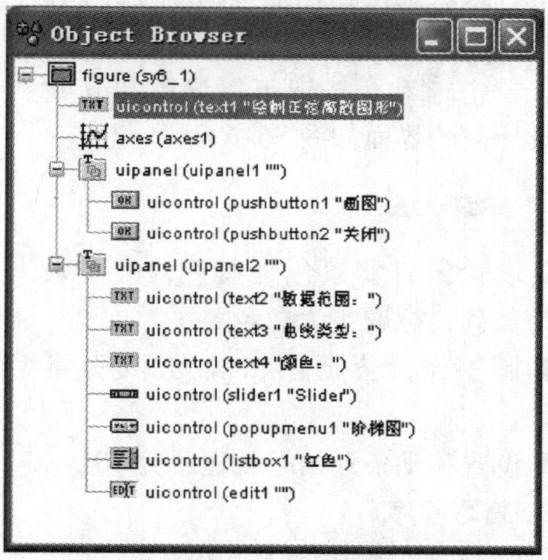

图 S6-4 对象浏览器窗口

（4）布局控件 创建完控件后，为了使界面布局显得更整齐美观，使用“Align Objects”来进行布局。打开对象对齐工具窗口的方法有：

■ 选择菜单“Tools”→“Align Objects”。

■ 选择工具栏的 按钮。

■ 单击鼠标右键在快捷菜单中选择“Align Objects”。

如图 S6-5a 所示，分为水平排列和垂直排列两部分，可以实现控件的对齐和间隔的设置。在设计界面中将 panel1 中的对象选中，在图 S6-5a 选择上端对齐后单击“Apply”按钮就实现了控件的对齐。同样将 panel2 中的两个按钮左对齐。

在图 S6-2 的设计界面中的网格方便了控件的布局，选择菜单“Tools”→“Grid and Rulers...”，则出现如图 S6-5b 所示的网格和标尺设置窗口，修改“Grid Size”可以在 10 ~ 200 像素之间调整网格间隔，并可以设置是否显示网格等。

（5）设置 Tab 顺序编辑器 打开 Tab 顺序编辑器的方法有：

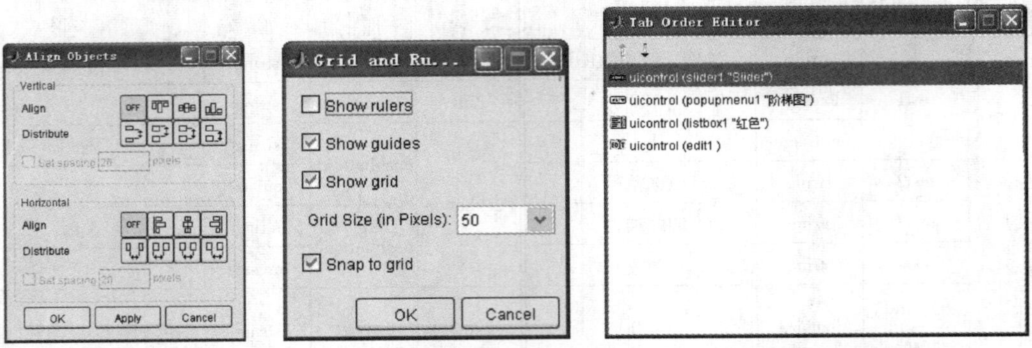

a) 对象对齐工具窗口　　b) 网格和标尺设置窗口　　c) Tab顺序编辑器窗口

图 S6-5　对象对齐工具、网格和标尺设置和 Tab 顺序编辑器窗口

■ 单击工具栏上的按钮。

■ 选择菜单“Tools”→“Tab Order Editor...”。

获得焦点的对象显示在 Tab 顺序编辑器中，默认是按创建控件的顺序排列，如图 S6-5c 所示。有 4 个控件可以获得焦点，单击↑和↓按钮可以调整 Tab 顺序。设计完的界面如图 S6-6 所示。

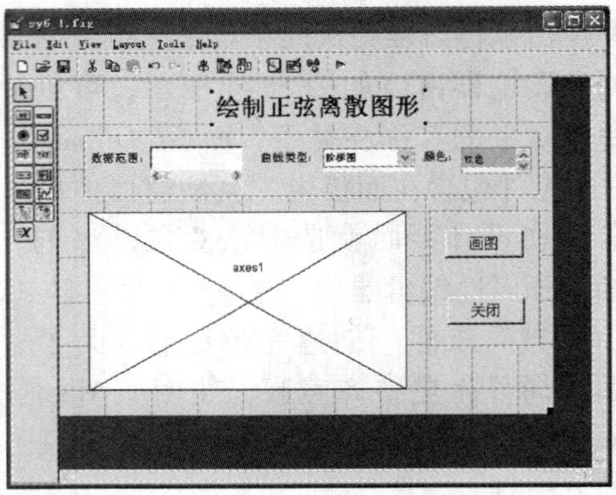

图 S6-6　设计界面

练一练：

■ 设置窗口背景色为蓝色，滚动条颜色为黄色，标题字为白色。

■ 调整设计界面网格线为 30 像素间隔。

■ 设置滚动条开始时就显示为 50。

3. 编写程序

打开 M 文件编辑器的方法有：

■ 用鼠标右键单击控件，在快捷菜单中选择“M－file Editor”。

■ 选择“View Callbacks”的下拉菜单项，可直接进入相应的回调函数。

■ 单击工具栏的按钮。

■ 选择菜单“View”→“M－file Editor”的下拉菜单项。

（1）slider1 滚动条的回调函数　slider1 滚动条的当前值改变时将当前值显示在文本框 edit1 中，程序代码如下：

```
function slider1_Callback(hObject, eventdata, handles)
% hObject     handle to slider1 (see GCBO)
% eventdata   reserved - to be defined in a future version of MATLAB
% handles     structure with handles and user data (see GUIDATA)
% Hints: get(hObject,'Value') returns position of slider
```

```
%      get(hObject,'Min') and get(hObject,'Max') to determine range of slider
x = get(hObject,'value');
set(handles.edit1,'string',num2str(x))
```

每个回调函数中的注释都对函数的输入输出参数作出了说明，在 slider1_ Callback 注释中对函数的使用方法加以说明；value 属性是滚动条的当前值为 double 型，文本框显示的是字符串，因此需要数据类型转换。

（2）打开窗口函数　窗口的 OpeningFcn 函数是打开窗口时调用的，在打开窗口时将窗口的名称修改为“绘制曲线”，其程序代码如下：

```
function sy6_1_OpeningFcn(hObject, eventdata, handles, varargin)
set(gcf,'name','绘制曲线')
```

（3）按钮的回调函数　按钮有“画图”和“关闭”两个，“画图”按钮实现将文本框、弹出式菜单和列表框的值取出，计算并绘制出相应的曲线，程序运行界面如图 S6-7 所示。程序代码如下：

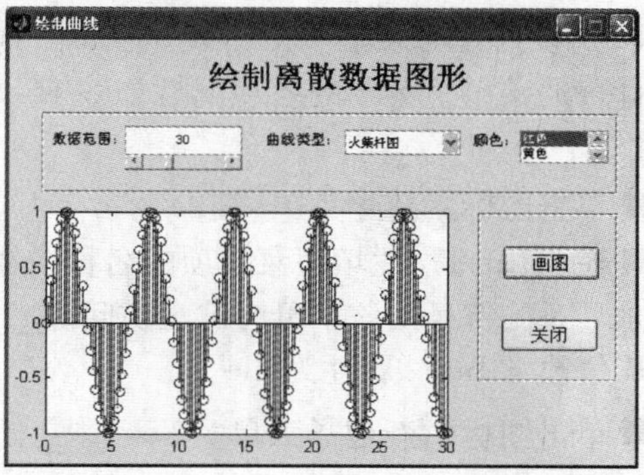

图 S6-7　运行界面

```
function pushbutton1_Callback(hObject, eventdata, handles)
xmax = str2num(get(handles.edit1,'string'));
x = 0:0.2:xmax;
y = sin(x);
pselect = get(handles.popupmenu1,'value');
lselect = get(handles.listbox1,'value');
%列表框对应的列表项
switch lselect
    case 1
        lcolor = 'r';
    case 2
        lcolor = 'y';
    case 3
        lcolor = 'b';
    otherwise
        lcolor = 'g';
end
%弹出式菜单对应的列表项
if pselect = = 1
    stairs(x,y,lcolor)
else
    stem(x,y,lcolor)
end
```

“关闭”按钮实现将窗口关闭的功能，程序代码如下：

```
function pushbutton2_Callback(hObject, eventdata, handles)
close
```

练一练： 在“画图”按钮的函数中，给坐标轴添加标题，标题根据选择的曲线类型的不同而不同。

4. 创建菜单

在界面中创建菜单“File”和“View”。菜单使用菜单编辑器来创建，如图 S6-8 所示。

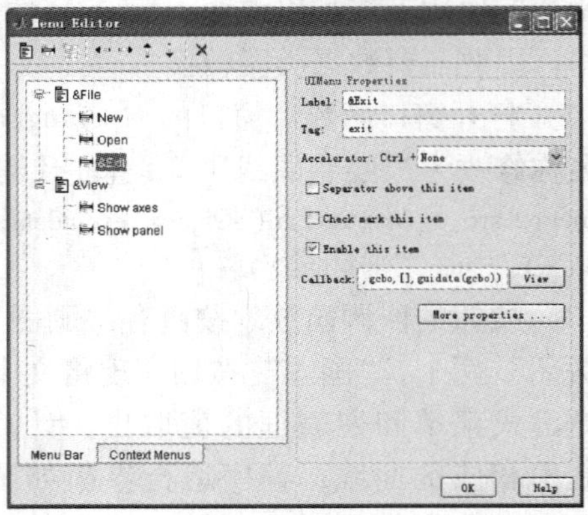

图 S6-8 菜单编辑器

打开菜单编辑器的方法有选择菜单“Tools”→“Menu Editor...”或单击工具栏按钮。

(1) 设计普通菜单 在“Menu Bar”面板设计普通菜单，菜单的各项属性如表 S6-2 所示。

■ 单击图标新建菜单“File”。

■ 在“Label”栏填写菜单项的名称，在前面加“&”符号则该字母为键盘访问键。

■ 修改“Tag”属性为 file。

■ 单击图标新建子菜单“New”。

■ 在“Accelerator”设置快捷键 Ctrl + N。

■ 下拉菜单“Exit”前面选择“Separator above this item”加一条分隔线。

表 S6-2 菜单属性表

菜单类型	菜单级	Label	Tag	Accelerator	备注
普通菜单	菜单条	&File	file		
	下拉菜单	&New	new	Ctrl + N	
		&Open	open	Ctrl + O	
		&Exit	exit	Ctrl + E	Separator above this item
	菜单条	View	view		
	下拉菜单	Show axes	showaxes		当坐标轴不显示时为有效
		Show panel	showpanel		当 panel1 不显示时为有效
弹出式菜单	菜单条		gridbox		
	下拉菜单	Grid on	gridon		当 Grid 为 off 时菜单为 Grid on
		Box on	boxon		当 Box 为 off 时菜单为 Box on

(2) 设计弹出式菜单 在图 S6-8 中选择“Context Menus”面板设计弹出式菜单，设计方法与普通菜单相同。

弹出式菜单是在坐标轴上单击鼠标右键时出现的，因此必须在坐标轴对象“axes1”的“UIContextMenu”属性中选择菜单条“gridbox”。运行界面中的菜单如图 S6-9 所示。

(3) 编写回调函数 在图 S6-8 中单击普通菜单中的“Show axes”的“Callback”栏后面的“View”按钮，就可以打开 M 文件编辑器进入相应的菜单项回调函数中，显示窗口中的坐标轴，当坐标轴显示后则该菜单就显示为无效（灰色）。回调函数如下：

```
function showaxes_Callback(hObject, eventdata, handles)
if size(get(handles.axes1,'visible')) = =size('off')            %判断坐标轴是否显示
    set(handles.axes1,'visible','on')                           %显示坐标轴
    set(hObject,'enable','off')                                 %菜单项无效
end
```

单击普通菜单中的“Exit”实现关闭窗口的功能，回调函数如下：

```
function exit_Callback(hObject, eventdata, handles)
    close
```

弹出式菜单中的“Grid on”菜单项实现在坐标轴中绘制网格，当坐标轴中有网格时菜单项就显示为“Grid off”回调函数如下：

```
function gridon_Callback(hObject, eventdata, handles)
if size(get(gca,'xgrid')) = =size('off')                 %判断坐标轴是否有网格
    grid on
    set(hObject,'label','Grid off')
%修改菜单标签
else
    grid off
    set(hObject,'label','Grid on')
end
```

图 S6-9 所示就是坐标轴显示了网格后菜单项显示为“Grid off”。

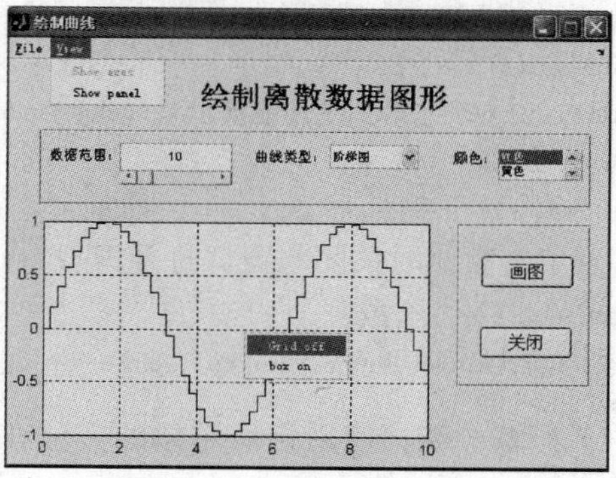

图 S6-9　运行界面中的菜单

练一练：

■ 设置菜单项“Show axes”的快捷键和键盘访问键。

■ 编写弹出式菜单中的“Box on”菜单项的功能，实现添加和清除边框的功能。

6.2　实验 2　创建多媒体用户界面

知识要点：

➢ 掌握句柄对象的创建，能够获取并设置对象的属性。

➢ 掌握图像、声音和视频文件的读取和播放。

➢ 学会以电影和对象方式进行动画的设计。

➢ 学会使用输入框、输出框和文件管理框。

MATLAB 提供创建对象的两种方法，分别是使用 GUI 用户界面和使用对象句柄。

创建两个界面窗口，第一个界面为封面显示图像和声音，当用户单击窗口后关闭第一个窗口并显示第二个窗口，第二个窗口动画显示不同阻尼系数的二阶系统阶跃响应曲线。

1. 使用对象句柄创建界面

使用句柄对象创建第一个界面窗口，程序代码保存在 M 脚本文件“sy6_ 2. m”中，运

行窗口如图 S6-10 所示。

```
h_f = figure('Position',[200 300 500 400])
set(h_f,'menubar','none')      %清除菜单条
%坐标轴为整个窗口
h_a1 = axes('position',[0,0,1,1])
```

创建了一个窗口和坐标轴，在整个窗口中显示坐标轴，这样窗口大小变化坐标轴都会跟着变化，这是使用句柄对象的优点。

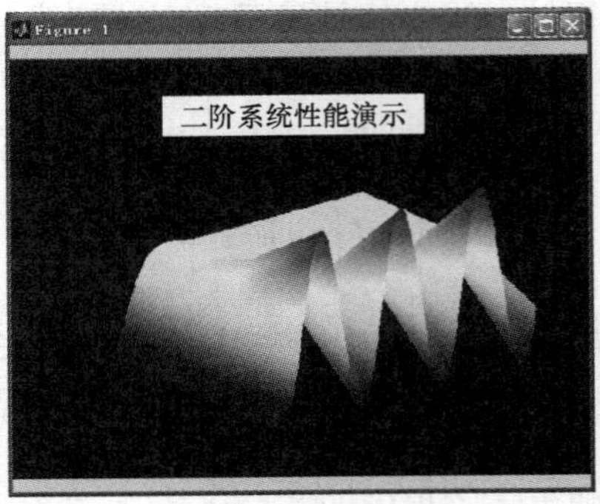

图 S6-10 运行界面

2. 显示图像和播放声音

在界面中显示图像、播放声音并添加文字，先读取图像或声音数据然后将图像在坐标轴中显示或播放。

```
[p,map] = imread('001.bmp');                    %读取图像文件
imshow(p,map);
text(150,60,'二阶系统性能演示','backgroundcolor','y','fontsize',20);
w = wavread('001.wav');                         %读取声音文件
sound(w)                                        %播放音乐
```

当单击窗体时关闭本窗口打开窗口“sy6_2_1”，当用户在窗口上单击鼠标时调用“windowButtonDownFcn”函数：

```
set(h_f,'windowButtonDownFcn','close,sy6_2_1')%关闭本窗口显示第二个窗口
```

练一练：使用句柄对象的方法在窗口中创建说明文字。

3. 创建动画

在第二个界面“sy6_ 2_ 1”中动画地显示二阶系统阶跃响应曲线，创建动画的方法有以电影方式和以对象方式两种，下面以电影方式创建。

(1) 设计界面　使用 GUI 开发环境来创建两个静态文本框、两个面板、两个按钮和一个列表框，对象属性表如表 S6-3 所示。设计的界面如图 S6-11 所示。

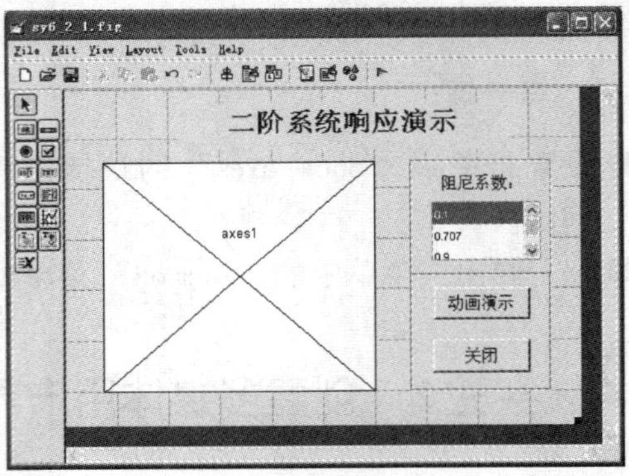

图 S6-11 设计的界面

表 S6-3 对象属性表

对象类型	Tag 属性	属性名	属性值
Static Text	text1	string	二阶系统响应演示
	text2	string	阻尼系数
Panel	uipanel1, uipanel2	title	
ListBox	listbox1	string	0.1 || 0.707 | 0.9
PushButton	pushbutton1, pushbutton2	fontsize	12
	pushbutton1	string	动画演示
	pushbutton2	string	关闭

（2）创建动画　以电影方式要先创建动画帧保存到数组中，阶跃响应表达式为 $y=1-\frac{1}{\sqrt{1-\zeta^2}}e^{-\zeta x}\sin(\sqrt{1-\zeta^2}x+a\cos\zeta)$，根据输入的阻尼系数的不同需要准备三个视频帧，创建子函数“sy6_2_2”创建视频帧并保存在数组中：

```
function M = sy6_2_2(z)
% sy6_2_2 创建视频帧
% z 阻尼系数
% M 视频帧数组
x =0:0.1:10;
z =0.1;
k =1;
for n =x
    x1 =0:0.1:n;
    y =1 -1/sqrt(1 -z^2) * exp( -z * x1).  * sin(sqrt(1 -z^2)  * x1 +acos(z));
    plot(x1,y);
    axis([0,10, -0.5,2.5])
    M(k) =getframe;
    k =k +1;
end
```

将子函数“sy6_2_2”添加到“sy6_2_1”界面的 M 文件中，由回调函数来调用。

（3）演示动画　单击“动画演示”按钮在坐标轴中显示动画曲线，使用不同的阻尼系数 0.1、0.707 和 0.9 分别调用“sy6_2_2”函数创建视频帧数组，运行界面如图 S6-12 所示。回调函数的程序如下：

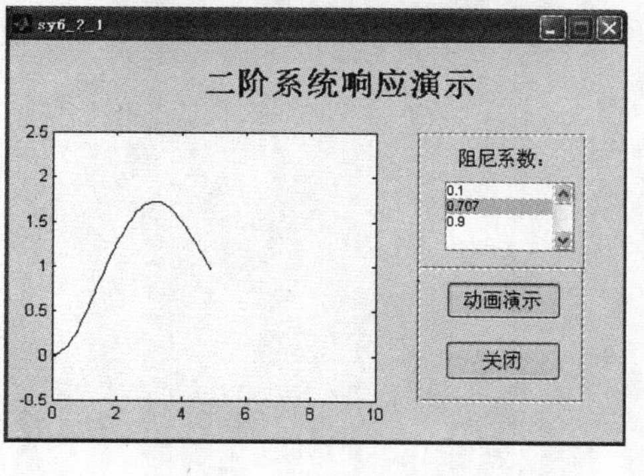

图 S6-12　运行界面

```
function pushbutton1_Callback(hObject, eventdata, handles)
z1 = get(handles.listbox1,'value');
switch z1
    case 1
        M1 = sy6_2_2(0.1);
        movie(M1);                          %播放 M1
    case 2
        M2 = sy6_2_2(0.707);
        movie(M2);                          %播放 M2
    otherwise
        M3 = sy6_2_2(0.9);
        movie(M3);                          %播放 M3
end
```

4. 创建对话框

当单击图 S6-12 的“关闭”按钮时，使用对话框显示提问信息，可以使用 msgbox 或

questdlg 函数显示提问消息框，显示的对话框如图 S6-13 所示。“关闭”按钮回调函数如下：

```
function pushbutton2_Callback(hObject, eventdata, handles)
button = questdlg('是否关闭？','关闭','Yes','No','Yes')
if size(button) == size('Yes')
    close
end
```

图 S6-13 提问对话框

当用户选择“Yes”按钮时关闭窗口，否则继续运行。

练一练：使用 msgbox 函数创建提问对话框。

6.3 自我练习

1）创建实验 1 的界面，使用一组单选按钮来选择曲线类型。

2）使用创建句柄对象的方法创建实验 1 的界面。

第 7 章　Simulink 仿真环境实训

7.1　实验 1　连续系统模型的分析和校正

知识要点：

➢ 熟悉 Simulink 的工作环境，掌握模型的创建。
➢ 熟练掌握模块参数的设置和常用模块的使用。
➢ 掌握模型结构的参数化。
➢ 掌握创建子系统并封装。

1. 打开 Simulink 的工作环境

在 MATLAB 的命令窗口输入“simulink”，或单击工具栏中的图标，就可以打开 Simulink 模块库浏览器窗口，如图 S7-1 所示。

单击工具栏上的图标或选择菜单“File”→“New”→“Model”，新建一个名为“untitled”的空白模型窗口。

2. 创建模型

创建一个连续系统模型，其结构框图如图 S7-2 所示，其输入信号为阶跃信号。

（1）设计系统的模型结构　系统的输入信号为“Step”模块，系统结构由“Integrator”和两个“Transfer fcn”模块构成，信号叠加使用“Sum”模块，输出使用“Scope”模块。

（2）添加模块　在图 S7-1 的右侧子模块窗口中，单击“Source”子模块库前的“+”（或双击“Source”），或者直接在左侧模块和工具箱栏单击 Simulink 下的 Source 子模块库，便可看到子模块库中的各种模块，如图 S7-3 所示。

在图 S7-3 中用鼠标单击所需要的输入信号源模块“Step”（阶跃信号），将其拖放到空白模型窗口“untitled”，也可以用鼠标选中“Sine Wave”模块，单击鼠标右键，在快捷菜单中选择“add to 'untitled'”，则“Step”模块就被添加到“untitled”窗口。

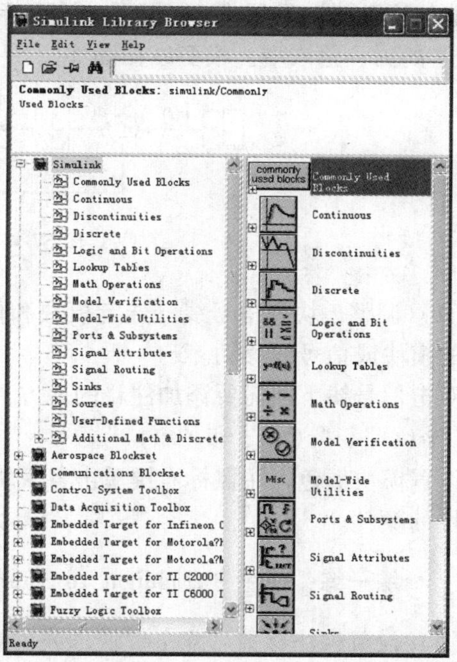

图 S7-1　Simulink 模块库浏览器

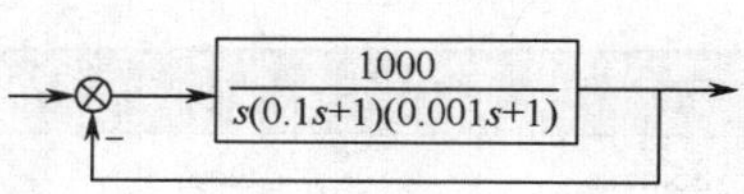

图 S7-2　系统结构框图

同样的方法将“Continuous”子模块库中的“Integrator”和“Transfer fcn”，“Math Operations”子模块库中的“Sum”和“Sinks”子模块库中的“Scope”模块添加到“untitled”窗口。

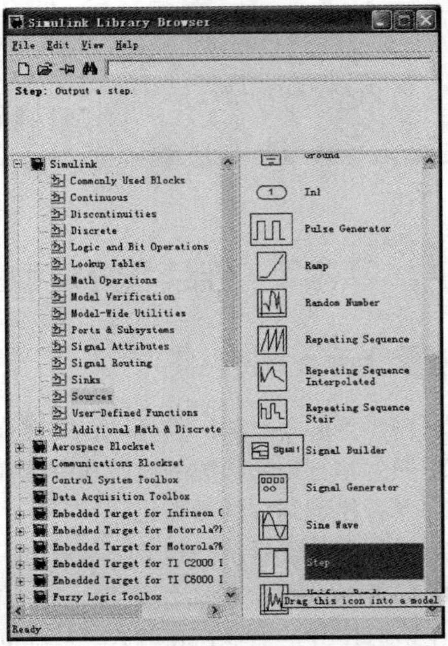

图 S7-3 Source 子模块库

练一练：在图 S7-1 的搜索栏中输入“PID”，单击工具栏中的按钮搜索查看在哪个子模块库中。

（3）添加信号线 将鼠标放在“Step”模块的输出端，当光标变为十字符时，按住鼠标左键拖向“Sum”的输入端连接“Step”和“Sum”模块。

反馈通道需要由“Transfer fcn”与“Scope”的连接线产生分支，将光标移到信号线的分支点上，按鼠标右键光标变为十字符后，拖动鼠标产生分支后释放鼠标；或者按住 Ctrl 键，同时按下鼠标左键拖动鼠标至“Sum”的另一输入端。模型结构图如图 S7-4 所示。

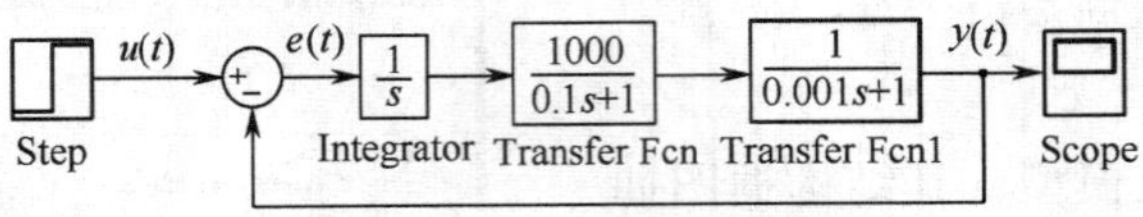

图 S7-4 模型结构框图

（4）调整模块和信号线 选定模块和信号线时会出现小黑块编辑框，用鼠标就可以将选定的模块或信号线移动。

双击信号线下面需要添加注释的地方，出现空白的虚线编辑框，在编辑框中输入注释分别为“$u(t)$”、“$e(t)$”和“$y(t)$”。

设置模块颜色，用鼠标右键单击各模块，在快捷菜单中选择“Background Color”，设置各模块的颜色。

练一练：使用“Highlight To Source”菜单项，加亮与信号源连接的信号线。

（5）设置模块参数 双击模块，或用鼠标右键单击模块，在快捷菜单中选择“Step Parameters...”，就会出现参数对话框。各模块的参数设置表如表 S7-1 所示。

表 S7-1 模块参数设置表

子模块库	模块	模块名	参数名	参数值
Sources	Step	Step	Step time	0
Math Operations	Sum	Sum	List of signs	| + -

（续）

子模块库	模块	模块名	参数名	参数值
Continuous	Transfer fcn	Transfer fcn	Numerator coefficient	[1000]
			Denominator coefficient	[0.1 1]
		Transfer fcn1	Denominator coefficient	[0.001 1]

（6）仿真运行　选择菜单“Simulink”→“Start”或单击工具栏中的▶按钮都可以启动仿真。

双击 Scope 示波器查看仿真结果，单击示波器工具栏的按钮，使波形的 Y 坐标刻度最合适。示波器显示如图 S7-5 所示。

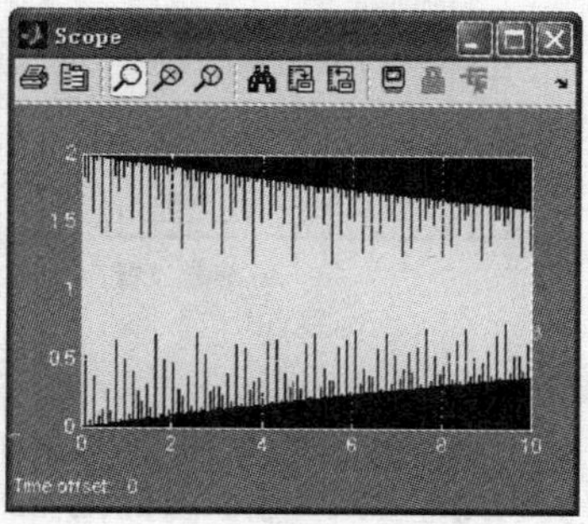

图 S7-5　示波器显示

（7）修改仿真参数　启动仿真后，在 MATLAB 命令窗口中显示以下警告：

Warning: Using a default value of 0.2 for maximum step size. The simulation step size will be equal to or less than this value. You can disable this diagnostic by setting 'Automatic solver parameter selection' diagnostic to 'none' in the Diagnostics page of the configuration parameters dialog.

在模型窗口选择菜单“Simulation”→“Configuration parameters...”，或直接按快捷键“Ctrl + E”，则会打开参数设置对话框，如图 S7-6 所示。

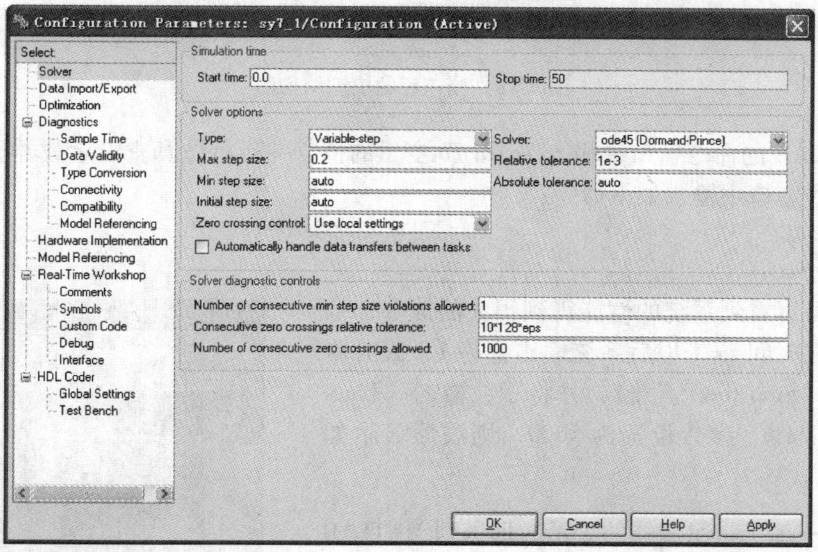

图 S7-6　参数设置窗口

根据警告修改图 S7-6 中的“Max step size”参数为 0.2，为了能够在示波器中看到较完整的波形，修改“Stop time”参数为 50，因此必须将示波器接收数据的缓冲区增大。打开示波器参数设计窗口如图 S7-7a 所示，将“Limit data points to last”设置为 15000。

再次运行仿真，示波器显示较完整的波形如图 S7-7b 所示，可以看出系统振荡非常剧烈，稳定性不好。

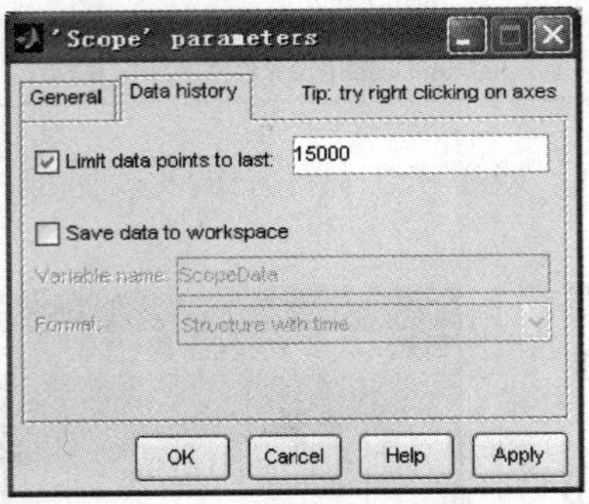

a) 参数设置

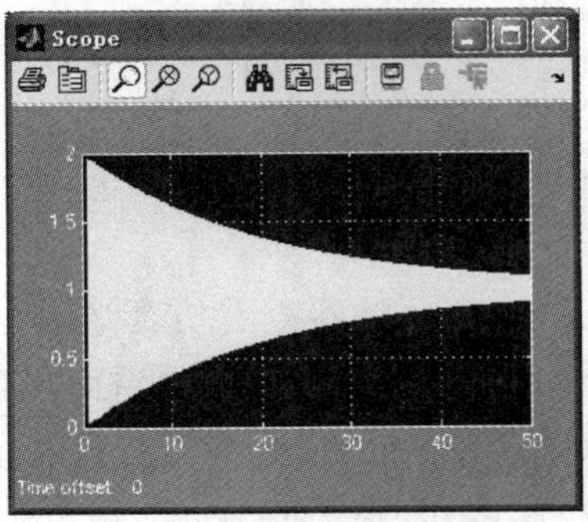

b) 示波器显示

图 S7-7 参数设置和示波器显示

练一练：将示波器的显示范围设置为0 ~20。

（8）增加校正装置 为了改善系统的稳定性，需要在系统的前向通道中增加校正环节，在模型窗口增加一个“Transfer fcn”模块，将分子和分母的系数都用变量表示，创建的模型结构如图 S7-8 所示。

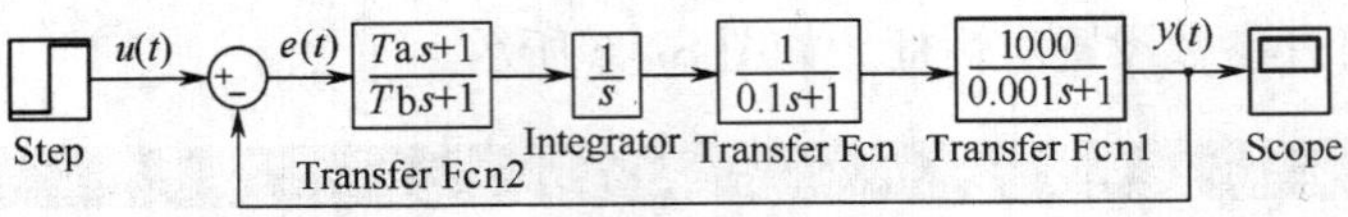

图 S7-8 校正后的模型结构图

在 MATLAB 的命令窗口中输入 *Ta* 和 *Tb* 变量的值，并运行仿真查看示波器显示的波形，例如，在命令窗口中输入如下命令：

```
>> Ta =0.017;
>> Tb =0.002;
```

在示波器中可以看到系统的性能得到很大的改善，稳定性很好，在时间 t =1 以后系统输出都为 1，因此修改仿真参数“Stop time”为 1，并将示波器的“Limit data points to last”参数设置为 5000，则波形显示如图 S7-9 所示。

练一练：将示波器的显示数据送到 MATLAB 的工作空间。

（9）封装子系统

将校正装置模块设置为子系统并封装，在参数输

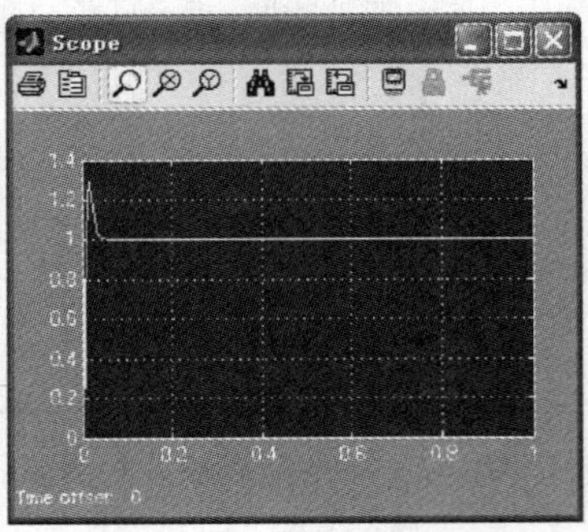

图 S7-9 示波器波形显示

入对话框中输入变量 Ta 和 Tb 的值。

单击选中“Transfer fcn2”模块，选择菜单“Edit”→“Create subsystem”创建子系统“Subsystem”，单击选中子系统后选择菜单“Edit”→“Mask subsystem”，打开封装对话框。

在 Icon 选项卡的 Drawing commands 栏中设置“disp（' Correction '）”，如图 S7-10 所示。

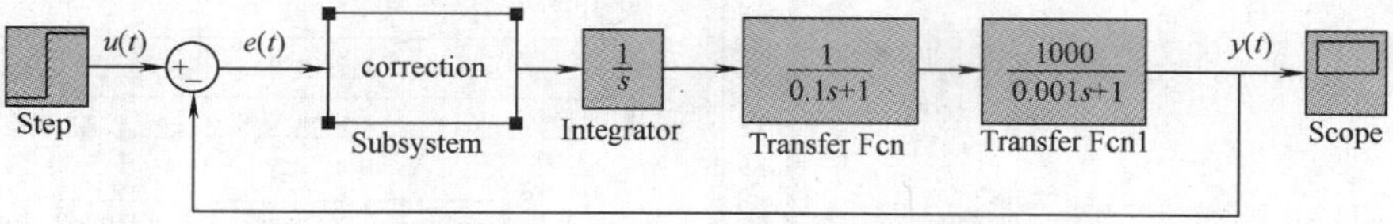

图 S7-10　子系统封装后的模型结构图

在 Parameters 选项卡的 Dialog Parameters 框中设置变量 Ta 和 Tb，都使用下拉列表 popup 显示，因此还要在下面的 Popups 框中设置下拉列表项如图 S7-11a 所示。图中 Ta 变量设置三个列表项“0. 17”、“0. 017”和“0. 0017”，将 Tb 变量设置三个列表项“0. 2”、“0. 01”和“0. 002”，同时必须将 Evaluate 的勾去掉运行时，这样当 Ta 选择“0. 017”列表项时就会获得' 0. 017 '字符串。

但是由于 Ta 变量必须是 double 型，因此需要将字符串转换为数值型。需要进行以下修改，单击图 S7-11a 中的“Unmask”按钮，然后将未封装的子系统参数进行修改，打开“Transfer fcn2”模块的参数设置对话框，修改分子分母参数如图 S7-11b 所示。将“Numerator coefficient”设置为 str2num（Ta），将“Denominator coefficient”设置为 str2num（Tb），这样用户从下拉列表中选择时就将转换的数值送给子系统。

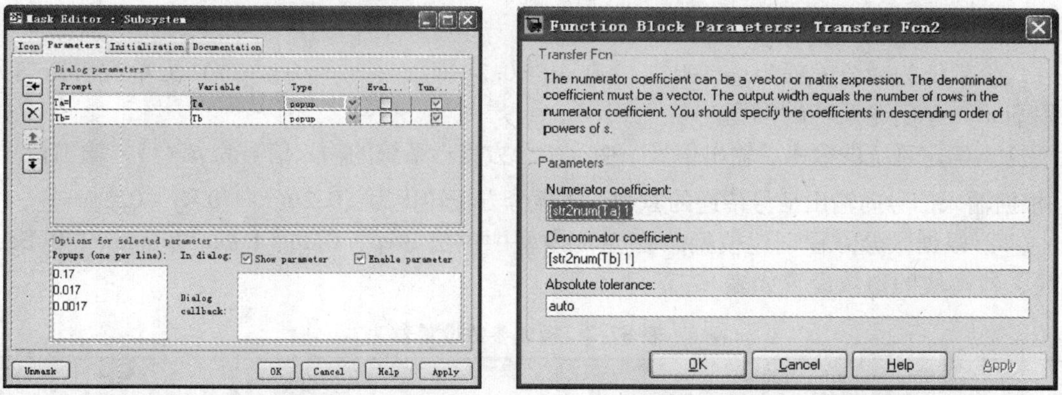

a) Parameters选项卡　　b) 传递函数的参数设置对话框

图 S7-11　Parameters 选项卡和传递函数的参数设置对话框

在图 S7-12a 中，Documentation 选项卡的 Mask type 栏中输入说明标题，在 Mask Description 栏输入说明。封装完毕后单击“Apply”或“Ok”按钮保存设置。

单击图 S7-10 中的“Subsystem”，就出现如图 S7-12b 所示的参数设置对话框，上面的文字内容就是 Documentation 选项卡图 S7-12a 中设置的内容。通过下拉列表中选择列表项作为分子系数和分母系数，分别送给变量 Ta 和 Tb，Ta 和 Tb 都是字符串经过转换的数值。

练一练：使用 M 文件编辑器窗口打开“sy7_1. mdl”文件，并查找“popup”字符

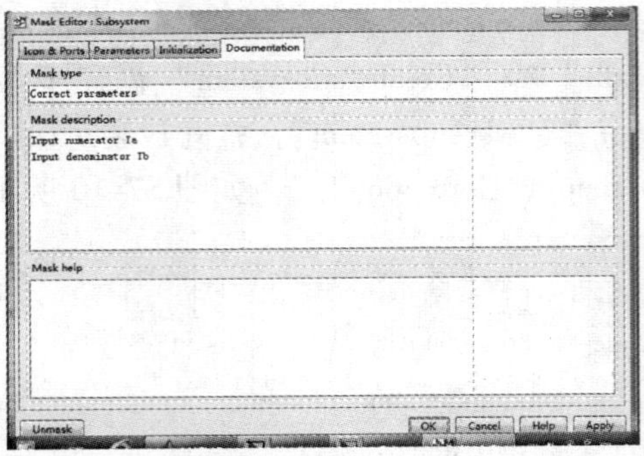

a) Documentation选项卡

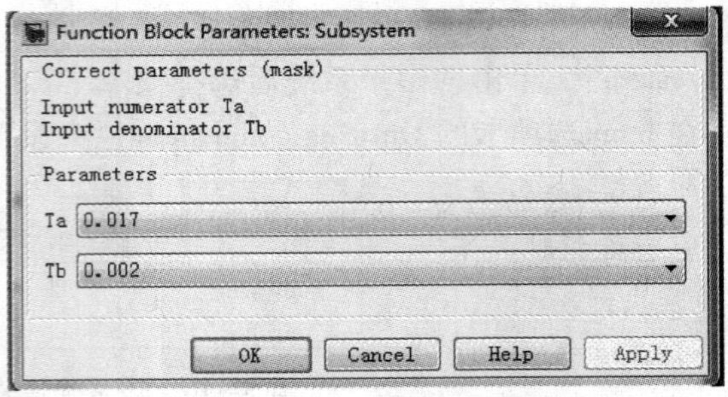

b) 子系统输入参数对话框

图 S7-12 Documentation 选项卡和子系统输入参数对话框

串，查看 MDL 文本文件的内容。

7.2 实验 2 使用 S 函数创建模型并调试

知识要点：

- 掌握模型的调试方法。
- 了解 S 函数的创建。

创建模型

二阶系统的微分方程为 $\ddot{y}+0.2\dot{y}+0.4y=0.2u(t)$，$\dot{y}=y=0$，$u(t)$ 为单位阶跃信号，使用 Simulink 创建系统的模型。

（1）确定系统的输入、输出信号，变换微分方程　系统的输入信号为 $u(t)$，输出信号为 x。根据输入信号向输出信号传递的原则，将微分方程转化为：$0.2u(t)-0.4y-0.2\dot{y}=\ddot{y}$。

（2）根据微分方程创建模型　在空白模型中添加 Step、Gain、Sum、Integrator 和 Scope 模块，各模块的参数设置如表 S7-2 所示。

表 S7-2　模块参数设置表

<table>
<tr><th>子模块库</th><th>模块</th><th>模块名</th><th>参数名</th><th>参数值</th></tr>
<tr><td>Sources</td><td>Step</td><td>Step</td><td>Step time</td><td>0</td></tr>
<tr><td rowspan="5">Math Operations</td><td rowspan="3">Gain</td><td>Gain</td><td>Gain</td><td>0.2</td></tr>
<tr><td>Gain1</td><td>Gain</td><td>0.2</td></tr>
<tr><td>Gain2</td><td>Gain</td><td>0.4</td></tr>
<tr><td rowspan="2">Sum</td><td rowspan="2">Sum</td><td>Icon shape</td><td>rectangle</td></tr>
<tr><td>List of signs</td><td>| + -</td></tr>
<tr><td rowspan="2">Continuous</td><td rowspan="2">Integrator</td><td>Integrator</td><td></td><td></td></tr>
<tr><td>Integrator1</td><td></td><td></td></tr>
<tr><td>Sinks</td><td>Scope</td><td>Scope</td><td></td><td></td></tr>
</table>

按照信号从输入到输出的传递过程连接信号线，并在信号线上添加相应的文字。显示的系统模型结构图如图 S7-13 所示。

（3）调试模型　在模型窗口中选择菜单“Tools”→“Simulink Debugger”，或单击工具栏中的按钮，出现 Simulink 的调试器窗口如图 S7-14 所示。

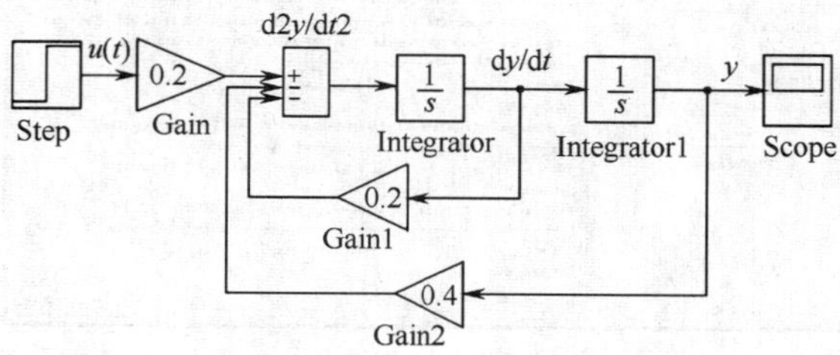

图 S7-13　系统模型结构图

在“Break Points”中设置三个断点，在模型窗口中单击选择“Integrator”模块，然后在调试器窗口的工具栏单击按钮在该模块前添加断点，用同样的方法在“Integrator1”和“Scope”前添加断点。

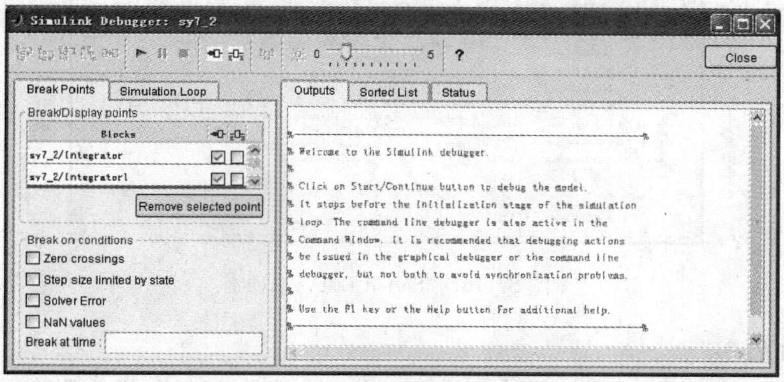

图 S7-14　Simulink 的调试器窗口

在调试器窗口的工具栏单击按钮开始运行，自动打开“Simulation Loop”选项卡，在右侧的“Outputs”中出现两个“warning”提示。单击工具栏的按钮停止运行，然后打开“Configuration parameters...”对话框，在“Optimization”选项卡中将“Signal storage reuse”和“Block reduction”的勾去掉，然后再启动调试就没有“warning”。

接着单击工具栏按钮运行，每次单击运行就停止在下一个断点处，模型运行的过程可以在模型窗口中看到，如图 S7-15a 所示在“Simulation Loop”中正在运行“Scope. Start”方法，在图 S7-15b 中模型窗口显示正运行“Scope”模块。

调试器窗口的“Sorted List”如图 S7-16 所示，可以清楚地看到模型中按模块执行的顺序显示的信息。

练一练：使用调试器窗口工具栏的按钮，查看模型运行的过程。

（4）设置仿真参数运行仿真　运行仿真，双击示波器查看波形，单击工具栏中的按钮以最合适的 Y 刻度显示。

在模型窗口打开仿真参数设置对话框，根据警告修改“Max step size”参数为 0.2，为了完整地看到示波器中的波形，修改“Stop time”参数为 50，再运行并查看示波器中的波

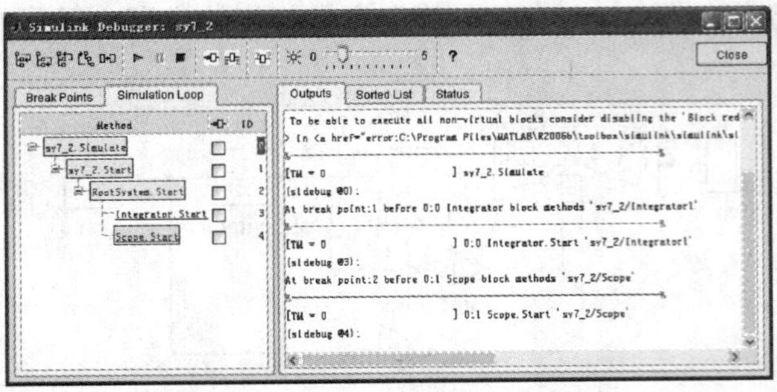

a) Simulation Loop选项卡

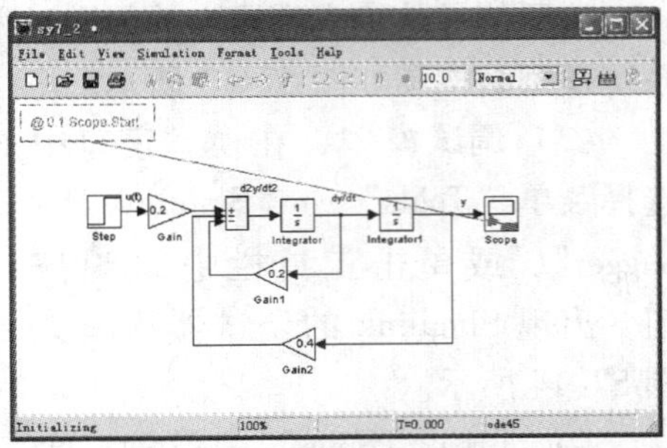

b) 模型运行窗口

图 S7-15 Simulation Loop 选项卡和模型运行窗口

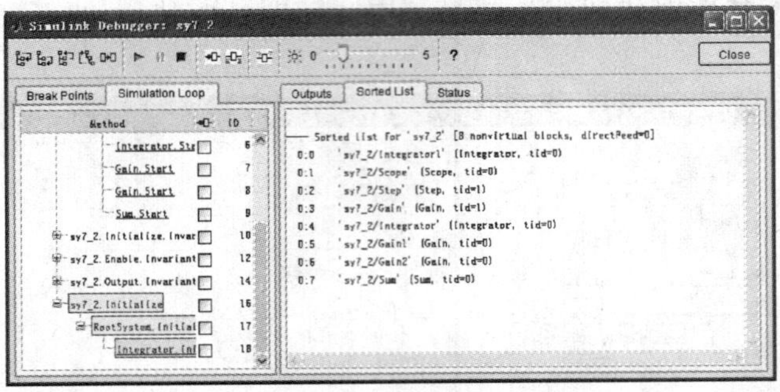

图 S7-16 “Sorted List” 选项卡

形，如图 S7-17 所示。

（5）将输出示波器改为端口模块 将模型窗口中的“Scope”模块删除，在“Sinks”子模块库中选择“Out1”模块作为输出模块，运行模型后在 MATLAB 的工作空间可以看到两个变量 tout 和 yout，在命令窗口中输入以下命令：

```
>> plot(tout,yout)
```

则显示的波形曲线与图 S7-17 示波器中的曲线一致。

（6）创建 S 函数 先将方程 $\ddot{y}+0.2\dot{y}+0.4y=0.2u(t)$ 转换为

$$\begin{cases}\dot{x}_1=\dfrac{\mathrm{d}y}{\mathrm{d}t}\\ \dot{x}_2=-0.4y-0.2\dfrac{\mathrm{d}y}{\mathrm{d}t}+0.2u(t)\end{cases},\quad \begin{cases}\dot{x}=\boldsymbol{A}x+\boldsymbol{B}u\\ y=\boldsymbol{C}x+\boldsymbol{D}u\end{cases}$$

其中 $\boldsymbol{A}=\begin{bmatrix}0 & 1\\ -0.4 & -0.2\end{bmatrix}$，$\boldsymbol{B}=\begin{bmatrix}0\\ 0.2\end{bmatrix}$，$\boldsymbol{C}=[1\quad 0]$，$\boldsymbol{D}=0$

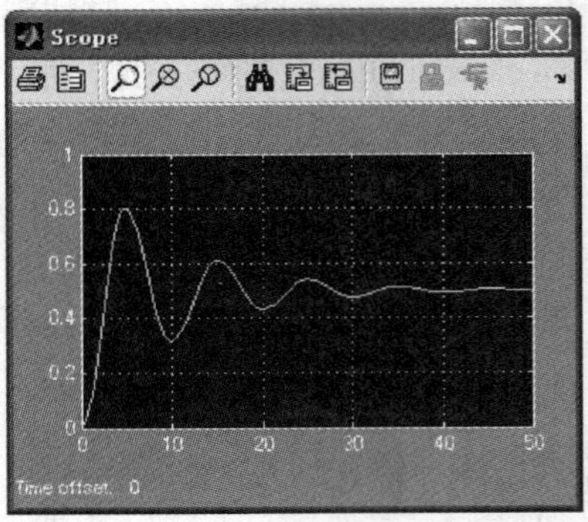

图 S7-17 示波器显示

创建 S 函数的方法是将“...MATLAB\R2010a\toolbox\simulink\blocks”目录下的“sfuntmpl.m”标准模板程序文件打开，并根据系统参数对 M 文件进行如下修改，另存该文件为“my_sy7_2”修改的程序代码如下：

```
function [sys,x0,str,ts] = my_sy7_2(t,x,u,flag)
%定义连续系统的S函数
A=[0 1;-0.4 -0.2];
B=[0;0.2];
C=[1 0];
D=0;
switch flag,
    case 0,
        [sys,x0,str,ts]=mdlInitializeSizes(A,B,C,D);          %初始化
  case 1,
        sys=mdlDerivatives(t,x,u,A,B,C,D);                     %计算连续系统状态向量
    case 2,
        sys=mdlUpdate(t,x,u);
    case 3,
        sys=mdlOutputs(t,x,u,A,B,C,D);                         %计算系统输出
    case 4,
        sys=mdlGetTimeOfNextVarHit(t,x,u);
    case 9,
        sys=mdlTerminate(t,x,u);
    otherwise
        error(['Unhandled flag = ',num2str(flag)]);
end
```

创建初始化函数，程序代码如下：

```
function [sys,x0,str,ts]=mdlInitializeSizes(A,B,C,D)
sizes = simsizes;
sizes.NumContStates = 2;                                       %设置连续变量的个数
sizes.NumDiscStates = 0;
sizes.NumOutputs = 1;                                          %设置输出变量的个数
sizes.NumInputs = 1;                                           %设置输入变量的个数
sizes.DirFeedthrough = 1;
sizes.NumSampleTimes = 1;
sys = simsizes(sizes);
x0 = [0;0];                                                    %设置为零初始状态
str = [];
ts = [0 0];
```

创建计算连续状态变量函数，程序代码如下：

```
function sys=mdlDerivatives(t,x,u,A,B,C,D)
sys = A*x+B*u;
```

创建计算系统输出函数，程序代码如下：

```
function sys=mdlOutputs(t,x,u,A,B,C,D)
sys = C*x+D*u;
function sys=mdlUpdate(t,x,u)
```

```
sys = [];
```

其余的函数都与标准模板程序一样，直接照搬即可：

```
function sys = mdlGetTimeOfNextVarHit(t,x,u)
sampleTime = 1;
sys = t + sampleTime;
function sys = mdlTerminate(t,x,u)
sys = [];
```

将 M 文件保存为“sy7_2_1. m” 文件。

创建一个模型，使用阶跃信号作为输入信号，在模型中添加“User - Defined Functions”子模块库中的“S - Function” 模块，打开“S - Function” 模块的参数设置对话框窗口如图 S7-18 所示，在“S - Function name:” 中填写“my_ sy7_ 2”，然后单击“Ok” 按钮，则创建的模型如图 S7-19 所示，运行模型则示波器中的显示与前面的相同。

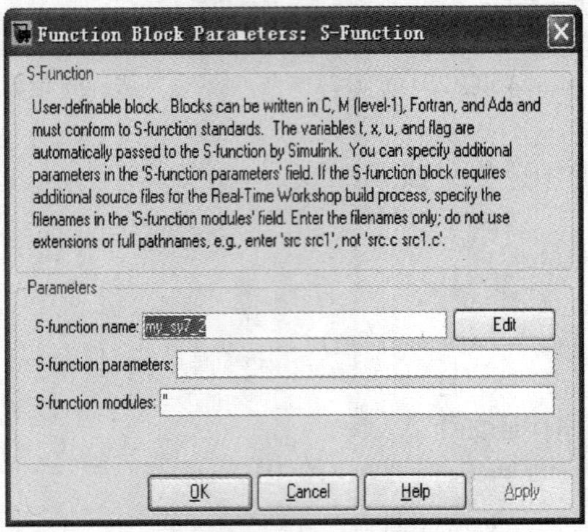

图 S7-18 参数设置对话框窗口

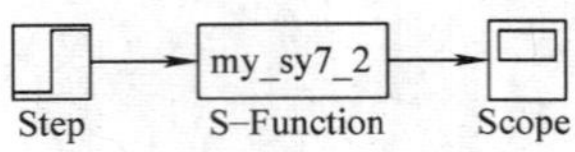

图 S7-19 参数设置对话框

7.3 自我练习

1）使用 Simulink 命令来创建实验 1 中的未校正系统。

2）将实验 2 中的模型定义为自己的模块，并添加到自定义模块库中。

第 8 章　线性控制系统的分析实训

8.1 实验 1　创建控制系统的数学模型

知识要点：

➢ 熟悉连续系统的数学模型并相互转换。
➢ 掌握离散系统数学模型的建立和转换。
➢ 能够设置和修改模型的参数和属性。

1. 创建控制系统模型

创建一个控制系统的状态空间模型为 $\dot{x}=\begin{bmatrix}0&1&0&0\\0&0&1&0\\0&0&0&1\\-50&-48&-28&-9\end{bmatrix}x+\begin{bmatrix}0\\0\\0\\1\end{bmatrix}u$，

$y=[10\ 2\ 0\ 0]x$。

```
>> a = [0 1 0 0;0 0 1 0;0 0 0 1; -50 -48 -28 -9];
>> b = [0;0;0;1];
>> c = [10 2 0 0];
>> d = 0;
>> G1 = ss(a,b,c,d)                    % 创建状态空间模型
a =
          x1     x2     x3     x4
   x1     0      1      0      0
   x2     0      0      1      0
   x3     0      0      0      1
   x4   -50    -48    -28     -9
b =
          u1
   x1  0
   x2  0
   x3  0
   x4  1
c =
      x1  x2  x3  x4
   y1 10   2   0   0
d =
      u1
```

```
        y1 0
Continuous - time model.
```

练一练：使用 dss 函数创建状态空间模型。

2. 连续系统之间的模型转换

将状态空间模型转换为传递函数和零极点模型：

```
>> [num,den] = ss2tf(a,b,c,d);                    % 状态空间模型转换成传递函数模型
>> G2 = tf(num,den)
Transfer function:
5.329e-015 s^3 + 7.105e-015 s^2 + 2 s + 10
--------------------------------------------------------------
        s^4 + 9 s^3 + 28 s^2 + 48 s + 50
>> [z,p,k] = tf2zp(num,den)                       % 传递函数模型转换为零极点模型
z =
   1.0e+007 *
   0.0000 + 1.9373i
   0.0000 - 1.9373i
   -0.0000
p =
   -4.7943
   -2.7346
   -0.7355 + 1.8091i
   -0.7355 - 1.8091i
k =
   5.3291e-015
```

练一练：将状态空间模型转换为零极点模型。

3. 连续系统模型与离散系统模型的转换

将连续系统状态空间模型转换为离散系统，需要设置离散系统的采样周期：

```
>> D1 = c2d(G1,0.1)                   % 连续系统转换为离散系统
a =
                x1           x2          x3           x4
   x1     0.9998         0.09983     0.004899     0.0001332
   x2     -0.006661      0.9934      0.0961       0.0037
   x3     -0.185         -0.1843     0.8898       0.0628
   x4     -3.14          -3.199      -1.943       0.3246
b =
                u1
      x1   3.485e-006
      x2   0.0001332
      x3       0.0037
      x4       0.0628
```

```
c =
  x1   x2   x3   x4
  y1   10   2   0   0
d =
        u1
   y1    0
Sampling time: 0.1
Discrete - time model.
>> D2 = c2d(G2,0.1)
Transfer function:
0.0003013 z^3 + 0.0009067 z^2 -0.0004141 z - 0.0001496
------------------------------------------------------------
    z^4 -3.208 z^3 + 3.856 z^2 -2.052 z + 0.4066
Sampling time: 0.1
```

练一练：查看 G1、G2、D1、D2 各变量的类型和空间。

4. 获取并修改模型的参数

模型作为一种对象，可以通过 set 和 get 设置和获取属性，也可以获取其参数：

```
>> [Dnum,Dden,Dt] = tfdata(D2);                      %获取离散系统的模型参数
>> Dnum{1}
ans =
  1.0e-003 *
    0     0.3013     0.9067     -0.4141     -0.1496
>> Dden{1}
ans =
    1.0000    -3.2077     3.8564     -2.0520     0.4066
>> Gv1 = get(G2)                                      %获取模型的所有属性
Gv1 =
          num: {[0 5.3291e-015 7.1054e-015 2.0000 10.0000]}
          den: {[1 9.0000 28.0000 48.0000 50.0000]}
      ioDelay: 0
     Variable: 's
           Ts: 0
   InputDelay: 0
  OutputDelay: 0
    InputName: {''}
   OutputName: {''}
   InputGroup: [1x1 struct]
  OutputGroup: [1x1 struct]
         Name: ''
        Notes: {}
     UserData: []
```

修改模型的属性值:

```
>> set(G2,'num',{[1 5 2.0000 10.0000]});
>> G2
Transfer function:
      s^3 + 5 s^2 + 2 s + 10
---------------------------------------------
s^4 + 9 s^3 + 28 s^2 + 48 s + 50
```

8.2 实验 2 简化连接系统的数学模型

知识要点:

➢ 掌握系统结构框图的简化和连接方法。

➢ 能够将 Simulink 模型转换为数学模型。

1. 简化复杂的控制系统结构

已知控制系统的结构框图如图 S8-1 所示，化简的步骤为:

(1) 对系统框图中的每个环节进行编号 对系统结构中的每个环节进行编号，如图 S8-1 所示。注意每个分离点和综合点之间的通路都必须算一个单位环节，两个综合点之间没有其他环节可以合并，两个分离点之间没有其他环节也可以合并。

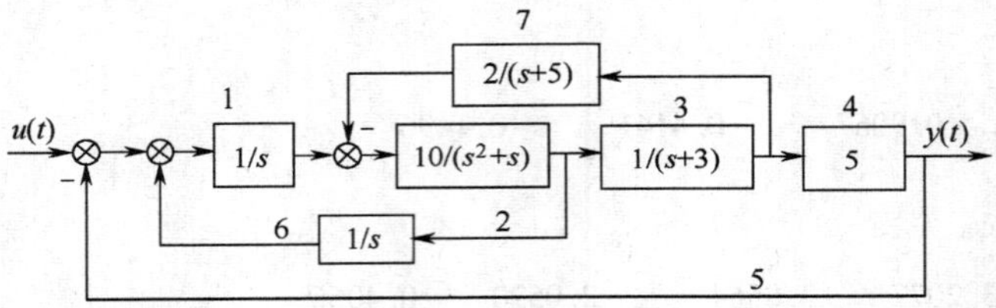

图 S8-1 控制系统的结构框图

(2) 建立无连接的状态空间模型

```
>> G1 = tf(1,[1 0]);
>> G2 = tf(10,[1 1 0]);
>> G3 = tf(1,[1 3]);
>> G4 = tf(5,1);
>> G5 = tf( -1,1);
>> G6 = tf(1,[1 0]);
>> G7 = tf( -2,[1 5]);
>> Sys = append(G1,G2,G3,G4,G5,G6,G7)
Transfer function from input 1 to output...
      1
#1: -
      s
#2: 0
```

```
#3: 0
#4: 0
#5: 0
#6: 0
#7: 0
Transfer function from input 2 to output...
......
```

（3）写出系统的连接矩阵 **Q**

```
>> Q = [1 6 5;            % 通路 1 的输入信号为通路 6 和通路 5
2 1 7;                    % 通路 2 的输入信号为通路 1 和通路 7
3 2 0;
4 3 0;
5 4 0;
6 2 0;
7 3 0;]
```

（4）列出对外的输入和输出端的编号

```
>> INPUTS = 1;            % 系统总输入由通路 1 输入
>> OUTPUTS = 4;           % 系统总输出由通路 4 输出
```

（5）生成组合后的系统的状态空间模型

```
>> G  = connect(Sys, Q, INPUTS, OUTPUTS)
Transfer function:
             50 s^2 + 250 s + 2.082e-014
-------------------------------------------------------
s^6 + 9 s^5 + 23 s^4 + 15 s^3 + 60 s^2 + 170 s - 150
```

2. 使用 Simulink 创建模型并转换

使用 Simulink 创建系统模型，输入和输出模块分别使用“In1”和“Out1”，将模型保存为文件“' shiyan8_ 2_ 1. mdl”文件，模型结构图如图 S8-2 所示。

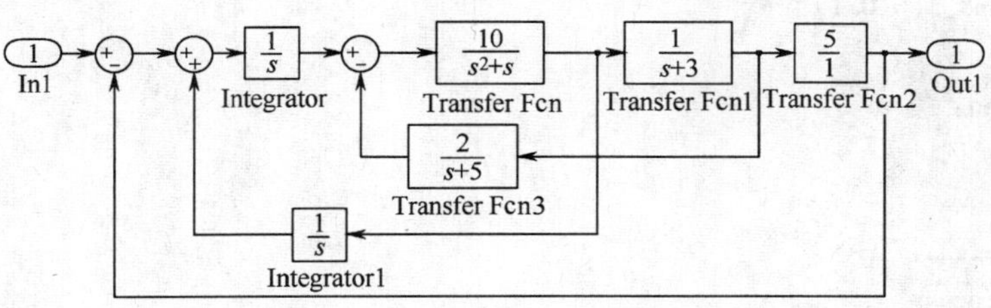

图 S8-2　Simulink 模型结构图

在命令窗口中输入命令将模型转换为传递函数的数学模型：

```
>> [A,B,C,D] = linmod('shiyan8_2_1');
>> [num,den] = ss2tf(A,B,C,D);
>> sys = tf(num,den)
Transfer function:
-3.553e-015 s^5 -3.553e-014 s^4 + 2.842e-014 s^3 + 50 s^2 + 250 s + 6.821e-013
```

```
--------------------------------------------------------------------------------
    s^6 + 9 s^5 + 23 s^4 + 15 s^3 + 60 s^2 + 170 s - 150
```

练一练：获取 sys 的分子和分母系数，将系数小于 0.001 的参数省略。

8.3 实验 3 对控制系统性能进行分析

知识要点：

- 熟练掌握控制系统时域分析法并计算性能指标。
- 熟练掌握绘制系统的各种频域特性曲线，计算开环性能指标。
- 能够计算闭环性能指标。
- 熟练掌握绘制系统的根轨迹曲线。
- 掌握分析系统的稳定性和稳态误差。

1. 创建二阶系统的传递函数模型

已知二阶系统结构图如图 S8-3 所示，写出其传递函数。

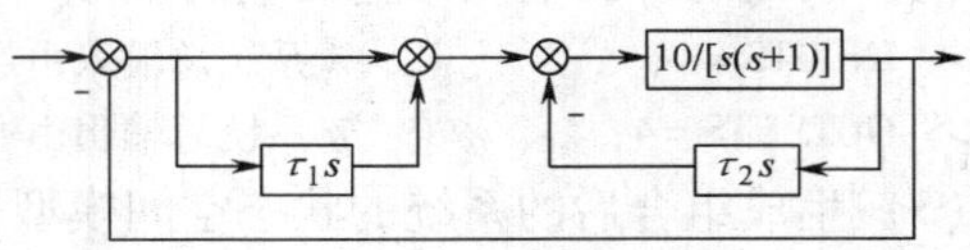

图 S8-3 二阶系统结构图

使用 M 文件 "shiyan8_ 3. m" 创建传递函数：

```
function G = shiyan8_3(t1,t2)
% shiyan8_3 计算传递函数
G11 = parallel(1,tf([t1 0],1));
G12 = feedback(tf(10,[1 1 0]),tf([t2 0],1));
G2 = series(G11,G12);
G = feedback(G2,1);
```

其中 τ1 = 0、τ2 = 0.1 和 τ1 = 0.1、τ2 = 0 时分别计算其传递函数：

```
>> G1 = shiyan8_3(0,0.1)

Transfer function:

     10
------------------------
s^2 + 2 s + 10
>> G2 = shiyan8_3(0.1,0)
Transfer function:
    s + 10
------------------------
s^2 + 2 s + 10
```

2. 绘制时域响应并计算性能指标

（1）绘制系统的时域响应　绘制系统 G1 和 G2 的阶跃响应和脉冲响应，如图 S8-4 所示。

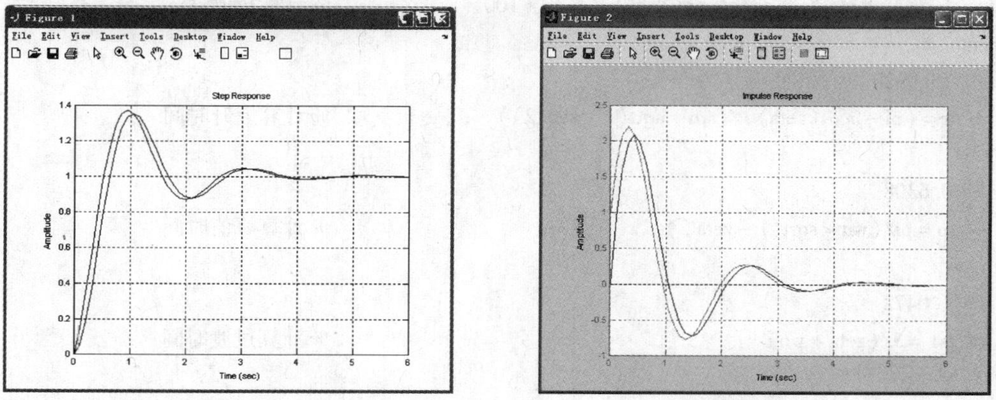

a) 阶跃响应　　　b) 脉冲响应

图 S8-4　阶跃响应和脉冲响应

```
>> step(G1,G2)
>> figure(2)
>> impulse(G1,G2)
```

根据 G1 和 G2 的传递函数可以得出，G2 = G1 * s/10 + G1，因此通过阶跃响应曲线来验证，曲线如图 S8-5 所示：

```
>> t=0:0.1:5;
>> y11 = step(G1,t);
>> y12 = impulse(G1,t);
>> [y12,t12] = impulse(G1);
>> y = y11 + y12/10;                  %阶跃响应 + 脉冲响应/10
>> plot(t11,y)
>> [y21,t21] = step(G2);
>> hold on
>> plot(t21,y21)
```

从图 S8-5 可以看出，G1 系统的阶跃响应 + 脉冲响应/10 与 G2 系统的阶跃响应曲线是重合的。

练一练：

■ 绘制 G1 系统的斜坡和抛物线响应曲线。

■ 绘制 G2 系统的正弦信号响应曲线。

（2）计算时域性能指标　计算 G1 系统的超调量 σ_p、上升时间 t_r、峰值时间 t_p 和过渡时间 t_s：

```
>> [w,z] = damp(G);
>> wn = w(1)
wn =
    3.1623
>> zeta = z(1)
zeta =
    0.3162
```

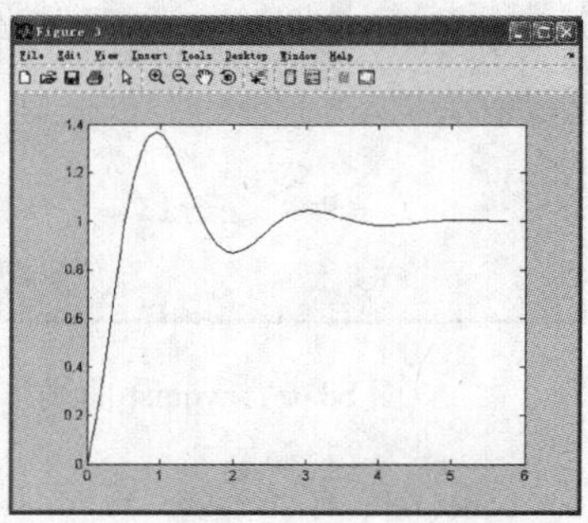

图 S8-5　阶跃响应

```
>> detap = exp( - pi * zeta/sqrt(1 - zeta^2)) * 100          %计算超调量
detap =
    35.0920
>> tr = (pi - acos(zeta))/(wn * sqrt(1 - zeta^2))             %计算上升时间
tr =
    0.6308
>> tp = pi/(wn * sqrt(1 - zeta^2))                            %计算峰值时间
tp =
    1.0472
>> ts1 = 3/(zeta * wn)                                        %计算过渡时间
ts1 =
    3.0000
>> ts2 = 4/(zeta * wn)
ts2 =
    4.0000
```

3. 绘制频域特性曲线并计算性能指标

（1）绘制系统的 nyquist 曲线

```
>> nyquist (G1, G2)
```

nyquist 曲线如图 S8-6 所示。用鼠标单击图中曲线可以获取当前点的频率、实部和虚部。

可以看出 nyquist 曲线没有包围（-1，j0）点，因此系统是稳定的。

练一练：获取 w = 20 时的频率特性的实部和虚部。

（2）绘制系统的 bode 图显示频率特性指标　绘制系统 G1 和 G2 的 bode 图，如图 S8-7 所示。

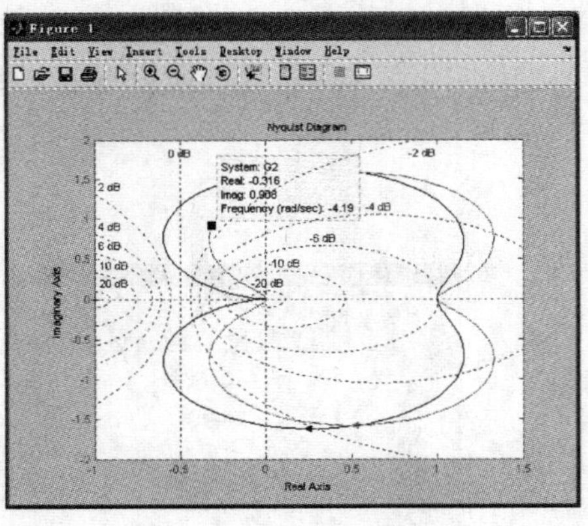

图 S8-6　nyquist 曲线

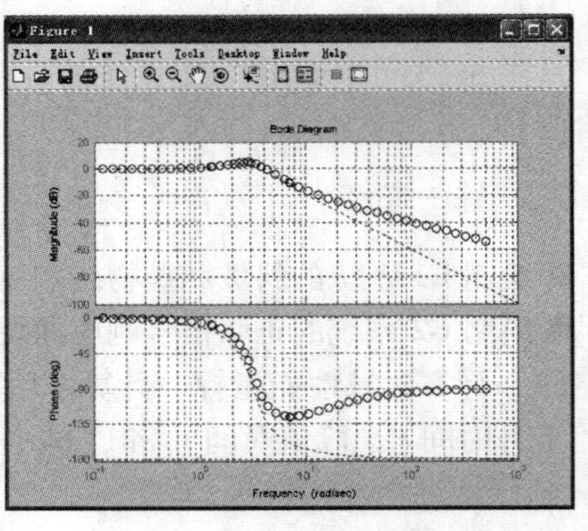

图 S8-7　bode 图

```
>> bode(G1,'r:',G2,'bo')
>> [Gm1,Pm1,Wcg1,Wcp1] = margin(G1) %获得性能指标
Gm1 =
    Inf
```

```
Pm1 =
    53.1445
Wcg1 =
    Inf
Wcp1 =
    3.9995
>> [Gm2,Pm2,Wcg2,Wcp2] = margin(G2)%获得性能指标
Gm2 =
    Inf
Pm2 =
    72.0800
Wcg2 =
    NaN
Wcp2 =
    4.1231
```

可以看出 G1 和 G2 的相角域度是 Pm1 和 Pm2 都大于 0，因此系统稳定。

练一练：使用 margin 函数绘制 bode 图。

（3）绘制 nichols 图

```
>> nichols(G1,G2)
>> ngrid
```

绘制的 nichols 图如图 S8-8 所示。使用 ngrid 绘制等 M 圆和等 α 线。

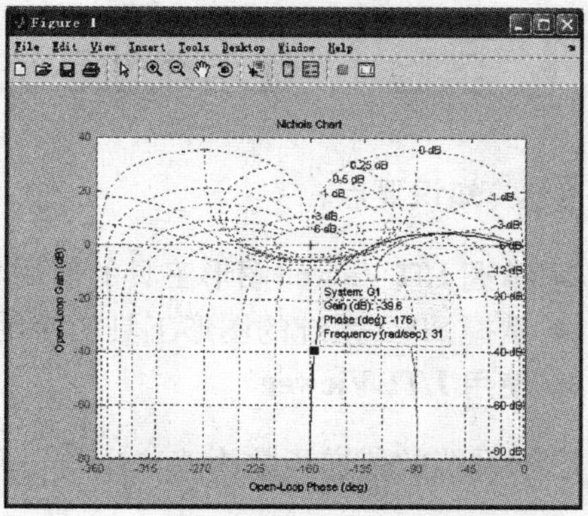

图 S8-8　nichols 图

4. 绘制根轨迹

当图 S8-3 中的 $\tau_1 = 0.1$、$\tau_2 = 0.1$ 时绘制根轨迹：

```
>> G3 = shiyan8_3(0.1,0.1);
>> rlocus(G3)
>> sgrid
```

用鼠标在 G3 的根轨迹上获取等 ζ 线为 0.58 的点的增益和闭环极点：

```
>> [k,p] = rlocfind(G3)
k =
    8.1151
p =
   -5.5575 + 7.7630i
   -5.5575 - 7.7630i
```

根轨迹没有与虚轴的交点，因此 k 从 0 ~ ∞ 系统稳定。根轨迹图如图 S8-9 所示。

5. 计算稳态误差

计算系统 G3 的位置误差系数 k_p、速度误差系数 k_v 和加速度误差系数 k_a：

```
>> G3 = shiyan8_3(0.1,0.1);
```

```
>> [num,den] = tfdata(G3);
>> num3 = num{1}
num3 =
     0     1    10
>> den3 = den{1}
den3 =
     1     3    10
>> Gs = poly2sym(num3)/poly2sym(den3);
                %将多项式转换为符号表达式
>> Gs = subs(Gs,'x','s')
Gs =
((s)+10)/((s)^2+3*(s)+10)
>> kp3 = limit(Gs,s,0,'right')
kp3 =
1
>> kv3 = limit(s*Gs,s,0,'right')
kv3 =
0
>> ka3 = limit(s^2*Gs,s,0,'right')
ka3 =
0
```

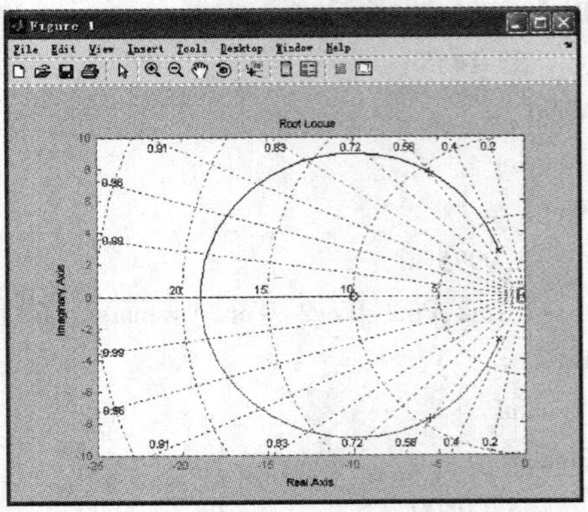

图 S8-9 根轨迹图

8.4 实验 4 使用线性系统的图形工具分析

知识要点：

➢ 掌握 LTI Viewer 图形工具的使用和系统分析。
➢ 掌握 SISO 系统的图形工具的使用。

1. 使用 LTI Viewer

已知系统的传递函数为 $G=\dfrac{s^3+7s^2+24s+24}{s^4+25s^3+35s^2+50s+24}$，使用 LTI Viewer 分析系统性能：

```
>> num = [1 7 24 24];
>> den = [1 25 35 50 24];
>> G = tf(num,den)
Transfer function:
     s^3 + 7 s^2 + 24 s + 24
---------------------------------------------
s^4 + 25 s^3 + 35 s^2 + 50 s + 24
>> ltiview(G)
```

打开 LTI Viewer 图形工具显示出系统 G 的阶跃响应。

(1) 显示时域性能指标 用鼠标右键单击图 S8-10 坐标轴，选择 “Characteristics” 的所有下拉菜单项，则显示出所有的时域性能指标，如图 S8-11 所示。

可以查看到上升时间为 1.64s，超调量为 9.23%，调节时间为 8.28s。

（2）显示各种曲线　用鼠标右键单击图 S8-10 坐标轴，在“Plot types”中可以选择显示各种不同的曲线，选择“Linear Simulation”菜单项，则出现如图 S8-11 所示的“Linear Simulation Tool”窗口。在命令窗口中先输入命令创建正弦信号：

```
>> t = 0:0.1:10;
>> x = sin(t);
```

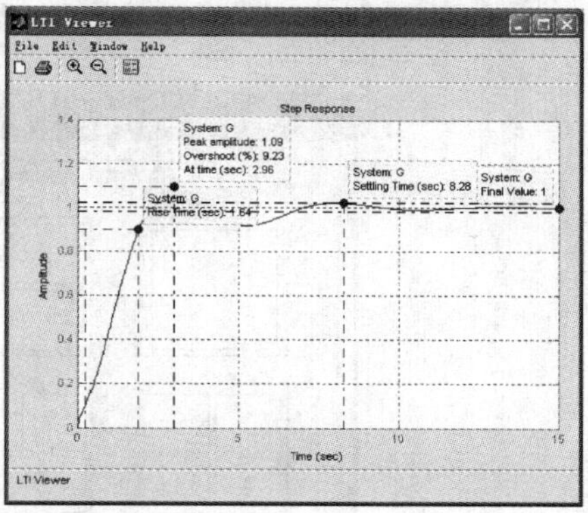

图 S8-10　LTI Viewer 图形工具

单击“Linear Simulation Tool”窗口中的“Import Signal”按钮，则出现图 S8-11 中的“Data Import”对话框，选择变量“x”后单击“Import”按钮，再单击“Linear Simulation Tool”窗口中的“Import time”选择变量“t”为时间量，然后单击“Simulate”按钮，则图 S8-10 中就会显示正弦信号输入时系统的输出。

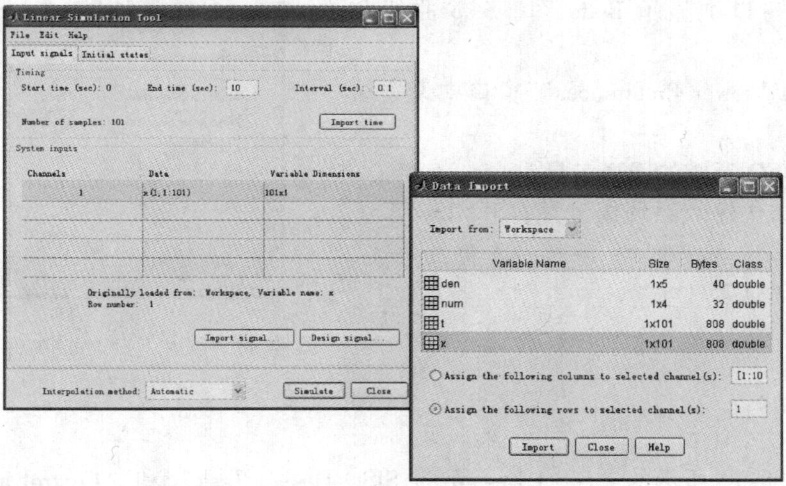

图 S8-11　“Linear Simulation Tool”窗口

练一练：显示 Bode Magnitude、Pole/Zero 图。

（3）使用 Edit 菜单　LTI Viewer 图形工具的 Edit 菜单可以对显示的曲线窗口和曲线属性进行设置，选择“Plot Configurations...”，则打开“Plot Configurations”窗口如图 S8-12 所示，可以设置在一个窗口中显示多个曲线，如图中选择在窗口中显示两个曲线，然后在“Response type”栏选择显示“Linear Simulation”和“Step”曲线。

选择菜单“Edit”→“LTI Viewer Preferences”，出现如图 S8-13 所示的“LTI Viewer Preferences”窗口，选择“Options”面板，在“Show setting time within”框中选择“5%”，则阶跃响应的过渡时间计算就设置为输出响应在稳定值的 5% 范围内的时间。

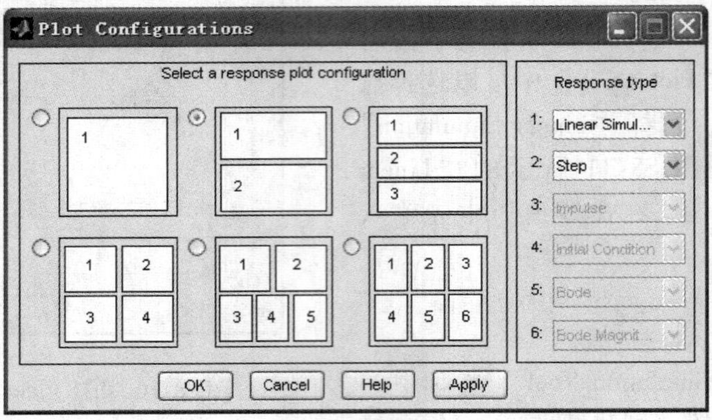

图 S8-12 “Plot Configurations” 窗口

练一练：

■ 在同一窗口中显示 Bode 图、Step 曲线和 Nyquist 曲线。

■ 在 “LTI Viewer Preferences” 窗口中设置结束时间。

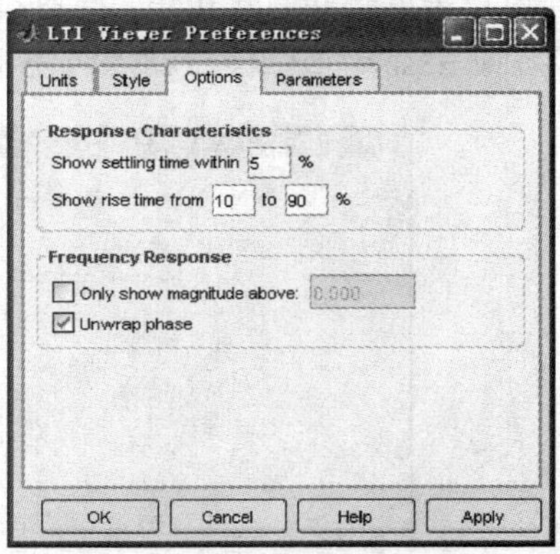

图 S8-13 LTI Viewer Preferences 窗口

2. 使用 SISO 系统的图形工具

在命令窗口中输入系统模型并打开 SISO 系统的图形工具：

```
>> G = tf(10,[1 2 0]);
>> C = tf(1,1);
>> H = tf(1,[1 1]);
>> F = tf(1,1);
>> sisotool(G,C,H,F)
```

出现如图 S8-14 所示的 “SISO Design for SISO Design Task” 和 “Control and Estimation Tools Manager” 窗口。

在图 S8.14a 窗口中显示根轨迹和 bode 图，移动根轨迹图中的点则可以查看在 bode 图中的相应变化，使用工具栏中的 、 、 、 、 按钮来增加或减少零极点。选择菜单 “View” → “Closed - Loop Poles...”，可以查看闭环极点；选择菜单 “Analysis” → “Closed - Loop Bode”则出现闭环对数频率特性曲线。使用 “Analysis” 菜单的其他下拉菜单项可以查看各种曲线。

在图 S8.14b 窗口中可以设置和查看系统的模型结构。

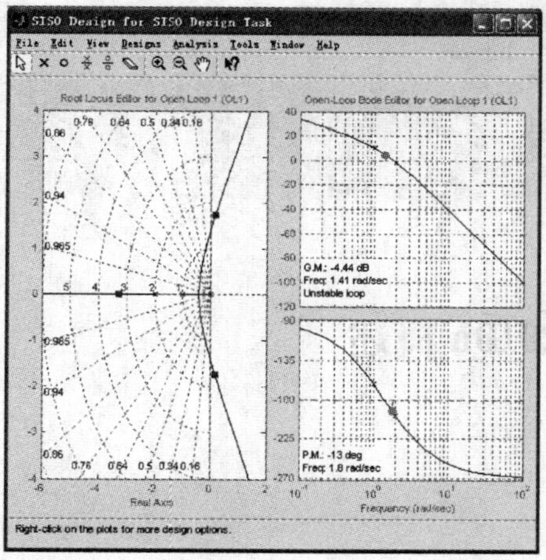

a) SISO Design for SISO Design Task窗口

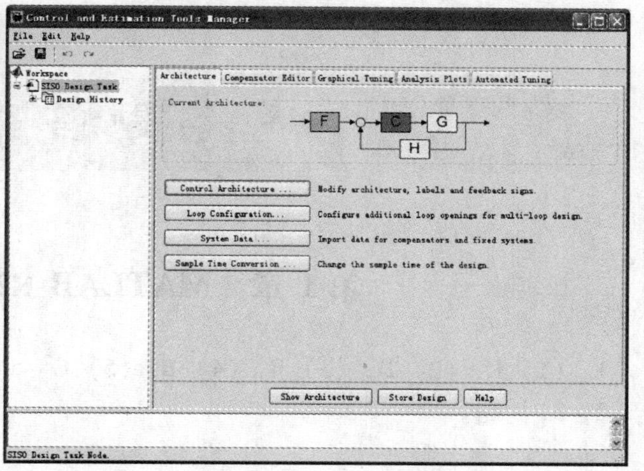

b) Control and Estimation Tools Manager窗口

图 S8-14　SISO Design for SISO Design Task 和 Control and Estimation Tools Manager 窗口

8.5　自我练习

1）根据实验 3 的开环传递函数为 $G=\dfrac{10}{s^2+2s+10}$，计算闭环频域指标。

2）使用 rltool 命令打开根轨迹设计器窗口，查看实验 4 中的系统 $G=k\dfrac{s^3+7s^2+24s+24}{s^4+25s^3+35s^2+50s+24}$根轨迹变化。

3）使用 Simulink 创建图 S8-3 的系统结构，使用“Step”模块为输入信号，使用“Scope”为输出显示，分析系统的性能。

习题答案

第1章　MATLAB R2010a 概述

1. （1）C，（2）D，（3）B，（4）B，（5）C

2，3，4 略。

5.

```
format rat
format long
format short e
```

6，7，8，9，10，11，12，13，14 略

第2章　MATLAB 基本运算

1. （1）A，（2）C，（3）A，（4）B，（5）C，（6）C，（7）C，（8）B，（9）B，（10）C，（11）D，（12）C，（13）B，（14）B，（15）C，（16）D，（17）B，（18）C，（19）B，（20）C

2. 略。

3.

```
x1 = 0:0.4 * pi:4 * pi
x2 = linspace(0,4 * pi,10)
```

4.

```
a = [1 2 3;4 5 6;7 8 9]
a(1,3)
a(6)
a(2:end,:)
l1 = logical([1 0 1])
l2 = logical([1 0 1])
a(l1,l2)
```

5.

```
a = magic(3)
b = eye(3)
c = [a;b]
d = [a b]
e = d(3,:)
```

6，7 略。

8.

```
A=[2 -3 1 2;1 3 0 1;1 -1 1 8;7 1 -2 2];
B=[8;6;7;5];
X=A\B
```

9，10 略。

11.

```
a='hello';
a=a+4;
a=char(a)
a=rot90(a,2)
```

12.

```
t=0:0.2:20;
f=10*exp(-2*t).*sin(4*t)
f1=(f>=0).*f
```

13，14 略。

15.

```
x=0:20;
y=sin(x);
x1=x.*((x>pi)&(x<4*pi))
y1=sin(x1).*(sin(x1)>0)
```

16. 略。

17.

```
ax=[5 4 3 2 1];
bx=[3 0 1];
cx=conv(ax,bx)
polyval(cx,2)
p=roots(cx)
f=polyval(cx,2)
[B,A]=residue(ax,bx)
```

18.

```
x=0:20;
f=[5 4 3 2 1];
y1=polyval(f,x)
f1=polyfit(x,y1,2)
f2=polyfit(x,y1,3)
f3=polyfit(x,y1,4)
```

第3章 数据的可视化

1. (1) A，(2) B，(3) A，(4) B，(5) C，(6) B，(7) B，(8) D，(9) C，(10) D

2.

```
y = 0:0.02:10;
x = 0:0.02:10;
plot(x,1,1,y,x,y)
```

3.

```
plot(2 * sin(x),2 * cos(x))
axis equal
```

4.

```
t = 0:0.1:2;
y = 5 * t. * sin(2 * pi * t);
plot(t,y)
```

5.

```
t1 = 0:0.1:2 * pi;
t2 = pi:0.1:4 * pi;
y1 = sin(t1);
y2 = sin(2 * t2);
plot(t1,y1,'b_. ')
hold on
plot(t2,y2,'ro._')
gtext({'y = sin(t)';'y = sin(2t)'})
```

6.

```
x = -2:0.1:6;
y1 = x;
y2 = x.^2;
y3 = exp(-x);
plot(x,y1,x,y2,x,y3)
title('三条曲线')
xlabel('x')
legend('y1 = x','y2 = x^2','y3 = exp(-x)')
text(1,1,'x = 1')
line(1,-2:0.1:10)
```

7.

```
x = [65,98,68,75,88,78,82,94,85,56];
y = [55 65 75 85 95];
hist(x,y)
N = hist(x,y)
pie(N,{'<60','60-70','70-80','80-90','90-100'})
```

8.

```
x = [65 78 86 93 69;75 85 92 95 70;72 80 79 92 72];
x = x';
bar(x)
stairs([1:3],x(1,:),'r')
```

```
axis([0,5,0,100])
hold on
stairs([1:3],x(2,:),'b')
stairs([1:3],x(3,:),'g')
stairs([1:3],x(4,:),'k')
stairs([1:3],x(5,:),'y')
```

9.

```
w = logspace( -2,3,20);
Lw = -20 * log10(w. * sqrt((0.5 * w).^2 +1));
semilogx(w,Lw)
loglog(w,Lw)
```

10，11 略。

12.

```
x = -5:0.2:5;
y = -5:0.2:5;
[X,Y] = meshgrid(x);
z = sqrt(X.^2 + Y.^2) + eps;
mesh(z)
colormap(gray)
colorbar
view(2)
```

第4章　符号运算

1. (1) D，(2) B，(3) B，(4) A，(5) C，(6) C，(7) D，(8) B，(9) C，(10) D

2.

```
f = sym('sin(x) + cos(y)')
syms x y
f = sin(x) + cos(y)
```

3.

```
x = sym(pi,'d')
x = sym(pi,'f')
x = sym(pi,'r')
```

4，5 略。

6.

```
a = log(10)
a1 = sym(a)
a2 = vpa(a,18)
```

7. 使用 findsym 函数得出：w y x result

8.

```
f = sym('cos(x) + sqrt(-sin(x)^2)')
collect(f)
expand(f)
simple(f)
simplify(f)
```

9.

```
f = sym('x^2 - 1')
g = factor(f)
g1 = subs(g,'y','x-1')
g1 = subs(g,5,'x-1')
f1 = finverse(f)
```

10.

```
f = sym('x^3 + 5 * x^2 + 4 * x + 1')
g = sym('exp(-x)')
compose(f,g)
p = sym2poly(f)
```

11.

```
f = sym('sin(a * x)')
diff(f)
diff(f,'a')
diff(f,'x',2)
diff(f,'a',2)
int(f,'x',0,2 * pi)
```

12.

```
y = sym('2 * t * sin(t + pi/4)')
limit(y,'t',1)
symsum(y,'t',1,10)
```

13.

```
f1 = sym('3/((s+1) * (s+2))')
f2 = sym('1/(s+2)^2')
f = f1 + f2
[num,den] = numden(f)
ilf = ilaplace(f,'s','t')
```

14. 比较第 2 章的习题 8，看看两种解方程的方法。

```
syms x1 x2 x3 x4
[x1,x2,x3,x4] = solve('2 * x1 - 3 * x2 + x3 + 2 * x4 = 8','x1 + 3 * x2 + x4 = 6','x1 - x2 + x3 + 8 * x4 = 7','7 * x1 + x2 - 2 * x3 + 2 * x4 = 5')
```

15.

```
y = dsolve('Dy + y * tan(x) = cos(x)')
y = dsolve('Dy + y * tan(x) = cos(x)','y(0) = 2')
```

第5章　程序设计和M文件

1. (1) B, (2) C, (3) A, (4) C, (5) B, (6) C, (7) D, (8) D, (9) B, (10) A

2. 略。

3.

```
clear
a=55;
if a>=60
b='合格'
else
b='不合格'
end
```

4.

```
x=0:0.1:10;
y=x;
if (x+y)>1
    z=0.5*exp(-0.5*y.^2-3*y.^2-y)
elseif (x+y)<=-1
    z=0.7*exp(-y.^2-6*y.^2)
else
    z=0.5*exp(-0.5*y.^2-3*x.^2+x)
end
    plot3(x,y,z)
```

5.

```
    function z=f(w,t)
    y=sin(w.*t);
    z=[t;y]
```

6.

```
clear
a=input('input a=')
b=rem(a,2);
switch b
    case 0
     disp([num2str(a),'是偶数'])
    case 1
    disp([num2str(a),'是奇数'])
end
```

7.

```
clear
sum=0                 clear
```

```
for n = 1:1000                sum = 0;n = 1;
                              while sum < 1000
sum = n^n + sum
    if sum > 1000             sum = n^n + sum
        break                   n = n + 1
    end                       end
end
```

8.

```
function [y1,y2] = f(x1,x2)
    if nargin = =0
        if nargout = =0
            y1 =0;
        end
elseif nargin = =1
    if nargout = =1
        y1 = x1;
    end
else
    if nargout = =2
        y1 = x1;
        y2 = x2;
    end
end
```

9.

```
function varargout = f(varargin)
    lin = length(varargin);
    if lin = =0
        varargout{1} =0;
    else
        sum =0;
        for n = 1:lin
            sum = sum + varargin{n};
            varargout{1} = sum;
        end
    end
```

10.

```
function f()                        function z = f1(x,y)
x =0:0.1:10;
y =x;                               z =0.5 * exp( -0.5 * y.^2 -3 * y.^2 -y)
if(x +y) >1
    z = f1(x,y)                        function z = f2(x,y)
elseif(x +y) < = -1                      z =0.7 * exp( -y.^2 -6 * y.^2)
```

```
            z = f2(x,y)
        else
            z = f3(x,y)
        end
    plot3(x,y,z)
pcode f
```

```
function z = f3(x,y)
z = 0.5 * exp( - 0.5 * y.^2 - 3 * x.^2 + x)
```

11.

```
fhnd = @(x)(log10(x) + sin(2 * x));
y = fhnd(2)
save exe10 fhnd
```

12.

```
fhnd = @humps;
s1 = functions(fhnd)
s = func2str(fhnd)
```

13.

```
f = inline('x^3 + 2 * x^2 + 3 * x + 6','x')
 fplot(f,[0 20])
```

14.

```
fhnd = @(x)( - exp( - x) * abs(sin(sin(x))))
y = fminbnd(fhnd,0,10)
```

15.

```
fhnd = @(x)(sin(x))
y = quad(fhnd,0.1,1)
```

16.

```
fhnd = @(t,y)(y * tan(y) - cos(y));
[t,y] = ode45(fhnd,[0,20],1);
plot(t,y)
```

第 6 章　MATLAB 高级图形设计

1. (1) C, (2) C, (3) B, (4) D, (5) C, (6) D, (7) B, (8) D, (9) C, (10) C

2.

```
x = 0:0.1:10;
y = exp( - x). * sin(x);
h_l = plot(x,y,':')
set(gca,'ygrid','on');
set(h_l,'linewidth',2)
set(gcf,'color','y')
h_t = title(gca,'y = exp( - x) * sin(x)');
set(h_t,'fontsize',20)
```

3. 界面略。

```
function slider1_Callback(hObject, eventdata, handles)
R = get(hObject,'Value');
set(handles.edit1,'string',num2str(R));

function slider2_Callback(hObject, eventdata, handles)
I = get(hObject,'Value');
set(handles.edit2,'string',num2str(I));

function pushbutton1_Callback(hObject, eventdata, handles)
R = get(handles.slider1,'value');
I = get(handles.slider2,'value');
U = R * I;
set(handles.edit3,'string',num2str(U))
```

4. 略。

5. 界面略。

```
function pushbutton1_Callback(hObject, eventdata, handles)
z1 = get(handles.listbox1,'value');
switch z1
    case 1
        z = 'r';
    case 2
        z = 'b';
    case 3
        z = 'y';
    otherwise
        z = 'g';
end
x = 0:0.1:10;
ra_1 = get(handles.radiobutton1,'value');
ra_2 = get(handles.radiobutton2,'value');
if ra_1 = =1
    plot(x,sin(x),z);
else
    plot(x,cos(x),z);
end
```

6.

```
prompt = {'输入正弦的幅值','输入正弦的相角'};
defans = {'1','0'};
n = inputdlg(prompt,'输入',1,defans)
message = ['正弦的幅值和相角是',n{1},'和',n{2}];
msgbox(message,'显示')
```

7.

```
[f,p] = uigetfile('*.m','打开文件')
```

8.

```
x1 = imread('002','jpg');
imfinfo('002.jpg')
imwrite(x1,'002.bmp');
imfinfo('002.bmp')
```

9. 略。

10.

```
y = wavread('ding.wav');
size(y)
y = [y;y];
sound(y)
size(y)
```

11.

```
x = 0:0.1:10;
k = 1
for n = x
    y = sin(0:0.1:n);
    x1 = 0:0.1:n;
    plot(x1,y);
    axis([0,10,-1.5,1.5])
    M(k) = getframe
    k = k + 1
end
```

12.

```
x = 0:0.1:10;
p = plot(x,sin(x),'r')
h = line(0,0,'color','blue','marker','.','markersize',20,'erasemode','xor');
for k = 0:0.1:20*pi
    set(h,'xdata',k,'ydata',sin(k))
    pause(0.005)
    drawnow
end
```

第7章　Simulink仿真环境

1. (1) D, (2) B, (3) C, (4) B, (5) A
2. 略。
3. 参数设置略。
4. 参数设置略。

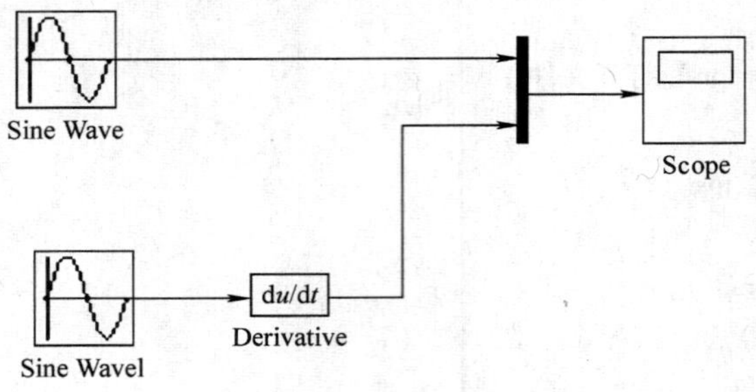

习题答案图 7-3 系统的 Stmulink 模型图

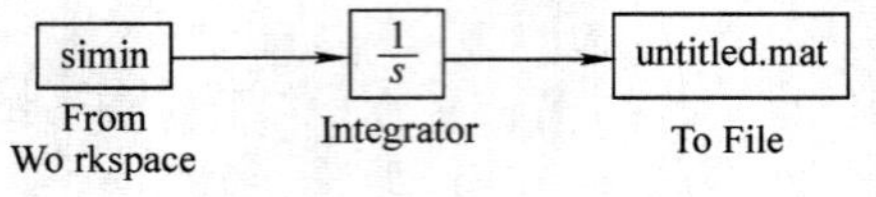

习题答案图 7-4 系统的 Stmulink 模型图

5. 参数修改略。

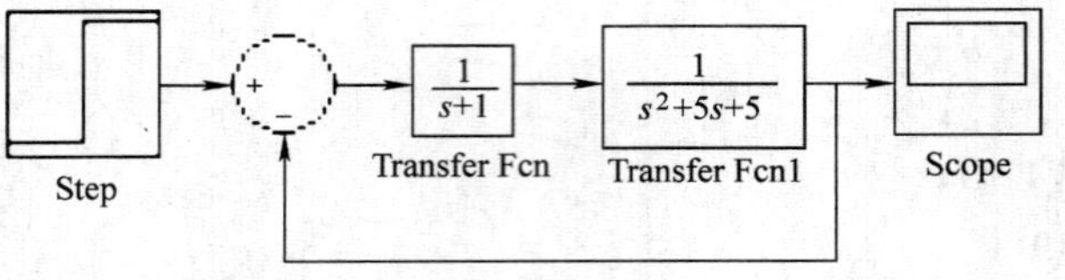

习题答案图 7-5 系统的 Stmulink 模型图

6.

```
h_sys =new_system('exe7_6');
open_system('exe7_6');
add_block('built-in/Sine Wave','exe7_6/Sin','position',[20,100,40,120])
set_param('exe7_6/Sin','Amplitude','100')
set_param('exe7_6/Sin','Phase','pi/2')
add_block('built-in/Scope','exe7_6/Scope','position',[120,100,140,120])
add_line('exe7_6','Sin/1','Scope/1')
save_system('exe7_6')
```

7.

```
t=1
sim('exe7_7')
t=2
sim('exe7_7')
t=3
sim('exe7_7')
```

8. 封装设置略，子系统如下：

9. 略。

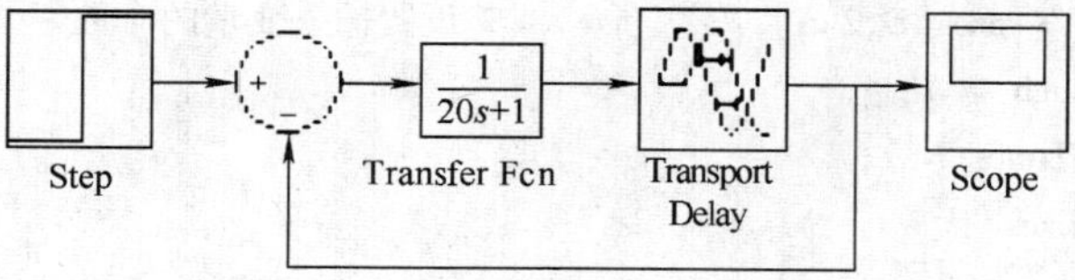

习题答案图 7-7　系统的 Stmulink 模型图

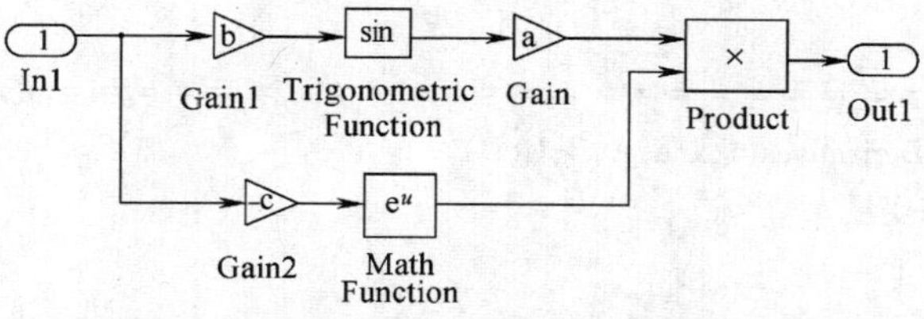

习题答案图 7-8　系统的 Stmulink 模型图

10.

```
function [sys,x0,str,ts] = my_exe7_10(t,x,u,flag)
A=[2.25 -5 -1.25 -0.5;2.25 -4.25 -1.25 0.25;0.25 -0.5 -1.25 -1;1.25 -1.75 -0.75
-0.25 ];
B=[4 6;2 4;2 2;0 2];
C=[0 0 0 1;0 2 0 2];
D=zeros(2,2);
switch flag,
    case 0,
      [sys,x0,str,ts]=mdlInitializeSizes(A,D);                    %初始化
    case 1,
      sys=mdlDerivatives(t,x,u,A,B);                              %计算连续系统状态向量
    case 2,
      sys=mdlUpdate(t,x,u);
    case 3,
      sys=mdlOutputs(t,x,u,,C,D);                                 %计算系统输出
    case 4,
      sys=mdlGetTimeOfNextVarHit(t,x,u);
    case 9,
      sys=mdlTerminate(t,x,u);
    otherwise
        error(['Unhandled flag = ',num2str(flag)]);
end
%=======================================================
function [sys,x0,str,ts]=mdlInitializeSizes(A,D)
sizes = simsizes;
sizes.NumContStates = sizes(A,1);              %设置连续变量的个数
sizes.NumDiscStates = 0;
sizes.NumOutputs =sizes(A,1)+sizes(D,1);       %设置输出变量的个数
```

```
sizes. NumInputs = sizes(D,2);                %设置输入变量的个数
sizes. DirFeedthrough = 1;
sizes. NumSampleTimes = 1;
sys = simsizes(sizes);

x0 = zeros(sizes(A,1),1);                     %设置为零初始状态
str = [];
ts = [-1 0];
%==========================================
function sys = mdlDerivatives(t,x,u,A,B,C,D)
% 计算连续状态变量
sys = A*x+B*u;
%==========================================
function sys = mdlOutputs(t,x,u,A,B,C,D)
% 计算系统输出
sys =[ C*x+D*u,x];
```

第 8 章　线性控制系统的分析

1. (1) B, (2) C, (3) B, (4) D, (5) D
2.

```
num = [1 2 3];
den = [1 2 5 10 1];
[z,p,k] = tf2zp(num,den)
[a,b,c,d] = tf2ss(num,den)
[r,p,k] = residue(num,den)
```

3.

```
num = [4 8];
den = [1 6 5 1];
G = tf(num,den)
c = class(G)
is = issiso(G)
Gd = c2d(G,0.1,'tustin')
```

4.

```
G1 = tf(1,[1 2 5]);
G2 = tf(1,[1 1]);
G3 = tf(3,[1 5]);
G4 = tf(1,[1 1 1]);
G34 = parallel(G3,G4)          %计算并联环节
G134 = series(G1,G34)          %计算串联环节
G = feedback(G2,G134)          %计算反馈环节
```

5. 使用 linmod 函数获得 Simulink 模型的状态空间模型。

6.

```
num = 5;
den = [1 2 5];
G = tf(num, den)
    [wn, zeta, p] = damp(G)
    for zeta = [0.1 0.3 0.5]
    [num1, den1] = ord2(wn(1), zeta);
    G1 = tf(num1, den1);
    step(G1)
    hold on
end
```

7.

```
G = tf(5, [1 2 5]);
[w, z] = damp(G);
detap = exp( - pi * z(1)/sqrt(1 - z(1)^2)) * 100
tp = pi/(wn(1) * sqrt(1 - z(1)^2))
ts1 = 3/(z(1) * wn(1))
ts2 = 4/(z(1) * wn(1))
```

8.

```
G1 = tf(10, [0.1 1]);
G2 = tf(10, [0.1 1 0]);
G3 = tf(10, conv([0.1 1], [0.5 1]));
bode(G1, G2, G3);
```

9. 系统稳定

```
G = tf(7, [0.087 1 0]);
[Gm, Pm, Wcg, Wcp] = margin(G)
```

10.

```
G = tf(10, conv([0.1 1], [0.5 1]));
w = 0:0.1:2 * pi;
nichols(G, w)
ngrid
```

11.

```
num = 1;
den = [conv([0.05 1], [0.1 1]) 0]
G = tf(num, den);
rlocus(G);
p = rlocus(G, 10)
[k, poles] = rlocfind(G)
```

12.

```
syms s G
G = 25/(s * (0.2 * s + 1) * (10 * s + 1))
kp = limit(G, s, 0, 'right')
```

```
kv = limit(G * s,s,0,'right')
ka = limit(G * s^2,s,0,'right')
```

13.

```
G = tf(10,[0.1 1 0]);
FG = feedback(G,1);
[m,p,w] = bode(FG);
[Mm,r] = max(m(1,:));
[M0,I0] = nyquist(FG,0);
Mr = Mm/M0
wr = w(r)
wt = (m - 0.707 * M0) <0;
[temp,n] = max(wt(1,:));
wb = w(n)
```

14、15 略。

附 录

附录 A 程序的调试

在 MATLAB 的程序编制过程中，需要不断地调试来完善程序，因此使用高效的调试工具是非常重要的。

程序发生的错误主要有两种：语法错误和逻辑错误。语法错误是指违反了 MATLAB 的语法规则而发生的错误，例如命令不正确、标点符号遗漏、分支结构或循环结构不完整、函数名拼写错误等，语法错误在 MATLAB 编译时就会被发现，并终止执行。逻辑错误一般是因为算法错误产生的，逻辑错误的调试需要借助 MATLAB 的调试工具。

MATLAB R2010a 提供了三种调试工具，包括直接检测、M 文件编辑/调试器窗口和专用调试命令。

A.1 直接检测

直接检测是随时检测程序运行过程中的变量，对于简单的程序可以使用这种方法调试。

1）对于需要检测的变量可以通过删除语句行末尾的分号，或在程序的适当位置加显示变量值的语句，将结果显示在命令窗口中。

2）在程序的适当位置添加“keyboard”语句，当程序运行至此句时会暂停运行，并在命令窗口显示“k >>”提示符，这时就可以在命令窗口查看和修改各变量的内容。

A.2 出错提示

当程序运行出错时，出错提示会在命令窗口中出现。用户应该学会根据出错信息来查找错误的出处和出错原因。

[例 A-1] 绘制阻尼系数在［0，1］的二阶系统响应曲线的程序。

在 M 文件编辑/调试器窗口中输入程序：

```
x = 0:0.1:20;
% 阻尼系数在[0,1]的二阶系统阶跃响应
z = 0.1
y = 1 - 1/sqrt(1 - z^2) * exp( - z * x). * sin(sqrt(1 - z^2) * x + acos(z));
plot(x,y)
```

如果将第四行中的点乘中的点去掉，程序修改如下：

“y = 1 - 1/sqrt(1 - z^2) * exp(- z * x) * sin(sqrt(1 - z^2) * x + acos(z));”

则当在 M 文件编辑/调试器窗口中单击菜单“Debug”→“Run”时会在命令窗口中出现出错信息如下：

```
??? Error using = = > mtimes
Inner matrix dimensions must agree.
```

```
Error in ==> fl1_1 at 4
y = 1 - 1/sqrt(1 - z^2) * exp( - z * x) * sin(sqrt(1 - z^2) * x + acos(z));
```

可以看出出错提示“Inner matrix dimensions must agree.”为矩阵尺寸必须匹配，“Error in ==> fl1_1 at 4”表示出错在第四行，因此就很容易找出错误并修改了。

A.3 使用 M 文件调试器窗口调试

MATLAB R2010a 的 M 文件编辑/调试器窗口专门用来对 M 文件进行编辑和调试，图 A-1为例 5-10 在 M 文件编辑/调试器窗口中的显示。在图 A-1 中用于调试的菜单主要是“Debug”和“Cell”。

［**例 A-2**］ 在 M 文件编辑/调试器窗口中将例 5-10 打开，绘制三种不同阻尼系数的二阶系统响应。

```
function y = ex5_10(zeta)
% EX5_10 二阶系统的阶跃响应
% zeta 阻尼系数
% y 阶跃响应
t = 0:0.1:20;
if (zeta >= 0)&(zeta < 1)
    y = p1(zeta,t);
elseif zeta == 1
    y = p2(zeta,t);
else
    y = p3(zeta,t);
end
plot(t,y)
title(['zeta =' num2str(zeta)])

function y = p1(z,x)
% 阻尼系数在[0,1]的二阶系统阶跃响应
y = 1 - 1/sqrt(1 - z^2) * exp( - z * x).* sin(sqrt(1 - z^2) * x + acos(z));

function y = p2(z,x)
% 阻尼系数 = 1 的二阶系统阶跃响应
y = 1 - exp( - x).* (1 + x);

function y = p3(z,x)
% 阻尼系数 > 1 的二阶系统阶跃响应
sz = sqrt(z^2 - 1);
y = 1 - 1/(2 * sz) * (exp( - ((z - sz) * x))./(z - sz) - exp( - ((z + sz) * x))./(z + sz));
```

单击图 A-1 中的 按钮的下拉箭头可以查看并定位到文件中的多个函数。

1.“Debug”菜单

“Debug”菜单的主要菜单项如表 A-1 所示。

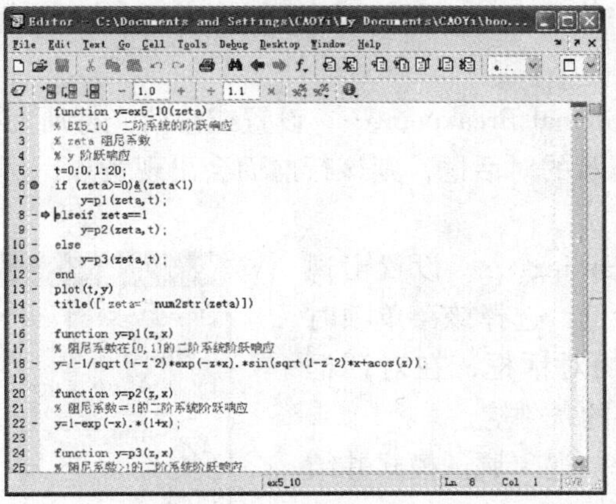

图 A-1　M 文件编辑/调试器窗口

表 A-1　Debug 菜单的菜单项功能表

下拉菜单	功　能
Open M - File when Debugging	打开 M 文件
Step	单步运行
Step in	单步运行进入子函数
Step out	单步运行跳出子函数
Continue	运行程序到下一个断点或到程序结束
Clear Breakpoints in All Files	清除所有的断点
Stop if Errors/Warnings	在程序出错或报警处停止
Exit Debug Mode	退出调试模式

（1）Step（F10）　单步运行，如果下一句是执行语句则单步执行下一句；如果本行是函数调用，则下一句不会进入被调函数中，而直接执行下一行语句。

在图 A-1 中可以看到当前执行的语句行前面有向右的绿箭头，当光标放在变量“zeta”上时可以看到变量的当前值。

（2）Step in（F11）和 Step out（shift + F11）　如果本行是函数调用，Step in 是单步运行进入被调函数。例如，打开例 A-2，当单步运行到“y = p1 (zeta, t);”行时，使用“Step in”菜单进入子函数 p1。

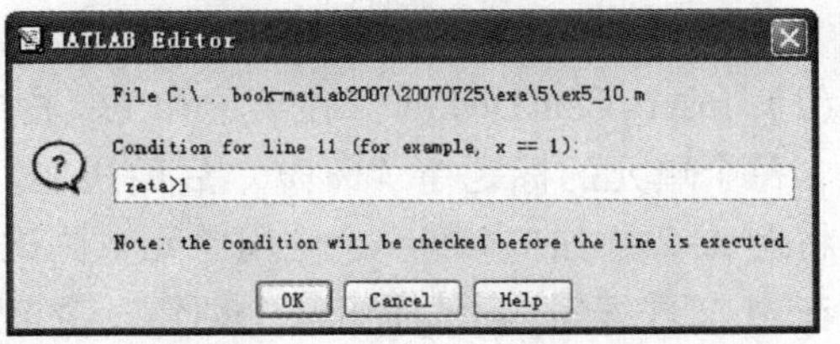

图 A-2　设置/修改断点条件

当使用“Step in”进入被调函数后可使用“Step out”菜单项立即从函数中出来，退回到上一级调用函数去继续执行。

（3）Run/Continue（F5）　用“Run”命令启动程序，就从头开始运行程序；如果在中断状态，就从中断处的语句行运行到下一个断点或程序结束为止。

（4）Set/Clear Breakpoints（F12）　设置和清除所在行的断点，断点是在调试时需要暂停的语句，在图 A-2 中断点所在行前面有一个红点，设置或清除断点更简便的方法是直接在该行的前面用鼠标单击一下。

（5）Set/Modify Conditional Breakpoint… 设置或修改光标所在行断点的条件，选择该菜单项就会出现如图 A-2 所示的对话框，则该行前面会出现黄点，例如，“zeta > 1”条件满足时设置该行为断点。

（6）Stop if Errors/Warnings… 设置出现错误或警告时是否停止运行，选择该菜单项时就会出现如图 A-3 所示的对话框，在对话框中可以设置程序停止运行的条件。

（7）Exit Debug Mode 退出调试模式并结束程序运行和调试过程。

调试程序时一般先在关键语句行设置断点或条件断点，然后使用“Run”菜单项运行到关键行，查看各变量的当前值，然后选择“Step”或“Continue”菜单项继续调试运行。

图 A-3 程序停止的条件

2. “Cell”菜单和工具栏

“Cell”菜单和工具栏是 MATLAB 7.0 版后新推出的菜单，提出了单元调试的概念，将程序分成一个个独立的单元（cell），每个单元用“%%”（单元分隔符）来分隔，可以单独调试，使调试过程更加方便。单元工具栏如图 A-4 所示。

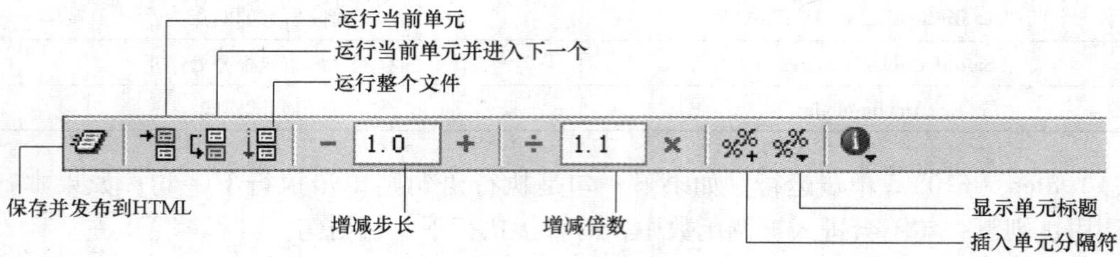

图 A-4 单元工具栏

（1）Insert Cell Divider 在菜单和工具栏中都可以选择插入单元分隔符“%%”来创建单元，每个单元的标题在“%%”后面添加。

将例 A-2 添加“%%”，使用单元来调试。

在 M 文件编辑/调试器窗口中创建三个单元如下，为了能够单独运行单元，在每个单元里增加了 z 变量赋值语句，等调试完就可以删除该语句：

```
x = 0:0.1:20;
%% 阻尼系数在[0,1]的二阶系统阶跃响应
z = 0.1
y = 1 - 1/sqrt(1 - z^2) * exp( - z * x). * sin(sqrt(1 - z^2) * x + acos(z));
plot(x,y)
```

```
%% 阻尼系数 = 1 的二阶系统阶跃响应
z = 1
y = 1 - exp( - x). * (1 + x);
plot(x,y)
%% 阻尼系数 > 1 的二阶系统阶跃响应
    z = 2
    sz = sqrt(z^2 - 1);
    y = 1 - 1/(2 * sz) * (exp( - ((z - sz) * x))./(z - sz) - exp( - ((z + sz) * x))./(z + sz));
plot(x,y)
```

每个单元都用“%%”分隔，并创建了不同的标题，当光标移到某个单元时该单元为当前单元背景变为黄色，如图 A-5 所示。使用工具栏的按钮（显示单元标题）在不同单元间切换。

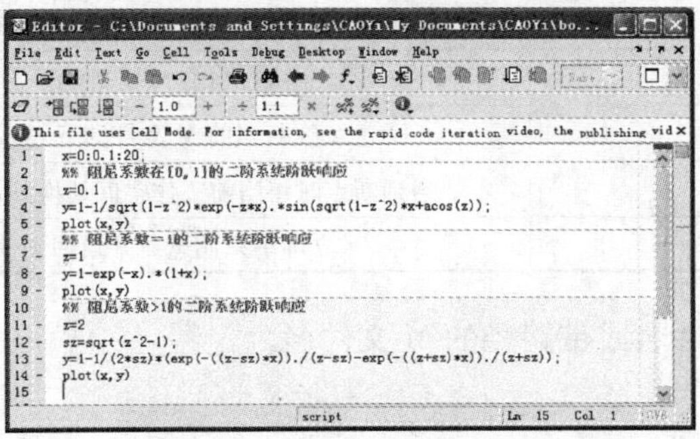

图 A-5 M 文件编辑/调试器窗口的单元调试

（2）Evaluate Current Cell 在菜单中选择“Evaluate Current Cell”和工具栏中选择运行当前单元并显示结果。

分别运行例 A-1 中的三个单元，看到显示不同的曲线。

（3）Evaluate Entire File 在菜单和工具栏中都可以选择“Evaluate Entire File”从头开始运行所有的单元。

（4）增减步长和增减倍数按钮 在工具栏中还有 4 个重要的按钮，分别是增减步长按钮 - 1.0 + 和增减倍数按钮 ÷ 1.1 ×，以及可以设置步长和倍数的文本框，可以在运行单元时在改变变量值的同时改变显示的结果，而不需要重新进行运行操作。

将光标移到图 A-5 中的第一个单元“阻尼系数在［0，1］的二阶系统阶跃响应”中，将光标移到“z = 0.1”语句行，将增减步长的文本框内容改为“0.1”，单击按钮运行当前单元，单击工具栏中的按钮，当“z = 0.2”时查看波形曲线的改变，每单击一次按钮变量 z 就增加“0.1”。这样可以查看一系列参数 z 引起的波形变换。

使用了单元调试工具以后，M 函数文件的调试更加模块化，并实现了所见即所得的调试过程，非常高效。

A.4 专用调试命令

MATLAB 还提供了专门的调试命令，在命令窗口中输入“help debug”就可以查看各种调试命令的简单描述。常用的调试命令如表 A-2 所示。

表 A-2　常用的调试命令

调试命令	功　　能
dbstop in mfile	在 mfile 的第一行可执行语句设置断点
dbstop in mfile at lineno	在 mfile 的第 lineno 行设置断点
dbstop in mfile at subfun	在 mfile 的 subfun 函数设置断点
dbstop if error	遇到错误时终止文件执行
dbclear all	清除所有断点
dbclear in mfile at lineno	清除在 mfile 的第 lineno 行的断点
dbclear if error	清除由 dbstop if error 设置的断点
dbcont	从断点处恢复程序的运行
dbstatus	列出所有的断点
dbstep	执行当前 M 文件的下一个可执行语句
dbstep nlines	执行当前 M 文件的下 nlines 行可执行语句
dbdown	遇到断点时将当前工作空间切换到被调用的 M 文件工作空间
dbquit	立即结束调试器并返回到 MATLAB 工作空间

说明：mfile 是 M 文件名或带路径的 M 文件名。

附录B　M 文件剖析

MATLAB R2010a 的 M 文件编辑/调试器窗口提供了对 M 文件调试的功能，但程序虽然通过，并不一定是运行效率最优的，因此 MATLAB R2010a 在 M 文件编辑/调试器窗口的"Tools"菜单中还提供了专门的分析工具，可以对程序代码进行分析和优化。

[例 B-1]　将例 5-10 修改为主函数名为 fl2_ 1 并保存为 fl2_ 1. m 文件。

```
function y = fl2_1(zeta)
t =0:0.1:20;
if (zeta > =0)&(zeta <1)
    y = p1(zeta,t);
elseif zeta = =1
    y = p2(zeta,t);
else
    y = p3(zeta,t);
end
plot(t,y)
title(['zeta =' num2str(zeta)])

function y = p1(z,x)
y =1 -1/sqrt(1 -z^2) * exp( -z * x). * sin(sqrt(1 -z^2) * x + acos(z));

function y = p2(z,x)
y =1 -exp( -x). * (1 +x);

function y = p3(z,x)
sz = sqrt(z^2 -1);
y =1 -1/(2 * sz) * (exp( -((z -sz) * x))./(z -sz) -exp( -((z +sz) * x))./(z +sz));
```

B.1　代码分析

M - Lint 工具可以分析用户 M 文件中的错误或性能问题，不一定分析的问题都必须消除，要具体问题具体对待。

单击 M 文件编辑器窗口的菜单"Tools"→"Code Analyzer"→"Show Code Analyzer Reporter"，如图 B-1 所示，可以显示分析后返回的 Profiler 分析报告，报告中包括被分析的 M 文件路径和多个分析结果，分析结果的格式是"行号：分析结果"。

图 B-1 中函数文件的分析结果是"3：Use && instead of & as the AND operator in (scalar) conditional statements."和"16：Input argument 'z' might be unused, although a later one is used. Consider replacing it by ~."单击"3："可以查看该行的问题，将"&"改为"&&"；单击"16："将改行的"z"去掉，然后单击"Run Report on Current Directory"按钮就没有提示了。

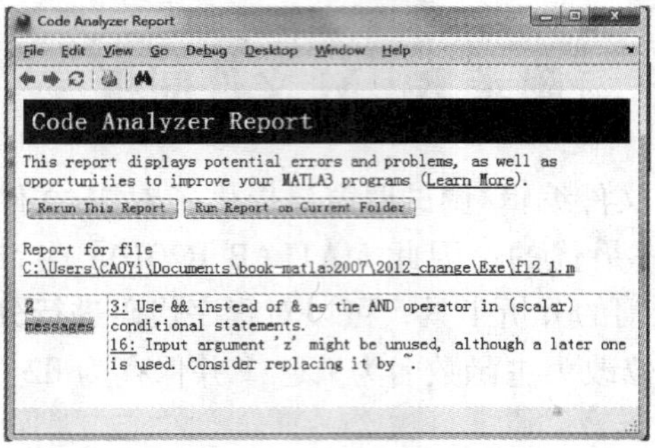

图 B-1 Code Analyzer 分析报告

B.2 Profiler 分析工具

Profiler 分析工具可以打开程序性能剖析窗口，对程序中命令的运行时间进行分析，从而找出运行的“瓶颈”。

打开程序性能剖析窗口的方法有两种：

■ 使用 M 文件编辑器窗口的菜单“Tools”→“Open Profiler”。

■ 在命令窗口中输入“profile viewer” 命令。

将“Run this Code” 文本框中内容输入为“y = fl2_1 (0.5)”，单击窗口中的“Start Profiling” 按钮开始剖析程序，出现如图 B-2a 所示的分析结果。

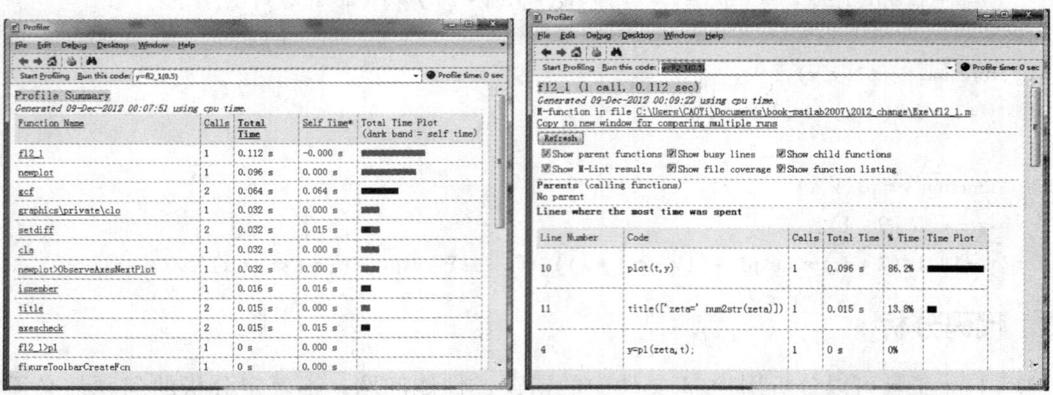

a) Profiler分析结果　　b) Profiler分析内容页面

图 B-2 Profiler 分析结果和分析内容页面

在图 B-2a 中以表格显示“剖析分析汇总表”，从上到下按占用时间的多少排列；如果需要得出某个命令分析的详细内容，则可以单击表格第一列中的各命令名进入超链接。单击第一行的“fl2_ 1” 的超链接，则出现图 B－2b 所示相应的内容页面，可以看到每行语句运行的时间、占有比例、未运行的语句等信息。

可以看到给函数文件运行的时间为 0.112s，plot 语句运行的时间占 86.2% 时间。

B.3　M 文件性能优化

MATLAB 语言是解释性语言，所以有时 MATLAB 程序的执行速度不是很理想。为了能够提高程序的运行效率，编程时应注意以下几个方面：

1. 使用循环时提高速度的措施

循环语句及循环体是 MATLAB 编程的瓶颈问题，MATLAB 与其他编程语言不同，MATLAB 的基本数据是向量和矩阵，所以编程时应尽量对向量和矩阵编程，而不要对矩阵的元素编程。改进这种状况有三种方法：

1）尽量用向量的运算来代替循环操作。

2）在必须使用多重循环的情况下，如果两个循环执行的次数不同，则建议在循环的外环执行循环次数少的，内环执行循环次数多的，也可以显著提高速度。

3）应用 Mex 技术。

如果耗时的循环不可避免，就应该考虑用其他语言，如 C 或 Fortran 语言，按照 Mex 技术要求的格式编写相应部分的程序，然后通过编译连接，形成在 MATLAB 可以直接调用的动态链接库（DLL）文件，这样就可以显著地加快运算速度。

2. 大型矩阵的预先定维

给大型矩阵动态地定维是个很费时间的事，由于 MATLAB 变量的使用之前不需要定义和指定维数，当变量新赋值的元素下标超出数组的维数时，MATLAB 就为该数组扩维一次，大大地降低了运行的效率。

建议在定义大矩阵时，首先用 MATLAB 的内在函数，如 zeros（）或 ones（）对其先进行定维，然后再进行赋值处理，这样会显著减少所需的时间。

3. 优先考虑内在函数

矩阵运算应该尽量采用 MATLAB 的内在函数，因为内在函数是由更底层的 C 语言构造的，其执行速度显然很快。

4. 采用高效的算法

在实际应用中，解决同样的数学问题经常有各种各样的算法。例如求解定积分的数值解法在 MATLAB 中就提供了两个函数：quad 和 quad8，其中后一种算法在精度、速度上都明显高于前一种方法。因此，应寻求更高效的算法。

5. 尽量使用 M 函数文件代替 M 脚本文件

由于 M 脚本文件每次运行时，都必须把程序装入内存，然后逐句解释执行，十分费时。

例 题 索 引

参 考 文 献

[1] 王正林，刘明．精通 MATLAB 7［M］．北京：电子工业出版社，2006.

[2] 求是科技．MATLAB 7.0 从入门到精通［M］．北京：人民邮电出版社，2006.

[3] 张志涌，等．精通 MATLAB 6.5 版［M］．北京：北京航空航天大学出版社，2003.

[4] 郑阿奇．MATLAB 实用教程［M］．北京：电子工业出版社，2004.

[5] 黄忠霖，周向明．控制系统 MATLAB 计算及仿真实训［M］．北京：国防工业出版社，2006.

[6] 楼顺天，姚若玉，冶继民．基于 MATLAB 7.X 的系统分析与设计——控制系统［M］．2 版．西安：西安电子科技大学出版社，2005.